高职高专建筑工程技术专业系列教材

建筑工程施工质量检查与验收
（第二版）

王作成　主　编
张建新　副主编
邹永超　主　审

中国建材工业出版社

图书在版编目（CIP）数据

建筑工程施工质量检查与验收/王作成主编. --2版. --北京：中国建材工业出版社，2023.5
ISBN 978-7-5160-3662-4

Ⅰ.①建… Ⅱ.①王… Ⅲ.①建筑工程—工程质量—质量检验—高等职业教育—教材 ②建筑工程—工程质量—工程验收—高等职业教育—教材 Ⅳ.①TU712

中国国家版本馆CIP数据核字（2023）第004233号

建筑工程施工质量检查与验收（第二版）
Jianzhu Gongcheng Shigong Zhiliang Jiancha yu Yanshou（Di-er Ban）

王作成　主　编
张建新　副主编
邹永超　主　审

出版发行：中国建材工业出版社
地　　址：北京市海淀区三里河路11号
邮　　编：100831
经　　销：全国各地新华书店
印　　刷：北京印刷集团有限责任公司
开　　本：787mm×1092mm　1/16
印　　张：19.75
字　　数：470千字
版　　次：2023年5月第2版
印　　次：2023年5月第1次
定　　价：72.00元

本社网址：www.jccbs.com，微信公众号：zgjcgycbs
请选用正版图书，采购、销售盗版图书属违法行为
版权专有，盗版必究。本社法律顾问：北京天驰君泰律师事务所，张杰律师
举报信箱：zhangjie@tiantailaw.com　　举报电话：(010) 57811389
本书如有印装质量问题，由我社市场营销部负责调换，联系电话：(010) 57811387

《高职高专建筑工程技术专业系列教材》
编 委 会

丛书顾问： 赵宝江　徐占发　杨文峰

丛书编委：（按姓氏笔画排序）

马怀忠　于榕庆　王旭鹏

刘满平　李文利　杜庆斌

张保兴　林　立　盖卫东

曹洪滨　黄　梅

《建筑工程施工质量检查与验收（第二版）》
编 委 会

主　编： 王作成

副主编： 张建新

主　审： 邹永超

第二版前言

本书自从出版以来，受到广大读者欢迎和好评。近几年有些规范进行了修订，教育部印发了《高等学校课程思政建设指导纲要》《职业院校教材管理办法》《"十四五"职业教育规划教材建设实施方案》等文件，为了更好地贯彻与执行文件精神，对本书进行修订。

为了全面推进高校课程思政建设，发挥好每门课程的育人作用，培养学生精益求精的大国工匠精神，激发学生科技报国的家国情怀和使命担当，本书增加了思政元素，将思政元素与专业课程有机融合。本书继续沿用以规范为核心，以施工过程为顺序，以工程实际应用为重点，以结构清晰、语言易懂为特点进行编写。教材内容纳入职业岗位需求的新技术、新知识、新技能，删除了落后陈旧知识，修改了新规范修订的部分。为了扩大教材适用范围，本书增加了质量问题分析与处理的相关内容。本书黑体字为规范原文，利于大家使用。检验标准表格中的内容也为规范原文，其中黑体字为强制性条文，其他强制性条文也有说明，读者在使用过程中请加以注意。

本书由黑龙江建筑职业技术学院王作成担任主编，四川建筑职业技术学院张建新担任副主编。全书共分九章，王作成编写第一章，张然编写第二章、第三章和附录，杨庆丰编写第四章，梁彬编写第五章第一节，叶飞编写第五章第二节、第三节，吴士超编写第六章和第八章，张建新、尹丽编写第七章，孔锐编写第九章，全书由王作成统稿。本书由黑龙江建筑职业技术学院邹永超担任主审。

本书在编写过程中得到黑龙江建筑职业技术学院领导的大力支持，也参考了许多同行的著作，在此表示衷心感谢。

由于作者的水平有限和编写时间的仓促，书中不足之处在所难免，敬请广大读者批评指正。

编者
2022 年 9 月

前　言

2002年开始实施的《建筑工程施工质量验收统一标准》（GB 50300），至今已经十多年了，与其配套的相关专业验收规范近期也陆续修订，为了使建筑企业工地现场人员更好地掌握新技术和新规范，为了满足建筑工程技术专业和工程监理专业学生的需要，特编写本书。

本书按照《高等职业教育建筑工程技术专业教育标准和培养方案及主干课程教学大纲》，由大纲执笔人王作成编写。本书以规范为核心，以施工过程为顺序，以工程实际应用为重点，结构清晰，语言易懂，结合部分实景照片，有助于初学者理解，能够满足高等职业教育建筑工程技术专业和工程监理专业人才培养的要求，也可作为相关技术人员的培训教材。本书黑体字为规范原文，利于大家使用。检验标准表格中的内容也为规范原文，其中黑体字为强制性条文，其他强制性条文也有说明，读者在使用过程中请加以注意。

本书由黑龙江建筑职业技术学院王作成担任主编，四川建筑职业技术学院张建新担任副主编。全书共分八章，王作成编写第一章、第五章第一节，张然编写第二章、第三章和附录，杨庆丰编写第四章，叶飞编写第五章第二节、第三节，吴士超编写第六章和第八章，张建新编写第七章，全书由王作成统稿。本书由黑龙江建筑职业技术学院邹永超担任主审。

本书在编写过程中得到黑龙江建筑职业技术学院领导的大力支持，也参考了许多同行的著作，在此表示衷心感谢。

由于作者的水平有限和编写时间的仓促，书中不足之处在所难免，敬请广大读者批评指正。

编者
2014年3月

目 录

1 绪论 ·· 1
   1.1 建筑工程施工质量检查与验收的概述 ·· 1
   1.2 建设各单位的质量责任和义务 ·· 6
   1.3 房屋建筑工程质量保修 ·· 9
   1.4 现行建筑工程施工质量验收规范体系 ·· 10

2 建筑工程施工质量验收统一标准 ·· 13
   2.1 基本术语 ·· 13
   2.2 建筑工程质量验收的基本规定 ·· 14
   2.3 建筑工程质量验收的划分 ·· 21
   2.4 建筑工程质量验收 ··· 29
   2.5 建筑工程质量验收程序和组织 ·· 36

3 工程质量验收记录的编制及填写 ·· 40
   3.1 施工现场质量管理检查记录表 ·· 40
   3.2 检验批质量验收记录表 ··· 43
   3.3 分项工程质量验收记录表 ·· 47
   3.4 分部工程验收记录表 ·· 49
   3.5 单位工程质量竣工验收记录表 ·· 53

4 地基与基础分部工程质量检查与验收 ·· 62
   4.1 基本规定 ·· 62
   4.2 土石方子分部工程 ··· 70
   4.3 基础子分部工程 ·· 75
   4.4 地下防水子分部工程 ·· 79

5 主体结构分部工程质量检查与验收 ··· 99
   5.1 砌体结构子分部工程 ·· 99
   5.2 混凝土结构子分部工程 ·· 129
   5.3 钢结构工程 ··· 165

6 屋面分部工程质量检查与验收 ············ 181
6.1 基本规定 ············ 181
6.2 基层与保护工程 ············ 185
6.3 保温与隔热工程 ············ 191
6.4 防水与密封工程 ············ 195
6.5 细部构造工程 ············ 206

7 建筑装饰装修分部工程质量检查与验收 ············ 210
7.1 基本规定 ············ 210
7.2 地面子分部工程 ············ 218
7.3 抹灰工程 ············ 237
7.4 外墙防水工程 ············ 241
7.5 门窗工程 ············ 243
7.6 轻质隔墙工程 ············ 249
7.7 饰面板工程 ············ 251
7.8 饰面砖工程 ············ 254
7.9 涂饰工程 ············ 256

8 其他分部工程质量检查与验收 ············ 262
8.1 建筑给水、排水及采暖分部工程 ············ 262
8.2 通风与空调分部工程 ············ 266
8.3 建筑电气分部工程 ············ 267
8.4 电梯分部工程 ············ 276
8.5 智能建筑分部工程 ············ 277
8.6 建筑节能工程 ············ 280

9 建筑工程质量事故分析与处理 ············ 283
9.1 建筑工程质量事故的特点与分类 ············ 283
9.2 建筑工程质量事故处理的依据和程序 ············ 285
9.3 建筑工程质量事故原因分析与处理方案 ············ 287

参考文献 ············ 291

附录 单位工程质量检查与验收实例 ············ 292

1 绪 论

内容提示：本章介绍了建筑工程施工质量检查与验收的概念、重要性、依据、工具和方法；建设各单位的质量责任和保修办法；现行建筑工程质量验收规范体系等内容。

课程目标：通过学习掌握现行建筑工程质量验收规范体系的构成；能够用相应的检测工具，适当的检查方法进行工程质量检查与验收；了解建筑工程施工质量检查与验收的相关知识和法规规定。

思政目标：通过对建设各单位质量责任的学习，重视责任意识的培养，尤其是职业责任。好员工对企业负责，对工程质量负责。

1.1 建筑工程施工质量检查与验收的概述

1.1.1 建筑工程施工质量检查与验收的相关概念

1. 质量

产品的定义为过程的结果，建筑工程施工过程得到的也属于产品，因此都有产品质量的问题。ISO9000 对于质量的定义为：客体的一组固有特性满足要求的程度。其中的客体是可感知或可想象到的任何事物，可以是产品、服务、过程、人员、组织、体系、资源等。其中的固有是指客体本来就有的，尤其是那种永久的特性。其中的要求是明示的、通常隐含的或必须履行需求或期望，要求又随着时间和地点的变化而变化，满足客户的要求很不容易做到。

2. 建筑工程质量

建筑工程质量是指在国家现行的有关法律、法规、技术标准、设计文件和合同中，对工程的安全、适用、经济、环保、美观等特性的综合要求。

建筑工程作为一种特殊的产品，除了具有一般产品的质量特性，还具有特定的内涵。建筑工程质量的特性主要体现在以下几方面：

（1）适用性。也称为功能，是指建筑工程满足使用目的的各种性能，包括理化性能、结构性能、使用性能、外观性能等。

（2）耐久性。也称为寿命，是指工程在规定的条件下满足规定功能的使用年限，也就是工程竣工后的合理使用寿命周期。

（3）可靠性。是指工程在规定的时间和规定的条件下完成规定功能的能力，也就是工程在一定的使用时期内保持应有的正常功能。

（4）安全性。是指工程建成后在使用过程中保证结构安全、保证人身和环境免受危害的程度。

（5）经济性。是指工程从规划、勘察、设计、施工到整个产品使用寿命周期内的成本和消耗费用，包括设计成本、施工成本和使用成本。

（6）与环境的协调性。是指工程与周围生态环境协调，与周围已建工程协调，与所在地经济环境协调，以适应可持续发展的要求。

3. 建筑工程施工质量检查与验收

建筑工程施工质量检查是在工程施工完成后，施工单位按照有关标准对工程质量进行检查评定。

建筑工程施工质量验收是建筑工程在施工单位自行检查评定后，参与建设活动的有关单位根据相关标准对工程进行复验，判定工程质量是否合格。

1.1.2　建筑工程施工质量检查与验收的重要性

建筑工程是一项量大面广的社会系统工程，其质量的优劣直接影响到国家建设和发展。建筑工程质量不仅关系工程的适用性和建设项目的投资效果，而且关系到人民群众生命及财产安全的问题。随着我国现代化建设事业的蓬勃发展，经济适用房建设数量的增加和规模的扩大，如果一旦发生质量问题，将直接影响公共利益和社会稳定。因此应坚持依法建设、改善企业内部管理、提高工程质量意识、加强施工管理力度，从而促进建筑行业的整体健康发展。

工程施工质量检查与验收是保证工程建设施工质量的一个重要手段，它包括工程施工质量的过程检查和工程的竣工验收两个方面。通过对工程建设中间产出品和最终产品的质量检查和验收，从过程控制和终端把关两个方面进行工程项目的质量控制，以确保达到业主所要求的功能和使用价值，实现建设投资的经济效益和社会效益。

1.1.3　建筑工程施工质量检查与验收的依据

建筑工程施工质量检查与验收时依据以下几方面：

（1）经过批准的设计图纸和设计说明书等设计文件，包括设计变更等。

（2）国家有关质量方面的法律、法规等文件。包括《中华人民共和国建筑法》《建设工程质量管理条例》等，还有政府主管部门和省、市、自治区的有关部门制定的文件。

（3）工程合同文件。包括工程施工承包合同文件、委托监理合同文件等。

（4）各种有关的标准、规范、规程或规定。概括起来有施工质量验收系列标准，材料、半成品和构配件质量方面的技术标准，材料检验或试验等方面的标准，施工作业活动的操作规程等。

1.1.4　建筑工程施工质量检查与验收的方法

建筑工程施工质量的好坏，需要采取一定的检测手段进行检验，根据检验结果判断该工程的质量。对于现场所用原材料、半成品、设备、工作过程质量进行检验的方法，一般分为目测法、量测法以及试验法。

1. 目测法

这类方法主要是凭感官进行检查，采用看、摸、敲、照等方法进行检查。

(1)"看"就是根据质量规范要求进行外观目测,如工人施工操作是否正确、涂料涂饰颜色和图案是否符合设计要求、地面面层表面质量等。

(2)"摸"就是通过触摸手感进行检查,如抹灰表面是否光滑、涂料是否掉粉等。

(3)"敲"就是用敲击方法进行音感检查,如抹灰层和饰面砖是否空鼓,玻璃安装后是否松动等。

(4)"照"就是通过人工光源或反射光照射,仔细查看看不清或看不到的部位,如空中管道背面是否刷涂料,管道井内的管线安装质量等。

2. 量测法

这类方法主要是利用量测工具通过实测结果与规范规定的允许偏差进行对照,从而判断质量是否合格,也可以称为实测法。量测法可分为靠、吊、量、套等方法。

(1)"靠"就是用直尺和塞尺检查墙面、地面等的平整度。

(2)"吊"就是用托线板和线锤检查垂直度,如砌体垂直度检查、门窗的安装等。

(3)"量"就是用量测工具或计量仪表检查偏差值,如轴线位移、截面尺寸、温度和湿度等。

(4)"套"就是以方尺套方,辅以塞尺检查,如踢脚线的垂直度、阴阳角的方正、门窗洞口的方正等。

3. 试验法

这类方法是通过现场试验或实验室试验等手段对质量进行判断检查,有理化试验和无损试验等方法。如钢筋接头的力学性能检验、桩基的现场静载试验、超声波探伤仪检验等。

1.1.5 建筑工程施工质量检查与验收的工具

建筑工程施工质量检验的工具较多,规格不一,价格差值较大,在选择和使用时需加以注意,下面主要介绍多功能建筑工程检测器。

多功能建筑工程检测器包括建筑工程检测器、对角检测尺、内外直角检测尺、百格网、响鼓锤、建筑工程检测镜、卷线器、楔形塞尺等,见图1-1。

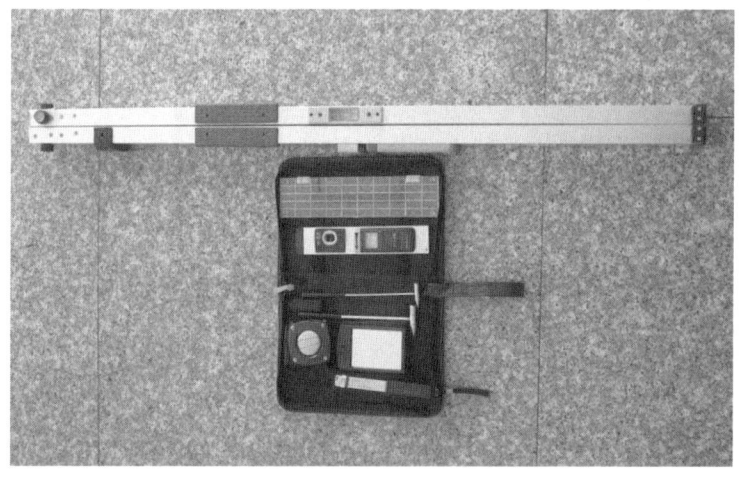

图1-1 多功能建筑工程检测器

1. 建筑工程检测器

规格为1m和2m，用于检测垂直度、平整度和水平度。

（1）垂直度检测

将检测器紧靠检测面，并保持竖直，推下仪表盖，向上推活动销键。待指针自行摆动停止时，指针所指下行刻度值即为所测偏差值，见图1-2与图1-3。用于2m检测时，将检测器展开并锁紧连接扣，按上述方法检测，读数时读取上行刻度值，见图1-4。如果检测面不平整，用有靠脚的面进行检测。

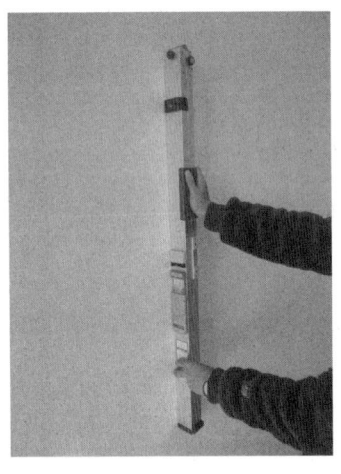

图1-2　1m检测器检测垂直度

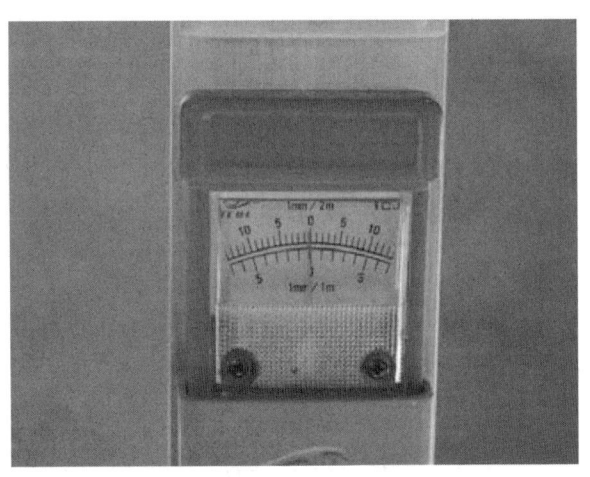

图1-3　建筑工程检测器仪表

图1-4　2m检测器检测垂直度

（2）平整度检测

检测器紧靠检测面，其缝隙大小用楔形塞尺检测，数值即为偏差值，见图1-5。

（3）水平度检测

检测器侧面有水准管，可利用其进行水平度检测。

（4）校正与调整

垂直度检测前，如果发现仪表指针有偏差，应进行校正与调整。用螺丝刀调节调节螺丝，使指针归零。经过调整与校对后的检测器，不会影响正常使用，也不会影响检测数据。

2. 对角检测尺

对角检测尺为 3 节伸缩结构，用于检测门窗洞口、构件等的方正。检测时，大节尺推键锁在某刻度线上，将检测尺两端对准被测对角顶点，固定小节尺。再检测另一对角线，松开大节尺推键，检测后再固定，读取刻度线上数值，两次读数差值即为偏差值，见图 1-6。为了满足高处检测，检测尺小节尺顶端备有可伸缩螺栓，可以固定楔形塞尺、检测镜等。

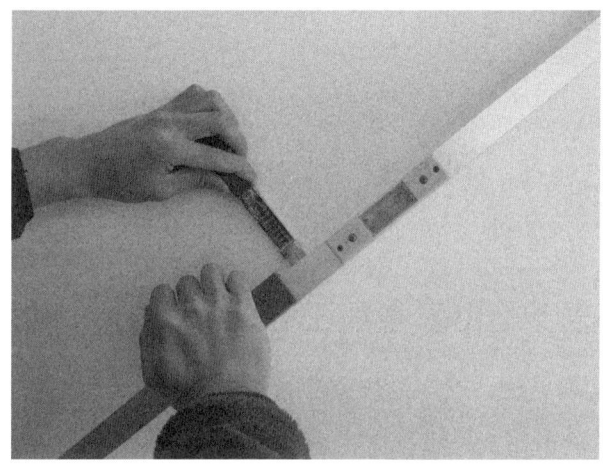 

图 1-5　平整度检测　　　　　　　　图 1-6　对角线检测

3. 内外直角检测尺

内外直角检测尺主要用于直角检测。用推键将活动尺推出，旋转 270°即可进行检测。主尺和活动尺都应紧靠被检测面，仪表指针所指刻度值即为偏差值，见图 1-7。该检测尺装有水准管，可以检测垂直度和水平度偏差值。

图 1-7　阳角直角检测

4. 百格网

百格网采用透明塑料制成,展开后跟烧制普通砖尺寸一致,分100个小格,盖在红砖表面可以检测砂浆饱满度。

5. 响鼓锤

一般分为10g、15g、25g、50g和伸缩式的响鼓锤,主要用于检测房屋墙面是否空鼓,可以通过锤头与墙面撞击的声音来判断,也可检测墙砖和地砖等的空鼓。

6. 建筑工程检测镜

建筑工程检测镜上有螺孔,可装在对角检测尺上,用于检测眼睛看不到的高处。

7. 卷线器

塑料盒式结构,内有15m尼龙丝线,可用于检测直线度和平直度。检测时,按照检测方法拉出相应长度的丝线,两端拉紧,中间用尺量偏差值,检测后用旋转手柄将丝线收回,最后扣上方扣。

8. 楔形塞尺

尺上有刻度值,所读数值为楔形塞尺厚度,可用于检测缝隙和表面平整度等,见图1-5。检测前先将游码推到楔形塞尺顶部,将楔形塞尺插到缝隙中,游码所指的数值即为所测偏差值。

1.2　建设各单位的质量责任和义务

建设单位、勘察设计单位、监理单位、施工单位等参与施工质量检查与验收的各方,对工程质量起到决定性作用,因此各单位应明确自己的责任与义务。

1.2.1　建设单位的质量责任和义务

建设单位是建筑工程的所有者和使用者的代表,是工程建设市场的重要主体,在工程建设的各阶段应该按照《建设工程质量管理条例》的规定承担相应的质量责任。

(1) 建设单位应当将工程发包给具有相应资质等级的单位。建设单位不得将建设工程肢解发包。

(2) 建设单位应当依法对工程建设项目的勘察、设计、施工、监理以及与工程建设有关的重要设备、材料等的采购进行招标。

(3) 建设单位必须向有关的勘察、设计、施工、工程监理等单位提供与建设工程有关的原始资料。原始资料必须真实、准确、齐全。

(4) 建设工程发包单位不得迫使承包方以低于成本的价格竞标,不得任意压缩合理工期。建设单位不得明示或者暗示设计单位或者施工单位违反工程建设强制性标准,降低建设工程质量。

(5) 建设单位应当将施工图设计文件报县级以上人民政府建设行政主管部门或者其他有关部门审查。施工图设计文件审查的具体办法,由国务院建设行政主管部门会同国务院其他有关部门制定。施工图设计文件未经审查批准的,不得使用。

(6) 实行监理的建设工程,建设单位应当委托具有相应资质等级的工程监理单位进行监理,也可以委托具有工程监理相应资质等级并与被监理工程的施工承包单位没有隶属关系或者其他利害关系的该工程的设计单位进行监理。

(7) 建设单位在领取施工许可证或者开工报告前,应当按照国家有关规定办理工程质量监督手续。

(8) 按照合同约定,由建设单位采购建筑材料、建筑构配件和设备的,建设单位应当保证建筑材料、建筑构配件和设备符合设计文件和合同要求。建设单位不得明示或者暗示施工单位使用不合格的建筑材料、建筑构配件和设备。

(9) 涉及建筑主体和承重结构变动的装修工程,建设单位应当在施工前委托原设计单位或者具有相应资质等级的设计单位提出设计方案;没有设计方案的,不得施工。房屋建筑使用者在装修过程中,不得擅自变动房屋建筑主体和承重结构。

(10) 建设单位收到建设工程竣工报告后,应当组织设计、施工、工程监理等有关单位进行竣工验收。建设工程经验收合格的,方可交付使用。

(11) 建设单位应当严格按照国家有关档案管理的规定,及时收集、整理建设项目各环节的文件资料,建立、健全建设项目档案,并在建设工程竣工验收后,及时向建设行政主管部门或者其他有关部门移交建设项目档案。

1.2.2 勘察、设计单位的质量责任和义务

勘察单位通过勘察工作提交工程勘察报告,设计单位把建设单位的意图转化成设计图纸。勘察、设计单位应该对自己提供的产品质量负责。

(1) 从事建设工程勘察、设计的单位应当依法取得相应等级的资质证书,并在其资质等级许可的范围内承揽工程。禁止勘察、设计单位超越其资质等级许可的范围或者以其他勘察、设计单位的名义承揽工程。禁止勘察、设计单位允许其他单位或者个人以本单位的名义承揽工程。勘察、设计单位不得转包或者违法分包所承揽的工程。

(2) 勘察、设计单位必须按照工程建设强制性标准进行勘察、设计,并对其勘察、设计的质量负责。注册建筑师、注册结构工程师等注册执业人员应当在设计文件上签字,对设计文件负责。

(3) 勘察单位提供的地质、测量、水文等勘察成果必须真实、准确。

(4) 设计单位应当根据勘察成果文件进行建设工程设计。设计文件应当符合国家规定的设计深度要求,注明工程合理使用年限。

(5) 设计单位在设计文件中选用的建筑材料、建筑构配件和设备,应当注明规格、型号、性能等技术指标,其质量要求必须符合国家规定的标准。除有特殊要求的建筑材料、专用设备、工艺生产线等外,设计单位不得指定生产厂、供应商。

(6) 设计单位应当就审查合格的施工图设计文件向施工单位作出详细说明。

(7) 设计单位应当参与建设工程质量事故分析,并对因设计造成的质量事故,提出相应的技术处理方案。

1.2.3 工程监理单位的质量责任和义务

监理单位受建设单位的委托,代表建设单位执行现场监督和质量管理,其对建设工

程质量承担监理责任。

（1）工程监理单位应当依法取得相应等级的资质证书，并在其资质等级许可的范围内承担工程监理业务。禁止工程监理单位超越本单位资质等级许可的范围或者以其他工程监理单位的名义承担工程监理业务。禁止工程监理单位允许其他单位或者个人以本单位的名义承担工程监理业务。工程监理单位不得转让工程监理业务。

（2）工程监理单位与被监理工程的施工承包单位以及建筑材料、建筑构配件和设备供应单位不得有隶属关系或者其他利害关系的，不得承担该项建设工程的监理业务。

（3）工程监理单位应当依照法律、法规以及有关技术标准、设计文件和建设工程承包合同，代表建设单位对施工质量实施监理，并对施工质量承担监理责任。

（4）工程监理单位应当选派具备相应资格的总监理工程师和监理工程师进驻施工现场。未经监理工程师签字，建筑材料、建筑构配件和设备不得在工程上使用或者安装，施工单位不得进行下一道工序的施工。未经总监理工程师签字，建设单位不拨付工程款，不进行竣工验收。

（5）监理工程师应当按照工程监理规范的要求，采取旁站、巡视和平行检验等形式，对建设工程实施监理。

1.2.4 施工单位的质量责任和义务

施工单位是建筑工程施工的主体，其行为对建设工程质量起关键性作用。施工单位施工完成后进行自检，并按照《建设工程质量管理条例》的规定承担相应的质量责任。

（1）施工单位应当依法取得相应等级的资质证书，并在其资质等级许可的范围内承揽工程。禁止施工单位超越本单位资质等级许可的业务范围或者以其他施工单位的名义承揽工程。禁止施工单位允许其他单位或者个人以本单位的名义承揽工程。施工单位不得转包或者违法分包工程。

（2）施工单位对建设工程的施工质量负责。施工单位应当建立质量责任制，确定工程项目的项目经理、技术负责人和施工管理负责人。

（3）建设工程实行总承包的，总承包单位应当对全部建设工程质量负责；建设工程勘察、设计、施工、设备采购的一项或者多项实行总承包的，总承包单位应当对其承包的建设工程或者采购的设备的质量负责。总承包单位依法将建设工程分包给其他单位的，分包单位应当按照分包合同的约定对其分包工程的质量向总承包单位负责，总承包单位与分包单位对分包工程的质量承担连带责任。

（4）施工单位必须按照工程设计图纸和施工技术标准施工，不得擅自修改工程设计，不得偷工减料。施工单位在施工过程中发现设计文件和图纸有差错的，应当及时提出意见和建议。

（5）施工单位必须按照工程设计要求、施工技术标准和合同约定，对建筑材料、建筑构配件、设备和商品混凝土进行检验，检验应当有书面记录和专人签字；未经检验或者检验不合格的，不得使用。

（6）施工单位必须建立、健全施工质量的检验制度，严格工序管理，作好隐蔽工程的质量检查和记录。隐蔽工程在隐蔽前，施工单位应当通知建设单位和建设工程质量监督机构。

(7) 施工人员对涉及结构安全的试块、试件以及有关材料，应当在建设单位或者工程监理单位监督下现场取样，并送具有相应资质等级的质量检测单位进行检测。

(8) 施工单位对施工中出现质量问题的建设工程或者竣工验收不合格的建设工程，应当负责返修。

(9) 施工单位应当建立、健全教育培训制度，加强对职工的教育培训；未经教育培训或者考核不合格的人员，不得上岗作业。

1.2.5 建筑材料、构配件生产及设备供应单位的质量责任和义务

(1) 建筑材料、构配件生产及设备供应单位对其生产或供应的产品质量负责。

(2) 建筑材料、构配件生产及设备的供需双方均应签订购销合同，并按合同条款进行质量验收。

(3) 建筑材料、构配件生产及设备供应单位必须具备相应的生产条件、技术装备和质量保证体系，具备必要的检测人员和设备，把好产品看样、定货、储存、运输和核验的质量关。

(4) 建筑材料、构配件及设备质量应当符合国家或行业现行有关技术标准规定的合格标准和设计要求；建筑材料、构配件及设备或者其包装上的标识应当符合有关要求。

1.3 房屋建筑工程质量保修

为保护建设单位、施工单位、房屋建筑所有人和使用人的合法权益，维护公共安全和公众利益，根据《中华人民共和国建筑法》和《建设工程质量管理条例》，制订了《房屋建筑工程质量保修办法》并于 2000 年开始施行。

1.3.1 质量保修的范围

质量保修适用在我国境内新建、扩建、改建各类房屋建筑工程（包括装修工程）。房屋建筑工程在保修范围和保修期限内出现质量缺陷，施工单位应当履行保修义务。建设单位和施工单位应当在工程质量保修书中约定保修范围、保修期限和保修责任等，双方约定的保修范围、保修期限必须符合国家有关规定。

下列情况不属于保修办法规定的保修范围：

(1) 因使用不当或者第三方造成的质量缺陷；

(2) 不可抗力造成的质量缺陷。

1.3.2 质量保修的期限

在正常使用下，房屋建筑工程的最低保修期限为：

(1) 地基基础和主体结构工程，为设计文件规定的该工程的合理使用年限；

(2) 屋面防水工程、有防水要求的卫生间、房间和外墙面的防渗漏，为 5 年；

(3) 供热与供冷系统，为 2 个采暖期、供冷期；

(4) 电气系统、给排水管道、设备安装为 2 年；

(5) 装修工程为 2 年。

其他项目的保修期限由建设单位和施工单位约定。房屋建筑工程保修期从工程竣工验收合格之日起计算。

1.3.3 质量保修的实施

房屋建筑工程在保修期限内出现质量缺陷，建设单位或者房屋建筑所有人应当向施工单位发出保修通知。

施工单位接到保修通知后，应当到现场核查情况，在保修书约定的时间内予以保修。发生涉及结构安全或者严重影响使用功能的紧急抢修事故，施工单位接到保修通知后，应当立即到达现场抢修。

发生涉及结构安全的质量缺陷，建设单位或者房屋建筑所有人应当立即向当地建设行政主管部门报告，采取安全防范措施；由原设计单位或者具有相应资质等级的设计单位提出保修方案，施工单位实施保修，原工程质量监督机构负责监督。

保修完成后，由建设单位或者房屋建筑所有人组织验收。涉及结构安全的，应当报当地建设行政主管部门备案。

施工单位不按工程质量保修书约定保修的，建设单位可以另行委托其他单位保修，由原施工单位承担相应责任。保修费用由质量缺陷的责任方承担。

在保修期内，因房屋建筑工程质量缺陷造成房屋所有人、使用人或者第三方人身、财产损害的，房屋所有人、使用人或者第三方可以向建设单位提出赔偿要求。建设单位向造成房屋建筑工程质量缺陷的责任方追偿。

因保修不及时造成新的人身、财产损害，由造成拖延的责任方承担赔偿责任。

1.4 现行建筑工程施工质量验收规范体系

1.4.1 建筑工程施工质量验收规范体系的构成

建筑工程涉及的专业众多，工种和施工工艺相差很大，为了解决实际运用中的问题，结合我国施工管理的传统和技术发展的趋势，形成了以《建筑工程施工质量验收统一标准》（GB 50300—2013）（以下简称"统一标准"）和各专业验收规范组成的标准、规范体系，在使用中它们必须配套使用。建筑工程施工质量检查与验收现行使用的规范主要有：

《建筑工程施工质量验收统一标准》（GB 50300—2013）

《建筑地基基础工程施工质量验收标准》（GB 50202—2018）

《砌体结构工程施工质量验收规范》（GB 50203—2011）

《混凝土结构工程施工质量验收规范》（GB 50204—2015）

《钢结构工程施工质量验收标准》（GB 50205—2020）

《木结构工程施工质量验收规范》（GB 50206—2012）

《屋面工程质量验收规范》(GB 50207—2012)
《地下防水工程质量验收规范》(GB 50208—2011)
《建筑地面工程施工质量验收规范》(GB 50209—2010)
《建筑装饰装修工程质量验收标准》(GB 50210—2018)
以上为土建工程部分。
《建筑给水排水及采暖工程施工质量验收规范》(GB 50242—2002)
《通风与空调工程施工质量验收规范》(GB 50243—2016)
《建筑电气工程施工质量验收规范》(GB 50303—2015)
《智能建筑工程质量验收规范》(GB 50339—2013)
《电梯工程施工质量验收规范》(GB 50310—2002)
以上为建筑设备安装工程部分。
《建筑节能工程施工质量验收标准》(GB 50411—2019)

在上述的9个涉及土建工程的专业验收规范、5个涉及建筑设备安装工程的专业验收规范中，凡是规范名称中没有"施工"二字的，主要内容除了施工质量方面的以外，还含有设计质量等方面的内容。1个涉及节能工程的专业验收规范，要单独组织验收。"统一标准"作为整个验收规范体系的指导性标准，是统一和指导其余各专业施工质量验收规范的总纲，各专业质量验收规范必须和它配套使用。

1.4.2 建筑工程施工质量验收规范的支撑体系

现行建筑工程施工质量验收标准编制的主要依据是《中华人民共和国建筑法》、《建设工程质量管理条例》(国务院令第279号)、《建筑结构可靠度设计统一标准》及其他有关设计规范的规定等。"统一标准"和专业验收规范体系的落实和执行，还需要有关标准的支持，其支持体系见图1-8所示。

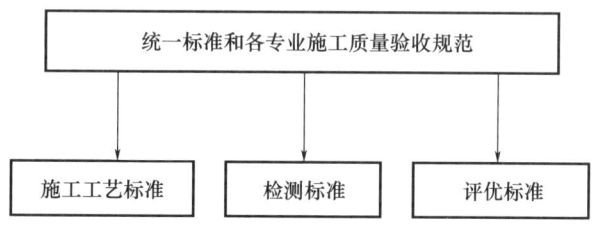

图 1-8 工程质量验收规范支撑体系示意图

(1) 施工工艺标准

施工工艺标准是施工单位进行具体操作的方法，是施工单位的内部控制标准，是企业班组操作的依据，是施工质量全过程控制的基础，也是编制验收规范的基础和依据。它可由施工企业自己制订企业标准，或行业制订推荐性标准，也可以采用其他企业的标准。施工工艺标准使企业的操作有具体的依据，这样不仅保证了验收规范的落实，也促进了企业管理水平的提高。但这些施工工艺标准不再具有强制性质，这样可以适应不同条件，并可以尽量反映科技进步和施工技术发展的成果。

(2) 检测标准

要达到质量的有效控制和科学管理，使质量验收的指标数据化，必须有完善的检测试验手段，试验方法和规定的设备等，才有可比性和规范性。质量保证最重要的一个手段就是要推行工程质量的检测制度，从原材料的进场检验到工程施工过程中的成品、半成品的检测，以及施工后的实体质量检测。所有的试验检测都必须有科学、合理、客观、统一的标准，这也是完善手段的具体表现。

(3) 评优标准

现行建筑工程施工质量验收统一标准只设了合格标准，至于评优标准可由行业协会制订，这有利于促进建筑工程施工质量水平的提高。2017年4月1日实施的《建筑工程施工质量评价标准》(GB/T 50375—2016) 是国家颁布的推荐标准，由中国建筑业协会工程建设质量监督与检测分会会同有关单位共同编制而成，该标准适用于建筑工程施工质量优良等级的评价。该标准的主要评价方法是：按单位工程评价工程质量，按单位工程的专业性质和建筑部位划分为地基及基础工程、主体结构工程、屋面工程、装饰装修工程、安装工程及建筑节能工程等六部分，按照不同的权重，每部分分别从性能检测、质量记录、允许偏差、观感质量等四项内容来进行评价。结构工程、单位工程施工质量评价综合评分达到85分及以上的建筑工程应评为优良工程。

复习思考题：

1-1　质量的定义是什么？

1-2　建筑工程质量的特性主要有哪些？

1-3　工程施工质量检查和验收的依据是什么？

1-4　对于现场质量进行检验的方法有哪些？

1-5　在正常使用的情况下，房屋建筑工程的最低保修期限是多少年？

1-6　现行建筑工程施工质量验收标准和规范有哪些？

2 建筑工程施工质量验收统一标准

内容提示：《建筑工程施工质量验收统一标准》(GB 50300—2013) 共有六章，分别为总则、术语、基本规定、建筑工程质量验收的划分、建筑工程质量验收、建筑工程验收程序和组织等。

课程目标：通过学习掌握建筑工程质量验收的基本要求；掌握分部工程、子分部工程、分项工程、检验批的划分；重点掌握单位工程、分部工程、子分部工程、分项工程、检验批的合格标准；掌握建筑工程质量验收的程序和组织；熟悉质量不符合要求的处理和严禁验收的规定。

思政目标：通过"统一标准"学习，各专业系列验收规范必须与"统一标准"配套使用。引入相关案例讲解，体现"平等、公正、法制"的社会主义核心价值观。

为了加强建筑工程质量管理，保证工程质量，统一建筑工程施工质量的验收，建筑工程施工质量的检查与验收应执行《建筑工程施工质量验收统一标准》(GB 50300—2013)（以下简称"统一标准"）及其相配套的各专业工程施工质量验收规范。

"统一标准"依据现行国家有关工程质量的法律、法规、管理标准和有关技术标准编制。内容有两部分，第一部分规定了检验批、分项、分部（子分部）工程的划分、质量指标的设置和要求、验收程序与组织，以指导系列标准各验收规范的编制，掌握内容的繁简，质量指标的多少，宽严程度等，使其能够比较协调；第二部分是直接规定了单位工程的验收，从单位工程的划分和组成，质量指标的设置，到验收程序都做了具体规定。因此各专业系列验收规范必须与"统一标准"配套使用。

2.1 基本术语

"统一标准"给出了17个术语，是"统一标准"有关章节中所引用的，也可做为建筑工程各专业施工质量验收规范引用的依据。"统一标准"的术语是从自身应用角度解释的，同时还分别给出了相应的推荐性英文术语。本书选取其中9个供大家理解，有助于把握"统一标准"的有关规定。

1. 复验 repeat test

建筑材料、设备等进入施工现场后，在外观质量检查和质量证明文件核查符合要求的基础上，按照有关规定从施工现场抽取试样送至试验室进行检验的活动。

为了保证材料、设备等的质量，按照有关规定进行复验是一项重要的活动。规范修订时对此术语增加了解释。

2. 检验批 inspection lot

按相同的生产条件或按规定的方式汇总起来供抽样检验用的、由一定数量样本组成的检验体。

建筑工程质量验收大部分采用抽样检验方式进行，即抽取一定的样本进行检验，用检验结果来代表总体，因此抽取的样本要具有代表性，按规定的方式或者生产条件一样的组成样本。

3. 见证检验 evidential testing

施工单位在工程监理单位或建设单位的见证下，按照有关规定从施工现场随机抽取试样，送至具备相应资质的检测机构进行检验的活动。

见证取样检测涉及监理单位、建设单位、施工单位、检测单位等单位，见证由监理单位或建设单位进行，然后施工单位进行现场取样，有资质的检测单位按照标准进行检测并出具检测报告。

4. 主控项目 dominant item

建筑工程中对安全、节能、环境保护和主要使用功能起决定性作用的检验项目。

5. 一般项目 general item

除主控项目以外的检验项目。

主控项目和一般项目作为一组术语，可以理解为它们合在一起组成了检验项目，重要的项目是主控项目，次重要的项目属于一般项目，主控项目起决定性作用，一般项目也影响安全、环境保护和公众利益等，只是作用弱于主控项目。

6. 抽样方案 sampling scheme

根据检验项目的特性所确定的抽样数量和方法。

建筑工程质量验收大部分采用抽取样本进行检验，先选取适用的抽样方案，再按照抽样方案抽取样本，最后对样本进行检验。

7. 错判概率 probability of commission

合格批被判为不合格批的概率，即合格批被拒收的概率，用 α 表示。

8. 漏判概率 probability of omission

不合格批被判为合格批的概率，即不合格批被误收的概率，用 β 表示。

错判概率和漏判概率作为一组术语共同进行理解，在进行抽样检验时不可避免会出现风险，因此要考虑判断错误出现的概率。

9. 观感质量 quality of appearance

通过观察和必要的测试所反映的工程外在质量和功能状态。

作为专业术语，注意避免书写错误。作为工程外在质量不光观察，还要进行必要的测试，都要符合相关专业验收规范的规定。

2.2 建筑工程质量验收的基本规定

"统一标准"中的基本规定，是系列标准各验收规范编制的依据，体现了法律法规对质量管理的要求，强调进行过程管理，它是建筑工程质量验收的基本准则。

2.2.1 对质量管理的规定

1. 施工现场应具有健全的质量管理体系、相应的施工技术标准、施工质量检验制

度和综合施工质量水平评定考核制度。

施工单位应建立完善的质量管理体系,在确保有效性的前提下,根据自身管理特点选择不同的要素。施工单位还应通过内部的审核与管理者的评审,找出质量管理体系中存在的问题和薄弱环节,并制订改进的措施和跟踪检查落实等措施,使单位的质量管理体系不断健全和完善。这是施工单位不断提高建筑工程施工质量的保证,也是施工单位参与国际竞争的坚强后盾。

这条规定了施工现场质量管理应有相应的施工技术标准,为了保证国家标准的贯彻落实,根据企业自身管理水平,建筑施工企业应建立高于国家标准和行业标准的企业标准,在现场管理时认真加以实施。这不仅有利于提高企业竞争力,还有利于企业加强质量管理。

同时建筑工程的质量控制应为全过程的控制,施工单位应推行生产控制和合格控制的全过程质量控制,应有健全的生产控制和合格控制的质量管理体系。不仅包括原材料控制、工艺流程控制、施工操作控制、每道工序质量检查、各道相关工序间的交接检验以及专业化工种之间等中间交接环节的质量管理和控制要求,还应包括满足施工图设计和功能要求的抽样检验制度等。

施工企业要有健全的施工质量检验制度,包括材料、设备进场检验制度,施工过程的试验、检验制度,施工后的抽检检验制度等。

施工单位应重视综合质量控制水平,应从施工技术、管理制度、工程质量控制和工程质量等方面制订针对施工企业综合质量控制水平的指标,以达到提高自身整体素质和经济效益。

2. 未实行监理的建筑工程,建设单位相关人员应履行标准涉及的监理职责。

根据《建设工程监理范围和规模标准规定》(建设部令第86号),对国家重点建设工程、大中型公用事业工程等必须实行监理。对于该规定包含范围以外的工程,也可由建设单位完成相应的施工质量控制及验收工作。因此建设单位相关人员应履行"统一标准"涉及的监理职责。

2.2.2 对质量控制的规定

"统一标准"规定了建筑工程进行施工质量控制应满足以下三个方面。

1. 建筑工程采用的主要材料、半成品、成品、建筑构配件、器具和设备应进行进场检验。凡涉及安全、节能、环境保护和主要使用功能的重要材料、产品,应按各专业工程施工规范、验收规范和设计文件等规定进行复验,并应经监理工程师检查认可。

建筑材料和设备合格是建筑工程质量的重要保证,是施工过程质量控制的前提,此条规定可以从两个方面理解,一是用于建筑工程的主要材料、半成品、成品、建筑构配件、器具和设备的进场检验;二是要求对涉及安全、节能、环境保护和主要使用功能的重要材料、产品,应按各专业工程质量验收规范规定进行复验,在进行复验时要满足有关产品相应的标准规定,合格后应经监理工程师检查认可方可使用,未经监理工程师认可的不能使用并退出施工现场。重要建筑材料、产品的复验,体现了以人为本、节能、环保的理念和原则。

原材料、半成品或构配件进场前应向项目监理机构提交报审表，同时附有产品出厂合格证及技术说明书，由施工单位按规定要求进行检验的检验或试验报告，经监理工程师审查并确认其质量合格后，方准进场。进口材料的检查验收，应会同国家商检部门进行。如果在检验中发现质量问题或数量不符合规定要求，应取得供货方及商检人员签署的商务记录，在规定的索赔期内进行索赔。

2. 各施工工序应按施工技术标准进行质量控制，每道施工工序完成后，经施工单位自检符合规定后，才能进行下道工序施工。各专业工种之间的相关工序应进行交接检验，并应记录。

控制每道工序的质量，是施工过程质量控制的关键。目前各专业的施工技术规范正在编制，并陆续实施，施工单位可按照执行。考虑到企业标准的控制指标应严格于行业和国家标准指标，鼓励有能力的施工单位编制企业标准，并按照企业标准的要求控制每道工序的施工质量，使施工过程每个环节处于受控状态，利于达到质量管理的要求。

对工序质量的控制，主要是设置质量控制点。质量控制点是为了保证工序质量而确定的控制对象、关键部位或薄弱环节。质量控制点的选择可以是：施工过程中的关键工序或环节以及隐蔽工程；施工中的薄弱环节或质量不稳定的工序；对后续工程施工或对后续工序质量有重大影响的工序；采用新技术、新工艺、新材料的部位或环节；施工上无足够把握的、施工条件困难的或技术难度大的工序。是否设置为质量控制点，主要是看其对质量影响的大小、危害程度而定。

针对所设置的质量控制点，事先进行分析施工中可能产生的质量问题或隐患，分析可能产生的原因并提出相应的对策，采取有效的措施以防发生质量问题。工序完成后，应该认真进行检查。

施工单位每道工序完成后除了自检、专职质量检查员检查外，还强调了工序交接检查，上道工序还应满足下道工序的施工条件和要求；同样相关专业工序之间也应进行中间交接检验，使各工序间和各相关专业工程之间形成一个有机的整体。经过后道工序确认，给予前道工序质量的认可，又加强了后道工序对前道工序质量的保护，因此应形成记录。

3. 对于监理单位提出检查要求的重要工序，应经监理工程师检查认可，才能进行下道工序施工。

工序是建筑工程施工的基本组成部分，一个检验批可能由一道或多道工序组成。根据目前的验收要求，监理单位对工程质量控制到检验批，对工序的质量一般由施工单位通过自检予以控制，但为保证工程质量，对监理单位有要求的重要工序，应经监理工程师检查认可，才能进行下道工序施工。这样即能保证交接工作正确进行，又能防止产生质量问题时发生纠纷。监理工程师只能对重要工序进行质量确认，不可能检查全部工序，此次修订表述更准确，也利于操作。

2.2.3 对质量验收的基本要求

"统一标准"对建筑工程质量验收提出七点基本要求，以确保质量验收。

1. 工程质量验收均应在施工单位自检合格的基础上进行。

验收是指建筑工程质量在施工单位自行检查合格的基础上，由工程质量验收责任方组织，工程建设相关单位参加，对检验批、分项、分部、单位工程及其隐蔽工程的质量进行抽样检验，对技术文件进行审核，并根据设计文件和相关标准以书面形式对工程质量是否达到合格做出确认。由此可见，检查和验收是两个过程，施工单位应按不低于国家验收规范的企业标准来进行操作和自行检查，施工单位自行检查合格之后再报监理单位（建设单位）进行验收，这是工程质量验收的程序。工程质量验收的前提条件为施工单位自检合格，验收时施工单位对自检中发现的问题已完成整改。

2. 参加工程施工质量验收的各方人员应具备相应的资格。

本条规定了人员资格，即参加工程施工质量验收的人员必须是具有资格的专业技术人员，包括监理工程师、建造师、技术负责、专业质量检查员等，这为质量验收的准确性提供了保障，能够满足验收过程的顺利实施。验收规范的落实必须由有资格的人员执行，只有具有一定的工程技术理论和工程实践经验的专业技术人员，才能保证专业验收规范的正确执行。参加工程施工质量验收的各方人员资格包括专业和职称要求，具体要求应符合国家、行业和地方有关法律、法规的规定，尚无规定时可由参加验收的单位协商确定。

3. 检验批的质量应按主控项目和一般项目验收。

检验批的合格，是由主控项目和一般项目的检验质量决定的。主控项目和一般项目的检验在后面有详细介绍，此处不再赘述。主控项目和一般项目的划分应符合各专业验收规范的具体规定。

4. 对涉及结构安全、节能、环境保护和主要使用功能的试块、试件及材料，应在进场时或施工中按规定进行见证检验。

见证检验的项目、内容、程序、抽样数量等应符合国家、行业和地方有关规范的规定。根据《房屋建筑工程和市政基础设施工程实行见证取样和送检的规定》（建建〔2000〕211号）文件的规定。

1）涉及结构安全的试块、试件和材料见证取样和送检的比例不得低于有关技术标准中规定应取样数量的30%。

2）下列试块、试件和材料必须实施见证取样和送检。

（1）用于承重结构的混凝土试块；

（2）用于承重墙体的砌筑砂浆试块；

（3）用于承重结构的钢筋及连接接头试件；

（4）用于承重墙的砖和混凝土小型砌块；

（5）用于拌制混凝土和砌筑砂浆的水泥；

（6）用于承重结构的混凝土中使用的掺加剂；

（7）地下、屋面、厕浴间使用的防水材料；

（8）国家规定必须实行见证取样和送检的其他试块、试件和材料。

3）见证人员应由建设单位或该工程的监理单位具备建筑施工试验知识的专业技术人员担任，并应由建设单位或该工程的监理单位书面通知施工单位、检测单位和负责该工程的质量监督机构。

4）在施工过程中，见证人员应按照见证取样和送检计划，对施工现场的取样和送检进行见证，取样人员应在试样或其包装上做出标识、封志。标识和封志应标明工程名称、取样部位、取样日期、样品名称和样品数量，并由见证人员和取样人员签字。见证人员应制作见证记录，并将见证记录归入施工技术档案。见证人员和取样人员应对试样的代表性和真实性负责。

5）见证取样的试块、试件和材料送检时，应由送检单位填写委托单，委托单应有见证人员和送检人员签字。检测单位应检查委托单及试样上的标识和封志，确认无误后方可进行检测。

6）检测单位应严格按照有关管理规定和技术标准进行检测，出具公正、真实、准确的检测报告。见证取样和送检的检测报告必须加盖见证取样检测的专用章。

5. 隐蔽工程在隐蔽前应由施工单位通知监理单位进行验收，并应形成验收文件，验收合格后方可继续施工。

建筑工程在施工过程中，工序之间交接多，隐蔽工程多。若在施工中不及时进行质量检查和验收，事后就很难发现内在的质量问题，这样就容易产生错误判断。因此隐蔽工程在隐蔽前要进行检查和验收，是质量控制的重要过程。施工单位通知建设、监理、勘察、设计和质量监督等有关单位的人员共同验收、共同确认，并应形成书面文件，以备后期检查。施工单位要建立隐蔽工程验收制度，并在施工组织设计中列出计划。

6. 对涉及结构安全、节能、环境保护和使用功能的重要分部工程，应在验收前按规定进行抽样检验。

对有些分部工程进行抽样检测，是新的验收规范增加的内容。此次修订适当扩大抽样检验的范围，不仅包括涉及结构安全和使用功能，还包括涉及节能、环境保护等的重要分部工程，具体内容可由各专业验收规范确定。抽样检验和实体检验结果应符合有关专业验收规范的规定。尽可能采用无损或微破损检测方法进行，以减少对于结构的损害。

7. 工程的观感质量应由验收人员现场检查，并应共同确认。

观感质量验收不光反映外观质量，也涉及到使用功能方面的检查。这类检查往往难以定量，只能通过检查人员现场观察、触摸和必要的量测进行，并受人为因素影响较大，所以检查结果不能定为合格和不合格，而是给出好、一般和差的综合评价结果。因此要求验收人员经过现场检查，共同确认观感质量。现场检查时房屋四周尽量走到，室内重要部位和有代表性的房间尽可能看到，有关设备尽可能要运行。在听取各方面意见后，由总监理工程师为主导和监理工程师共同确认。对影响观感及使用功能或质量评价为差的项目应进行返修。

2.2.4 对质量验收的基本规定

1. 建筑工程施工质量验收合格应符合下列规定。

（1）符合工程勘察、设计文件的规定。

（2）符合统一标准和相关专业验收规范的规定。

本条明确给出了建筑工程施工质量验收合格的条件。需要指出的是，统一标准及各专业验收规范提出的合格要求是对施工质量的最低要求，允许建设、设计等单位提出高于本标准及相关专业验收规范的验收要求。

勘察单位的勘察结论为设计单位和施工单位提供了依据。施工单位应遵循工程勘察结论编制有关技术措施和施工方案，并认真组织施工，保证施工的顺利进行。设计文件是设计单位将建设单位的意图反应在图纸上，施工单位按图施工，将图纸变成实物，体现设计意图，实现建设单位的建设目标。施工单位坚持按图施工的原则，施工图如果修改必须由原设计单位按照规定的程序进行。

"统一标准"和相关专业验收规范具有统一性，相关专业验收规范必须和"统一标准"配套使用，具体验收内容要满足相关专业验收规范的规定。本规范体系只是应用于建筑工程质量验收，而且只设一个合格等级，对于如何完成合格质量的具体施工方法没有规定。施工企业可以按照验收规范制订自己的企业标准，满足验收规范合格质量规定。施工企业也可制订高于国家标准的企业标准，发挥企业的管理水平，提高建筑工程质量。

2. 当专业验收规范对工程中的验收项目未做出相应规定时，应由建设单位组织监理、设计、施工等相关单位制订专项验收要求。涉及安全、节能、环境保护等项目的专项验收要求应由建设单位组织专家论证。

本条为新增条文，规定对国家、行业、地方标准没有具体验收要求的分项工程及检验批，可由建设单位组织制定专项验收要求，专项验收要求应符合设计意图，包括分项工程及检验批的划分、抽样方案、验收方法、判定指标等内容，监理、设计、施工等单位可参与制订。为保证工程质量，重要的专项验收要求应在实施前组织专家论证。以适应建筑工程行业的发展，鼓励"四新"技术的推广应用，保证建筑工程验收的顺利进行。

2.2.5 对抽样检验和复验的规定

1. 检验批的质量检验，可根据检验项目的特点在下列抽样方案中选取。
（1）计量、计数或计量—计数的抽样方案。
（2）一次、二次或多次抽样方案。
（3）对重要的检验项目，当有简易快速的检验方法时，选用全数检验方案。
（4）根据生产连续性和生产控制稳定性情况，采用调整型抽样方案。
（5）经实践证明有效的抽样方案。

本条给出了检验批质量检验评定的抽样方案，分为全数检验和抽样检验两大类，可根据检验项目的特点进行选择；对于重要的检验项目，并且可以采用简易快速的非破损检验方法时，宜选用全数检验；对于构件截面尺寸或外观质量等检验项目，宜选用一次或二次抽样方案，也可选用经实践经验有效的抽样方案。抽样的具体方法有完全随机抽样、分组抽样、系统抽样、多阶段抽样等。

2. 检验批抽样样本应随机抽取，满足分布均匀、具有代表性的要求，抽样数量应符合有关专业验收规范的规定。当采用计数抽样时，最小抽样数量应符合表 2-1 的

要求。

明显不合格的个体可不纳入检验批，但应进行处理，使其满足有关专业验收规范的规定，对处理的情况应予以记录并重新验收。

表 2-1　检验批最小抽样数量

检验批的容量	最小抽样数量	检验批的容量	最小抽样数量
2～15	2	151～280	13
16～25	3	281～500	20
26～90	5	501～1200	32
91～150	8	1201～3200	50

本条规定了检验批的抽样要求。目前对施工质量的检验大多没有具体的抽样方案，样本选取的随意性较大，有时不能代表母体的质量情况。因此本条规定随机抽样应满足样本分布均匀、抽样具有代表性等要求。

对抽样数量的规定依据国家标准《计数抽样检验程序 第 1 部分：按接收质量限（AQL）检索的逐批检验抽样计划》（GB/T 2828.1—2012），给出了检验批验收时的最小抽样数量，其目的是要保证验收检验具有一定的抽样量，并符合统计学原理，使抽样更具代表性。最小抽样数量有时不是最佳的抽样数量，因此本条规定抽样数量尚应符合有关专业验收规范的规定。

检验批中明显不合格的个体主要可通过肉眼观察或简单的测试确定，这些个体的检验指标往往与其他个体存在较大差异，纳入检验批后会增大验收结果的离散性，影响整体质量水平的统计。同时，也为了避免对明显不合格个体的人为忽略情况，本条规定对明显不合格的个体可不纳入检验批，但必须进行处理，使其符合规定。

3. 计量抽样的错判概率 α 和漏判概率 β 可按下列规定采取。

（1）主控项目：对应于合格质量水平的 α 和 β 均不宜超过 5%。

（2）一般项目：对应于合格质量水平的 α 不宜超过 5%，β 不宜超过 10%。

关于合格质量水平的错判概率 α，是指合格批被判为不合格的概率，即合格批被拒收的概率，是生产方风险；漏判概率 β 为不合格批被判为合格批的概率，即不合格批被误收的概率，是使用方风险。抽样检验必然存在这两类风险，通过抽样检验的方法使检验批 100%合格是不合理的也是不可能的，影响质量的任一因素发生变化都会使质量产生波动，在抽检时不可能全部发现。在抽样检验中，两类风险控制范围是：$\alpha=1\%\sim5\%$；$\beta=5\%\sim10\%$。对于主控项目，其 α、β 均不宜超过 5%；对于一般项目，α 不宜超过 5%，β 不宜超过 10%。

4. 符合下列条件之一时，可按相关专业验收规范的规定适当调整抽样复验、试验数量，调整后的抽样复验、试验方案应由施工单位编制，并报监理单位审核确认。

（1）同一项目中由相同施工单位施工的多个单位工程，使用同一生产厂家的同品种、同规格、同批次的材料、构配件、设备。

相同施工单位在同一项目中施工的多个单位工程，使用的材料、构配件、设备等往往属于同一批次，如果按每一个单位工程分别进行复验、试验势必会造成重复，且必要性不大，因此规定可适当调整抽样复检、试验数量，具体要求可根据相关专业验收规范的规定执行。

（2）同一施工单位在现场加工的成品、半成品、构配件用于同一项目中的多个单位工程。

施工现场加工的成品、半成品、构配件等符合条件时，可适当调整抽样复验、试验数量。但对施工安装后的工程质量应按分部工程的要求进行检测试验，不能减少抽样数量，如结构实体混凝土强度检测、钢筋保护层厚度检测等。

（3）在同一项目中，针对同一抽样对象已有检验成果可以重复利用。

在实际工程中，同一专业内或不同专业之间对同一对象有重复检验的情况，并需分别填写验收资料。例如混凝土结构隐蔽工程检验批和钢筋工程检验批，装饰装修工程和节能工程中对门窗的气密性试验等。因此本条规定可避免对同一对象的重复检验，可重复利用检验成果，只需复制后分别归档。

本条为新增条文，可降低成本，节约时间。调整抽样复验、试验数量或重复利用已有检验成果应有具体的实施方案，实施方案应符合各专业验收规范的规定，并事先报监理单位认可。施工或监理单位认为必要时，也可不调整抽样复验、试验数量或不重复利用已有检验成果。

2.3 建筑工程质量验收的划分

建筑工程产品的固定性和生产的流动性，产品生产周期长，生产时受外界因素影响多，这些就决定建筑工程产品质量容易出现问题。建筑工程项目竣工后无法检查工程内在质量，因此有必要进行建筑工程施工质量验收的划分。通过过程检验和竣工验收，实施施工过程控制和终端把关，确保工程质量达到预期目标。

建筑工程竣工交付使用是把最终的产品交给用户，在交付使用前应对整个工程进行质量验收。为了方便质量管理和控制工程质量，建筑工程质量验收划分为单位工程、分部工程、分项工程和检验批，详见表2-2。

表 2-2　建筑工程质量验收的划分表

序号	分部工程	子分部工程	分项工程
1	地基与基础	地基	素土、灰土地基，砂和砂石地基，土工合成材料地基，粉煤灰地基，强夯地基，注浆地基，预压地基，砂石桩复合地基，高压旋喷注浆地基，水泥土搅拌桩地基，土和灰土挤密桩复合地基，水泥粉煤灰碎石桩复合地基，夯实水泥土桩复合地基
		基础	无筋扩展基础，钢筋混凝土扩展基础，筏形与箱形基础，钢结构基础，钢管混凝土结构基础，型钢混凝土结构基础，钢筋混凝土预制桩基础，泥浆护壁成孔灌注桩基础，干作业成孔桩基础，长螺旋钻孔灌桩基础，沉管灌注桩基础，钢桩基础，锚杆静压桩基础，岩石锚杆基础，沉井与沉箱基础
		基坑支护	灌注桩排桩围护墙，板桩围护墙，咬合桩围护墙，型钢水泥土搅拌墙，土钉墙，地下连续墙，水泥土重力式挡墙，内支撑，锚杆，与主体结构相结合的基坑支护

续表

序号	分部工程	子分部工程	分项工程
1	地基与基础	地下水控制	降水与排水，回灌
		土方	土方开挖，土方回填，场地平整
		边坡	喷锚支护，挡土墙，边坡开挖
		地下防水	主体结构防水，细部构造防水，特殊施工法结构防水，排水，注浆
2	主体结构	混凝土结构	模板，钢筋，混凝土，预应力、现浇结构，装配式结构
		砌体结构	砖砌体，混凝土小型空心砌块砌体，石砌体，配筋砌体，填充墙砌体
		钢结构	钢结构焊接，紧固件连接，钢零部件加工，钢构件组装及预拼装，单层钢结构安装，多层及高层钢结构安装，钢管结构安装，预应力钢索和膜结构，压型金属板，防腐涂料涂装，防火涂料涂装
		钢管混凝土结构	构件现场拼装，构件安装，钢管焊接，构件连接，钢管内钢筋骨架，混凝土
		型钢混凝土结构	型钢焊接，紧固件连接，型钢与钢筋连接，型钢构件组装及预拼装，型钢安装，模板，混凝土
		铝合金结构	铝合金焊接，紧固件连接，铝合金零部件加工，铝合金构件组装，铝合金构件预拼装，铝合金框架结构安装，铝合金空间网格结构安装，铝合金面板，铝合金幕墙结构安装，防腐处理
		木结构	方木和原木结构，胶合木结构，轻型木结构，木结构的防护
3	建筑装饰装修	建筑地面	基层铺设，整体面层铺设，板块面层铺设，木、竹面层铺设
		抹灰	一般抹灰，保温层薄抹灰，装饰抹灰，清水砌体勾缝
		外墙防水	外墙砂浆防水，涂膜防水，透气膜防水
		门窗	木门窗安装，金属门窗安装，塑料门窗安装，特种门安装，门窗玻璃安装
		吊顶	整体面层吊顶，板块面层吊顶，格栅吊顶
		轻质隔墙	板材隔墙，骨架隔墙，活动隔墙，玻璃隔墙
		饰面板	石材安装，陶瓷板安装，木板安装，金属板安装，塑料板安装
		饰面砖	外墙饰面砖粘贴，内墙饰面砖粘贴
		幕墙	玻璃幕墙安装，金属幕墙安装，石材幕墙安装，陶板幕墙安装
		涂饰	水性涂料涂饰，溶剂型涂料涂饰，美术涂饰
		裱糊与软包	裱糊、软包
		细部	橱柜制作与安装，窗帘盒和窗台板制作与安装，门窗套制作与安装，护栏和扶手制作与安装，花饰制作与安装
4	屋面	基层与保护	找坡层和找平层，隔汽层，隔离层，保护层
		保温与隔热	板状材料保温层，纤维材料保温层，喷涂硬泡聚氨酯保温层，现浇泡沫混凝土保温层，种植隔热层，架空隔热层，蓄水隔热层
		防水与密封	卷材防水层，涂膜防水层，复合防水层，接缝密封防水
		瓦面与板面	烧结瓦和混凝土瓦铺装，沥青瓦铺装，金属板铺装，玻璃采光顶铺装
		细部构造	檐口，檐沟和天沟，女儿墙和山墙，水落口，变形缝，伸出屋面管道，屋面出入口，反梁过水孔，设施基座，屋脊，屋顶窗

2 建筑工程施工质量验收统一标准

续表

序号	分部工程	子分部工程	分项工程
5	建筑给水排水及供暖	室内给水系统	给水管道及配件安装，给水设备安装，室内消火栓系统安装，消防喷淋系统安装，防腐，绝热，管道冲洗、消毒，试验与调试
		室内排水系统	排水管道及配件安装，雨水管道及配件安装，防腐，试验与调试
		室内热水系统	管道及配件安装，辅助设备安装，防腐，绝热，试验与调试
		卫生器具	卫生器具安装，卫生器具给水配件安装，卫生器具排水管道安装，试验与调试
		室内供暖系统	管道及配件安装，辅助设备安装，散热器安装，低温热水地板辐射供暖系统安装，电加热供暖系统安装，燃气红外辐射供暖系统安装，热风供暖系统安装，热计量及调控装置安装，试验与调试，防腐，绝热
		室外给水管网	给水管道安装，室外消火栓系统安装，试验与调试
		室外排水管网	排水管道安装，排水管沟与井池，试验与调试
		室外供热管网	管道及配件安装，系统水压试验，土建结构，防腐，绝热，试验与调试
		建筑饮用水供应系统	管道及配件安装，水处理设备及控制设施安装，防腐，绝热，试验与调试
		建筑中水系统及雨水利用系统	建筑中水系统、雨水利用系统管道及配件安装，水处理设备及控制设施安装，防腐，绝热，试验与调试
		游泳池及公共浴池水系统	管道及配件系统安装，水处理设备及控制设施安装，防腐，绝热，试验与调试
		水景喷泉系统	管道系统及配件安装，防腐，绝热，试验与调试
		热源及辅助设备	锅炉安装，辅助设备及管道安装，安全附件安装，换热站安装，防腐，绝热，试验与调试
		监测与控制仪表	检测仪器及仪表安装，试验与调试
6	通风与空调	送风系统	风管与配件制作，部件制作，风管系统安装，风机与空气处理设备安装，风管与设备防腐，旋流风口、岗位送风口、织物（布）风管安装，系统调试
		排风系统	风管与配件制作，部件制作，风管系统安装，风机与空气处理设备安装，风管与设备防腐，吸风罩及其他空气处理设备安装，厨房、卫生间排风系统安装，系统调试
		防排烟系统	风管与配件制作，部件制作，风管系统安装，风机与空气处理设备安装，风管与设备防腐，排烟风（阀）口、常闭正压风口、防火风管安装，系统调试
		除尘系统	风管与配件制作，部件制作，风管系统安装，风机与空气处理设备安装，风管与设备防腐，除尘器与排污设备安装，吸尘罩安装，高温风管绝热，系统调试
		舒适性空调系统	风管与配件制作，部件制作，风管系统安装，风机与空气处理设备安装，风管与设备防腐，组合式空调机组安装，消声器、静电除尘、换热器、紫外线灭菌器等设备安装，风机盘管、变风量与定风量送风装置、射流喷口等末端设备安装，风管与设备绝热，系统调试

续表

序号	分部工程	子分部工程	分项工程
6	通风与空调	恒温恒湿空调系统	风管与配件制作，部件制作，风管系统安装，风机与空气处理设备安装，风管与设备防腐，组合式空调机组安装，电加热器、加湿器等设备安装，精密空调机组安装，风管与设备绝热，系统调试
		净化空调系统	风管与配件制作，部件制作，风管系统安装，风机与空气处理设备安装，风管与设备防腐，净化空调机组安装，消声器、静电除尘器、换热器、紫外线灭菌器等设备安装，中、高效过滤器及风机过滤器单元等末端设备清洗与安装，洁净度测试，风管与设备绝热，系统调试
		地下人防通风系统	风管与配件制作，部件制作，风管系统安装，风机与空气处理设备安装，风管与设备防腐，过滤吸收器、防爆波活门、防爆超压排气活门等专用设备安装，系统调试
		真空吸尘系统	风管与配件制作，部件制作，风管系统安装，风机与空气处理设备安装，风管与设备防腐，管道安装，快速接口安装，风机与滤尘设备安装，系统压力试验及调试
		冷凝水系统	管道系统及部件安装，水泵及附属设备安装，管道冲洗，管道、设备防腐，板式热交换器，辐射板及辐射供热、供冷地埋管，热泵机组设备安装，管道、设备绝热，系统压力试验及调试
		空调（冷、热）水系统	管道系统及部件安装，水泵及附属设备安装，管道冲洗，管道、设备防腐，冷却塔与水处理设备安装，防冻伴热设备安装，管道、设备绝热，系统压力试验及调试
		冷却水系统	管道系统及部件安装，水泵及附属设备安装，管道冲洗，管道、设备防腐，系统灌水渗漏及排放试验，管道、设备绝热
		土壤源热泵换热系统	管道系统及部件安装，水泵及附属设备安装，管道冲洗，管道、设备防腐，埋地换热系统与管网安装，管道、设备绝热，系统压力试验及调试
		水源热泵换热系统	管道系统及部件安装，水泵及附属设备安装，管道冲洗，管道、设备防腐，地表水源换热管与管网安装，除垢设备安装，管道、设备绝热，系统压力试验及调试
		蓄能系统	管道系统及部件安装，水泵及附属设备安装，管道冲洗，管道、设备防腐，蓄水罐与蓄冰槽、罐安装，管道、设备绝热，系统压力试验及调试
		压缩式制冷（热）设备系统	制冷机组及附属设备安装，管道、设备防腐，制冷剂管道及部件安装，制冷剂灌注，管道、设备绝热，系统压力试验及调试
		吸收式制冷设备系统	制冷机组及附属设备安装，管道、设备防腐，系统真空试验，溴化锂溶液加灌，蒸汽管道系统安装，燃气或燃油设备安装，管道、设备绝热，试验及调试
		多联机（热泵）空调系统	室外机组安装，室内机组安装，制冷剂管路连接及控制开关安装，风管安装，冷凝水管道安装，制冷剂灌注，系统压力试验及调试
		太阳能供暖空调系统	太阳能集热器安装，其他辅助能源、换热设备安装，蓄能水箱、管道及配件安装，防腐，绝热，低温热水地板辐射采暖系统安装，系统压力试验及调试
		设备自控系统	温度、压力与流量传感器安装，执行机构安装调试，防排烟系统功能测试，自动控制及系统智能控制软件调试

2 建筑工程施工质量验收统一标准

续表

序号	分部工程	子分部工程	分项工程
7	建筑电气	室外电气	变压器、箱式变电所安装，成套配电柜、控制柜（屏、台）和动力、照明配电箱（盘）及控制柜安装，梯架、支架、托盘和槽盒安装，导管敷设，电缆敷设，管内穿线和槽盒内敷线，电缆头制作、导线连接和线路绝缘测试，普通灯具安装，专用灯具安装，建筑照明通电试运行，接地装置安装
		变配电室	变压器、箱式变电所安装，成套配电柜、控制柜（屏、台）和动力、照明配电箱（盘）安装，母线槽安装，梯架、支架、托盘和槽盒安装，电缆敷设，电缆头制作、导线连接和线路绝缘测试，接地装置安装，接地干线敷设
		供电干线	电气设备试验和试运行，母线槽安装，梯架、支架、托盘和槽盒安装，导管敷设，电缆敷设，管内穿线和槽盒内敷线，电缆头制作、导线连接和线路绝缘测试，接地干线敷设
		电气动力	成套配电柜、控制柜（屏、台）和动力、照明配电箱（盘）安装，电动机、电加热器及电动执行机构检查接线，电气设备试验和试运行，梯架、支架、托盘和槽盒安装，导管敷设，电缆敷设，管内穿线和槽盒内敷线，电缆头制作、导线连接和线路绝缘测试
		电气照明	成套配电柜、控制柜（屏、台）和动力、照明配电箱（盘）安装，梯架、支架、托盘和槽盒安装，导管敷设，管内穿线和槽盒内敷线，塑料护套线直敷布线，钢索配线，电缆头制作、导线连接和线路绝缘测试，普通灯具安装，专用灯具安装，开关、插座、风扇安装，建筑照明通电试运行
		备用和不间断电源	成套配电柜、控制柜（屏、台）和动力、照明配电箱（盘）安装，柴油发电机组安装，不间断电源装置及应急电源装置安装，母线槽安装，导管敷设，电缆敷设，管内穿线和槽盒内敷线，电缆头制作、导线连接和线路绝缘测试，接地装置安装
		防雷及接地	接地装置安装，避雷引下线及接闪器安装，建筑物等电位连接，浪涌保护器安装
8	智能建筑	智能化集成系统	设备安装，软件安装，接口及系统调试，试运行
		信息接入系统	安装场地检查
		用户电话交换系统	线缆敷设，设备安装，软件安装，接口及系统调试，试运行
		信息网络系统	计算机网络设备安装，计算机网络软件安装，网络安全设备安装，网络安全软件安装，系统调试，试运行
		综合布线系统	梯架，托盘，槽盒和导管安装，线缆敷设，机柜、机架、配线架安装，信息插座安装，链路或信道测试，软件安装，系统调试，试运行
		移动通信室内信号覆盖系统	安装场地检查
		卫星通信系统	安装场地检查
		有线电视及卫星电视接收系统	梯架、托盘、槽盒和导管安装，线缆敷设，设备安装，软件安装，系统调试，试运行
		公共广播系统	梯架、托盘、槽盒和导管安装，线缆敷设，设备安装，软件安装，系统调试，试运行

续表

序号	分部工程	子分部工程	分项工程
8	智能建筑	会议系统	梯架、托盘、槽盒和导管安装,线缆敷设,设备安装,软件安装,系统调试,试运行
		信息导引及发布系统	梯架、托盘、槽盒和导管安装,线缆敷设,显示设备安装,机房设备安装,软件安装,系统调试,试运行
		时钟系统	梯架、托盘、槽盒和导管安装,线缆敷设,设备安装,软件安装,系统调试,试运行
		信息化应用系统	梯架、托盘、槽盒和导管安装,线缆敷设,设备安装,软件安装,系统调试,试运行
		建筑设备监控系统	梯架、托盘、槽盒和导管安装,线缆敷设,传感器安装,执行器安装,控制器、箱安装,中央管理工作站和操作分站设备安装,软件安装,系统调试,试运行
		火灾自动报警系统	梯架、托盘、槽盒和导管安装,线缆敷设,探测器类设备安装,控制器类设备安装,其他设备安装,软件安装,系统调试,试运行
		安全技术防范系统	梯架、托盘、槽盒和导管安装,线缆敷设,设备安装,软件安装,系统调试,试运行
		应急响应系统	设备安装,软件安装,系统安装,试运行
		机房	供配电系统,防雷与接地系统,空气调节系统,给水排水系统,综合布线系统,监控与安装防范系统,消防系统,室内装饰装修,电磁屏蔽,系统调试,试运行
		防雷与接地	接地装置,接地线,等电位联接,屏蔽设施,电涌保护器,线缆敷设,系统调试,试运行
9	建筑节能	围护系统节能	墙体节能、幕墙节能、门窗节能、屋面节能、地面节能
		供暖空调设备及管网节能	供暖节能、通风与空调设备节能,空调与供暖系统冷热源节能,空调与供暖系统管网节能
		电气动力节能	配电节能、照明节能
		监控系统节能	监测系统节能、控制系统节能
		可再生能源	地源热泵系统节能,太阳能光热系统节能,太阳能光伏节能
10	电梯	电力驱动的曳引式或强制式电梯	设备进场验收,土建交接检验,驱动主机,导轨,门系统,轿厢,对重,安全部件,悬挂装置,随行电缆,补偿装置,电气装置,整机安装验收
		液压电梯	设备进场验收,土建交接检验,液压系统,导轨,门系统,轿厢,对重,安全部件,悬挂装置,随行电缆,电气装置,整机安装验收
		自动扶梯、自动人行道	设备进场验收,土建交接检验,整机安装验收

注:本表摘自《建筑工程施工质量验收统一标准》(GB 50300—2013)附录 B。

2.3.1 单位工程的划分

单位工程的划分应按下列原则确定：

1. 具备独立施工条件并能形成独立使用功能的建筑物或构筑物为一个单位工程。

2. 对于规模较大的单位工程，可将其能形成独立使用功能的部分划分为一个子单位工程。

一个独立的、单一的建筑物或构筑物，具有独立施工条件和能形成独立使用功能的即为一个单位工程，例如一栋住宅楼、一个教学楼、一个变电站等。

随着经济发展和施工技术进步，自改革开放以来，涌现了大量建筑规模较大的单体工程和具有综合使用功能的综合性建筑物，几万平方米的建筑物比比皆是。这些建筑物的施工周期一般较长，受多种因素的影响，诸如后期建设资金不足，部分停缓建，已建成可使用部分需投入使用，以尽早发挥投资效益等；投资者为追求最大的投资效益，在建设期间，需要将其中一部分提前建成使用；规模特别大的工程，一次性验收也不方便等等。因此可将此类工程划分为若干个子单位工程进行验收。

具有独立施工条件和能形成独立使用功能是单位（子单位）工程划分的基本要求。子单位工程的划分一般可根据工程的建筑设计分区、使用功能的显著差异、结构缝的设置等实际情况，在施工前由建设、监理、施工单位自行商议确定，并据此收集整理施工技术资料和验收。比如一个公共建筑由50层主楼和5层配楼组成，作为商场的5层配楼施工完成后，可以作为子单位工程进行验收并先行使用。

2.3.2 分部工程的划分

分部工程的划分应按下列原则确定：

1. 分部工程的划分应按专业性质、工程部位确定。

在建筑工程的分部工程中，将原建筑电气安装分部工程中的强电和弱电部分独立出来各为一个分部工程，称其为建筑电气分部和建筑智能化分部。修订时又增加了建筑节能分部，因此建筑工程划分为地基与基础、主体结构、建筑装饰装修、建筑屋面、建筑给水排水及采暖、建筑电气、建筑智能化、通风与空调、建筑节能、电梯等十个分部。在单位工程中，不一定都有十个分部工程，如多层住宅楼就没有电梯分部工程。

地基与基础分部工程包括±0.000以下的结构和防水工程。有地下室的工程其首层地面下的结构（现浇混凝土楼板或预制楼板）以下部分为地基与基础分部工程；没有地下室的工程，墙体以防潮层分界，室内以地面垫层以下分界，垫层纳入建筑装饰装修工程的建筑地面子分部工程；桩基础以承台上皮分界。

有地下室的工程，除了±0.000以下的结构和防水工程列入地基与基础分部工程外，其他地面、装饰、门窗等工程列入建筑装饰装修分部工程；地面防水工程列入建筑装饰装修分部工程。

2. 当分部工程较大或较复杂时，可按材料种类、施工特点、施工程序、专业系统及类别等划分为若干分部工程。

随着生产、生活条件要求的提高，建筑物的内部设施也越来越多样化；建筑物相同部位的设计也呈多样化；新型材料大量涌现；加之施工工艺和技术的发展，使分项工程越来越多，因此，按建筑物的主要部位和专业来划分分部工程已不适应要求，因此在分部工程中，按相近工作内容和系统划分若干子分部工程，这样有利于正确评价建筑工程质量，有利于进行验收。例如建筑装饰装修分部工程又划分为地面工程、抹灰工程、门窗工程、吊顶工程、轻质隔墙工程、饰面板工程、饰面砖工程、涂饰工程、裱糊与软包工程、细部工程、外墙防水工程等多个子分部工程。

2.3.3 分项工程的划分

分项工程应按主要工种、材料、施工工艺、设备类别等进行划分。

一个单位工程由施工准备工作开始到最后交付使用，要经过若干工序、若干工种的配合施工。为了便于控制、检查和验收每个工序和工种的质量，需要把工程分为分项工程。建筑与结构工程应按主要工种划分分项工程，也可按施工工艺和使用材料的不同进行划分，如混凝土结构工程按主要工种分为模板工程、钢筋工程、混凝土工程等分项工程；按施工工艺分为预应力、现浇结构、装配式结构等分项工程；砌体结构工程按材料分为砖砌体、混凝土小型砌块砌体、石砌体等分项工程。

建筑设备安装工程应按工种种类及设备类别等划分分项工程，同时也可按系统、区段来划分。如室外排水管网分为排水管道安装、排水管沟与井池等分项工程；供热锅炉及辅助设备安装分为锅炉安装、辅助设备及管道安装等分项工程。

地基基础中的土石方、基坑支护子分部工程及混凝土工程中的模板工程，虽不构成建筑工程实体，但它是建筑工程施工中不可缺少的重要环节和必要条件，其施工质量如何，不仅关系到能否施工和施工安全，也关系到建筑工程的质量，因此将其列入施工验收内容是应该的。

2.3.4 检验批的划分

检验批可根据施工、质量控制和专业验收的需要，按工程量、楼层、施工段、变形缝等进行划分。

分项工程划分成检验批进行验收有利于及时纠正施工中出现的质量问题，确保工程质量，也符合施工实际需要。划分的好坏反映了工程质量管理水平，划分的太小增加工作量，划分太大返工时量太大；大小相差太悬殊时，其验收结果可比性较差。

多层及高层建筑工程中主体分部的分项工程可按楼层或施工段来划分检验批，单层建筑工程的分项工程可按变形缝等划分检验批；地基基础分部工程中的分项工程一般划分为一个检验批，有地下室的基础工程可按不同地下层划分检验批；屋面分部工程中的分项工程不同楼层屋面可划分为不同的检验批；其他分部工程中的分项工程，一般按楼面划分检验批；对于工程量较少的分项工程可统一划分为一个检验批。安装工程一般按一个设计系统或设备组别划分为一个检验批。室外工程统一划分为一个检验批。散水、台阶、明沟等含在地面检验批中。

2.3.5 室外工程的划分

为了加强室外工程的管理和验收，促进工程质量的提高，将室外工程根据专业类别和工程规模划分为室外建筑环境和室外安装两个单位工程。室外单位（子单位）工程、分部工程的划分可按表 2-3 采用。

表 2-3 室外工程的划分表

单位工程	子单位工程	分部工程
室外设施	道路	路基、基层、面层、广场与停车场、人行道、人行地道、挡土墙、附属构筑物
	边坡	土石方、挡土墙、支护
附属建筑及室外环境	附属建筑	车棚、围墙、大门、挡土墙
	室外环境	建筑小品、亭台、水景、连廊、花坛、场坪绿化、景观桥

注：本表摘自《建筑工程施工质量验收统一标准》（GB 50300—2013）附录 C。

2.4 建筑工程质量验收

2.4.1 检验批的质量验收

1. 检验批合格质量的规定

检验批质量验收合格应符合下列规定：

（1）主控项目的质量经抽样检验均应合格。

（2）一般项目的质量经抽样检验合格。当采用计数抽样时，合格点率应符合有关专业验收规范的规定，且不得存在严重缺陷。对于计数抽样的一般项目，正常检验一次、二次抽样可按"统一标准"附录 D 判定。

（3）具有完整的施工操作依据、质量验收记录。

检验批是工程验收的最小单位，是分项工程乃至整个建筑工程质量验收的基础。检验批是施工过程中条件相同并有一定数量的材料、构配件或安装项目，由于其质量基本均匀一致，因此可以作为检验的基础单位，并按批验收。通过对检验批的验收，能够保证分项工程的质量，能够完成对施工过程的质量控制。

2. 检验批按规定进行验收

为了使检验批的质量符合安全和功能的基本要求，以达到保证建筑工程质量的目的，各专业工程质量验收规范应对各检验批的主控项目、一般项目的子项合格质量给予明确的规定。

1）主控项目的检验

主控项目是建筑工程中对安全、节能、环境保护和主要使用功能起决定性作用的检验项目，是对检验批的基本质量起决定性影响的检验项目，因此必须全部符合有关专业工程验收规范的规定。这意味着主控项目不允许有不符合要求的检验结果，即这种项目的检查具有否决权。鉴于主控项目对基本质量的决定性影响，从严要求是必须的。如果主控项目达不到规定的质量指标，就会降低工程使用功能，甚至影响结构安全。

2) 一般项目的检验

一般项目包括的内容有：允许有一定偏差值的项目、允许出现一定缺陷的项目、无法定量而只能采用定性的项目等。虽然允许存在一定数量的不合格点，但某些不合格点的指标与合格要求偏差较大或存在严重缺陷时，仍将影响使用功能或观感质量，对这些位置应进行维修处理。比如砌体规范中规定"一般项目应有80%及以上的抽检处符合规定，有允许偏差的项目最大超差值为允许偏差值的1.5倍"，钢结构规范中规定"一般项目其检验结果应有80%及以上的检查点符合要求，且最大值不应超过其允许偏差值的1.2倍"，因此也应该按照专业验收规范规定进行检验。

依据《计数抽样检验程序 第1部分：按接收质量限（AQL）检索的逐批检验抽样计划》（GB/T 2828.1—2012）给出了计数抽样正常检验一次抽样、正常检验二次抽样结果的判定方法。对于计数抽样的一般项目，正常检验一次抽样可按表2-4判定，正常检验二次抽样可按表2-5判定。样本容量在表2-4或表2-5给出的数值之间时，合格判定数和不合格判定数可通过插值并四舍五入取整确定。

表2-4　一般项目正常检验一次抽样判定

样本容量	合格判定数	不合格判定数	样本容量	合格判定数	不合格判定数
5	1	2	32	7	8
8	2	3	50	10	11
13	3	4	80	14	15
20	5	6	125	21	22

表2-5　一般项目正常检验二次抽样判定

抽样次数	样本容量	合格判定数	不合格判定数	抽样次数	样本容量	合格判定数	不合格判定数
（1）	3	0	2	（1）	20	3	6
（2）	6	1	2	（2）	40	9	10
（1）	5	0	3	（1）	32	5	9
（2）	10	3	4	（2）	64	12	13
（1）	8	1	3	（1）	50	7	11
（2）	16	4	5	（2）	100	18	19
（1）	13	2	5	（1）	80	11	16
（2）	26	6	7	（2）	160	26	27

注：（1）和（2）表示抽样次数，（2）对应的样本容量为二次抽样的累计数量。

举例说明表2-4和表2-5的使用方法：

对于一般项目正常检验一次抽样，假设样本容量为20，在20个试样中如果有5个或5个以下试样被判为不合格时，该检测批可判定为合格；当20个试样中有6个或6个以上试样被判为不合格时，则该检测批可判定为不合格。对于一般项目正常检验二次抽样，假设样本容量为20，当20个试样中有3个或3个以下试样被判为不合格时，该检测批可判定为合格；当有6个或6个以上试样被判为不合格时，该检测批可判定为不合格；当有 4 个或 5 个试样被判为不合格时，应进行第二次抽样，样本容量也为 20 个，两次抽样的样本容量为 40，当两次不合格试样之和为 9 或小于 9 时，该检测批可判定为合格，当两次不合格试样之和为 10 或大于 10 时，该检测批可判定为不合格。

表 2-4 和表 2-5 给出的样本容量不连续，对合格判定数和不合格判定数有时需要进行取整处理。例如样本容量为 15，按表 2-4 插值得出的合格判定数为 3.571，不合格判定数为 4.571，取整可得合格判定数为 4，不合格判定数为 5。

3）资料检查

质量控制资料反映了检验批从原材料到最终验收的各施工工序的操作依据，检查情况以及保证质量所必须的管理制度等。检验批施工操作依据应满足设计和验收规范的要求，采用的企业标准不能低于国家、地方标准。对资料完整性的检查，实际是对过程控制的确认，这是检验批合格的前提。资料检查也体现过程控制，也可使过程具有可追溯性，明确各方质量责任和避免质量纠纷。

2.4.2 分项工程的质量验收

1. 分项工程合格质量的规定

分项工程质量验收合格应符合下列规定：

（1）所含检验批的质量均应验收合格。

（2）所含检验批的质量验收记录应完整。

分项工程的验收在检验批的基础上进行。一般情况下，两者具有相同或相近的性质，只是批量的大小不同而已。因此，将有关的检验批汇集构成分项工程。分项工程合格质量的条件比较简单，只要构成分项工程的各检验批的验收资料文件完整，并且均已验收合格，则分项工程验收合格。

2. 分项工程按规定进行验收

一般情况下，分项工程没有新的验收内容，只是将检验批验收结果汇总进行归纳整理。在分项工程验收时应注意以下几方面：

（1）核对检验批划分是否合理，是否有遗漏部位。

（2）检验批中有试验的项目，试验结果是否已经具备，结论是否满足要求。

（3）检验批验收记录中的内容和签字是否完整、正确。

2.4.3 分部工程的质量验收

1. 分部工程合格质量的规定

分部工程质量验收合格应符合下列规定：

（1）所含分项工程的质量均应验收合格。

（2）质量控制资料应完整。

（3）有关安全、节能、环境保护和主要使用功能的抽样检验结果应符合相应规定。

（4）观感质量应符合要求。

分部工程是由若干个分项工程构成，因此分部工程的验收在其所含各分项工程验收的基础上进行。首先，分部工程的各分项工程必须已验收合格且相应的质量控制资料文件必须完整，这是验收的基本条件。

此外，由于各分项工程的性质不尽相同，因此作为分部工程不能简单地组合而加以验收，尚须增加以下两类检查项目。一是涉及安全、节能、环境保护和主要使用功能的地基与基础、主体结构和设备安装等分部工程应进行有关的见证检验或抽样检验；二是关于观感质量验收，这类检查往往难以定量，只能以观察、触摸或简单量测的方式进行，并由各个人的主观印象判断，检查结果并不给出"合格"或"不合格"的结论，而是综合给出质量评价。对于"差"的检查点应通过返修处理等补救。

2. 分部（子分部）工程按规定进行验收

1）分部（子分部）工程所含分项工程的质量均应验收合格

这项工作是统计工作，进行时应注意以下几方面：

(1) 注意各分项工程划分是否正确，有无分项工程没有进行验收。

(2) 每个分项工程是否已经完工，核对每个分项工程是否已经验收。

(3) 每个分项工程的验收记录是否完整，内容是否正确，签字是否齐全等。

2）质量控制资料应完整

在分部工程质量验收时，应根据各专业质量验收规范的规定，对质量控制资料进行详细检查。此时不光检查验收记录，还需核查其他方面材料，注意以下几点：

(1) 核查的资料项目是否满足各专业验收规范的规定。

(2) 核查的资料内容填写是否满足各专业验收规范的规定。

(3) 质量控制资料记录表填写是否完整、正确。

(4) 核对各资料是否履行签字手续，签字是否齐全。

3）有关安全、节能、环境保护和主要使用功能的抽样检验结果应符合相应规定

这项内容是针对安全及功能方面进行的，有关检测应符合相关专业验收规范的规定。这些分部工程比较重要，影响建筑物的使用，质量达不到要求可能影响人民生命和财产损失，甚至关乎国家安全和社会稳定。有关安全及重要使用功能的分部工程应进行有关见证取样送样试验或抽样检测，满足相关规范规定。

4）观感质量验收

观感质量验收是指对已完工程通过观察和必要的量测，对外在质量进行的判定。原先需到单位工程时才进行检查，发现问题再进行修补已经晚了，因此现在在分部（子分部）工程时就进行验收。以门窗工程为例，每个窗户安装质量都没有问题，但整个门窗工程施工完成后，作为门窗子分部工程验收时，就有可能发现上下层窗户竖直不在直线上，这就需要马上处理。观感质量验收并不给出"合格"或"不合格"的结论，而是综合给出"好"、"一般"、"差"质量评价，对于"差"的检查点应通过返修处理等补救。评价时由总监理工程师组织，听取现场参与验收人员的意见后，共同进行确认。

2.4.4 单位工程的质量验收

1. 单位工程合格质量的规定

单位工程质量验收合格应符合下列规定：

(1) 所含分部工程的质量均应验收合格。

(2) 质量控制资料应完整。

(3) 所含分部工程中有关安全、节能、环境保护和主要使用功能的检验资料应完整。

(4) 主要使用功能的抽查结果应符合相关专业验收规范的规定。

(5) 观感质量应符合要求。

单位工程质量验收也称质量竣工验收,是建筑工程投入使用前的最后一次验收,也是最重要的一次验收。验收合格的条件有五个:除构成单位工程的各分部工程应该合格,并且有关的资料文件应完整以外,还须进行以下三个方面的检查。

涉及安全、节能、环境保护和主要使用功能的分部工程检验资料应复查合格,这些检验资料与质量控制资料同等重要。资料复查要全面检查其完整性,不得有漏检和缺项,其次复核分部工程验收时补充进行的见证抽样检验报告,这体现了对安全和主要使用功能等的重视。

对主要使用功能应进行抽查。这是对建筑工程和设备安装工程质量的综合检验,也是用户最为关心的内容,体现了"统一标准"完善手段、过程控制的原则,也将减少工程投入使用后的质量投诉和纠纷。因此,在分项、分部工程验收合格的基础上,竣工验收时再作全面检查。抽查项目是在检查资料文件的基础上由参加验收的各方人员商定,并用计量、计数的方法抽样检验,检验结果应符合有关专业验收规范的规定。

最后,还须由参加验收的各方人员共同进行观感质量检查,最后共同确定是否验收。

2. 单位(子单位)工程按规定进行验收

工程项目的竣工验收,是项目建设程序的最后一个环节,是全面考核项目建设成果,检查设计与施工质量,确认项目能否投入使用的重要步骤。竣工验收的顺利完成,标志着项目建设阶段的结束和生产使用阶段的开始。尽快完成竣工验收工作,对促进项目的早日投产使用,发挥投资效益,有着非常重要的意义。因此在执行中注意以下几点。

1) 单位工程所含分部工程的质量均应验收合格

本条贯彻了过程控制的原则,逐步由检验批、分项工程到分部工程,最后到单位工程进行验收。这项工作由总承包单位提前完成,把所有分部工程、子分部工程的验收记录进行整理,整理过程中注意:

(1) 核查各分部工程所含子分部工程是否齐全。

(2) 各分部工程所含子分部工程是否已经经过验收。

(3) 各分部(子分部)工程的验收记录是否完整、正确。

(4) 各分部(子分部)工程的验收记录是否履行签字手续,验收人员是否具有资格。

2) 质量控制资料应完整

质量控制资料在分部工程时已经检查过,在单位工程验收时再进行一次全面地和系统性的检查很有必要。质量控制资料能够反映工程采用的材料、构配件和设备的质量,施工过程的质量控制,施工过程中的质量验收等情况。这些资料是反映工程质量的客观见证,是评价工程质量的主要依据。对质量控制资料的核查,资料完整的判定是看其能够满足工程结构安全和使用功能的需要,能够达到设计要求。

3) 所含分部工程中有关安全、节能、环境保护和主要使用功能的检验资料应完整

此项检查是新验收规范完善手段的重要体现,也是过程控制的要求,是建筑法规的具体落实,目的是确保工程的安全和使用功能。有关安全、节能、环境保护和主要使用功能的分部工程应进行有关见证取样送样试验或抽样检测,并填写记录。在单位工程验收时,对检测资料进行核查,以此保证工程质量满足要求。检测资料是否完整,包括检测项目、检测程序、检测方法和检测报告的结果都达到规范规定的要求。

4) 主要使用功能项目的抽查

主要功能项目的抽查是验收规范新增加的内容,对于用户最关心的内容进行全面抽查。虽然有些项目在分部工程、子分部工程已经检查了,但这些项目关乎安全或使用功能,是比较重要的项目,还须在单位工程验收时进行抽查。抽查项目是在检查资料文件的基础上由参加验收的各方人员商定,并由计量、计数的抽样方法确定检查部位。检查结果要符合有关专业工程施工质量验收规范的规定,使用功能的检查是对建筑工程和设备安装工程最终质量的综合检验。

5) 观感质量验收

观感质量验收在分部工程时已经检查过,在单位工程验收时再进行一次全面检查。建筑工程施工期比较长,原先经过检查和验收的部位,由于各种因素的影响出现质量变异;原先抽检方案受限,抽查不到的部位或检查发现不了的缺陷,在单位工程验收时需要重新检查。观感质量验收不单纯是对工程外在质量进行检查,也是对影响工程使用功能的方面进行再次确认。观感质量验收中若发现有影响安全和功能的缺陷,或明显影响观感效果的缺陷要及时处理,以免影响工程使用。

2.4.5 工程施工质量验收的特殊处理

一般情况下,不合格现象在基层的最小验收单位检验批时就应发现并及时处理,所有质量隐患必须尽快消灭在萌芽状态,否则将影响后续检验批和相关的分项工程、分部工程的验收。但非正常情况时应按下列规定进行处理。

1. 经返工或返修的检验批,应重新进行验收。

这种情况是指在检验批验收时,其主控项目不能满足验收规范或一般项目超过偏差限值的子项不符合检验规定的要求时,应及时进行处理。其中严重的缺陷应重新施工;一般的缺陷通过返修、更换予以解决,应允许施工单位在采取相应的措施后重新进行验收。如能够符合相应的专业工程质量验收规范,则应认为该检验批合格。

例如某住宅楼工程,设计采用 MU10 的混凝土小型空心砌块砌筑,但验收时发现混凝土小型空心砌块的实测强度为 9.2MPa,达不到设计要求。施工单位推倒后重新砌筑,因此应按照规范规定进行重新验收。

2. 经有资质的检测机构检测鉴定能够达到设计要求的检验批,应予以验收。

这种情况通常指个别检验批发现问题,难以确定能否验收时,应请具有资质的法定检测机构进行检测鉴定。当鉴定结果认为能够达到设计要求时,该检验批应可以通过验收。

例如出现在某检验批的材料试块强度不满足设计要求时，现浇框架柱混凝土设计强度为C25，混凝土强度检测报告结论为23MPa，没有达到设计要求。经有资质的检测单位现场进行无损试验，检测结果为26.2MPa，此结果满足强度要求，应予以验收。

3. 经有资质的检测机构检测鉴定达不到设计要求、但经原设计单位核算认可能够满足安全和使用功能的检验批，可予以验收。

这种情况是指经检测鉴定达不到设计要求，但经原设计单位核算、鉴定，仍可满足相关设计规范和使用功能要求时，该检验批可予以验收。这主要是因为一般情况下，标准、规范的规定是满足安全和功能的最低要求，而设计往往在此基础上留有一些余量。在一定范围内，会出现不满足设计要求而符合相应规范要求的情况，两者并不矛盾。

例如某现浇框架柱，混凝土设计强度为C25，混凝土强度检测报告结论为24MPa，没有达到设计要求。经有资质的检测单位现场进行无损试验，检测结果为24.2MPa，确实没有满足强度要求。但经过原设计单位验算，此柱为顶层结构，能够满足结构安全和使用功能，由设计单位出具认可证明，这种情况可以验收。

4. 经返修或加固处理的分项、分部工程，满足安全及使用功能要求时，可按技术处理方案和协商文件的要求予以验收。

这种情况是指更为严重的缺陷或者超过检验批的更大范围内的缺陷，可能影响结构的安全性和使用功能。若经法定检测机构检测鉴定后认为达不到规范的相应要求，即不能满足最低限度的安全储备和使用功能时，则必须进行加固或处理，使之能满足安全使用的基本要求。这样可能会造成一些永久性的影响，如增大结构外形尺寸，影响一些次要的使用功能。但为了避免建筑物的整体或局部拆除，避免社会财富更大的损失，在不影响安全和主要使用功能条件下，可按技术处理方案和协商文件进行验收。

例如前面所说现浇框架柱设计强度等级为C25，现场检测达不到设计要求，设计单位核算后也不能够满足结构安全和使用功能，只有采用扩大截面面积或增加立柱支撑等加固补强措施。这样就留下了永久性缺陷，甚至改变了使用用途，但经建设单位、设计单位、监理单位、施工单位等协商，避免更大的损失，可按技术处理方案和协商文件进行验收，即有条件的验收，责任方应承担经济责任，但不能作为降低质量要求、变相通过验收的一种出路，这是应该特别注意的。

5. 工程质量控制资料应齐全完整，当部分资料缺失时，应委托有资质的检测机构按有关标准进行相应的实体检验或抽样试验。

实际工程中偶尔会遇到因遗漏检验或资料丢失而导致部分施工验收资料不全的情况，使工程无法正常验收。对此可有针对性地进行工程质量检验，采取实体检测或抽样试验的方法确定工程质量状况。上述工作应由有资质的检测机构完成，检验报告可用于施工质量验收。

6. 经返修或加固处理仍不能满足安全或使用要求的分部工程及单位工程，严禁验收。

本条为强制性条文。分部工程、单位工程存在严重的缺陷，经返修或加固处理仍不能满足安全使用要求的，严禁验收。为了保证人民群众的生命财产安全、社会的稳定，对于这种情况就应坚决拆除。

2.5 建筑工程质量验收程序和组织

2.5.1 检验批及分项工程的验收程序和组织

检验批应由专业监理工程师组织施工单位项目专业质量检查员、专业工长等进行验收。

分项工程应由专业监理工程师组织施工单位项目专业技术负责人等进行验收。

检验批和分项工程是建筑工程质量的基础，因此，所有检验批和分项工程均应由专业监理工程师组织验收。验收前，施工单位先填好"检验批或分项工程的质量验收记录"（有关监理记录和结论不填），并由项目专业质量检验员和项目专业技术负责人分别在检验批和分项工程质量检验记录中相关栏目签字，然后由监理工程师组织，严格按规定程序进行验收。对于政策允许的建设单位自行管理的建筑工程，由建设单位项目技术负责人组织验收。

在施工过程中，监理工程师应加强对工序进行质量控制，设置质量控制点，做好旁站和巡视，未进行检查认可，不得进行下道工序施工。检验批完成后，施工单位专业质量检查员进行自检，这是企业内部质量部门的检查，能够保证企业生产合格的产品。企业的专业质量检查员必须掌握企业标准和国家质量验收规范的规定，需经过培训并持证上岗。施工单位检查评定合格后，监理工程师再组织验收。如果有的项目不能满足验收规范的要求，应及时让施工单位进行返工或返修。

分项工程所含的检验批都验收合格后，才进行分项工程验收。施工单位应在自检合格后，填写分项工程报验表。监理工程师再组织施工单位有关人员对分项工程进行验收。

2.5.2 分部工程的验收程序和组织

分部工程应由总监理工程师组织施工单位项目负责人和项目技术、质量负责人等进行验收。

勘察、设计单位项目负责人和施工单位技术、质量部门负责人应参加地基与基础分部工程的验收。

设计单位项目负责人和施工单位技术、质量部门负责人应参加主体结构、节能分部工程的验收。

分部工程作为单位工程的组成部分，其质量影响单位工程的验收。因此分部工程完工后，由施工单位项目负责人组织自行检查，合格后向监理单位提出申请。工程监理实行总监理工程师负责制，因此分部工程应由总监理工程师组织施工单位的项目负责人和项目技术、质量负责人及有关人员进行验收。

由于地基与基础、主体结构工程要求严格，技术性强，关系到整个工程的安全。为保证质量，严格把关，规定勘察、设计单位的项目负责人应参加地基与基础分部工程的验收。设计单位的项目负责人应参加主体结构、节能分部工程的验收。施工单位技术、质量部门的负责人也应参加地基与基础、主体结构、节能分部工程的验收。本条规定也体现了对节能工程的重视。

2.5.3 单位工程的验收程序和组织

1. 单位工程完工后，施工单位应组织有关人员进行自检。总监理工程师应组织各专业监理工程师对工程质量进行竣工预验收。存在施工质量问题时，应由施工单位及时整改。整改完毕后，由施工单位向建设单位提交工程竣工报告，申请工程竣工验收。

单位工程完成后，施工单位应首先依据验收规范、设计图纸等组织有关人员进行自检，对检查结果进行评定并进行必要的整改。

监理单位应根据《建设工程监理规范》（GB/T 50319—2021）的要求对工程进行竣工预验收。总监理工程师组织各专业监理工程师对竣工资料和各专业工程的质量进行检查，对于检查出来的问题，应督促施工单位及时进行整改。对于需要进行功能试验的项目（如单机试车），监理工程师应督促施工单位及时进行试验，并督促施工单位搞好成品保护和进行现场清理。经项目监理机构验收合格后，总监理工程师签署工程竣工报验单，并向建设单位提出质量评估报告。

存在施工质量问题时，应由施工单位及时整改。符合规定后由施工单位向建设单位提交工程竣工报告和完整的质量控制资料，申请建设单位组织竣工验收。

2. 建设单位收到工程竣工报告后，应由建设单位项目负责人组织监理、施工、设计、勘察等单位项目负责人进行单位工程验收。

1）条文说明

这条是强制性条文。单位工程质量验收应由建设单位项目负责人组织，由于勘察、设计、施工、监理单位都是责任主体，因此各单位项目负责人应参加验收，施工单位项目技术、质量负责人和监理单位的总监理工程师也应参加验收。修订时增加了勘察单位也参加单位工程验收，对于工程地质和地下水文情况复杂的工程尤其重要。

由于建设工程承包合同的双方主体是建设单位和总承包单位，总承包单位应按照承包合同的权利义务对建设单位负责。分包单位对总承包单位负责，亦应对建设单位负责。因此单位工程中的分包工程完工后，分包单位对承建的项目进行检验时，总承包单位应参加，检验合格后，分包单位应将工程的有关资料整理完整后移交给总承包单位，建设单位组织单位工程质量验收时，分包单位负责人应参加验收。

由几个施工单位负责施工的单位工程，当其中的子单位工程已按设计要求完成，并经自行检验，也可按规定的程序组织正式验收，办理交工手续。在整个单位工程验收时，已验收的子单位工程验收资料应作为单位工程验收的附件。

2）正式验收

建设单位收到施工单位的工程竣工报告和监理单位的质量评估报告后，应组织有关单位和相关专家成立验收组，制订验收方案，组织正式验收。

《房屋建筑和市政基础设施工程竣工验收规定》（建质〔2013〕171号）规定建设工程竣工验收应当具备下列条件：

（1）完成工程设计和合同约定的各项内容。

(2) 施工单位在工程完工后对工程质量进行了检查,确认工程质量符合有关法律、法规和工程建设强制性标准,符合设计文件及合同要求,并提出工程竣工报告。工程竣工报告应经项目经理和施工单位有关负责人审核签字。

(3) 对于委托监理的工程项目,监理单位对工程进行了质量评估,具有完整的监理资料,并提出工程质量评估报告。工程质量评估报告应经总监理工程师和监理单位有关负责人审核签字。

(4) 勘察、设计单位对勘察、设计文件及施工过程中由设计单位签署的设计变更通知书进行了检查,并提出质量检查报告。质量检查报告应经该项目勘察、设计负责人和勘察、设计单位有关负责人审核签字。

(5) 有完整的技术档案和施工管理资料。

(6) 有工程使用的主要建筑材料、建筑构配件和设备的进场试验报告,以及工程质量检测和功能性试验资料。

(7) 建设单位已按合同约定支付工程款。

(8) 有施工单位签署的工程质量保修书。

(9) 对于住宅工程,进行分户验收并验收合格,建设单位按户出具《住宅工程质量分户验收表》。

(10) 建设主管部门及工程质量监督机构责令整改的问题全部整改完毕。

(11) 法律、法规规定的其他条件。

在竣工验收时,对于某些剩余工程和缺陷工程,在不影响交付使用的前提下,经建设单位、设计单位、监理单位和施工单位协商,施工单位应在竣工验收后的限定时间内完成。

参加验收各方对工程质量验收意见不一致时,应当尽可能协商,也可请当地建设行政主管部门或工程质量监督机构协调处理。

3) 工程竣工验收备案

为了加强政府监督管理,防止不合格工程流向社会。同时为了提高建设单位的责任心,督促建设单位搞好工程建设,确保工程质量和使用安全。建设单位应当自工程竣工验收合格之日起 15 日内,依照《房屋建筑和市政基础设施工程竣工验收备案管理办法》(建设部令第 2 号)的规定,向工程所在地的县级以上地方人民政府建设主管部门备案。

建设单位办理工程竣工验收备案应当提交下列文件:

(1) 工程竣工验收备案表。

(2) 工程竣工验收报告。竣工验收报告应当包括工程报建日期,施工许可证号,施工图设计文件审查意见,勘察、设计、施工、工程监理等单位分别签署的质量合格文件及验收人员签署的竣工验收原始文件,市政基础设施的有关质量检测和功能性试验资料以及备案机关认为需要提供的有关资料。

(3) 法律、行政法规规定应当由规划、环保等部门出具的认可文件或者准许使用文件。

(4) 法律规定应当由公安消防部门出具的对大型的人员密集场所和其他特殊建设工程验收合格的证明文件。

（5）施工单位签署的工程质量保修书，住宅工程还应当提交《住宅质量保证书》和《住宅使用说明书》。

（6）法规、规章规定必须提供的其他文件。

备案机关发现建设单位在竣工验收过程中有违反国家有关建设工程质量管理规定行为的，应当在收讫竣工验收备案文件15日内，责令停止使用，重新组织竣工验收。

复习思考题：

2-1　什么叫检验批？

2-2　什么是主控项目？什么是一般项目？

2-3　按照"统一标准"，对建筑工程施工质量验收的基本要求是什么？

2-4　建筑工程质量验收划分为哪些内容？

2-5　建筑工程分部工程划分的规则是什么？

2-6　建筑工程分项工程划分的规则是什么？

2-7　检验批合格质量的规定是什么？

2-8　分部（子分部）工程合格质量的规定是什么？

2-9　单位（子单位）工程合格质量的规定是什么？

2-10　如果建筑工程质量验收不合格，应如何处理？

2-11　分部工程的验收程序有哪些？

2-12　单位工程的验收程序有哪些？

3 工程质量验收记录的编制及填写

内容提示：本章重点介绍检验批、分项工程、分部（子分部）工程和单位（子单位）工程等验收表格的编制及填写说明。

课程目标：通过学习能够正确填写这些表格，并掌握表格之间的相互关系；同时掌握施工现场施工质量检查记录表的填写。

思政目标：技术资料如实记录了工程项目的实际情况，学生日常行为也应该真实记录成长轨迹，对学生进行诚信教育。

建筑工程施工技术资料是在施工过程中形成的，它如实记录了工程项目的施工情况，对于以后的使用、改造和扩建起着重要作用。建筑工程质量验收资料是建筑工程施工技术资料的重要组成部分，它反映了工程内在质量，尤其各检验批、分项工程、分部（子分部）工程和单位（子单位）工程等的验收表格，更为重要。本章介绍了检验批、分项工程、分部（子分部）工程和单位（子单位）工程等验收表格的编制及填写说明。

3.1 施工现场质量管理检查记录表

《施工现场质量管理检查记录》是"统一标准"第3.0.1条的附表，具体内容和格式见表3-1，这是对健全的质量管理体系的具体要求。一般一个标段或一个单位（子单位）工程在开工时检查一次，由施工单位现场负责人填写，由监理单位的总监理工程师进行验收。下面分三个部分来说明填表要求和填写方法。

表 3-1 施工现场质量管理检查记录

开工日期：2022年3月15日

工程名称	某住宅楼工程		施工许可证号	3205812022201090301
建设单位	某集团开发有限公司		项目负责人	张三
设计单位	某建筑设计院		项目负责人	李四
监理单位	某建设监理有限公司		总监理工程师	王五
施工单位	某建设公司	项目负责人	丁一	项目技术负责人	刘二

序号	项目	主要内容
1	项目部质量管理体系	已建立某住宅楼项目部质量管理体系
2	现场质量责任制	项目经理、项目工程师、项目技术员、质量员、材料员等质量责任制
3	主要专业工种操作上岗证书	钢筋工、木工、混凝土工、测量工、电工、焊工、起重工、架子工等主要专业工种操作上岗证书齐全

续表

序号	项目	主要内容
4	分包单位管理制度	总承包单位已对分包单位制定管理制度
5	图纸会审记录	施工图已会审，有记录
6	地质勘察资料	勘察设计院提供地质勘察报告齐全
7	施工技术标准	企业标准4项，其余采用地方标准
8	施工组织设计编制及审批	施工组织设计已编制并且审批
9	物资采购管理制度	项目物资采购管理制度已建立
10	施工设施及机械设备管理制度	施工现场机械设备管理制度
11	计量设备配备	已配备计量设备，都在有效期内
12	检测试验管理制度	施工检测试验管理制度
13	工程质量检查验收制度	工程质量检验制度

自检结果： 上述项目已经逐项自检完成，质量管理制度明确到位，质量责任制措施得力，主要专业工种操作上岗证书齐全，施工组织设计、主要施工方案已逐级审批，现场工程质量检验制度齐全，有关材料已经备齐，符合要求。 施工单位项目负责人：丁一 　　　　　　　　　　　2022年2月25日	检查结论： 通过检查，项目部施工现场准备充分，各项管理制度齐全，各种技术资料齐全，符合要求。 总监理工程师：王五 　　　　　　　　　2022年3月1日

注：该表为举例填写范例内容。

3.1.1　表头部分

表头部分是参与工程建设各方主体的概况，由施工单位的现场负责人进行填写。具体说明如下：

（1）工程名称栏，应填写建设工程名称的全称，且应与合同或招投标文件中的工程名称一致。

（2）施工许可证（开工证），填写当地建设行政主管部门批准发给的施工许可证（开工证）的编号。建筑工程施工许可证编号规律：施工许可证编号统一为18位，前6位为发证机关所在地的行政区划代码，第7~14位为工程报建（登记）的日期，第15~16位为同日报建（登记）的序号，第17~18位为专业分类代码（如一般工业与民用建筑工程为01）。

（3）建设单位栏，填写合同文件中的甲方，单位名称也应写全称，与合同签章上的单位名称一致。

（4）建设单位项目负责人栏，应填写合同书上签字人或签字人以文字形式委托的代表—工程的项目负责人，应与工程完工后竣工验收备案表中的单位项目负责人一致。

（5）设计单位栏，填写设计合同中盖章单位的名称，其全称应与印章上的名称一致。

（6）设计单位项目负责人栏，应填写设计合同书签字人或签字人以文字形式委托的该项目负责人,应与工程完工后竣工验收备案表中的单位项目负责人一致。

(7) 监理单位栏,填写单位全称,应与合同或协议书中的名称一致,与合同签章上的单位名称一致。

(8) 总监理工程师栏,应是合同或协议书中明确的项目监理机构负责人,也可以是监理单位以文件形式明确的该项目监理负责人,必须有监理工程师任职资格证书。

(9) 施工单位栏,应填写施工合同中单位的全称,与合同签章上的单位名称一致。

(10) 项目经理栏、项目技术负责人栏,应与合同中明确的项目经理、项目技术负责人一致。表头部分可统一填写,不需具体人员签名,只是明确了负责人的地位。

3.1.2 检查项目部分

填写各项检查项目文件的名称或编号,并将文件原件(或复印件)附在表的后面以供检查,检查后文件需要归还。具体说明如下:

(1) 项目部质量管理体系,主要是项目按照公司质量管理体系要求,结合现场实际情况编制项目部质量管理体系。

(2) 现场质量责任制,建立项目经理、项目工程师、项目技术员、质量员、材料员等现场人员的质量责任制。

(3) 主要专业工种操作上岗证书栏,起重、塔吊等垂直运输司机,测量工、钢筋、混凝土、机械、焊接、瓦工、防水工等建筑结构工种,电工、管道等安装工种的上岗证。

(4) 分包单位管理制度栏,在有分包的情况下,总承包单位应有管理分包单位的制度,主要是质量、技术、安全的管理制度等。

(5) 图纸会审记录栏,是确认图纸已经会审,并且有记录。

(6) 地质勘察资料栏,有勘察资质的单位出具的正式地质勘察报告,地下部分施工方案制定和施工组织设计编制时作为参考等。

(7) 施工技术标准栏,是操作的依据和保证工程质量的基础,施工企业应编制不低于国家质量验收规范的操作规程等企业标准。栏中要有企业标准编号及标准名称等。企业应建立技术标准档案,施工现场有的施工技术标准都应有。其可作为培训工人、技术交底和施工操作的主要依据,也是质量检查评定的标准。

(8) 施工组织设计编制及审批栏,检查是否有编制单位、审核单位、批准单位,并有贯彻执行的措施。

(9) 物资采购管理制度,项目物资采购是否建立管理制度,是否能够保证材料质量。

(10) 施工设施及机械设备管理制度,在施工现场的设施和机械设备管理制度是否建立,能否保证机械设备的正常使用。

(11) 计量设备配备栏,主要是说明设置在工地搅拌站等的计量设施的精确度、管理制度等内容。

(12) 检测试验管理制度栏,这是为材料试验、试块检测等制订的管理制度,保证检测试验结果的有效性和准确性。

(13) 工程质量检查验收制度栏，包括三个方面的检验，一是原材料、设备进场检验制度；二是施工过程的检验；三是竣工后的抽查检测。制订统一的检查验收制度或者分别制订，保证能够实施。

3.1.3 检查项目填写注意事项

(1) 直接将有关资料的名称写上，资料较多时，也可将有关资料进行编号，将编号填写上，并注明份数。

(2) 填表时间是在开工之前，监理单位的总监理工程师（建设单位项目负责人）应对施工现场进行检查，这是保证开工后施工顺利和保证工程质量的基础，目的是做好施工前的准备工作。

(3) 由施工单位负责人负责填写，填写之后，将有关文件的原件或复印件附在后边，报请总监理工程师（建设单位项目负责人）验收核查，并签字认可。验收核查后，有关材料返还施工单位。

(4) 通常情况下，一个工程的一个标段或一个单位工程只查一次，如分段施工、人员更换，或管理工作不到位时，可再次检查。

(5) 如总监理工程师或建设单位项目负责人检查验收不合格，施工单位必须限期改正，否则不许开工。

3.2 检验批质量验收记录表

检验批是工程质量验收评定的最小单位，是确定工程质量的基础，是施工资料中量最大而又重要的内容。不同的分项工程检验批有不同的内容，但分项工程检验批验收记录通表格式可参见表3-2。对于不同的分项工程检验批，表3-2中"主控项目"和"一般项目"横栏与竖栏"质量验收规范的规定"和"施工单位检查评定记录"相交叉的部分可以根据不同分项工程检验批的内容进行调整。

表 3-2 检验批质量验收记录表

单位（子单位）工程名称			分部（子分部）工程名称		分项工程名称	
施工单位			项目负责人		检验批容量	
分包单位			分包单位项目负责人		检验批部位	
施工依据				验收依据		
验收项目			设计要求及规范规定	样本容量	最小/实际抽样数量	检查记录	检查结果
主控项目	1						
	2						
	3						

续表

验收项目		设计要求及规范规定	样本容量	最小/实际抽样数量	检查记录	检查结果
主控项目	4					
	5					
	6					
	7					
	8					
	9					
	10					
一般项目	1					
	2					
	3					
	4					
	5					

施工单位检查结果	专业工长： 项目专业质量检查员： 年 月 日
监理单位验收结论	专业监理工程师： 年 月 日

3.2.1 表的名称及编号

表的名称应在制订专用表格时印好，前边印上分项工程的名称。表的名称下边标注有"各专业质量验收规范的编号"。

表的右上角标注有检验批表的编号，其按全部施工质量验收规范系列的分部工程、子分部工程统一为9位数的数码编号，前6位数字均印在表上，后留三个□，检查验收时填写检验批的顺序号。其编号规则为：

前边两个数字是分部工程的代码，即01～09。地基与基础工程为01，主体结构工程为02，建筑装饰装修工程为03，建筑屋面工程为04，建筑给水排水及采暖工程为05，建筑电气工程为06，智能建筑工程为07，通风与空调工程为08，电梯工程为09。

第3、4位数字是子分部工程的代码。

第5、6位数字是分项工程的代码。

第7、8、9位数字是各分项工程检验批验收的顺序号。由于在大量高层或超高层建筑中，同一个分项工程会有很多检验批的数量，故留了3位数的空位置。如地基与基础分部工程，地基子分部工程，素土分项工程，其检验批表的编号为010101□□□，第一个检验批编号即为：010101001。

还需说明的是，有些子分部工程中有些项目可能在两个分部工程中出现，这就要在同一个表上编两个分部工程及相应子分部工程的编号：如砖砌体分项工程在地基与基础工程和主体结构工程中都有，砖砌体分项工程检验批的表编号为：在基础中编号为010201□□□，在主体结构中为020201□□□。验收时，验收哪个分部就填写对应的编号。

有些分项工程在同一个分部工程也可能在几个子分部工程中出现，这就应在同一个检验批表上编几个子分部工程及分项工程的编号。如建筑电气的接地装置安装，在室外电气、变配电室、备用和不间断电源安装及防雷接地安装等子分部工程中都有。其编号分别为：070111□□□，070207□□□，070609□□□，070701□□□。4个编号分别代表的是室外电气子分部工程的第11个分项工程；变配电室子分部工程的第7个分项工程，备用和不间断电源安装子分部工程的第9个分项工程，防雷及接地安装子分部工程的第1个分项工程。

另外，有些规范的分项工程，在验收时也将其划分为几个不同的检验批来验收。如混凝土结构子分部工程的混凝土分项工程，分为原材料、混凝土拌合物、混凝土施工3个检验批来验收。又如建筑装饰装修分部工程建筑地面子分部工程中的基层分项工程，其中有几种不同的检验批。故在其表名下加标罗马数字（Ⅰ）、（Ⅱ）、（Ⅲ）……

表格的顺序编号可参见表2-2建筑工程质量验收的划分表。

3.2.2 表头部分的填写

（1）检验批表编号的填写，在3个方框内填写检验批顺序号。有多个编号的检验批，确认现在检查验收的是哪个部分，填写对应的编号。

（2）工程名称，按合同文件上的单位工程名称进行填写，子单位工程标出该部分的位置。

分项工程名称，按验收规范划定的分项名称填写。

验收部位是指一个分项工程中验收的那个检验批的抽样范围，要标注清楚，并和编号相对应，如二层①～⑤轴线砖砌体，编号为003，表明一层分两段施工。

施工单位应填写施工单位的全称，要与合同上公章名称相一致。项目经理填写合同中指定的项目负责人。在装饰、安装分部工程施工中，有分包单位时，也应填写分包单位全称，分包单位的项目经理也应是合同中指定的项目负责人。没有分包单位的，此栏不填写。项目负责人的人名由填表人填写不要本人签字，只是标明其是项目负责人。

（3）施工执行标准名称及编号。这是这次验收规范编制的一个基本思路，由于验收规范只列出验收的质量指标，其工艺等只提出一个原则要求，具体的操作工艺就靠企业标准了。只有按照不低于国家质量验收规范的企业标准来操作，才能保证国家验收规范的实施。如果没有具体的操作工艺，保证工程质量就是一句空话。企业必须制订企业标准（操作工艺、工艺标准、工法等）来进行培训工人、技术交底以及规范工人班组的操作。为了能成为企业标准体系的重要组成部分，企业标准应有编制人、批准人、批准时间、执行时间、标准名称及编号。填写表时只要将标准名称及编号填写上，就能在企业标准系统中查到其详细情况，并要在施工现场执行这项标准，工人在执行这项标准，对于部分中小施工企业，没有编制力量，可采用地方或其他企业标准。

3.2.3 质量验收内容填写

1. 质量验收规范的规定栏

质量验收规范的规定栏填写具体的质量要求，在制表时就已填写好验收规范中主控项目、一般项目的全部内容。但由于表格的地方小，多数指标不能将全部内容填下，所以只将质量指标归纳、简化描述或题目及条文号填写上，作为检查内容提示，以便查对验收规范的原文；对计数检验的项目，将数据直接写下来。这些项目的主要要求可以用"注"的形式放在表的背面。如果是将验收规范的主控、一般项目的内容全部摘录在表的背面，根据以往的经验，这样做就会引起只看表格，不看验收规范的后果，规范上还有基本规定、一般规定等内容，它们虽然不是主控项目和一般项目的条文，但这些内容也是验收主控项目和一般项目的依据。所以验收规范的质量指标不宜全抄过来，只将其主要要求及如何判定注明。这些在制表时已经印上。

2. 施工、分包单位检查记录

对于主控项目、一般项目填写方法分以下几种情况，判定验收不验收均按施工质量验收规定进行判定。

（1）对于定量项目直接填写检查的数据。

（2）对于定性项目，当符合规范规定时，可采用打"√"的方法标注，当不符合规范规定时，采用打"×"的方法标注。

（3）有混凝土、砂浆强度等级的检验批，按规定制取试件后，可填写试件编号，待试件报告出来后，对检验批进行判定，并在分项工程验收时进一步进行强度评定以及验收。

（4）对既有定性又有定量的项目，各个子项目质量均符合规范规定时，采用打"√"来标注；否则采用打"×"来标注。无此项内容的打"/"来标注。

（5）对一般项目合格点有要求的项目，应是其中带有数据的定量项目，具体规定见专业验收规范规定。如屋面工程规定"有允许偏差值的项目，其抽查点应有80%及其以上在允许偏差范围内，且最大偏差值不得超过允许偏差值的1.5倍"；又如钢结构工程规定"一般项目其检验结果应有80%及以上的检查点（值）符合规范合格质量标准的要求，且最大值不应超过其允许偏差值的1.2倍"。

（6）对于定量检查的项目，"施工单位检查评定记录"栏的填写，将实际测量的数值填入格内，超出企业标准的数字，而没有超出国家验收规范的用"○"将其圈住；对超出国家验收规范的用"△"圈住，最好采用红笔。如果检查的点数或件数较多，超出给定的10个空格，可以一个空格内填2个。

3 工程质量验收记录的编制及填写

3. 监理单位验收记录

通常监理人员应采用平行、旁站或巡回的方法进行监理，在施工过程中，对施工质量进行察看和测量，并参加施工单位的重要项目的检测。对新开工工程或首件产品进行全面检查，以了解质量水平和控制措施的有效性及执行情况，在整个过程中，随时可以测量。在检验批验收时，对主控项目、一般项目应逐项进行验收。对符合验收规范规定的项目，填写"合格"或"符合要求"，对不符合验收规范规定的项目，暂不填写，待处理后再验收，但应做好标记。

3.2.4 验收结论

1. 施工、分包单位检查结果

施工单位自行检查评定合格后，应填写"主控项目全部合格，一般项目满足规范规定要求"。

专业工长（施工员）和施工班组长栏目由本人签字，以示承担责任。专业质量检查员代表企业逐项检查评定合格，将表填写并写清评定结果，签字后，交给监理工程师或建设单位项目专业技术负责人验收。

2. 监理单位验收结论

主控项目、一般项目验收合格，混凝土、砂浆试件强度待试验报告出来后判定，其余项目已全部验收合格，并注明"同意验收"，由专业监理工程师签字。

3. 说明

在工程实际中，工程质量检查验收有两种做法。其中一种形式，对于每一个检验批的检查验收，施工单位按专业验收规范的规定，采用上述的验收表格，先进行自行检查，并将检查的结果填在"施工单位检查评定记录"内，然后报给监理工程师申请验收，监理工程师依然采用同样的表格按规定的数量抽测，如果符合要求，就在"监理单位验收记录"内填写验收结果完成验收；另外还有一种做法，某分项工程检验批完成后，监理工程师和施工单位进行平行检验，由施工单位填写验收记录中的实测结果，由监理单位填写验收结论，完成检验批的验收。

检验批的填写范例见附录。

3.3 分项工程质量验收记录表

分项工程与检验批主要是批量的不同，检验批验收合格后，分项工程进行汇总，通常起一个归纳整理的作用。分项工程质量验收记录表格格式见表3-3所示。

表3-3 分项工程质量验收记录

单位（子单位）工程名称		分部（子分部）工程名称			
分项工程数量		检验批数量			
施工单位		项目负责人		项目技术负责人	
分包单位		分包单位项目负责人		分包内容	

续表

序号	检验批名称	检验批容量	部位/区段	施工单位检查结果	监理单位验收结论
1					
2					
3					
4					
5					
6					
7					
8					
9					
10					
11					
12					
13					
14					
15					
16					

说明：

施工单位检查结果	项目专业技术负责人： 年　月　日
监理单位验收结论	专业监理工程师： 年　月　日

3.3.1　表名及表头部分

1. 表名：分项工程的名称填写要具体，名称要准确。
2. 表头部分：工程名称填写单位工程全称，与检验批验收表的工程名称一致。
3. 结构类型填写设计文件提供的结构类型，如砖混结构、框架结构、框剪结构、剪力墙结构、筒体结构等。

4. 检验批数应填写该分项工程所含检验批的数目，跟检验批验收表数目相符，和本表填写内容序号相一致。

5. 施工单位填写单位全称，与检验批验收表的工程名称和要求一致。

6. 项目负责人和项目技术负责人由填表人填写人名，不用本人签字。

7. 分包单位的填写，有分包单位的填写，没有时就不填写，主体结构不允许分包。分包单位名称要写单位全称，与合同及公章上的名称一致。分包单位负责人及分包项目负责人由填表人填写人名。

3.3.2 验收内容的填写

1. 检验批部位、区段栏，按照检验批验收表的验收部位进行填写。

2. 施工单位检查评定结果栏，施工单位自检合格后，采用打"√"来标注；如果不合格，进行处理后再进行检查。

3. 监理（建设）单位验收结论栏，监理单位的专业监理工程师（或建设单位项目专业技术负责人）应逐项审查，同意项填写"合格"或"符合要求"，不同意项暂不填写，待处理后再验收，但应做好标记。

3.3.3 验收结论的填写

1. 检查结论由施工单位的项目专业技术负责人检查后给出评价并签字，交监理单位或建设单位验收。

2. 验收结论由监理单位的专业监理工程师填写，注明验收和不验收的意见。如同意验收应签字确认，不同意验收要指出存在问题，明确处理意见和完成时间。

3.3.4 说明

分项工程验收由专业监理工程师组织项目专业技术负责人等进行验收，分项工程验收记录采用表3-3形式。分项工程是在检验批验收合格的基础上进行，是一个统计表，没有实质性验收内容。但要注意以下三点，一是检查检验批是否将整个工程覆盖了，有没有漏掉的部位；二是检查有混凝土、砂浆强度要求的检验批，到龄期后能否达到规范要求；三是将检验批的资料统一，依次进行登记整理，方便管理。

分项工程的填写范例见附录。

3.4 分部工程验收记录表

分部工程应由施工单位将自行检查评定合格的表填写好后，由项目负责人交监理单位或建设单位。由总监理工程师组织施工单位项目经理及勘察单位项目负责人（地基基础部分）、设计单位项目负责人（地基基础、主体结构、节能工程）、施工单位质量和技术部门负责人进行验收。分部工程质量验收记录表格式见表3-4所示。

表 3-4 分部工程验收记录表

单位（子单位）工程名称		子分部工程数量		分项工程数量	
施工单位		项目负责人		技术（质量）负责人	
分包单位		分包单位负责人		分包内容	

序号	子分部工程名称	分项工程名称	检验批数量	施工单位检查结果	监理单位验收结论
1					
2					
3					
4					
5					
6					
7					
8					
9					
10					
质量控制资料					
安全和功能检验结果					
观感质量检验结果					
综合验收结论					

施工单位 项目负责人： 年 月 日	勘察单位 项目负责人： 年 月 日	设计单位 项目负责人： 年 月 日	监理单位 总监理工程师： 年 月 日

3.4.1 表名及表头部分

1. 表名：分部（子分部）工程的名称填写要具体，要写清分部工程还是子分部工程。

2. 表头部分：工程名称填写工程全称，与检验批、分项工程验收表的工程名称一致。

结构类型填写设计文件提供的结构类型，如砖混结构、框架结构、框剪结构、剪力墙结构、筒体结构等。

3. 层数应分别注明地下和地上的层数。

4. 施工单位填写单位全称，与检验批、分项工程验收表的工程名称一致。

5. 技术部门负责人和质量部门负责人多数情况下填写项目的技术和质量负责人，只有地基与基础、主体结构及主要安装分部（子分部）工程应填写施工单位的技术部门负责人和质量部门负责人。

6. 分包单位的填写，有分包单位的填写，没有时就不填写，主体结构不允许分包。分包单位名称要写单位全称，与合同及公章上的名称一致。分包单位负责人及分包单位技术负责人要填写本项目的人员。

3.4.2 验收内容填写

分部工程验收内容一共包括四个方面，现分述如下：

1. 分项工程

按分项工程施工的先后顺序，将分部（子分部）工程所含分项工程名称填上，注意别缺少项目。下一列填写检验批数量，将各分项工程实际所含检验批的数量填上，并将各分项工程验收表按顺序附在表后。

施工单位检查评定栏，填写施工单位自行检查评定的结果。施工单位检查各分项工程是否通过验收，有关试件的试验结果是否满足要求，自检符合要求的打"√"来标注，否则采用打"×"来标注。有"×"标注项目的工程不能交给监理单位或建设单位验收，应进行处理合格后再提交验收。

监理单位的总监理工程师或建设单位项目专业负责人组织验收，合格后在验收意见栏内签注"同意验收"或"合格"。

2. 质量控制资料

按照各专业验收规范规定分部（子分部）工程质量控制资料核查的要求，逐项进行检查，合格后即可在施工单位检查评定栏内打"√"来标注符合要求。监理单位总监理工程师组织验收，符合要求后在验收意见栏内签注"同意验收"或"合格"。

有些工程按照子分部工程进行资料验收，有些工程按照分部工程进行资料验收，由于规范要求不一样，不求统一。例如混凝土结构子分部工程施工质量验收时，应提供下列文件和记录，并进行检核：

（1）设计变更文件。

（2）原材料出厂合格证和进场复验报告。

（3）钢筋接头的实验报告。

（4）混凝土工程施工记录。

（5）混凝土试件的性能实验报告。

（6）装配式结构预制构件的合格证和安全验收记录。

（7）预应力筋锚具、连接器的合格证和复验报告。

（8）预应力筋安装、拉张及灌浆记录。

（9）隐藏工程验收记录。

(10) 分项工程验收记录。
(11) 混凝土结构验收记录。
(12) 工程的重大质量问题的处理方案和验收记录。
(13) 其他文件的验收和记录。

又如屋面工程验收资料和记录应按表3-5要求执行。

表3-5 屋面工程验收资料和记录

序号	资料项目	验收资料
1	防水设计	设计图纸及会审记录、设计变更通知单和材料代用核定单
2	施工方案	施工方法、技术措施、质量保证措施
3	技术交底记录	施工操作要求及注意事项
4	材料质量证明文件	出厂合格证、型式检验报告、出厂检验报告、进场验收记录和进场检验报告
5	施工日志	逐日施工情况
6	工程检验记录	工序交接检验记录、检验批质量验收记录、隐蔽工程验收记录、淋水或蓄水试验记录、观感质量检查记录、安全与功能抽样检验（检测）记录
7	其他技术资料	事故处理报告、技术总结

3. 安全和功能检验（检测）报告

有关安全和功能的项目，能在分部（子分部）工程中检测的，按照专业验收规范的规定，及时进行检测。

例如：在地下防水子分部工程的验收前应进行渗漏水检测；在混凝土结构子分部工程的验收前应进行结构实体检验；屋面工程验收时，应检查屋面有无渗漏、积水和排水系统是否畅通。

又如：建筑装饰装修工程有关安全和功能的检测项目见表3-6。

表3-6 有关安全和功能的检测项目

项次	子分部工程	检测项目
1	门窗工程	（1）建筑外墙金属窗的抗风压性能、空气渗透性能和雨水渗漏性能 （2）建筑外墙塑料窗的抗风压性能、空气渗透性能和雨水渗漏性能
2	饰面板（砖）工程	（1）饰面板后置埋件的现场拉拔强度 （2）饰面砖样板件的粘结强度
3	幕墙工程	（1）硅酮结构胶的相容性试验 （2）幕墙后置埋件的现场拉拔强度 （3）幕墙的抗风压性能、空气渗透性能、雨水渗漏性能及平面变形性能
4	地面工程	（1）有防水要求的建筑地面子分部工程的分项工程施工质量的蓄水检验记录，并抽查复验 （2）建筑地面板块面层铺设子分部工程和木、竹面层铺设子分部工程采用的砖、天然石材、预制板块、地毯、人造板材以及胶粘剂、胶料剂、涂料等材料证明及环保资料。

逐一检查每个检测报告，核查每个检测项目的检测方法、程序是否符合有关标准规定，检测结果是否达到规范的要求，检测报告的审批程序签字是否完整。如果每个检测项目都通过审查，即可在施工单位检查评定栏内打"√"来标注检查合格。监理单位总监理工程师组织验收，符合要求后在验收意见栏内签注"同意验收"或"合格"。

4. 观感质量

关于观感质量检查，这类检查往往难以定量，只能以观察、用手触摸或简单量测的方式进行，并由各个人的主观印象判断，检查结果并不给出"合格"或"不合格"的结论，而是综合给出"好"、"一般"、"差"的质量评价。由参加验收的各方人员（施工、设计、监理等）进行现场检查，并应共同确认。如果评价观感质量为差的项目，责令施工单位采取有效的相对性措施，及时进行修补、整改。具体检查项目见各专业质量验收规范的有关规定，例如建筑地面工程子分部工程观感质量综合评价应检查下列项目：

（1）变形缝、面层分格缝的位置和宽度以及填缝质量应符合规定；

（2）室内建筑地面工程按各子分部工程经抽查分别做出评价；

（3）楼梯、踏步等工程项目经抽查分别做出评价。

3.4.3 验收结论

按照要求，参与工程建设的相关单位有关人员应亲自签名确认，以便追究质量责任。

1. 施工总承包单位必须签认，由项目负责人亲自签认。

2. 有分包单位的工程，分包单位也必须签认其分包的分部（子分部）工程，由项目负责人亲自签认。

3. 勘察单位可只签认地基基础分部（子分部）工程，由项目负责人亲自签认。

4. 设计单位可只签认地基基础、主体结构及重要安装分部（子分部）工程，由项目负责人亲自签认。

5. 监理单位由总监理工程师亲自签认。如果按照规定没有委托监理单位的工程，由建设单位项目专业负责人亲自签认验收。

分部工程质量验收表填写范例见附录。

3.5 单位工程质量竣工验收记录表

单位工程质量验收也称为竣工验收，是建筑工程投入使用前的最后一次验收，是对建筑工程最终产品的终端把关。尽快完成竣工验收工作，对促进工程早日投入使用，发挥经济效益有着重要意义。单位工程质量验收有五部分内容，表3-7是一个综合表格，各部分验收后再进行填写。

表 3-7 单位工程质量竣工验收记录

工程名称		结构类型		层数/建筑面积	
施工单位		技术负责人		开工日期	
项目负责人		项目技术负责人		完工日期	
序号	项目	验收记录		验收结论	
1	分部工程验收	共__分部,经查__分部,符合标准及设计要求__分部			
2	质量控制资料核查	共__项,经审查符合要求__项,经核定符合规范要求__项			
3	安全和使用功能核查及抽查结果	共核查__项,符合要求__项,共抽查__项,符合要求__项,经返工处理符合要求__			
4	观感质量验收	共抽查__项,符合要求__项,不符合要求__项			
5	综合验收结论				
参加验收单位	建设单位	监理单位	施工单位	设计单位	勘察单位
	(公章) 项目负责人: 年 月 日	(公章) 总监理工程师: 年 月 日	(公章) 项目负责人: 年 月 日	(公章) 项目负责人: 年 月 日	(公章) 项目负责人: 年 月 日

3.5.1 表头的填写

1. 工程名称填写工程全称,与检验批、分项工程等的验收表工程名称一致。

2. 结构类型填写设计文件提供的结构类型,如砖混结构、框架结构、框剪结构、剪力墙结构、筒体结构等。

3. 层数应分别注明地下和地上的层数。建筑面积按照实际进行填写。

4. 施工单位填写单位全称,与检验批、分项工程等的验收表填写要求一致。

5. 技术负责人、项目负责人和项目技术负责人按照要求如实填写。

6. 开工日期、完工日期如实填写。

3.5.2 分部工程的验收

首先由施工单位的项目负责人组织有关人员逐个分部工程进行检查评定,合格后提交验收。经验收组成员验收合格后,由施工单位填写验收记录栏,监理单位在验收结论栏填写"同意验收"。

3.5.3 质量控制资料核查

这项内容要填写,首先填写专门的验收记录表,见表 3-8。按照表格的项目逐项进行核查，没有的项目打"/"来标注。将分部（子分部）工程所含的资料逐项进行统计，填入验收记录栏内。这项也是施工单位自行检查评定合格后，然后提交验收，由总监理工程师或建设单位项目负责人组织验收。如果符合要求，在验收结论栏内填写"共有__项，经核查符合要求__项，同意验收"，同时将此结论填入表 3-7 中的序号 2 项内，结论也填"同意验收"。此项内容在分部工程中已经审查，将各子分部工程审查的资料逐项进行统计，填入验收记录栏内。在全面梳理的基础上，重点检查有无遗漏现象，从而达到完整的要求。通常审查的资料都应符合要求，严禁验收的内容不会留在单位工程时再进行处理，有协商才能验收的内容，填写在验收结论栏内。

该表填写范例见附录。

表 3-8 单位工程质量控制资料核查记录

工程名称			施工单位				
序号	项目	资料名称	份数	施工单位		监理单位	
				核查意见	核查人	核查意见	核查人
1	建筑与结构	图纸会审记录、设计变更通知单、工程洽商记录					
2		工程定位测量、放线记录					
3		原材料出厂合格证书及进场检验、试验报告					
4		施工试验报告及见证检测报告					
5		隐蔽工程验收记录					
6		施工记录					
7		地基、基础、主体结构检验及抽样检测资料					
8		分项、分部工程质量验收记录					
9		工程质量事故调查处理资料					
10		新技术论证、备案及施工记录					
1	给排水与采暖	图纸会审记录、设计变更通知单、工程洽商记录					
2		原材料出厂合格证书及进场检验、试验报告					
3		管道、设备强度试验、严密性试验记录					
4		隐蔽工程验收记录					
5		系统清洗、灌水、通水、通球试验记录					
6		施工记录					
7		分项、分部工程质量验收记录					
8		新技术论证、备案及施工记录					

续表

工程名称			施工单位				
序号	项目	资料名称	份数	施工单位		监理单位	
				核查意见	核查人	核查意见	核查人
1	通风与空调	图纸会审记录、设计变更通知单、工程洽商记录					
2		原材料出厂合格证书及进场检验、试验报告					
3		制冷、空调、水管道强度试验、严密性试验记录					
4		隐蔽工程验收记录					
5		制冷设备运行调试记录					
6		通风、空调系统调试记录					
7		施工记录					
8		分项、分部工程质量验收记录					
9		新技术论证、备案及施工记录					
1	建筑电气	图纸会审记录、设计变更通知单、工程洽商记录					
2		原材料出厂合格证书及进场检验、试验报告					
3		设备调试记录					
4		接地、绝缘电阻测试记录					
5		隐蔽工程验收记录					
6		施工记录					
7		分项、分部工程质量验收记录					
8		新技术论证、备案及施工记录					
1	智能建筑	图纸会审记录、设计变更通知单、工程洽商记录					
2		原材料出厂合格证书及进场检验、试验报告					
3		隐蔽工程验收记录					
4		施工记录					
5		系统功能测定及设备调试记录					
6		系统技术、操作和维护手册					
7		系统管理、操作人员培训记录					
8		系统检测报告					
9		分项、分部工程质量验收记录					
10		新技术论证、备案及施工记录					

3 工程质量验收记录的编制及填写

续表

工程名称			施工单位			
序号	项目	资料名称	份数	施工单位		监理单位	
				核查意见	核查人	核查意见	核查人
1	建筑节能	图纸会审记录、设计变更通知单、工程洽商记录					
2		原材料出厂合格证书及进场检验、试验报告					
3		隐蔽工程验收记录					
4		施工记录					
5		外墙、外窗节能检测报告					
6		设备系统节能检测报告					
7		分项、分部工程质量验收记录					
8		新技术论证、备案及施工记录					
1	电梯	图纸会审记录、设计变更通知单、工程洽商记录					
2		设备出厂合格证书及开箱检验记录					
3		隐蔽工程验收记录					
4		施工记录					
5		接地、绝缘电阻试验记录					
6		负荷试验、安全装置检查记录					
7		分项、分部工程质量验收记录					
8		新技术论证、备案及施工记录					

结论：

施工单位项目负责人： 年 月 日　　　　　　　　　　　总监理工程师： 年 月 日

3.5.4 安全和主要使用功能核查与抽查

这项内容要填写，首先填写专门的验收记录表，见表3-9。这个项目包括两方面的内容，一是在分部工程进行了安全和功能检测的项目，要进行其检测资料的核查；二是在单位工程中要进行安全和功能项目的抽测，使其满足使用要求。

在分部工程进行了安全和功能检测的项目，施工单位先进行检查评定，合格后再提交验收。总监理工程师或建设单位项目负责人组织验收，先逐个项目进行核查，然后统计资料份数填入表格。

在单位工程中要进行安全和功能项目的抽测，抽查的项目由参加验收的各方人员商定，并用适当的抽样方法确定检查部位，按照有关专业工程施工质量验收规范的要求进

57

行检测,符合要求即填入表格。如果个别项目的抽测结果达不到设计要求,则应进行返工处理以达到要求,因在分部工程已经进行了安全和功能项目的检测,所以此种情况很少发生。最后由总监理工程师或建设单位项目负责人在验收结论栏内填写"同意验收"的结论,然后将此结论填入表 3-7 中的序号 3 项内,结论也填"同意验收"。

该表填写范例见附录。

表 3-9 单位工程安全和功能检验资料核查及主要功能抽查记录

工程名称			施工单位			
序号	项目	安全和功能检查项目	份数	核查意见	抽查结果	核查(抽查)人
1	建筑与结构	地基承载力检验报告				
2		桩基承载力检验报告				
3		混凝土强度试验报告				
4		砂浆强度试验报告				
5		主体结构尺寸、位置抽查记录				
6		建筑物垂直度、标高、全高测量记录				
7		屋面淋水或蓄水试验记录				
8		地下室渗漏水检测记录				
9		有防水要求的地面蓄水试验记录				
10		抽气(风)道检查记录				
11		外窗气密性、水密性、耐风压检测报告				
12		幕墙气密性、水密性、耐风压检测报告				
13		建筑物沉降观测测量记录				
14		节能、保温测试记录				
15		室内环境检测报告				
16		土壤氡气浓度检测报告				
1	给排水与采暖	给水管道通水试验记录				
2		暖气管道、散热器压力试验记录				
3		卫生器具满水试验记录				
4		消防管道、燃气管道压力试验记录				
5		排水干管通球试验记录				
6		锅炉试运行、安全阀及报警联动测试记录				
1	通风与空调	通风、空调系统试运行记录				
2		风量、温度测试记录				
3		空气能量回收装置测试记录				
4		洁净室洁净度测试记录				
5		制冷机组试运行调试记录				

续表

工程名称			施工单位			
序号	项目	安全和功能检查项目	份数	核查意见	抽查结果	核查（抽查）人
1	建筑电气	建筑照明通电试运行记录				
2		灯具固定装置及悬吊装置的载荷强度试验记录				
3		绝缘电阻测试记录				
4		剩余电流动作保护器测试记录				
5		应急电源装置应急持续供电记录				
6		接地电阻测试记录				
7		接地故障回路阻抗测试记录				
1	智能建筑	系统试运行记录				
2		系统电源及接地检测报告				
3		系统接地检测报告				
1	建筑节能	外墙节能构造检查记录或热工性能检验报告				
2		设备系统节能性能检查记录				
1	电梯	运行记录				
2		安全装置检测报告				

结论：

施工单位项目负责人： 年 月 日　　　　　　　　　　　总监理工程师： 年 月 日

注：抽查项目由验收组协商确定。

3.5.5 观感质量验收

这项内容要填写，首先填写专门的验收记录表，见表3-10。观感质量检查的方法同分部工程，但单位工程观感质量验收是一个综合性的验收，其检查项目比较多。有些项目是在分部工程验收后，到单位工程看是否有变化；有些项目是在分部工程验收时还没有形成，只有在单位工程时才能进行验收。

所有这些项目先由施工单位进行检查评定，合格后再提交验收。总监理工程师或建设单位项目负责人组织验收，由参加验收的各方人员（施工、设计、监理等）进行现场检查，并共同确认。

针对逐个项目进行抽查，综合给出"好"、"一般"、"差"的质量评价。观感质量为好的在表中打"√"来标注，观感质量为一般的表中打"○"来标注，观感质量为差的表中打"×"来标注。一个检查项目好的占总数的50%及以上，且无差的，此项确认为"好"；一个检查项目好的占总数的50%以下，且差的不超过20%，此项确认为"一般"；如果评价观感质量为差的项目，责令施工单位采取有效的相对性措施，及时进行修补、整改。检查后的结果汇总填入表 3-10。

检查结论按以下内容确定，好的项目占检查总数的 50% 及以上，且无差的项目，可共同确认为好；好的项目占检查总数的 50% 以下，且无差的项目，可共同确认为一般；检查评价有差的项目可共同确认为差；当有影响安全、使用功能和严重影响观感的差的项目，必须返修处理，否则不予验收。最后由总监理工程师或建设单位项目负责人在验收结论栏内填写"经现场检查评价共同确认为好或一般或差"的结论，然后将此结论填入表 3-7 中的序号 4 项内，结论填"同意验收"。

该表填写范例见附录。

表 3-10 单位（子单位）工程观感质量检查记录

工程名称			施工单位	
序号		项目	抽查质量状况	质量评价
1	建筑与结构	主体结构外观	共检查__点，好__点，一般__点，差__点	
2		室外墙面	共检查__点，好__点，一般__点，差__点	
3		变形缝、水落管	共检查__点，好__点，一般__点，差__点	
4		屋面	共检查__点，好__点，一般__点，差__点	
5		室内墙面	共检查__点，好__点，一般__点，差__点	
6		室内顶棚	共检查__点，好__点，一般__点，差__点	
7		室内地面	共检查__点，好__点，一般__点，差__点	
8		楼梯、踏步、护栏	共检查__点，好__点，一般__点，差__点	
9		门窗	共检查__点，好__点，一般__点，差__点	
10		雨罩、台阶、坡道、散水	共检查__点，好__点，一般__点，差__点	
1	给排水与采暖	管道接口、坡度、支架	共检查__点，好__点，一般__点，差__点	
2		卫生器具、支架、阀门	共检查__点，好__点，一般__点，差__点	
3		检查口、扫除口、地漏	共检查__点，好__点，一般__点，差__点	
4		散热器、支架	共检查__点，好__点，一般__点，差__点	
1	通风与空调	风管、支架	共检查__点，好__点，一般__点，差__点	
2		风口、风阀	共检查__点，好__点，一般__点，差__点	
3		风机、空调设备	共检查__点，好__点，一般__点，差__点	
4		管道、阀门、支架	共检查__点，好__点，一般__点，差__点	
5		水泵、冷却塔	共检查__点，好__点，一般__点，差__点	
6		绝热	共检查__点，好__点，一般__点，差__点	
1	建筑电气	配电箱、盘、板、接线盒	共检查__点，好__点，一般__点，差__点	
2		设备器具、开关、插座	共检查__点，好__点，一般__点，差__点	
3		防雷、接地、防火	共检查__点，好__点，一般__点，差__点	
1	智能建筑	机房设备安装及布局	共检查__点，好__点，一般__点，差__点	
2		现场设备安装	共检查__点，好__点，一般__点，差__点	

3 工程质量验收记录的编制及填写

续表

工程名称			施工单位	
序号	项目		抽查质量状况	质量评价
1	电梯	运行、平层、开关门	共检查__点,好__点,一般__点,差__点	
2		层门、信号系统	共检查__点,好__点,一般__点,差__点	
3		机房	共检查__点,好__点,一般__点,差__点	
观感质量综合评价				
结论				

施工单位项目负责人： 年 月 日　　　　　　　　总监理工程师： 年 月 日

注：1. 对质量评价为差的项目应进行返修。
　　2. 观感质量检查的原始记录应作为本表附件。

3.5.6 综合验收结论

单位工程正式验收时，在建设单位组织下，由建设单位相关专业人员、监理单位的监理工程师和设计单位、施工单位相关人员分别核查有关项目，各项符合要求时由监理单位或建设单位填写"同意验收"的意见。综合验收是指前面几项内容均验收符合要求后，经各验收单位共同商定后，由建设单位在综合验收结论栏填写"通过验收"。

建设单位、监理单位、施工单位、设计单位都同意验收时，其各单位的单位负责人或项目负责人要亲自签字，并加盖单位公章，注明签字验收的时间，明确建设各方对工程质量负责。

该表填写范例见附录。

复习思考题：

3-1 《施工现场质量管理检查记录》由谁进行填写，由谁进行验收？

3-2 施工现场质量管理检查记录表的作用是什么？

3-3 请简述检验批项目的编码规则。

3-4 在检验批验收表中对于定量检查的项目如何填写？

3-5 在分项工程验收表中检查结论和验收结论分别由谁进行填写？

3-6 建筑装饰装修门窗子分部工程有关安全和功能的检测项目都有哪些？

3-7 建筑地面工程子分部工程观感质量综合评价应检查哪些项目？

3-8 设计单位需要签认哪些分部（子分部）工程？

3-9 单位（子单位）工程建筑与结构部分质量控制资料核查哪些？

3-10 针对单位工程观感质量验收如何进行评价？

4 地基与基础分部工程质量检查与验收

内容提示：本章主要涉及《建筑地基基础工程施工质量验收标准》（GB 50202—2018）和《地下防水工程质量验收规范》（GB 50208—2011）两个专业验收规范。

课程目标：通过学习熟悉地基基础工程施工质量验收的基本规定；掌握常见的土方工程、桩基工程和地下防水工程等子分部工程所含的检验批主控项目和一般项目的验收标准；熟悉地基基础工程分部（子分部）工程质量验收的内容。

思政目标：地基基础分部工程的质量关系到建筑工程的质量与安全，学生个人素质教育关乎个人发展、社会发展、国家发展，意义深远而重大。

建筑工程都必须有可靠的地基基础，建筑工程的全部重量（包括各种荷载）最终都将通过基础传给地基。因此地基基础分部工程的质量验收至关重要，它关系到建筑工程的结构安全和使用功能。建筑地基基础分部工程质量验收是十大分部工程之一，它主要包括地基、基础、基坑支护、地下水控制、土方、边坡、地下防水等 7 个子分部工程。本章仅介绍较为常见的土石方工程、桩基工程、地下防水等子分部工程。

4.1 基本规定

4.1.1 建筑地基基础工程的基本规定

1. 质量验收的规定

地基基础工程施工质量验收应符合下列规定：

(1) 地基基础工程施工质量应符合验收规定的要求；
(2) 质量验收的程序应符合验收规定的要求；
(3) 工程质量的验收应在施工单位自行检查评定合格的基础上进行；
(4) 质量验收应进行分部、分项工程验收；
(5) 质量验收应按主控项目和一般项目验收。

2. 质量验收的资料

地基基础工程验收时应提交下列资料：

(1) 岩土工程勘察报告；
(2) 设计文件、图纸会审记录和技术交底资料；
(3) 工程测量、定位放线记录；
(4) 施工组织设计及专项施工方案；
(5) 施工记录及施工单位自查评定报告；

(6) 监测资料;

(7) 隐蔽工程验收资料;

(8) 检测与检验报告;

(9) 竣工图。

地基基础工程验收时,材料应提交齐全。岩土工程勘察报告包含岩土工程勘察报告、补勘或施工勘察报告等资料;设计文件包含设计图纸、设计变更单以及相关的设计文件资料;施工记录的资料包含施工技术核定单、施工意外情况的处理意见及检验资料;隐蔽工程验收资料中包含地基验槽记录、钢筋验收记录等隐蔽工程验收资料;检测与检验报告包含原材料、构配件等的检测及检验报告。

3. 施工的资料

施工前及施工过程中所进行的检验项目应制作表格,并应做相应记录、校审存档。

表格可按地基基础工程施工质量验收标准相关章节的质量检验标准进行制作,并在施工及验收过程中进行记录,经过校审之后,按规定做好存档工作。

4. 验槽

地基基础工程必须进行验槽,验槽检验要点应符合《建筑地基基础工程施工质量验收标准》(GB 50202—2018)附录 A 的规定。

验槽是在基坑或基槽开挖至坑底设计标高后,检验地基是否符合要求的活动。验槽的目的是探明基坑或基槽的土质情况等,据此判断异常地基基础是否需要进行局部处理、原钻探是否需补充、原基础设计是否需修正等。验槽是基础工程施工前期重要的检查工序,是关系到整个建筑安全的关键,对每一个基坑或基槽都必须进行验槽。

5. 原材料的质量检验

原材料的质量检验应符合下列规定:

(1) 钢筋、混凝土等原材料的质量检验应符合设计要求和现行国家标准《混凝土结构工程施工质量验收标准》GB 50204 的规定;

(2) 钢材、焊接材料和连接件等原材料及成品的进场、焊接或连接检测应符合设计要求和现行国家标准《钢结构工程施工质量验收规范》GB 50205 的规定;

(3) 砂、石子、水泥、石灰、粉煤灰、矿(钢)渣粉等掺合料、外加剂等原材料的质量、检验项目、批量和检验方法,应符合国家现行有关标准的规定。

6. 其他规定

1) 主控项目的质量检验结果必须全部符合检验标准,一般项目的验收合格率不得低于 80%。

主控项目是对检验批的基本质量起决定性影响的关键项目,这种项目的检验结果具有否决权,需要特别控制,因此要求主控项目必须全部符合本标准的规定,意味着主控项目不允许有不符合要求的检验结果。一般项目是较关键项目,相对于主控项目可以允许在抽查的数量里有 20% 的不合格率。对采用计数检验的一般项目,要求其合格率为 80% 及以上,且在允许存在的 20% 以下的不合格点中不得有严重缺陷。严重缺陷是指对结构构件的受力性能、耐久性能或安装要求、使用功能有决定性影响的缺陷。

**2) 地基基础标准试件强度评定不满足要求或对试件的代表性有怀疑时,应对实体进行强度检测,当检测结果符合设计要求时,可按合格验收。

4.1.2 地下防水工程的基本规定

1. 地下工程的防水等级

地下工程的防水等级分为 4 个等级,各等级标准应符合表 4-1 的规定。

表 4-1 地下工程防水等级标准

防水等级	防水标准
一级	不允许渗水,结构表面无湿渍
二级	不允许漏水,结构表面可有少量湿渍; 房屋建筑地下工程:总湿渍面积不应大于总防水面积(包括顶板、墙面、地面)的 1/1000;任意 100m² 防水面积上的湿渍不超过 2 处,单个湿渍的最大面积不大于 0.1m²; 其他地下工程:总湿渍面积不应大于总防水面积的 2/1000;任意 100m² 防水面积上的湿渍不超过 3 处,单个湿渍的最大面积不大于 0.2m²;其中,隧道工程平均渗水量不大于 0.05L/(m²·d),任意 100m² 防水面积上的渗水量不大于 0.15L/(m²·d)
三级	有少量漏水点,不得有线流和漏泥砂; 任意 100m² 防水面积上的漏水或湿渍点数不超过 7 处,单个漏水点的最大漏水量不大于 2.5L/d,单个湿渍的最大面积不大于 0.3m²
四级	有漏水点,不得有线流和漏泥砂; 整个工程平均漏水量不大于 2L/(m²·d),任意 100m² 防水面积的平均漏水量不大于 4L/(m²·d)

本条是引用《地下工程防水技术规范》(GB 50108—2011)的内容,地下工程防水等级标准的依据为:

(1)防水等级为一级的工程,按规定是不允许渗水的,但结构内表面并不是没有地下水渗透的现象。由于渗水量极小,随时被地下的人工通风所带走,当渗水量小于蒸发量时,结构内表面就不会有湿渍了。

(2)防水等级为二级的工程,按规定是不允许有漏水,结构内表面可有少量湿渍。对于地下工程渗漏水检测,总湿渍面积占总防水面积的比例、任意 100m² 防水面积上的湿渍处和单个湿渍最大面积都作了量化指标的规定。我国防水等级为二级的隧道工程,参考国外的有关隧道等级标准做出相关规定。

(3)防水等级为三级的工程,按规定允许有少量漏水点,但不得有线流和漏泥砂。在地下工程中,顶部或拱顶的渗漏水一般为滴水,而侧墙多为流挂湿渍的形式。对任意 100m² 防水面积上的漏水或湿渍点数,单个漏水点的最大漏水量,单个湿渍的最大面积都作了量化指标的规定。

(4)防水等级为四级的工程,按规定允许有漏水点,但不得有线流和漏泥砂现象。我国地下工程任意 100m² 防水面积的平均漏水量指标为整个工程平均漏水量的 2 倍。

2. 地下工程防水设防要求

明挖法和暗挖法地下工程的防水设防,应按照表 4-2 和表 4-3 选用。

4 地基与基础分部工程质量检查与验收

表 4-2 明挖法地下工程的防水设防

工程部位		主体结构						施工缝						后浇带			变形缝、诱导缝				
防水措施		防水混凝土	防水卷材	防水涂料	塑料防水板	膨润土防水材料	防水砂浆	金属板	遇水膨胀止水条或止水胶	外贴式止水带	中埋式止水带	外抹防水砂浆	外涂防水涂料	水泥基渗透结晶型防水涂料	预埋注浆管	补偿收缩混凝土	外贴式止水带	预埋注浆管	遇水膨胀止水条或止水胶	中埋式止水带	外贴式止水带	可卸式止水带	防水密封材料	外贴防水卷材	外涂防水涂料
防水等级	一级	应选	应选一种至两种						应选两种						应选	应选	应选两种		应选	应选两种					
	二级	应选	应选一种						应选一种至两种						应选	应选	应选一种至两种		应选	应选一种至两种					
	三级	应选	宜选一种						宜选一种至两种						应选	应选	宜选一种至两种		应选	宜选一种至两种					
	四级	宜选	—						宜选一种						应选	应选	宜选一种		应选	宜选一种					

表 4-3 暗挖法地下工程防水设防

工程部位		衬砌结构							内衬砌施工缝					内衬砌变形缝诱导缝			
防水措施		防水混凝土	防水卷材	防水涂料	塑料防水板	膨润土防水材料	防水砂浆	金属板	遇水膨胀止水条或止水胶	外贴式止水带	中埋式止水带	防水密封材料	水泥基渗透结晶型防水涂料	预埋注浆管	中埋式止水带	外贴式止水带	可卸式止水带	防水密封材料
防水等级	一级	必选	应选一种至两种						应选一种至两种						应选	应选一种至两种		
	二级	应选	应选一种						应选一种						应选	应选一种		
	三级	宜选	宜选一种						宜选一种						应选	宜选一种		
	四级	宜选	宜选一种						宜选一种						应选	宜选一种		

本条是引用《地下工程防水技术规范》(GB 50108—2011)的内容，修改时增加了膨润土防水材料、水泥基渗透结晶型防水涂料、预埋注浆管等防水设防。其中预埋注浆管是在工程接缝部位的混凝土硬化后，通过预埋的注浆管向接缝内注入浆液加以封堵，形成一道防水设防，解决了工程接缝部位薄弱环节的渗漏水问题。

本条规定了地下工程的防水包括两个部分内容，一是主体或衬砌结构，二是细部构造防水。目前，工程采用防水混凝土结构的自防水效果较好，细部构造的渗漏水现象较为明显，工程界有所谓的十缝九漏之称。因此地下工程的防水设计和施工，应符合"防、排、截、堵相结合，刚柔相济，因地制宜，综合治理"的原则。在选用地下工程防水设防时，不能生搬硬套，应根据结构特点、使用年限、材料性能、施工方法、环境条件等因素合理地选择。

明挖法或暗挖法地下工程的防水设防，主体或衬砌结构应首先选用防水混凝土，当防水等级为一级时，应增设一至两道其他防水层，称为"多道设防"；当防水等级为二级时，应增设一道其他防水层；对于施工缝、后浇带和变形缝等，应根据不同防水等级选用不同的防水设施。

3. 人员资格和单位资质

地下防水工程必须由持有资质等级证书的防水专业队伍进行施工，主要施工人员应持有省级及以上建设行政主管部门或其指定单位颁发的执业资格证书或防水专业岗位证书。

防水施工是保证地下防水工程质量的关键，目前我国一些地区由于使用不懂防水技术的工人进行防水作业，造成工程出现了渗漏。因此必须建立具有相应资质的专业施工队伍，施工人员必须经过专业理论和实际操作的培训，并持有建设行政主管部门或其指定单位颁发的资格证书。

4. 施工前的准备工作

地下防水工程施工前，应通过图纸会审，掌握结构主体及细部构造的防水要求，施工单位应编制防水工程专项施工方案，经监理单位或建设单位审查批准后执行。

通过图纸审核，各有关单位既要对防水设计质量把关，又能掌握地下工程防水构造设计的要点，施工前还应有针对性地确保防水工程质量的施工方案和技术措施，避免在施工中出现问题。

施工单位对地下防水工程的各工序应按企业标准进行质量控制，编制工程施工方案或技术措施，并按程序经监理单位或建设单位审查批准，批准后方可实施。

5. 材料的质量

1) 地下工程所使用防水材料的品种、规格、性能等必须符合现行国家或行业产品标准和设计要求。

建筑材料的质量直接影响建筑工程质量的好坏，由于建筑防水材料品种繁多，性能各异，质量参差不齐，成为施工中的一个难题。对于防水材料的品种、规格、性能等要求，在地下工程防水设计中有明确规定的，应按设计要求执行；凡在地下工程设计中没有具体规定的，应按现行国家或行业产品标准规定执行。

2) 防水材料必须经具备相应资质的检测单位进行抽样检验，并出具产品性能检测

报告。

产品性能检测报告是控制进入市场材料的质量，保证材料的品种、规格、性能等符合国家标准或行业标准的要求。同时也是工程质量控制的需要，使工程采用的材料满足设计要求，避免给工程质量留下隐患。因此防水材料的抽样检验应符合：

（1）防水材料必须送至经过省级以上建设行政主管部门资质认可和质量技术监督部门计量认证的检测单位进行检测。

（2）检查人员必须按防水材料标准中组批与抽样的规定随机取样。

（3）检查项目应符合防水材料标准和工程设计的要求。

（4）监测方法应符合现行防水材料标准的规定，检测结论明确。

（5）检测报告应有主检、审核、批准人签章，盖有"检测单位公章"和"检测专用章"。复制报告未重新加盖"检测单位公章"和"检测专用章"无效。

（6）防水材料企业提供的产品出厂检验报告是对产品生产期间的质量控制，产品型式检验的有效期宜为一年。

3）防水材料的进场验收应符合下列规定：

（1）对材料的外观、品种、规格、包装、尺寸和数量等进行检查验收，并经监理单位或建设单位代表检查确认，形成相应验收记录。

（2）对材料的质量证明文件进行检查，并经监理单位或建设单位代表检查确认，纳入工程技术档案。

（3）材料进场后应按《地下防水工程质量验收规范》（GB 50208—2011）附录 A 和附录 B 的规定抽样检验，检验应执行见证取样送检制度，并出具材料进场检验报告。

（4）材料的物理性能检验项目全部指标达到标准规定时，即为合格；若有一项指标不符合标准规定，应在受检产品中重新取样进行该项指标复验，复验结果符合标准规定，即判定该批材料为合格。

材料进场验收是把好材料合格关的重要环节，材料进场验收应经监理单位确认，未经监理人员验收或验收不合格的材料，承包单位应将材料撤出现场；材料进场应进行抽样检验，同时为了保证检验的公正性和准确性，进场检验应执行《房屋建筑工程和市政基础设施工程实行见证取样和送检的规定》；材料抽样检验结果判定时，如果有两项或两项以上指标达不到标准规定时，则判定该批产品为不合格，如果有一项指标达不到标准规定时，允许在受检产品中重新取样进行该指标复验。

4）地下工程使用的防水材料及其配套材料，应符合现行行业标准《建筑防水涂料中有害物质限量》（JC 1066）的规定，不得对周围环境造成污染。

本条考虑到防水材料及其配套材料对环境保护的影响，其有害物质限量应达到有关标准的要求，不得对周围环境造成污染。在《建筑防水涂料中有害物质限量》（JC 1066）中，对建筑防水用的涂料及其配套材料，按其性质分为水性、反应型和溶剂型，分别规定了有害物质限量。

6. **工序的控制**

地下防水工程的施工，应建立各道工序的自检、交接检和专职人员检查的制度，并有完整的检查记录；工程隐蔽前，应由施工单位通知有关单位进行验收，并形成隐蔽工

程验收记录；未经监理单位或建设单位代表对上道工序的检查确认，不得进行下道工序的施工。

施工过程中建立工序质量的自查、检查和交接检查制度，是实行工程质量过程控制的根本保证。上道工序完成后，应经完成方与后续工序的承接方共同检查并确认，方可进行下一道工序的施工，避免上道工序存在的质量问题被下道工序所覆盖，给防水工程留下质量隐患。隐蔽工程还需进行隐蔽工程验收，并做好相关验收记录。防水工程的施工，应建立各道工序的自检、交接检和专职人员检查，有完整的检查记录，最后由监理工程师代表建设单位进行检查和确认。

7. 地下水位的控制

地下防水工程施工期间，必须保持地下水位稳定在工程底部最低高程 500mm 以下，必要时应采取降水措施。对采用明沟排水的基坑，应保持基坑干燥。

进行地下防水结构或防水层施工时，现场应做到无水、无泥浆，这是保证地下防水工程施工质量的一个重要条件。因此在地下防水工程施工期间，必须做好周围环境的排水和降低地下水位的工作。

排除基坑周围的地面水和基坑内的积水，以便在不带水和泥浆的基坑内进行施工，排水时应注意避免基土的流失，防止因改变基底的土层构造而导致地面沉陷。

为了确保地下防水工程的施工质量，明确规定地下水位应降低至防水工程底部最低高程 0.5m 以下的位置，并保持已降地下水位至整个防水工程施工完成。对采用明沟排水的基坑，可适当放宽要求，但应保持基坑干燥。

8. 施工环境的要求

地下防水工程不得在雨天、雪天和五级风及其以上时施工；防水材料施工环境气温条件宜符合表 4-4 的规定。

表 4-4 防水材料施工环境气温条件

防水材料	施工环境气温条件
高聚物改性沥青防水卷材	冷粘法、自粘法不低于 5℃，热熔法不低于 −10℃
合成高分子防水卷材	冷粘法、自粘法不低于 5℃，焊接法不低于 −10℃
有机防水涂料	溶剂型 −5～35℃，反应型、水乳型 5～35℃
无机防水涂料	5～35℃
防水混凝土、水泥砂浆	5～35℃
膨润土防水材料	不低于 −20℃

在地下工程的防水层施工时，气候条件对其影响是很大的。雨天施工会使基层含水率增大，导致防水层粘接不牢；气温过低时铺贴卷材，易出现开卷时卷材发硬、脆裂，严重影响防水层质量；低温涂刷涂料，涂层易受冻且不成膜；五级风以上进行防水层施工操作，难以确保防水层质量和人身安全。因此本条根据不同材料性能及施工工艺，分别规定了适于施工的环境气温。当防水层施工环境不符合规定而又必须施工时，应采取合理的保护措施，以满足防水层施工条件。

9. 地下防水工程的划分

1）地下防水工程是一个子分部工程，其分项工程的划分应符合表 4-5 的规定。

表 4-5 地下防水工程的分项工程

子分部工程		分项工程
地下防水工程	主体结构防水	防水混凝土、水泥砂浆防水层、卷材防水层、涂料防水层、塑料防水板防水层、金属板防水层、膨润土防水材料防水层
	细部构造防水	施工缝、变形缝、后浇带、穿墙管、埋设件、预留通道接头、桩头、孔口、坑、池
	特殊施工法结构防水	锚喷支护、地下连续墙、盾构隧道、沉井、逆筑结构
	排水	渗排水、盲沟排水、隧道排水、坑道排水、塑料排水板排水
	注浆	预注浆、后注浆、结构裂缝注浆

根据"统一标准"的规定，确定地下防水工程为地基基础分部工程其中的一个子分部工程。由于地下防水工程包括主体结构防水、细部构造防水、特殊施工法结构防水、排水、注浆等工程，本表对地下防水工程给予具体划分，有助于及时纠正施工中出现的问题，以确保工程质量。

2）地下防水工程的分项工程检验批和抽样检验数量应符合下列规定：

（1）主体结构防水工程和细部构造防水工程应按结构层、变形缝或后浇带等施工段划分检验批；

（2）特殊施工法结构防水工程应按隧道区间、变形缝等施工段划分检验批；

（3）排水工程和注浆工程应各为一个检验批；

（4）各检验批的抽样检验数量：细部构造应为全数检查，其他均应符合规范规定。

根据"统一标准"的规定，分项工程可由一个或若干个检验批组成，检验批可根据质量控制和专业验收需要按楼层、施工段、变形缝等进行划分。本条对主体结构防水、细部构造防水、特殊施工法结构防水、排水、注浆等工程检验批的划分和抽检数量作了规定，以免给工程质量验收带来不便。

10. 地下防水工程的验收

地下工程应按设计的防水等级标准进行验收。地下工程渗漏水调查与检测应按《地下防水工程质量验收规范》（GB 50208—2011）附录 C 执行。

我国对地下防水等级划分为四级，主要是根据国内工程调查资料和参考国外有关规定，结合我国实际情况，按允许渗漏水量来确定的。地下防水工程应按设计的防水等级标准进行验收。

地下工程渗漏水调查与检测应按《地下防水工程质量验收规范》（GB 50208—2011）附录 C 执行。其中房屋建筑地下工程渗漏水检测应符合下列要求：

（1）湿渍检测时，检查人员用干手触摸湿斑，无水分浸润感觉。用吸墨纸或报纸贴附，纸不变颜色；要用粉笔勾画出湿渍范围，然后用钢尺测量并计算面积，标示在"结构内表面的渗漏水展开图"上。

（2）渗水检测时，检查人员用干手触摸可感觉到水分浸润，手上会沾有水分。用吸墨纸或报纸贴附，纸会浸润变颜色；要用粉笔勾画出渗水范围，然后用钢尺测量并计算面积，标示在"结构内表面的渗漏水展开图"上。

（3）通过集水井积水，检测在设定时间内的水位上升数值，计算渗漏水量。

4.2 土石方子分部工程

土石方工程是一个子分部工程，其又划分为土方开挖、岩质基坑开挖、土石方堆放与运输、土石方回填等分项工程。本节主要介绍土石方工程的一般规定、土方开挖、堆放与运输、土石方回填等内容。

4.2.1 一般规定

1. 在土石方工程开挖施工前，应完成支护结构、地面排水、地下水控制、基坑及周边环境监测、施工条件验收和应急预案准备等工作的验收，合格后方可进行土石方开挖。

基坑工程应根据设计文件编制基坑支护结构和土石方开挖的施工方案，并按相关规定完成审核工作后方可施工。当基坑土石方开挖采用无支护结构的放坡开挖时，应做好基坑放坡周边地面的挡水措施，防止地面明水流入基坑。基坑底设置明沟及集水井等排水设施，排除坑内明水，防止坡脚及坑底受水浸泡发生位移、坍塌等险情对土石方工程施工产生影响。有的施工现场由于缺乏排水和降低地下水位的措施，对施工影响很大，甚至产生质量隐患和安全事故。在土石方开挖前应针对施工现场水文、地质的实际情况、周边的环境（建筑物、地铁和地下管线等）、开挖边坡与建筑物的距离、建筑物的结构、地下设施和开挖深度等进行综合考虑，编制地面排水和地下水控制的专项施工方案。土石方开挖应根据施工现场条件尽可能连续开挖，加快施工进度，缩短基坑暴露时间，以免造成质量和安全事故。做好应急准备，开挖前抢险物资必须到位。

2. 在土石方工程开挖施工中，应定期测量和校核设计平面位置、边坡坡率和水平标高。平面控制桩和水准控制点应采取可靠措施加以保护，并应定期检查和复测。土石方不应堆在基坑影响范围内。

在土石方工程施工测量中，除开工前的复测放线外，还应配合施工对平面位置（包括控制边界线、分界线、边坡上的上口线和底口线等）、边坡坡率（包括放坡线、变坡等）和标高等经常测量，并校核是否符合设计要求。平面控制桩和水准控制点，也应定期进行复测和检查。对于复杂基坑的开挖施工，还应加强信息化施工，做好基坑变形的监测测量，确保土石方施工安全顺利的进行。

3. 土石方开挖的顺序、方法必须与设计工况和施工方案相一致，并应遵循"开槽支撑、先撑后挖、分层开挖、严禁超挖"的原则。

重要的基坑工程，支撑安装的及时性极为重要，与工程实践，基坑变形和施工时间有很大关系。因此，施工过程应尽量缩短工期，特别是在支撑体系未形成情况下的基坑暴露时间应尽可能减少，施工时要重视基坑变形的时空效应。

4. 平整后的场地表面坡率应符合设计要求，设计无要求时，沿排水沟方向的坡率不应小于 2‰，平整后的场地表面应逐点检查。土石方工程的标高检查点为每 100m² 取 1 点，且不应少于 10 点；土石方工程的平面几何尺寸（长度、宽度等）应全数检查；土石方工程的边坡为每 20m 取 1 点，且每边不应少于 1 点。土石方工程的表面平整度检查点为每 100m² 取 1 点，且不应少于 10 点。

4.2.2 土方开挖

1. 土方开挖的一般要求

（1）施工前应检查支护结构质量、定位放线、排水和地下水控制系统，以及对周边影响范围内地下管线和建（构）筑物保护措施的落实，并应合理安排土方运输车辆的行走路线及弃土场。附近有重要保护设施的基坑，应在土方开挖前对围护体的止水性能通过预降水进行检验。

（2）施工中应检查平面位置、水平标高、边坡坡率、压实度、排水系统、地下水控制系统、预留土墩、分层开挖厚度、支护结构的变形，并随时观测周围环境变化。

（3）施工结束后应检查平面几何尺寸、水平标高、边坡坡率、表面平整度和基底土性等。

（4）临时性挖方工程的边坡坡率允许值应符合表 4-6 的规定或经设计计算确定。

表 4-6 临时性挖方工程的边坡坡率允许值

土的类别		边坡值（高：宽）
砂土（不包括细砂、粉砂）		1：1.25～1：1.50
黏性土	坚硬	1：0.75～1：1.00
	硬塑、可塑	1：1.00～1：1.25
	软塑	1：1.50 或更缓
碎石土	充填坚硬黏土、硬塑黏土	1：0.50～1：1.00
	充填砂土	1：1.00～1：1.50

注：1. 本表适用于无支护措施的临时性挖方工程的边坡坡率。
2. 设计有要求时，应符合设计标准。
3. 本表适用于地下水位以上的土层。采用降水或其他加固措施时，可不受本表限制，但应计算复核。
4. 一次开挖深度，软土不应超过 4m，硬土不应超过 8m。

2. 土方开挖工程的质量检验

一般土方开挖都是一次完成的，然后进行验槽，故大多土方开挖分项工程都只有一个检验批。但也有部分工程土方开挖分为几段施工，进行几次验收，形成多个检验批。虽然在施工中形成不同的检验批，但各检验批检查和验收的内容以及方法都是一样的。土方开挖工程检验批的质量检验标准和检验方法应符合表 4-7 的规定。

表 4-7 土方开挖工程质量检验标准

项目	序号	检验项目	检验标准或允许偏差（mm）					检验方法	检查数量
			柱基基坑基槽	挖方场地平整		管沟	地(路)面基层		
				人工	机械				
主控项目	1	标高	0 −50	±30	±50	0 −50	0 −50	水准测量	每100m²取1点，且不应少于10点
	2	长度、宽度（由设计中心线向两边量）	+200 −50	+300 −100	+500 −150	+100 0	设计值	全站仪或用钢尺量	全数检查
	3	坡率	设计值					目测法或坡度尺检查	每20m取1点，每边不少于1点
一般项目	1	表面平整度	±20	±20	±50	±20	±20	用2m靠尺	每100m²取1点，且不应少于10点
	2	基底土性	设计要求					目测法或土样分析	全数检查

注：1. 适用于附近无重要建（构）筑物或重要公共设施，且暴露时间不长的条件。
2. 地（路）面基层的偏差只适用于直接在挖、填土上做地（路）面的基层。

关于土方开挖工程检查批质量检验的说明：

（1）主控项目第一项

为了防止基底土被扰动，机械挖土时不直接挖到基底，在基底标高以上留出 200～300mm，待基础施工前用人工修整。不允许欠挖是为了防止基坑底面超高，而影响基础的标高。

（2）主控项目第二项

土方开挖应保证平面几何尺寸（长度、宽度等）达到设计要求，土方开挖平面边界尺寸受支护结构控制时，如排桩、板桩、咬合桩、地下连续墙、SMW 工法等支护的基坑土方开挖，不受本条件限制，支护结构的施工质量与允许偏差应符合设计文件和相关专业标准要求。长度、宽度允许偏差值的量取应由设计中心线向两边量，避免长度和宽度符合要求而整体移位。

（3）一般项目第二项

基坑（槽）和管沟基底的土质条件（包括工程地质和水文地质条件等），必须符合设计要求，否则对整个建筑物或管道的稳定性与耐久性会造成严重影响。应由施工单位会同设计单位、建设单位等在现场进行检查，合格后做出验槽记录。

4.2.3 土石方堆放与运输

1. 土石方堆放与运输的一般要求

（1） 施工前应对土石方平衡计算进行检查，堆放与运输应满足施工组织设计要求。

（2） 施工中应检查安全文明施工、堆放位置、堆放的安全距离、堆土的高度、边坡坡率、排水系统、边坡稳定、防扬尘措施等内容，并应满足设计或施工组织设计要求。

(3) 在基坑（槽）、管沟等周边堆土的堆载限值和堆载范围应符合基坑围护设计要求，严禁在基坑（槽）、管沟、地铁及建构（筑）物周边影响范围内堆土。对于临时性堆土，应视挖方边坡处的土质情况、边坡坡率和高度，检查堆放的安全距离，确保边坡稳定。在挖方下侧堆土时应将土堆表面平整，其顶面高程应低于相邻挖方场地设计标高，保持排水畅通，堆土边坡坡率不宜大于 1∶1.5。在河岸处堆土时，不得影响河堤的稳定和排水，不得阻塞污染河道。

(4) 施工结束后，应检查堆土的平面尺寸、高度、安全距离、边坡坡率、排水、防扬尘措施等内容，并应满足设计或施工组织设计要求。

2. 土石方堆放工程的质量检验

对于土石方堆放工程，其质量检验标准应符合表 4-8 的规定。

表 4-8　土石方堆放工程质量检验标准

项目	序号	检验项目	检验标准或允许偏差 数值	检验方法	检查数量
主控项目	1	总高度	不大于设计值	水准测量	全数检查
	2	长度、宽度	设计值	全站仪或用钢尺量	全数检查
	3	堆放安全距离	设计值	全站仪或用钢尺量	全数检查
	4	坡率	设计值	目测法或用坡度尺检查	每 20m 取 1 点，每边不少于 1 点
一般项目	1	防扬尘	满足环境保护要求或施工组织设计要求	目测法	全数检查

4.2.4　土石方回填

1. 土石方回填的一般要求

(1) 施工前应检查基底的垃圾、树根等杂物清除情况，测量基底标高、边坡坡率，检查验收基础外墙防水层和保护层等。回填料应符合设计要求，并应确定回填料含水量控制范围、铺土厚度、压实遍数等施工参数。

(2) 施工中应检查排水系统，每层填筑厚度、辗迹重叠程度、含水量控制、回填土有机质含量、压实系数等。回填施工的压实系数应满足设计要求。当采用分层回填时，应在下层的压实系数经试验合格后进行上层施工。填筑厚度及压实遍数应根据土质、压实系数及压实机具确定。无试验依据时，应符合表 4-9 的规定。

表 4-9　填土施工时的分层厚度及压实遍数

压实机具	分层厚度（mm）	每层压实遍数
平碾	250～300	6～8
振动压实机	250～350	3～4
柴油打夯机	200～250	3～4
人工打夯	<200	3～4

(3) 施工结束后，应进行标高及压实系数检验。

填方基底处理属于隐蔽工程，直接影响整个填方工程和整个上层建筑的安全和稳定，一旦发生事故，很难补救，因此，必须按设计要求施工，如无设计要求时，必须符合施工验收规范的规定。填方前对填方土料进行检查，以免影响压实效果。施工过程中，应该检查每层填筑厚度、含水量控制、压实遍数等内容，以确保压实程度。

2. 土石方回填工程的质量检验

对于土石方回填工程，其质量检验标准应符合表 4-10 的规定。

表 4-10 土石方回填工程质量检验标准

项目	序号	检验项目	检验标准或允许偏差（mm）					检验方法	检查数量
			柱基基坑基槽	场地平整		管沟	地（路）面基础层		
				人工	机械				
主控项目	1	标高	0 −50	±30	±50	0 −50	0 −50	水准测量	柱基按总数抽查 10%，但不少于 5 个，每个不少于 2 点；基坑每 20m² 取 1 点，每坑不少于 2 点；基槽、管沟、排水沟、路面基层每 20m 取 1 点，但不少于 5 点；场地平整每 100m² 取 1 点，但不少于 10 点
	2	分层压实系数	不小于设计值					环刀法、灌水法、灌砂法	采用环刀法取样时，基坑和室内回填，每层按 100~500m² 取样 1 组，且每层不少于 1 组；柱基回填，每层抽查柱基总数的 10%，且不少于 5 组；基槽或管沟回填，每层按长度 20~50m 取样 1 组，且每层不少于 1 组；室外回填，每层按 400~900m² 取样 1 组，且每层不少于 1 组，取样部位应在每层压实后的下半部 采用灌砂或灌水法取样时，取样数量可较环刀法适当减少，但每层不少于 1 组
一般项目	1	回填土料	设计要求					取样检查或直接鉴别	同一土场不少于一组
	2	分层厚度	设计值					水准测量及抽样检查	每 100~200m² 设置一处
	3	含水量	最优含水量 ±2%	最优含水量 ±4%	最优含水量 ±2%	最优含水量 ±2%		烘干法	取样的频率宜为 5000m³ 取 1 次，或土质发生变化时取样
	4	表面平整度	±20	±20	±30	±20	±20	用 2m 靠尺	每 100m² 取 1 点，且不应少于 10 点
	5	有机质含量	≤5%					灼烧减量法	同一土场不少于一组
	6	辗迹重叠长度	500~1000mm					用钢尺量	

关于土石方回填工程检验批质量检验的说明：

（1）主控项目第二项

回填料每层压实系数应符合设计要求。检测回填料压实系数的方法一般采用环刀法、灌砂法、灌水法。

（2）一般项目第一项

对填土压实要求不高的填料，可根据设计要求或施工规范的规定，按土的野外鉴别进行判断；对填土压实要求较高的填料，应先按照野外鉴别法作初步判别，然后取有代表性的土样进行试验。

（3）一般项目第二项

填筑厚度及压实遍数应根据土质、压实系数及所用机具确定，若无实验依据及设计要求，应符合表4-9的规定。重要工程应根据土质和所选用的压实机械在施工现场进行压实试验，再确定相关参数。

4.3 基础子分部工程

基础工程是地基基础分部工程中的子分部工程，其包括无筋扩展基础、钢筋混凝土扩展基础、筏形与箱形基础、钢筋混凝土预制桩、泥浆护壁成孔灌注桩、干作业成孔灌注桩、长螺旋钻孔压灌桩、沉管灌注桩、钢桩、锚杆静压桩、岩石锚杆基础、沉井与沉箱等分项工程。本节主要介绍基础工程质量验收的一般规定、钢筋混凝土预制桩等内容。

4.3.1 一般规定

1. 扩展基础、筏形与箱形基础、沉井与沉箱，施工前应对放线尺寸进行复核；桩基工程施工前应对放好的轴线和桩位进行复核。群桩桩位的放样允许偏差应为 **20mm**；单排桩桩位的放样允许偏差应为 **10mm**。

2. 预制桩（钢桩）的桩位偏差应符合表 **4-11** 的规定。斜桩倾斜度的偏差应为倾斜角正切值的 **15%**。

表 4-11 预制桩（钢桩）桩位的允许偏差

序号	检查项目		允许偏差（mm）
1	带有基础梁的桩	垂直基础梁的中心线	$\leqslant 100+0.01H$
		沿基础梁的中心线	$\leqslant 150+0.01H$
2	承台桩	桩数为1~3根桩基中的桩	$\leqslant 100+0.01H$
		桩数大于或等于4根桩基中的桩	$\leqslant 1/2$桩径$+0.01H$ 或 $1/2$边长$+0.01H$

注：H 为桩基施工面至设计桩顶的距离（mm）。

倾斜角系桩的纵向中心线与铅垂线间夹角。本表数值未计及由于降水和基坑开挖等造成的位移，但由于打桩顺序不当，造成挤土而影响已入土桩的位移，是包括在表列数值中。为此，必须在施工中考虑合适的顺序及打桩速率。布桩密集的基础工程应有必要的措施来减少沉桩的挤土影响。

3. 灌注桩混凝土强度检验的试件应在施工现场随机抽取。来自同一搅拌站的混凝土，每浇筑 50m³ 必须至少留置 1 组试件；当混凝土浇筑量不足 50m³ 时，每连续浇筑 12h 必须至少留置 1 组试件。对单柱单桩，每根桩应至少留置 1 组试件。

本条为强制性条文，应严格执行。按照原规范的要求，混凝土试块的留置数量偏多，此次修订改为"当混凝土浇筑量不足 50m³ 时，每连续浇筑 12h 必须至少留置 1 组试件"，即对于单桩不足 50m³ 的桩无需一桩一试件，数量有所减少。

4. 灌注桩的桩径、垂直度及桩位允许偏差应符合表 4-12 的规定。

表 4-12 灌注桩的桩径、垂直度及桩位允许偏差

序号	成孔方法		桩径允许偏差（mm）	垂直度允许偏差	桩位允许偏差（mm）
1	泥浆护壁钻孔桩	$D<1000mm$	$\geqslant 0$	$\leqslant 1/100$	$\leqslant 70+0.01H$
		$D\geqslant 1000mm$			$\leqslant 100+0.01H$
2	套管成孔灌注桩	$D<500mm$	$\geqslant 0$	$\leqslant 1/100$	$\leqslant 70+0.01H$
		$D\geqslant 500mm$			$\leqslant 100+0.01H$
3	干成孔灌注桩		$\geqslant 0$	$\leqslant 1/100$	$\leqslant 70+0.01H$
4	人工挖孔桩		$\geqslant 0$	$\leqslant 1/200$	$\leqslant 50+0.005H$

注：1. H 为桩基施工面至设计桩顶的距离（mm）；
2. D 为设计桩径（mm）。

5. 工程桩应进行承载力和桩身完整性检验。

工程桩的承载力和桩身完整性，对上部结构的安全稳定具有至关重要的意义，承载力检验是检验桩抗压或抗拔承载力满足设计值，通常采用静载试验确定；桩身完整性检验是检验桩身的缩颈、夹泥、空洞、断裂等缺陷情况，通常采用钻芯法、低应变法、声波透射法等方法，要求桩身完整性的检测结果评价应达到Ⅱ类桩及以上。

6. 设计等级为甲级或地质条件复杂时，应采用静载试验的方法对桩基承载力进行检验，检验桩数不应少于总桩数的 1%，且不应少于 3 根，当总桩数少于 50 根时，不应少于 2 根。在有经验和对比资料的地区，设计等级为乙级、丙级的桩基可采用高应变法对桩基进行竖向抗压承载力检测，检测数量不应少于总桩数的 5%，且不应少于 10 根。

对重要工程（甲级）应采用静载试验检验桩的承载力。工程的分类按现行国家标准《建筑地基基础设计规范》（GB 50007）的规定执行。关于静载试验桩的数量，施工区域地质条件单一时，当地又有足够的实践经验，数量可根据实际情况，由设计确定。承载力检验不仅是检验施工的质量，而且也能检验设计是否达到工程的要求。因此，施工前的试桩如没有破坏又用于实际工程中，可作为验收的依据。非静载试验桩的数量，可按现行行业标准《建筑基桩检测技术规范》（JGJ 106）的规定执行。

7. 工程桩的桩身完整性的抽检数量不应少于总桩数的 20%，且不应少于 10 根。每根柱子承台下的桩抽检数量不应少于 1 根。

桩身质量的检验方法很多，可按国家现行的行业标准《建筑基桩检测技术规范》

(JGJ 106)所规定的方法执行。打入桩制桩的质量容易控制,问题也较易发现,抽查数量可较灌注桩少。

4.3.2 钢筋混凝土预制桩工程

桩基础是深基础应用最多的一种基础形式,桩的作用是将上部建筑物的荷载传递到深处承载力较强的土层上,或将软弱土层挤密实以提高地基土的承载力和密实度。钢筋混凝土预制桩的制作及沉桩工艺简单,施工速度快,不受地下水位高低变化的影响,施工方法有锤击、静压等。

1. 钢筋混凝土预制桩的一般要求

(1) 施工前应检验成品桩构造尺寸及外观质量。

(2) 施工中应检验接桩质量、锤击及静压的技术指标、垂直度以及桩顶标高等。

(3) 施工结束后应对承载力及桩身完整性等进行检验。

2. 钢筋混凝土预制桩工程的质量检验

按照施工方法的不同,钢筋混凝土预制桩分成两个部分。

1) 锤击混凝土预制桩的质量检验

锤击混凝土预制桩的质量检验标准和检验方法应符合表 4-13 的规定。

表 4-13 锤击预制桩的质量检验标准

项目	序号	检验项目	检验标准或允许偏差		检查方法	检查数量
			单位	数值		
主控项目	1	承载力		不小于设计值	静载试验、高应变法等	设计等级为甲级或地质条件复杂时,应采用静载试验的方法对桩基承载力进行检验,检验桩数不应少于总桩数的1%,且不应少于3根,当总桩数少于50根时,不应少于2根。在有经验和对比资料的地区,设计等级为乙级、丙级的桩基可采用高应变法对桩基进行竖向抗压承载力检测,检测数量不应少于总桩数的5%,且不应少于10根
	2	桩身完整性		—	低应变法	不应少于总桩数的20%,且不应少于10根。每根柱子承台下的桩抽检数量不应少于1根
一般项目	1	成品桩质量		表面平整,颜色均匀,掉角深度小于10mm,蜂窝面积小于总面积的0.5%	查产品合格证	
	2	桩位		见表 4-11	全站仪或用钢尺量	
	3	电焊条质量		设计要求	查产品合格证	

续表

项目	序号	检验项目	检验标准或允许偏差 单位	检验标准或允许偏差 数值	检查方法	检查数量
一般项目	4	接桩：焊缝质量	《建筑地基基础工程施工质量验收标准》(GB 50202—2018) 表5.10.4		《建筑地基基础工程施工质量验收标准》(GB 50202—2018) 表5.10.4	
一般项目	4	电焊结束后停歇时间	min	≥8（3）	用表计时	
一般项目	4	上下节平面偏差	mm	≤10	用钢尺量	
一般项目	5	节点弯曲矢高	同桩体弯曲要求		用钢尺量	
一般项目	5	收锤标准	设计要求		用钢尺量或查沉桩记录	
一般项目	6	桩顶标高	mm	±50	水准测量	
一般项目	7	垂直度		≤1/100	经纬仪测量	

注：括号中为采用二氧化碳气体保护焊时的数值。

2）静压混凝土预制桩的质量检验

静压混凝土预制桩的质量检验标准和检验方法应符合表4-14的规定。

表4-14 静压预制桩的质量检验标准

项目	序号	检验项目	检验标准或允许偏差 单位	检验标准或允许偏差 数值	检查方法	检查数量
主控项目	1	承载力	不小于设计值		静载试验、高应变法等	设计等级为甲级或地质条件复杂时，应采用静载试验的方法对桩基承载力进行检验，检验桩数不应少于总桩数的1%，且不应少于3根，当总桩数少于50根时，不应少于2根。在有经验和对比资料的地区，设计等级为乙级、丙级的桩基可采用高应变法对桩基进行竖向抗压承载力检测，检测数量不应少于总桩数的5%，且不应少于10根
主控项目	2	桩身完整性	—		低应变法	不应少于总桩数的20%，且不应少于10根。每根柱子承台下的桩抽检数量不应少于1根
一般项目	1	成品桩质量	表面平整，颜色均匀，掉角深度小于10mm，蜂窝面积小于总面积的0.5%		查产品合格证	
一般项目	2	桩位	《建筑地基基础工程施工质量验收标准》(GB 50202—2018) 表5.1.2		全站仪或用钢尺量	
一般项目	3	电焊条质量	设计要求		查产品合格证	

续表

项目	序号	检验项目	检验标准或允许偏差 单位	检验标准或允许偏差 数值	检查方法	检查数量
一般项目	4	接桩：焊缝质量	《建筑地基基础工程施工质量验收标准》(GB 50202—2018)表 5.10.4		《建筑地基基础工程施工质量验收标准》(GB 50202—2018)表 5.10.4	
		电焊结束后停歇时间	min	≥6（3）	用表计时	
		上下节平面偏差	mm	≤10	用钢尺量	
		节点弯曲矢高	同桩体弯曲要求		用钢尺量	
	5	终压标准	设计要求		现场实测或查沉桩记录	
	6	桩顶标高	mm	±50	水准测量	
	7	垂直度	≤1/100		经纬仪测量	
	8	混凝土灌芯	设计要求		查灌注量	

注：括号中为采用二氧化碳气体保护焊时的数值。

3. 关于钢筋混凝土预制桩质量检验的说明：

钢筋混凝土预制桩质量检验标准汇合了预制桩（管桩）成品桩的质量检查验收内容，且对不同的施工方法如锤击打入法、液压沉入法、静力压入法、钻孔植入法均适用。主控项目及一般项目中成品桩质量都属共同部分，其余对应相关项目进行验收。

4. 桩基验收条件应符合下列要求：
（1）现场桩头清理到位，混凝土灌芯已完成；
（2）竣工图等质量控制资料已经监理审查并签署意见；
（3）桩位偏差超标等质量问题已有设计书面处理意见；
（4）检测报告已出具；
（5）桩基子分部已经施工自检合格。

4.4　地下防水子分部工程

地下防水工程是指对房屋建筑、防护工程、市政隧道、地下铁道等地下工程进行防水设计、防水施工和维护管理等各项技术工作的工程实体。地下防水工程作为地基基础分部工程的子分部工程，包括主体结构防水、细部构造防水、特殊施工法结构防水、排水、注浆等子分部工程。本节仅介绍地下防水工程中的防水混凝土、卷材防水层、施工缝、后浇带等分项工程，其他分项工程的验收应按现行国家标准《地下防水工程质量验收规范》(GB 50208)有关要求进行。

4.4.1　防水混凝土工程

防水混凝土工程是以结构本身的密实性达到防水要求的工程，其质量的优劣除了取决于合理的设计、材料的质量、配合比设计外，还跟施工质量的好坏有关，因此防水混凝土的施工应满足以下要求。

1. 防水混凝土工程的一般要求

1) 防水混凝土的适用范围

防水混凝土适用于抗渗等级不小于 P6 的地下混凝土结构。不适用于环境温度高于 80℃的地下工程。处于侵蚀性介质中，防水混凝土的耐侵蚀性要求应符合现行国家标准《工业建筑防腐蚀设计标准》(GB 50046) 和《混凝土结构耐久性设计标准》(GB 50476) 的有关规定。

防水混凝土是主体结构或衬砌结构的一道重要防线，也是做好地下防水工程的基础。在常温下具有较高抗渗性的防水混凝土，其抗渗性会随着环境温度的提高而降低。当温度为 100℃时，混凝土抗渗性大约降低 40%；200℃时约降低 60% 以上；当温度超过 250℃时，混凝土几乎失去抗渗能力，而抗拉强度也下降 40%。因此规范规定防水混凝土的最高使用温度不得超过 80℃。

本条取消了原规范中"防水混凝土耐侵蚀系数不应小于 0.8"的规定。耐侵蚀系数是指在侵蚀性水中养护 6 个月的混凝土试块的抗折强度与在饮用水中养护 6 个月的混凝土试块的抗折强度之比，这是以前根据于硫酸盐侵蚀介质条件下提出的，而近些年地下工程环境越来越复杂，受到侵蚀介质的种类多而且影响不同。因此本条改为"防水混凝土的耐侵蚀性要求应符合现行国家标准《工业建筑防腐蚀设计标准》(GB 50046) 和《混凝土结构耐久性设计标准》(GB 50476) 的有关规定"。

2) 防水混凝土所用材料的要求

(1) 水泥的选择应符合下列规定：

① 宜采用普通硅酸盐水泥或硅酸盐水泥，采用其他品种水泥时应经试验确定；

② 在受侵蚀性介质作用时，应按介质的性质选用相应的水泥品种；

③ 不得使用过期或受潮结块的水泥，并不得将不同品种或强度等级的水泥混合使用。

为了简化混凝土配合比设计，本条规定为"水泥宜采用普通硅酸盐水泥或硅酸盐水泥，采用其他品种水泥时应经试验确定"。通过试验确定其配合比，以保证防水混凝土的质量。

在受侵蚀性介质作用时，可以根据侵蚀介质的不同，选择相应的水泥品种和矿物掺合料，以满足要求。

防水混凝土不应使用过期水泥或由于受潮而成团块的水泥，否则将由于水化不完全而大大影响混凝土的抗渗性和强度，同时不同品种或强度等级的水泥也不能混合使用。

(2) 砂、石的选择应符合下列规定：

① **砂宜选用中粗砂，含泥量不应大于 3.0%，泥块含量不宜大于 1.0%；**

② **不宜使用海砂；在没有使用河砂的条件时，应对海砂进行处理后才能使用，且控制氯离子含量不得大于 0.06%；**

③ **碎石或卵石的粒径宜为 5～40mm，含泥量不应大于 1.0%，泥块含量不应大于 0.5%；**

④ 对长期处于潮湿环境的重要结构混凝土用砂、石，应进行碱活性检验。

粗、细骨料的含泥量多少，直接影响防水混凝土的质量，尤其对抗渗性影响较大。因此防水混凝土施工时，对骨料的含泥量和泥块含量均应严格控制。

海砂中含有氯离子，会引起混凝土中钢筋锈蚀，对混凝土产生破坏，本条增加了"不宜使用海砂"的规定。在没有河砂时，应对海砂进行处理后才能使用。依据《普通混凝土用砂、石质量及检验方法标准》（JGJ 52—2006）规定，采用海砂配置混凝土时，其氯离子含量不应大于0.06%，以干砂的质量百分比计。

地下工程长期受水的侵蚀，水泥和外加剂中具有一定的含碱量，若混凝土的粗细骨料具有碱活性，就容易发生碱骨料反应，影响结构的耐久性，因此对长期处于潮湿环境的重要结构混凝土用砂、石，应进行碱活性检验。

(3) 矿物掺合料的选择应符合下列规定：

① 粉煤灰的级别不应低于Ⅱ级，烧失量不应大于5%；

② 硅粉的比表面积不应小于$15000m^2/kg$，SiO_2含量不应小于85%；

③ 粒化高炉矿渣粉的品质要求应符合现行国家标准《用于水泥、砂浆和混凝土中的粒化高炉矿渣粉》（GB/T 18046）的有关规定。

粉煤灰、硅粉等粉细料属于活性掺合料，填充混凝土空隙，提高混凝土的密实度，对提高防水混凝土的抗渗性有一定的作用。粉煤灰的质量要求应符合现行国家标准《用于水泥和混凝土中的粉煤灰》（GB/T 1596）的有关规定；硅粉的质量要求应符合现行国家标准《高强高性能混凝土用矿物外加剂》（GB/T 18736）的有关规定；粒化高炉矿渣粉的质量要求应符合现行国家标准《用于水泥、砂浆和混凝土中的粒化高炉矿渣粉》（GB/T 18046）的有关规定。

(4) 混凝土拌合用水，应符合现行行业标准《混凝土用水标准》（JGJ 63）的有关规定。

由于化学工业的发展，水资源受到越来越严重的污染，对防水混凝土的用水必须进行检测，并加以控制，不应含有有害物质。

(5) 外加剂的选择应符合下列规定：

① 外加剂的品种和用量应经试验确定，所用外加剂应符合现行国家标准《混凝土外加剂应用技术规范》（GB 50119）的质量规定；

② 掺加引气剂或引气型减水剂的混凝土，其含气量宜控制在3%～5%；

③ 考虑外加剂对硬化混凝土收缩性能的影响；

④ 严禁使用对人体产生危害、对环境产生污染的外加剂。

外加剂对提高防水混凝土的性能极有好处，现在国内外外加剂种类很多，只对其质量标准提出要求很难保证工程质量。因此选用外加剂时，其品种、掺量应根据混凝土所用胶凝材料进行试验确定。

对于耐久性要求较高或寒冷地区的地下工程，防水混凝土宜选用引气剂或引气型减水剂，改善混凝土拌合物的和易性，减少分层离析和泌水现象，提高混凝土的抗渗、抗冻、抗侵蚀等耐久性能。

绝大部分减水剂有增加混凝土收缩的副作用，这对混凝土防水肯定不利，因此应考虑外加剂对硬化混凝土收缩性能的影响，选用收缩率更低的外加剂。

外加剂材料组成中有工业产品和废料，有可能有毒，因此要求外加剂在混凝土生产和使用过程中不能损害人体健康和污染环境。

3）防水混凝土的配合比

防水混凝土的配合比应经试验确定，并应符合下列规定：

(1) 试配要求的抗渗水压值应比设计值提高 0.2MPa。

考虑到施工现场与实验室条件的差别，试配要求的抗渗水压值应比设计抗渗等级规定的压力值提高 0.2MPa，以保证施工质量和混凝土的防水性。试配时，采用水灰比最大的配合比做抗渗试验，6 个试件中 4 个未出现渗水的最大水压值即满足要求。

(2) 混凝土胶凝材料总量不宜小于 320kg/m³，其中水泥用量不宜少于 260kg/m³，粉煤灰掺量宜为胶凝材料总量的 20%～30%，硅粉的掺量宜为胶凝材料总量的 2%～5%；

随着混凝土技术的发展，现在尽可能减少水泥用量，而掺以一定数量的粉煤灰、硅粉、粒化高炉矿渣粉等矿物活性掺合料。它们的加入可改善砂子级配，减少水泥用量，降低水化热，防止和减少混凝土裂缝的产生，使混凝土获得良好的耐久性。但是随着掺合料掺量增加，混凝土强度下降，因此掺量必须严格控制，并应通过试验确定。

(3) 水胶比不得大于 0.50，有侵蚀性介质时水胶比不宜大于 0.45。

除水泥外，粉煤灰等其他胶凝材料也具有一定的活性，其活性的激发也需要足够的水，因此以水胶比代替传统的水灰比。拌合物的水胶比对硬化时的混凝土孔隙率大小、数量起决定性作用，直接影响混凝土结构的密实性。水胶比越大，混凝土中多余水分蒸发后形成毛细管，这些孔隙是造成混凝土抗渗性降低的主要原因。从理论上讲，水胶比越小，混凝土越密实，抗渗性越好；但水胶比过小，混凝土拌合不均和振捣不实，其抗渗性反而得不到保证。因此减水剂已成为混凝土不可缺少的组分之一，掺入减水剂可适量减少混凝土的水胶比。本次修订将原规范"水灰比不得大于 0.55"改为"水胶比不得大于 0.50"。当有侵蚀性介质或矿物掺合料掺量较大时，水胶比不宜大于 0.45，以确保防水混凝土的抗侵蚀性和抗渗性。

(4) 砂率宜为 35%～40%，泵送时可增至 45%。

砂率对抗渗性有明显的影响。砂率偏低时，由于砂子数量不足而水泥和水的含量相对高，混凝土往往出现不均匀及收缩大的现象，混凝土抗渗性较差；而砂率偏高时，由于砂子过多而水的含量显得少，拌合物干涩而缺乏粘结能力，混凝土密实性差，抗渗能力下降。

(5) 灰砂比宜为 1：1.5～1：2.5。

灰砂比对抗渗性有明显影响。灰砂比为 1：1～1：1.5 时，由于砂子数量不足而水泥和水的含量高，混凝土往往出现不均匀及收缩大的现象，混凝土抗渗性较差；灰砂比为 1：3 时，由于砂子过多，拌合物就干涩而缺乏粘结能力，混凝土密实性差，抗渗能力也下降。因此只有当灰砂比为 1：1.5～1：2.5 时最为适宜。

(6) 混凝土拌合物的氯离子含量不应超过胶凝材料总量的 0.1%；混凝土中各类材料的总碱量即 Na_2O 当量不得大于 3 kg/m³。

氯离子含量高会导致混凝土中的钢筋锈蚀，是影响混凝土结构耐久性的主要原因之一。根据国内外资料进行参考,氯离子含量不超过胶凝材料总量的0.1%时,就不会导致钢筋锈蚀。

4) 防水混凝土采用预拌混凝土的要求

防水混凝土采用预拌混凝土时,入泵坍落度宜控制在120～160mm,坍落度每小时损失不应大于20mm,坍落度总损失值不应大于40mm。

目前在地下工程中大量采用预拌混凝土泵送施工,泵送混凝土的坍落度是按《混凝土泵送技术规程》(JGJ/T 10—2011)选用的。对地下工程来说,泵送混凝土坍落度偏高没有必要,因此规定入泵坍落度宜控制在120～160mm,坍落度每小时损失不应大于20mm,坍落度总损失值不应大于40mm。

5) 混凝土拌制和浇筑

混凝土拌制和浇筑过程控制应符合下列规定:

(1) 拌制混凝土所用材料的品种、规格和用量,每工作班检查不应少于两次。每盘混凝土组成材料计量结果的允许偏差应符合表4-15的规定。

表4-15 混凝土组成材料计量结果的允许偏差(%)

混凝土组成材料	每盘计量	累计计量
水泥、掺和料	±2	±1
粗、细骨料	±3	±2
水、外加剂	±2	±1

注:累计计量仅适用于微机控制计量的搅拌站。

本条规定了各种材料的计量标准,避免由于计量不准确或偏差过大而影响混凝土配合比的准确性,以确保混凝土的和易性、强度和耐久性。

(2) 混凝土在浇筑地点的坍落度,每工作班至少检查两次。坍落度试验应符合现行国家标准《普通混凝土拌合物性能试验方法标准》(GB/T 50080)的有关规定。混凝土坍落度允许偏差应符合表4-16的规定。

表4-16 混凝土坍落度允许偏差

规定坍落度(mm)	允许偏差(mm)
≤40	±10
50～90	±15
>90	±20

混凝土拌合物坍落度的大小,对混凝土的施工性和硬化后混凝土的强度和耐久性有直接影响,因此加强混凝土坍落度的检测和控制是必要的,坍落度要在浇筑地点检测。

由于混凝土输送条件和运距的不同,掺入外加剂后引起混凝土的坍落度损失也会不同。本条规定了坍落度允许偏差,以减少和消除上述各种不利因素影响,从而保证混凝土具有良好的施工性能。

(3) 泵送混凝土在交货地点的入泵坍落度,每工作班至少检查两次。混凝土入泵时的坍落度允许偏差应符合表4-17的规定。

表 4-17 混凝土入泵时的坍落度允许偏差

所需坍落度（mm）	允许偏差（mm）
≤100	±20
>100	±30

混凝土入泵时的坍落度检查是泵送混凝土质量控制的重要内容，并规定了混凝土入泵坍落度在交货地点按每工作班至少检查两次。坍落度允许偏差值是根据现行国家标准以及我国泵送施工经验确定的。

(4) 当防水混凝土拌合物在运输后出现离析，必须进行二次搅拌。当坍落度损失后不能满足施工要求时，应加入原水胶比的水泥浆或掺加同品种的减水剂进行搅拌，严禁直接加水。

针对施工中遇到坍落度不满足规定时随意加水的现象，做出了严禁直接加水的规定。随意加水将改变原来的水灰比，水灰比的增大不仅影响混凝土的强度，对混凝土的抗渗影响更大，容易产生工程出现渗漏水现象。

6) 防水混凝土抗压强度试件

防水混凝土抗压强度试件，应在混凝土浇筑地点随机取样后制作，并应符合下列规定：

(1) 同一工程、同一配合比的混凝土，取样频率与试件留置组数应符合现行国家标准《混凝土结构工程施工质量验收规范》（GB 50204）的有关规定；

(2) 抗压强度试验应符合现行国家标准《普通混凝土力学性能试验方法标准》（GB/T 50081）的有关规定；

(3) 结构构件的混凝土强度评定应符合现行国家标准《混凝土强度检验评定标准》（GB/T 50107）的有关规定。

7) 防水混凝土抗渗性能

防水混凝土抗渗性能应采用标准条件下养护混凝土抗渗试件的试验结果评定，试件应在混凝土浇筑地点随机取样后制作，并应符合下列规定：

(1) 连续浇筑混凝土每 500m³ 应留置一组 6 个抗渗试件，且每项工程不得少于两组；采用预拌混凝土的抗渗试件，留置组数应视结构的规模和要求而定。

(2) 抗渗性能试验应符合现行国家标准《普通混凝土长期性能和耐久性能试验方法标准》（GB/T 50082）的有关规定。

随着地下工程规模的日益扩大，混凝土浇筑量大大增加。如果抗渗试件留设组数过多，必然造成工作量太大、实验设备条件不够、所需实验时间过长；即使实验结果全部得出，也会因不及时而失去意义，给工程质量造成遗憾。为了比较真实反映防水工程混凝土质量情况，规定每 500m³ 留置一组抗渗试件，且每项工程不得少于两组。这个规定比《混凝土结构工程施工质量验收规范》（GB 50204）严格。

8) 大体积防水混凝土的施工

大体积防水混凝土的施工应采取材料选择、温度控制、保温保湿等技术措施。在设计许可的情况下，掺粉煤灰混凝土设计强度等级的龄期宜为 60d 或 90d。

大体积防水混凝土内部热量比表面热量散发慢，容易造成内外温差过大，所产生的温度应力可使混凝土开裂。大体积混凝土施工时，除了精心做好配合比设计、原材料选择外，还要重视现场施工组织、现场检测等工作。加强温度监测，随时控制混凝土内部温度变化，将内外温差控制在25℃以内，并及时进行保温保湿工作，避免混凝土产生有害的裂缝。

大体积防水混凝土施工时，为了减少水泥水化热，往往掺加掺合料。由于粉煤灰的水化反应慢，混凝土强度增长慢。因此可征得设计单位同意，将掺粉煤灰的大体积混凝土60d或90d的强度作为验收指标。

9）防水混凝土的抽样检验数量

防水混凝土分项工程检验批的抽样检验数量，应按混凝土外露面积每100m²抽查1处，每处10m²，且不得少于3处确定。

2.防水混凝土工程检验批的质量检验

防水混凝土工程检验批的质量检验和检验方法均应符合表4-18的规定。

表4-18 防水混凝土工程检验批的质量检验标准

项目	序号	检验项目	质量标准	检验方法	检查数量
主控项目	1	原材料、配合比、坍落度	防水混凝土的原材料、配合比及坍落度必须符合设计要求	检查产品合格证、产品性能检测报告、计量措施和材料进场检验报告	按混凝土外露面积100m²抽查1处，每处10m²，且不得少于3处
	2	抗压强度、抗渗性能	防水混凝土的抗压强度和抗渗性能必须符合设计要求	检查混凝土抗压强度、抗渗性能检验报告	按混凝土外露面积100m²抽查1处，每处10m²，且不得少于3处
	3	细部做法	防水混凝土结构的施工缝、变形缝、后浇带、穿墙管、埋设件等设置和构造必须符合设计要求	观察检查和检查隐蔽工程验收记录	全数检查
一般项目	1	表面质量	防水混凝土结构表面应坚实、平整，不得有露筋、蜂窝等缺陷；埋设件位置应准确	观察检查	按混凝土外露面积每100m²抽查1处，每处10m²，且不得少于3处
	2	裂缝宽度	防水混凝土结构表面的裂缝宽度不应大于0.2mm，且不得贯通	用刻度放大镜检查	按混凝土外露面积每100m²抽查1处，每处10m²，且不得少于3处
	3	结构厚度及迎水面钢筋保护层	防水混凝土结构厚度不应小于250mm，其允许偏差应为+8mm、-5mm；主体结构迎水面钢筋保护层厚度不应小于50mm，其允许偏差为±5mm	尺量检查和检查隐蔽工程验收记录	按混凝土外露面积每100m²抽查1处，每处10m²，且不得少于3处

2) 关于防水混凝土工程检验批质量检验说明：

(1) 主控项目第一项

防水混凝土所用的水泥、砂、石、水、外加剂及掺合料等原材料的质量，配合比的准确性及坍落度大小必须符合设计要求。施工之前应检查产品的合格证书和性能检验报告并抽样复验，施工过程中应检查混凝土拌制时的计量措施。

目前，大、中城市已大量使用预拌混凝土，原材料的质量控制和计量控制完全由预拌混凝土厂家决定，当预拌混凝土运到施工现场时，应进行坍落度检验并抽样做强度试验和抗渗试验。特别应引起重视的是地下室防水混凝土裂缝问题，很多情况下与预拌混凝土所用外加剂有关，因此当选择预拌厂家时，应对混凝土的质量有约定，以便分清责任。

(2) 主控项目第二项

防水混凝土与普通混凝土配制原则不同，普通混凝土是根据所需强度要求进行配制，而防水混凝土则是根据工程设计所需抗渗等级要求配制。通过调整配合比，使水泥砂浆除满足填充和粘结石子骨架作用外，还在粗骨料周围形成一定数量良好的砂浆包裹层，从而提高混凝土抗渗性。

作为防水混凝土首先满足设计的抗渗等级要求，同时适应强度要求。一般能满足抗渗要求的混凝土，其抗压强度往往会超过设计要求。在检查时，既要检查混凝土抗压强度，也要检查混凝土的抗渗试验。

(3) 主控项目第三项

本条为强制性条文，必须严格执行，具体说明如下：

① 防水混凝土的施工应连续浇筑，不留或少留施工缝，以减少渗漏水现象。墙体上垂直施工缝宜与变形缝相结合。墙体最低水平施工缝距底板表面应不小于300mm，距墙孔边缘应不小于300mm，并避免设在墙板承受弯矩或剪力最大的部位。

② 变形缝应考虑工程结构的沉降、伸缩的可变性，并保证其在变化中的密闭性，不产生渗漏现象。变形缝处混凝土结构的厚度不应小于300mm，变形缝的宽度宜为20～30mm。全埋式地下防水工程的变形缝应为环状；半地下防水工程的变形缝应为U字形，U字形变形缝的设计高度应超出室外地坪500mm以上。

③ 后浇带是一种混凝土刚性接缝，适用于不宜设置柔软变形缝以及后期变形趋于稳定的结构。后浇带应采用补偿收缩混凝土、遇水膨胀止水条或止水胶等防水措施，补偿收缩混凝土的强度等级和抗渗等级均不得低于两侧混凝土。

④ 穿墙管道应在浇筑混凝土前预埋。当结构变形或管道伸缩量较小时，穿墙管可采用主管直接埋入混凝土内的固定式防水法；当结构变形或管道伸缩量较大或有更换要求时，应采用套管式防水法。穿墙管较多时宜相对集中，采用封口钢板式防水法。

⑤ 埋设件端部或预留孔、槽底部的混凝土厚度不得小于250mm；当厚度小于250mm时，应采取局部加厚或加焊止水钢板的防水措施。

(4) 一般项目第一项

地下防水工程除主体采用防水混凝土结构自防水外，往往在其结构表面还采用卷材、涂料防水层防水，因此要求结构表面的质量应做到坚实和平整。防水混凝土结构内的钢筋或绑扎铁丝不得触及模板，固定模板的螺栓穿墙结构时必须采取防水措施，避免在混凝土结构内留下渗漏水通道。防水混凝土结构上的埋设件应保证埋设位置准确，其允许偏差应符合有关规定。

（5）一般项目第二项

工程渗漏水的轻重程度主要取决于裂缝宽度和水头压力。当裂缝宽度在 0.1～0.2mm、水头压力小于 15～20m 时，一般混凝土裂缝可以自愈。所谓"自愈"现象是当混凝土产生微细裂缝时，体内一部分的游离氢氧化钙被溶出且浓度不断增大，转变成白色氢氧化钙结晶，氢氧化钙和空气中的二氧化碳发生碳化作用，形成白色碳酸钙结晶沉积在裂缝的内部和表面，最后裂缝全部愈合，使渗漏水现象消失。基于混凝土这一特性，确定地下工程防水混凝土结构裂缝宽度不得大于 0.2mm，并不得贯通。

（6）一般项目第三项

① 防水混凝土除了要求密实性好、开放孔隙少、孔隙率小以外，还必须具有一定的厚度，从而可以延长混凝土的透水通路，加大混凝土的阻水截面，使得混凝土不发生渗漏。综合考虑现场施工的不利条件及钢筋的引水作用等因素，防水混凝土结构的最小厚度应不小于 250mm，才能抵抗地下压力水的渗透作用。本次修订将原规范"允许偏差为+15mm、-10mm"修改为"允许偏差为+8mm、-5mm"，以便与现行国家标准《混凝土结构工程施工质量验收规范》（GB 50204）保持一致。

② 钢筋保护层通常指主筋的保护层厚度。由于地下工程结构的主筋外面还有箍筋。箍筋处的保护层厚度较薄，加之水泥固有收缩的弱点以及使用过程中受到各种因素的影响，保护层处混凝土极易开裂，地下水沿钢筋渗入结构内部，因此要求迎水面钢筋保护层必须具有足够的厚度。

③ 钢筋保护层厚度的确定，结构上应保证钢筋与混凝土的共同作用，在耐久方面还应防止混凝土受到各种侵蚀而出现钢筋锈蚀等危害。有关资料介绍保护层越薄其受到的损害也就越大，因此要求保护层厚度不为小于 50mm。本次修订将原规范"允许偏差为±10mm"修改为"允许偏差为±5mm"，以确保负偏差时保护层的厚度能够达到要求。

4.4.2　地下卷材防水层工程

卷材防水层属于柔性防水层，其特点是具有良好的韧性和延伸性，能适应一定的结构振动和变形，具有良好的耐腐蚀性，是地下防水工程常用的施工方法。卷材防水层施工时首先要满足以下一般要求：

1. 卷材防水层工程的一般要求

1）卷材防水层适用于受侵蚀性介质或受振动作用的地下工程；卷材防水层应铺设在主体结构的迎水面。

地下工程卷材防水层一般采用外防外贴和外防内贴两种施工方法。由于外防外贴法的防水效果优于外防内贴法，所以在施工场地和条件不受限制时一般均采用外防外贴法。卷材防水层应铺在主体结构的迎水面，目的有三方面：一是保护结构不受侵蚀性介质侵蚀；二是防止外部压力水渗入到结构内部，引起钢筋锈蚀和碱骨料反应；三是克服卷材与混凝土基面粘接力小的缺点。

2) 卷材防水层应采用高聚物改性沥青类防水卷材和合成高分子类防水卷材。所选用的基层处理剂、胶粘剂、密封材料等均应与铺贴的卷材相匹配。

目前国内外用的主要卷材品种有：高聚物改性沥青防水卷材，如 SBS、APP、自粘聚合物改性沥青等防水材料；合成高分子防水卷材有三元乙丙、氯化聚乙烯、聚氯乙烯、聚乙烯丙纶等防水卷材。这类材料具有延伸率较大、对基层伸缩或开裂变形适应性较强的特点，适用于地下防水施工。

我国化学建材行业发展很快，卷材及胶粘剂种类繁多、性能各异，各类不同的卷材都应有与之配套或相容的基层处理剂、胶粘剂和密封材料。不同种类卷材的配套材料不能相互混用，否则有可能发生腐蚀侵害或达不到粘结质量。基层处理剂是涂刷在防水层的基层表面，增加防水层与基面粘结强度的涂料。改性沥青防水卷材可采用沥青冷底子油，合成高分子防水卷材一般采用配套的基层处理剂。卷材的胶粘剂种类很多，应与铺贴的卷材相容，卷材的粘结质量是保证卷材防水层不产生渗漏的关键之一。

3) 在进场材料检验的同时，防水卷材接缝粘接质量检验应按《地下防水工程质量验收规范》(GB 50208—2011) 附录 D 执行。

材料是保证防水工程的基础，防水材料必须质量合格。除了材料本身合格外，防水系统必须考虑防水材料及其辅助材料的匹配性。防水材料生产企业提供合格的防水材料或辅助材料，施工单位如果不考虑材料之间的匹配性，采购之后就直接应用，将最终影响工程质量。在进场材料检验的同时，按其用途将主材和辅材共同送检，检验接缝粘接质量。《地下防水工程质量验收规范》(GB 50208—2011) 附录 D 中提出了胶粘剂的剪切性能、胶粘剂的剥离性能、胶粘带的剪切性能、胶粘带的剥离性能具体试验方法。

4) 铺贴防水卷材前，基面应干净、干燥，并涂刷基层处理剂；当基面潮湿时，应涂刷湿固化型胶粘剂或潮湿界面隔离剂。

为了保证卷材与基层的粘结质量，铺贴卷材前应在基层上涂刷或喷涂基层处理剂，基层处理剂应与卷材及其粘接材料相容。基层处理剂施工时应做到均匀一致、不漏底，待表面干燥后方可铺贴卷材。当基面潮湿时，为保证防水卷材在较潮湿的基面上的粘结质量，应涂刷湿固化型胶粘剂或潮湿界面隔离剂。

5) 基层阴阳角应做成圆弧或 45°坡角，其尺寸应根据卷材品种确定；在转角处、变形缝、施工缝、穿墙管等部位应铺贴卷材加强层，加强层宽度不应小于 500mm。

转角处、变形缝、施工缝、穿墙管等部位是地下工程防水施工中的薄弱部位，为保证防水工程质量，规定在这些部位增铺卷材加强层，加强层宽度不应小于 500mm。

6) 防水卷材的搭接宽度应符合表 4-19 的要求。铺贴双层卷材时，上下两层和相邻两幅卷材的接缝应错开 1/3~1/2 幅宽，且两层卷材不得相互垂直铺贴。

表 4-19 防水卷材的搭接宽度

卷材品种	搭接宽度（mm）
弹性体改性沥青防水卷材	100
改性沥青聚乙烯胎防水卷材	100

续表

卷材品种	搭接宽度（mm）
自粘聚合物改性沥青防水卷材	80
三元乙丙橡胶防水卷材	100/60（胶粘剂/胶粘带）
聚氯乙烯防水卷材	60/80（单焊缝/双焊缝）
	100（胶粘剂）
聚乙烯丙纶复合防水卷材	100（胶结料）
高分子自粘胶膜防水卷材	70/80（自粘胶/胶粘带）

为了保证卷材防水层的搭接缝粘结牢固和封闭严密，规定了铺贴各种卷材的搭接缝宽度。采用多层卷材时，上下两层和相邻两幅卷材的搭接缝应错开 1/3～1/2 幅宽，且两层卷材不得相互垂直铺贴。这是为防止在同一处形成透水通路，导致防水层渗漏水。

7）冷粘法铺贴卷材应符合下列规定：

（1）胶粘剂应涂刷均匀，不得露底、堆积；

（2）根据胶粘剂的性能，应控制胶粘剂涂刷与卷材铺贴的间隔时间；

（3）铺贴时不得用力拉伸卷材，排除卷材下面的空气，辊压粘贴牢固；

（4）铺贴卷材应平整、顺直，搭接尺寸准确，不得扭曲、皱折；

（5）卷材接缝部位应采用专用胶粘剂或胶粘带满粘，接缝口应用密封材料封严，**其宽度不应小于 10mm。**

采用冷粘法铺贴卷材时，胶粘剂的涂刷对保证卷材防水层施工质量关系极大，涂刷不均匀、有堆积或漏涂现象，不但影响卷材的粘结力，还会造成材料的浪费。

根据胶粘剂的性能和施工环境要求，有的可能在涂刷后立即粘结，有的要待溶剂挥发后粘结，控制胶粘剂涂刷与卷材铺贴的间隔时间尤为重要。

卷材搭接缝的粘结质量，跟搭接宽度和胶结性能有关。卷材接缝部位可采用专用胶粘剂或胶粘带满粘，卷材铺贴后，要求接缝口用 10mm 宽的密封材料封口，以提高防水层的密封抗渗性能。

8）热熔法铺贴卷材应符合下列规定：

（1）火焰加热器加热卷材应均匀，不得加热不足或烧穿卷材；

（2）卷材表面热熔后应立即滚铺，排除卷材下面的空气，并粘结牢固；

（3）铺贴卷材应平整、顺直，搭接尺寸准确，不得扭曲、皱折；

（4）卷材接缝部位应溢出热熔的改性沥青胶料，并粘贴牢固，封闭严密。

对热熔法铺贴卷材的施工，加热时卷材幅宽内必须均匀一致，要求火焰加热器的喷嘴与卷材的距离应适应，加热至卷材表面有光亮黑色时方可进行粘合。若加热时间或温度不够，融化不够会影响卷材接缝的黏度和密封性能；加热时间过长或加温过高，会使改性沥青老化变焦，且把卷材烧穿，从而导致卷材材性下降，防水层质量难以保证。

铺贴卷材时应将空气排出，才能粘贴牢固，滚铺卷材时缝边必须溢出热熔的改性沥青胶料，使接缝粘贴牢固、封闭严密。

9）自粘法铺贴卷材应符合下列规定：

（1）铺贴卷材时，应将有黏性的一面朝向主体结构；

（2）外墙、顶板铺贴时，排除卷材下面的空气，辊压粘贴牢固；

（3）铺贴卷材应平整、顺直，搭接尺寸准确，不得扭曲、皱折和起泡；

（4）立面卷材铺贴完成后，应将卷材端头固定，并应用密封材料封严；

（5）低温施工时，宜对卷材和基面采用热风适当加热，然后铺贴卷材。

采用自粘法铺粘卷材时，首先应将隔离层全部撕净，否则不能实现完全粘贴。为了保证卷材与基面以及卷材接缝粘结性能，在温度较低时宜对卷材和基面采用热风加热施工。

采用这种铺贴工艺，考虑到施工的可靠度、防水层的收缩，以及外力使缝口翘边开缝的可能，规定卷材接缝口用密封材料封严，以提高防水层的密封防水性能。

10）卷材接缝采用焊接法施工应符合下列规定：

（1）焊接前卷材应铺放平整，搭接尺寸准确，焊接缝的结合面应清扫干净；

（2）焊接时应先焊长边搭接缝，后焊短边搭接缝；

（3）控制热风加热温度和时间，焊接处不得漏焊、跳焊或焊接不牢；

（4）焊接时不得损害非焊接部位的卷材。

为确保卷材接缝的焊接质量，规定焊接前卷材应铺放平整，搭接尺寸准确，焊接缝结合面的油污、尘土、水滴等附着物擦拭干净后，才能进行焊接施工。同时，焊缝质量与热风加热温度和时间、操作人员的熟练程度关系极大，焊接施工时必须严格控制，焊接处不得出现漏焊、跳焊或焊接不牢等现象。

11）铺贴聚乙烯丙纶复合防水卷材应符合下列规定：

（1）应采用配套的聚合物水泥防水粘结材料；

（2）卷材与基层粘贴应采用满粘法，粘结面积不应小于90%，刮涂粘结料应均匀，不得露底、堆积、流淌；

（3）固化后的粘结料厚度不应小于1.3mm；

（4）卷材接缝部位应挤出粘结料，接缝表面处应涂刮1.3mm厚50mm宽聚合物水泥粘结料封边；

（5）聚合物水泥粘结料固化前，不得在其上行走或进行后续作业。

聚乙烯丙纶卷材复合防水体系，是用聚合物水泥防水胶粘材料，将聚乙烯丙纶卷材粘贴在水泥砂浆或混凝土基层上，共同组成的一道防水层。聚合物水泥防水粘结材料是由聚合物乳液或聚合物再分散性粉末等聚合物材料和水泥为主要材料组成，不得使用水泥原浆或水泥与聚乙烯醇缩合物混合的材料；聚乙烯丙纶卷材应采用聚乙烯成品原生料和一次复合成型工艺生产；聚合物防水胶粘材料应与聚乙烯丙纶卷材配套供应。本条对其施工要点做出了规定，施工时还应符合《聚乙烯丙纶卷材复合防水工程技术规程》（T/CECS 199）的规定。

12）高分子自粘胶膜防水卷材宜采用预铺反粘法施工，并应符合下列规定：

（1）卷材宜单层铺设；

（2）在潮湿基面铺设时，基面应平整坚固、无明水；

（3）卷材长边应采用自粘边搭接，短边应采用胶粘带搭接，卷材端部搭接区应相互错开；

（4）立面施工时，在自粘边位置距离卷材边缘10~20mm内，每隔400~600mm应进行机械固定，并应保证固定位置被卷材完全覆盖；

（5）浇筑结构混凝土时不得损伤防水层。

高分子自粘胶膜防水卷材是在一定厚度的高密度聚乙烯膜面上涂覆一层高分子自粘胶料制成的复合高分子防水卷材，归类于高分子防水卷材复合片树脂类品种FS_2，其特点是具有较高的断裂拉伸强度和撕裂强度，胶膜的耐水性好，一二级的地下防水工程单层使用时也能达到防水规定的要求。

高分子自粘胶膜防水卷材宜采用预铺反粘法施工。施工时将卷材的高分子胶膜层朝向主体结构空铺在基面上，然后浇筑结构混凝土，使混凝土浆料与卷材胶膜层紧密地结合，防水层与主体结构结合成为一体，从而达到不窜水的效果。卷材的长边采用自粘法搭接，短边采用胶粘带搭接，所用粘结材料必须与卷材相配套。

本条规定了高分子自粘膜防水卷材施工的基本要点，为保证防水工程质量，应选择具有这方面施工经验的单位，并按照该卷材应用技术规程或工法的规定施工。

13）卷材防水层完工并经验收合格后应及时做保护层。保护层应符合下列规定。

（1）顶板的细石混凝土保护层与防水层之间宜设置隔离层。细石混凝土保护层厚度：机械回填时不宜小于70mm，人工回填时不宜小于50mm；

（2）底板的细石混凝土保护层厚度不应小于50mm；

（3）侧墙宜采用软质保护材料或铺抹20mm厚1:2.5水泥砂浆。

底板垫层、侧墙和顶板部位卷材防水层，铺贴完成后应做保护层，防止后续施工将其损坏。顶板保护层考虑顶板上部使用机械回填碾压，细石混凝土保护层厚度不宜小于70mm，人工回填时不宜小于50mm。条文中建议保护层与防水层间设置隔离层（如采用干铺油毡），主要是防止保护层伸缩而破坏防水层。

底板防水层上要进行扎筋、支模、浇筑混凝土等工作，因此底板防水层上应采用厚度不小于50mm的细石混凝土保护层。侧墙防水层的保护层可采用聚苯乙烯泡沫塑料板、发泡聚乙烯、塑料排水板等软质保护层，也可采用铺抹30mm厚1:2.5水泥砂浆保护层。

高分子自粘胶膜防水卷材采用预铺反粘法施工时，可不做保护层。

14）卷材防水层分项工程检验批的抽样检验数量，应按铺贴面积每100m² 抽查1处，每处10m²，且不得少于3处。

2. 卷材防水层工程检验批的质量检验

可根据建筑物地下室的部位和分段施工的要求划分检验批，其质量检验标准和检验方法应符合表4-20的规定。

表4-20 卷材防水层工程的质量检验标准

项目	序号	检验项目	质量标准	检验方法	检查数量
主控项目	1	材料要求	卷材防水层所用卷材及其配套材料必须符合设计要求	检查产品合格证、产品性能检测报告和材料进场检验报告	按铺贴面积每100m²抽查1处，每处10m²，且不得少于3处
	2	细部做法	卷材防水层在转角处、变形缝、施工缝、穿墙管等部位做法必须符合设计要求	观察检查和检查隐蔽工程验收记录	

续表

项目	序号	检验项目	质量标准	检验方法	检查数量
一般项目	1	搭接缝	卷材防水层的搭接缝应粘贴或焊接牢固,密封严密,不得有扭曲、皱折、翘边和起泡等缺陷	观察检查	按铺贴面积每100m²抽查1处,每处10m²,且不得少于3处
	2	搭接宽度	采用外防外贴法铺贴卷材防水层时,立面卷材接槎的搭接宽度,高聚物改性沥青类卷材应为150mm,合成高分子类卷材应为100mm,且上层卷材应盖过下层卷材	观察和尺量检查	
	3	保护层	侧墙卷材防水层的保护层与防水层应结合紧密,保护层厚度应符合设计要求	观察和尺量检查	
	4	卷材搭接宽度的允许偏差	卷材搭接宽度的允许偏差为—10mm	观察和尺量检查	

2)关于卷材防水层工程检验批质量检验的说明:

(1)主控项目第一项

卷材防水层应采用高聚物改性沥青防水卷材和合成高分子防水卷材。由于考虑到地下工程使用年限长,质量要求高,工程渗漏维修无法更换材料等特点,防水卷材产品标准中的某些技术指标不能满足地下工程的需要,因此《地下防水工程质量验收规范》(GB 50208—2011)附录第 A.1 节中列出了防水卷材及其配套材料的主要物理性能。

性能指标依据下列现行国家产品标准:
《弹性体改性沥青防水卷材》GB 18242
《改性沥青聚乙烯胎防水卷材》GB 18967
《聚氯乙烯(PVC)防水卷材》GB 12952
《三元乙丙橡胶防水卷材》GB 18173.1(代号 JL_1)
《聚乙烯丙纶复合防水卷材》GB 18173.1
《高分子自粘胶膜防水卷材》GB 18173.1
《自粘聚合物改性沥青防水卷材》GB 23441
《带自粘层的防水卷材》GB/T 23260
《沥青基防水卷材用基层处理剂》JC/T 1069
《高分子防水卷材胶粘剂》JC 863
《丁基橡胶防水密封胶粘带》JC/T 942

(2)主控项目第二项

地下工程的防水设防要求,应根据使用功能、结构型式、环境条件、施工方法及材料性能等因素综合确定。按设防要求的规定进行地下工程防水构造设计，设计人员应绘出大样图或指定采用建筑标准图集的具体做法。转角处、变形缝、施工缝、穿墙管等处是防水薄弱环节，施工较为困难。由于基层后期产生裂缝会导致卷材防水层的破坏，因此基层阴阳角应做出圆弧，卷材在转角处、变形缝、施工缝、穿墙管等部位，应增设卷材或涂料加强层。为保证防水的整体效果，对上述细部做法必须严格操作和加强检查，在隐蔽之前应检查并做记录，在检验批验收时，除观察检查外还应检查隐蔽工程验收记录。

（3）一般项目第一项

实践证明，只有基层牢固和基层面干燥、清洁平整，方能使卷材与基层面紧密粘贴，保证卷材的铺贴质量。

基层的转角处是防水层应力集中的部位，由于高聚物改性沥青卷材和合成高分子卷材的柔性好且卷材厚度较薄，因此防水层的转角处圆弧半径可以小些。具体地讲，转角处圆弧半径为：高聚物改性沥青卷材不应小于50mm，合成高分子卷材不应小于20mm。

冷粘法铺贴卷材时，接缝口应用材性相容的密封材料封严，其宽度不应小于10mm；热熔法铺贴卷材时，接缝部位必须溢出热熔的胶料，并应随即刮封接口使接缝粘结严密。热塑性卷材接缝焊接时，单焊缝搭接宽度应为60mm，有效焊缝宽度不应小于30mm；双焊缝搭接宽度应为80mm，中间应留设10～20mm的空腔，每条焊缝有效焊缝宽度不宜小于10mm。

（4）一般项目第二项

采用外防外贴法铺贴卷材时，应先铺平面，后铺立面，平面卷材应铺贴至立面主体结构施工缝处，交接处应交叉搭接。混凝土结构完成后，铺贴立面卷材时应先将搭接处各层卷材揭开，表面清理干净，如卷材有局部损伤，应及时进行修补。卷材搭接宽度为：高聚物改性沥青类卷材应为150mm，合成高分子类卷材应为100mm，且上层卷材应盖过下层卷材。

（5）一般项目第三项

本项规定卷材保护层与防水层应粘结牢靠、结合紧密、厚度均匀一致，是针对主体结构侧墙采用聚苯乙烯泡沫保护层等软质保护层和铺抹水泥砂浆时提出来的。

（6）一般项目第四项

卷材铺贴前，施工单位应根据卷材搭接宽度和允许偏差，在现场弹线作为标准控制施工质量。

4.4.3 施工缝

1）施工缝工程检验批的质量检验

防水混凝土应连续浇筑，尽量不留施工缝。必须留设施工缝时，施工缝留设位置应正确，防水构造应符合设计要求。施工缝的质量检验标准和检验方法应符合表4-21的规定。

表 4-21 施工缝的质量检验标准

项目	序号	检验项目	质量标准	检验方法	检查数量
主控项目	1	材料要求	施工缝用止水带、遇水膨胀止水条或止水胶、水泥基渗透结晶型防水涂料和预埋注浆管必须符合设计要求	检查产品合格证、产品性能检测报告和材料进场检验报告	全数检查
	2	防水构造	施工缝防水构造必须符合设计要求	观察检查和检查隐蔽工程验收记录	
一般项目	1	留设位置	墙体水平施工缝应留设在高出底板表面不小于300mm的墙体上。拱、板与墙结合的水平施工缝，宜留在拱、板与墙交接处以下150～300mm处；垂直施工缝应避开地下水和裂隙水较多的地段，并宜与变形缝相结合	观察检查和检查隐蔽工程验收记录	
	2	继续施工的强度要求	在施工缝处继续浇筑混凝土时，已浇筑的混凝土抗压强度不应小于1.2MPa	观察检查和检查隐蔽工程验收记录	
	3	水平施工缝施工前的处理	水平施工缝浇筑混凝土前，应将其表面浮浆和杂物清除，然后铺设净浆、涂刷混凝土界面处理剂或水泥基渗透结晶型防水涂料，再铺30～50mm厚的1:1水泥砂浆，并及时浇筑混凝土	观察检查和检查隐蔽工程验收记录	
	4	垂直施工缝施工前的处理	垂直施工缝浇筑混凝土前，应将其表面清理干净，再涂刷混凝土界面处理剂或水泥基渗透结晶型防水涂料，并及时浇筑混凝土	观察检查和检查隐蔽工程验收记录	
	5	止水带埋设	中埋式止水带及外贴式止水带埋设位置应准确，固定应牢靠	观察检查和检查隐蔽工程验收记录	
	6	遇水膨胀止水条施工要求	遇水膨胀止水条应具有缓膨胀性能；止水条与施工缝基面应密贴，中间不得有空鼓、脱离等现象；止水条应牢固地安装在缝表面或预留凹槽内；止水条采用搭接时，搭接宽度不得小于30mm	观察检查和检查隐蔽工程验收记录	

续表

项目	序号	检验项目	质量标准	检验方法	检查数量
一般项目	7	遇水膨胀止水胶施工要求	遇水膨胀止水胶应采用专用注胶器挤出粘结在施工缝表面，并做到连续、均匀、饱满，无气泡和孔洞，挤出宽度及厚度应符合设计要求；止水胶挤出成形后，固化期内应采取临时保护措施；止水胶固化前不得浇筑混凝土	观察检查和检查隐蔽工程验收记录	全数检查
	8	预埋注浆管施工要求	预埋注浆管应设置在施工缝断面中部，注浆管与施工缝基面应密贴并固定牢靠，固定间距宜为200~300mm；注浆导管与注浆管的连接应牢固、严密，导管埋入混凝土内的部分应与结构钢筋绑扎牢固，导管的末端应临时封堵严密	观察检查和检查隐蔽工程验收记录	

2）关于施工缝检验批质量检验的说明：

（1）主控项目第一项

橡胶止水带和腻子型遇水膨胀止水条、遇水膨胀止水胶的主要性能依据现行国家标准《高分子防水材料 第2部分：止水带》（GB 18173.2）和行业标准《膨润土橡胶遇水膨胀止水条》（JG/T 141）、《遇水膨胀止水胶》（JG/T 312）的规定。水泥基渗透结晶型防水涂料的主要物理性能，依据现行国家标准《水泥基渗透结晶型防水材料》（GB 18445）的规定。

（2）主控项目第二项

施工缝始终是防水薄弱部位，常常因为处理不当而产生渗漏现象，因此将防水效果较好的施工缝防水构造列入现行国家标准《地下工程防水技术规范》（GB 50108）中。按设计要求采用止水带、遇水膨胀止水条或止水胶、水泥基渗透结晶型防水涂料和预埋注浆管等防水设防，使施工缝处不产生渗漏。

（3）一般项目第一项

根据混凝土设计及施工验收有关规范的规定，施工缝应留在受剪力或弯矩较小及施工方便的部位。墙体水平施工缝应高出底板300mm，拱、板墙结合的水平施工缝，宜留在拱、板墙接缝线以下150~300mm处，并避免设在墙板承受弯矩或剪力最大的部位。

（4）一般项目第二项

根据混凝土施工要求，在已硬化的混凝土表面上继续浇筑混凝土前，已浇筑的混凝土强度应达到1.2MPa方可进行，确保再施工时不损坏现浇的混凝土。从施工缝处开始继续浇筑时，机械振捣宜向施工缝处逐渐推进，并距80~100mm处停止振捣，但应加强对施工缝接缝的捣实，使其结合紧密。

（5）一般项目第三项

由于先浇筑的混凝土施工后需要养护一段时间再进行继续浇筑，此时混凝土表面可能留有浮尘等,影响新旧混凝土的粘结。因此在水平施工缝浇筑混凝土前,应将其表面浮浆和杂物清除。涂刷混凝土界面处理剂后,铺水泥砂浆并及时浇筑混凝土。

(6) 一般项目第四项

为了加强新旧混凝土的粘结,在垂直施工缝浇筑混凝土前,应将其表面清理干净,涂刷混凝土界面处理剂或水泥基渗透结晶型防水涂料,并及时浇筑混凝土。

(7) 一般项目第五项

传统的处理方法是将混凝土施工缝做成凹凸形接缝和阶梯接缝,但接缝处清理困难,不便施工。实践证明这两种方法的效果并不理想,故采用了留平缝加设遇水膨胀止水条或止水胶、预留注浆管、中埋止水带等方法。

(8) 一般项目第六项

施工缝处采用遇水膨胀止水条时,一是采取表面涂缓膨胀剂措施,防止由于雨水或施工用水等使止水条过早膨胀;二是应将止水条牢固地安装在缝表面或预留槽内,保证止水条与施工缝基面密贴。

(9) 一般项目第七项

施工缝采用遇水膨胀止水胶时,一是涂胶宽度和厚度应符合设计要求;二是止水胶固化期内应采取临时保护措施;三是止水胶固化前不得浇筑混凝土。

(10) 一般项目第八项

施工缝采用预埋注浆管时,注浆导管与注浆管的连接必须牢固、严密。根据经验预埋注浆管的间距宜为200～300mm,注浆导管设置间距宜为3～5m。在注浆之前应对注浆导管末端进行封闭,以免杂物进入导管引起堵塞,影响注浆工作。

4.4.4 后浇带

1) 后浇带工程检验批的质量检验

后浇带是对不允许留设变形缝的防水混凝土结构工程采用的一种刚性接缝,如果处理不当容易影响防水效果。后浇带的质量检验标准和检验方法应符合表4-22的规定。

表4-22 后浇带的质量检验标准

项目	序号	检验项目	质量标准	检验方法	检查数量
主控项目	1	材料要求	后浇带用遇水膨胀止水条或止水胶、预埋注浆管、外贴式止水带必须符合设计要求	检查产品合格证、产品性能检测报告和材料进场检验报告	全数检查
	2	补偿收缩混凝土的原材料及配合比	补偿收缩混凝土的原材料及配合比必须符合设计要求	检查产品合格证、产品性能检测报告、计量措施和材料进场检验报告	
	3	防水构造	后浇带防水构造必须符合设计要求	观察检查和检查隐蔽工程验收记录	
	4	掺膨胀剂的补偿收缩混凝土	采用掺膨胀剂的补偿收缩混凝土,其抗压强度、抗渗性能和限制膨胀率必须符合设计要求	检查混凝土抗压强度、抗渗性能和水中养护14d后的限制膨胀率检验报告	

续表

项目	序号	检验项目	质量标准	检验方法	检查数量
一般项目	1	补偿收缩混凝土浇筑前保护	补偿收缩混凝土浇筑前，后浇带部位和外贴式止水带应采取保护措施	观察检查	全数检查
	2	后浇带表面处理和浇筑时间	后浇带两侧的接缝表面应先清理干净，再涂刷混凝土界面处理剂或水泥基渗透结晶型防水涂料；后浇混凝土的浇筑时间应符合设计要求	观察检查和检查隐蔽工程验收记录	
	3	遇水膨胀止水条、遇水膨胀止水胶、预埋注浆管、外贴式止水带的施工要求	遇水膨胀止水条的施工应符合规范的规定；遇水膨胀止水胶的施工应符合规范的规定；预埋注浆管的施工应符合规范的规定；外贴式止水带的施工应符合规范的规定	观察检查和检查隐蔽工程验收记录	
	4	后浇带混凝土的浇筑和养护	后浇带混凝土应一次浇筑，不得留设施工缝；混凝土浇筑后应及时养护，养护时间不得少于28d	观察检查和检查隐蔽工程验收记录	

2）关于后浇带检验批质量检验的说明：

（1）主控项目第一项

橡胶止水带和腻子型遇水膨胀止水条、遇水膨胀止水胶的主要性能依据现行国家标准《高分子防水材料 第2部分：止水带》（GB 18173.2）和行业标准《膨润土橡胶遇水膨胀止水条》（JG/T 141）、《遇水膨胀止水胶》（JG/T 312）的规定。

（2）主控项目第二项

补偿收缩混凝土是在混凝土中加入一定量的膨胀剂，使混凝土产生微膨胀，在有配筋的情况下，能够补偿混凝土的收缩，提高混凝土的抗裂性和抗渗性。补偿收缩混凝土配合比设计，应符合国家现行行业标准《普通混凝土配合比设计规程》（JGJ 55）和现行国家标准《混凝土外加剂应用技术规范》（GB 50119）的有关规定，且混凝土的抗压强度和抗渗等级均不应低于两侧混凝土。

补偿收缩混凝土中膨胀剂的掺量宜为6%～12%，实际配合比中的掺量应根据限制膨胀率的设定值经试验确定。

（3）主控项目第三项

后浇带应设在受力和变形较小的部位，其间距和位置应按结构设计要求确定，宽度宜为700～1000mm；后浇带可做成平直缝或阶梯缝。后浇带两侧的接缝处理应符合施工缝处理的规定。后浇带需超前止水时，后浇带部位的混凝土应局部加厚，并应增设外贴式或中埋式止水带。

（4）主控项目第四项

本条为强制性条文，必须严格执行。后浇带应采用补偿收缩混凝土浇筑，其抗压强度和抗渗等级均不应低于两侧混凝土。采用掺膨胀剂的补偿收缩混凝土，应根据设计的限制膨胀率要求，经试验确定膨胀剂的最佳掺量，只有这样才能达到控制结构裂缝的效果。

(5) 一般项目第一项

为了保证后浇带部位的防水质量，必须做到带内的清洁，同时也应对预设的防水设防进行有效保护。因此浇筑前，后浇带部位和外贴式止水带应采取保护措施。

(6) 一般项目第二项

后浇带两侧混凝土的接缝处理，参见施工缝验收的条文说明。后浇带应在两侧混凝土干缩变形基本稳定后施工，混凝土收缩变形一般在龄期为6周后才能基本稳定。高层建筑后浇带的施工，应符合现行行业标准《高层建筑混凝土结构技术规程》(JGJ 3) 的规定，对高层建筑后浇带的施工应按规定时间进行。这里所指按规定时间，应通过地基变形计算和建筑物沉降观测，并在地基变形基本稳定的情况下才可以确定。

(7) 一般项目第四项

后浇带采用补偿收缩混凝土，可以提高混凝土的抗裂性和抗渗性，如果后浇带施工留设施工缝，就会大大降低后浇带的抗渗性，因此本条强调后浇带混凝土应一次连续浇筑。

混凝土养护时间对混凝土的抗渗性尤为重要，混凝土早期脱水或养护过程中缺少必要的水分和温度，则抗渗性将大幅度降低甚至完全消失。因此当混凝土进入终凝以后即应开始浇水养护，使混凝土外露表面始终保持湿润状态。后浇带混凝土必须充分湿润地养护4周，以避免后浇带的收缩，使混凝土接缝更加严密。

复习思考题：

4-1 地下工程的防水等级有哪些规定？

4-2 土方开挖工程质量检验的主控项目有哪些？用什么方法进行检测？

4-3 土方回填标高检测方法和检查数量有何规定？

4-4 工程桩进行承载力检验时的数量如何规定的？

4-5 钢筋混凝土预制桩施工质量检验的内容有哪些？

4-6 防水混凝土的配合比应符合哪些规定？

4-7 后浇带的质量检验内容有哪些？

5 主体结构分部工程质量检查与验收

内容提示：本章内容涉及《砌体结构工程施工质量验收规范》（GB 50203—2011）、《混凝土结构工程施工质量验收规范》（GB 50204—2015）和《钢结构工程施工质量验收标准》（GB 50205—2020）等专业验收规范。

课程目标：通过学习了解钢结构子分部工程质量验收的基本规定；熟悉砌体结构、混凝土结构等工程质量验收的基本规定；掌握砌体结构、混凝土结构等子分部工程所含的检验批主控项目和一般项目的验收标准。

思政目标：主体工程选用材料合格，施工质量良好才能保证建筑工程使用期限长。学生发展依靠个人能力培养，学习能力最重要，只有不断学习才能跟上时代的步伐。

主体结构分部工程是建筑工程的重要分部工程之一，由于工程所采用的建筑材料的不同，主体结构分部工程又分为混凝土结构、劲钢（管）混凝土结构、砌体结构、钢结构、木结构、网架和索膜结构等子分部工程。各子分部工程、分项工程的划分详见表 2-2 的规定。考虑工程实际需要，本章主要介绍砌体结构和混凝土结构的子分部工程，简单介绍了钢结构子分部工程的主要分项工程。木结构子分部工程没有介绍，以后如有需要，详见《木结构工程施工质量验收规范》（GB 50206）的规定。

5.1 砌体结构子分部工程

砌体工程在建筑主体结构中占有重要的位置，除了采用质量合格的原材料外，还应有良好的砌筑质量，以使砌体具有良好的整体性、稳定性和受力性能，从而满足承重、分隔、隔热、保温、隔声等作用。

砌体工程是一个子分部工程，包括砖砌体工程、混凝土小型空心砌块砌体工程、石砌体工程、配筋砌体工程、填充墙砌体工程等分项工程。砌体工程大多数为手工操作，人为因素对施工质量影响很大。砌体工程露天作业也多，受各种外界环境条件影响，冬期施工时还要采取相应的措施，《砌体结构工程施工质量验收规范》（GB 50203—2011）中对这些内容作了详细而具体的规定。

5.1.1 基本规定

1. 材料的质量要求

砌体结构工程所用的材料应有产品合格证书、产品性能型式检验报告，质量应符合国家现行有关标准的要求。块体、水泥、钢筋、外加剂尚应有材料主要性能的进场复验报告，并应符合设计要求。严禁使用国家明令淘汰的材料。

在砌体结构工程中,应用合格的材料才可能建造出符合质量要求的工程。材料的产品合格证书和产品性能检测报告是工程质量评定中必备的质量保证资料之一,因此特提出了要求。

块体、水泥、钢筋、外加剂等产品质量应符合下列现行国家标准的要求:

(1) 块体:《烧结普通砖》(GB 5101)、《烧结多孔砖和多孔砌块》(GB 13544)、《烧结空心砖和空心砌块》(GB 13545)、《混凝土实心砖》(GB/T 21144)、《混凝土多孔砖》(JC 943)、《蒸压灰砂砖》(GB 11945)、《蒸压灰砂多孔砖》(JC/T 637)、《蒸压粉煤灰砖》(JC 239)、《普通混凝土小型空心砌块》(GB 8239)、《轻集料混凝土小型空心砌块》(GB/T 15229)、《蒸压加气混凝土砌块》(GB 11968) 等。

(2) 水泥:《通用硅酸盐水泥》(GB 175)、《砌筑水泥》(GB/T 3183)、《快凝快硬硅酸盐水泥》(JC 314) 等。

(3) 钢筋:《钢筋混凝土用钢 第1部分:热轧光圆钢筋》(GB 1499.1)、《钢筋混凝土用钢 第2部分:热扎带肋钢筋》(GB 1499.2) 等。

(4) 外加剂:《混凝土外加剂》(GB 8076)、《砂浆、混凝土防水剂》(JC 474)、《砌筑砂浆增塑剂》(JC/T 164) 等。

2. 施工准备

1) 砌体结构工程施工前,应编制砌体结构工程施工方案。

砌体结构工程施工是一项系统工程,为了有条不紊地进行,确保施工安全,达到工程质量好、进度快、成本低,应在施工前编制施工方案。

2) 砌体结构的标高、轴线,应引自基准控制点。

3) 砌筑基础前,应校核放线尺寸,允许偏差应符合表 5-1 的规定。

表 5-1 放线尺寸的允许偏差

长度 L、宽度 B (m)	允许偏差 (mm)	长度 L、宽度 B (m)	允许偏差 (mm)
L (或 B) ≤30	±5	60< (或 B) ≤90	±15
30< L (或 B) ≤60	±10	L (或 B) >90	±20

在砌体结构工程施工中,砌筑基础前放线是确定建筑平面尺寸和位置的基础工作,通过校核放线尺寸,达到控制放线精度的目的。

4) 伸缩缝、沉降缝、防震缝中的模板应拆除干净,不得夹有砂浆、块体及碎渣等杂物。

本条为新增加条文。针对砌体结构房屋施工中较普遍存在的问题,强调了伸缩缝、沉降缝、防震缝的施工要求。

3. 砌筑顺序的规定

砌筑工程砌筑顺序应符合下列规定:

(1) 基底标高不同时,应从低处砌起,并应由高处向低处搭砌。当设计无要求时,搭接长度 L 不应小于基础底的高差 H,搭接长度范围内下层基础应扩大砌筑。

(2) 砌体的转角处和交接处应同时砌筑。当不能同时砌筑时,应按规定留槎、接槎。

基础高低台的合理搭接，对保证基础的整体性至关重要。从受力角度考虑，基础扩大部分的高度与荷载、地耐力等有关。对有高低台的基础，应从低处砌起，在设计无要求时，也对高低台的搭接长度做了规定，见图 5-1。

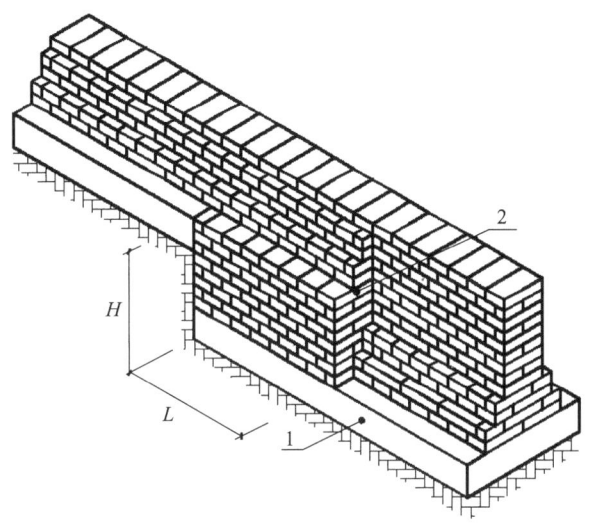

图 5-1 基底标高不同时的搭砌示意图（条形基础）
1—混凝土垫层；2—基础扩大部分

砌体的转角处和交接处应同时砌筑可以保证墙体的整体性，从而大大提高砌体结构的抗震性能。从震害调查可以看到，不少多层砖混结构建筑，由于砌体的转角处和交接处接槎不良而导致外墙甩出和砌体倒塌。因此，砌体转角处和交接处应同时砌筑。当不能同时砌筑时，应按规定留槎并做好接槎处理。

4. 临时施工洞口的留设

在墙上留置临时洞口，其侧边离交接处墙面不应小于 500mm，洞口净宽度不应超过 1m。抗震设防烈度为 9 度地区建筑物的临时施工洞口位置，应会同设计单位确定。临时洞口应做好补砌。

限于施工条件，有时难免在墙上留置临时洞口。洞口位置不当或洞口过大，必然削弱墙体的整体性。为此应限制在墙上留置临时施工洞口的尺寸和位置。

5. 脚手眼的留设与补砌

1）不得在下列墙体或部位设置脚手眼：

（1）120mm 厚墙、清水墙、料石墙、独立柱和附墙柱；

（2）过梁上与过梁成 60°角的三角形范围及过梁净跨度 1/2 的高度范围内；

（3）宽度小于 1m 的窗间墙；

（4）门窗洞口两侧石砌体 300mm ，其他砌体 200mm 范围内；转角处石砌体为 600mm ，其他砌体 450mm 范围内；

（5）梁或梁垫下及其左右 500mm 范围内；

（6）设计不允许设置脚手眼的部位；

（7）轻质墙体；

(8) 夹心复合墙外叶墙。

经过补砌的脚手眼，对砌体的整体性或多或少会带来不利影响。因此，对一些受力不太有利和使用功能有特殊要求的砌体部分留置脚手眼做了相应的规定。本次修订增加了附墙柱、轻质墙体、夹心复合墙外叶墙等。

2）脚手眼补砌时，应清除脚手眼内掉落的砂浆、灰尘；脚手眼处砖及填塞用砖应湿润，并应填实砂浆。

脚手眼的补砌，不仅涉及到砌体结构的整体性，而且还会影响建筑物的使用功能，有时如封堵不实，外墙还会引起渗漏水，因此实际施工时应予以注意。

6. 洞口、沟槽、管道的规定

设计要求的洞口、沟槽、管道应于砌筑时正确留出或预埋，未经设计同意，不得打凿墙体和在墙体上开凿水平沟槽。宽度超过 300mm 的洞口上部，应设置钢筋混凝土过梁。不应在截面长边小于 500mm 的承重墙体、独立柱内埋设管线。

建筑工程施工中，常常存在各工种之间配合不好的问题。例如水电安装中应在砌体上开的洞口、埋设的管道等往往在砌好的砌体上打凿，对砌体的破坏较大，在墙体上开凿水平沟槽对墙体受力极为不利。本次修订时补充规定了不应在截面长边小于 500mm 的承重墙体、独立柱内埋设管线，以免影响结构受力。

7. 墙或柱自由高度、每日砌筑高度的规定

1）尚未施工楼板或屋面的墙或柱，其抗风允许自由高度不得超过表 5-2 的规定。如超过表中限值时，必须采用临时支撑等有效措施。

表 5-2 墙和柱的允许自由高度（m）

墙（柱）厚 (mm)	砌体密度>1600kg/m³			砌体密度 1300～1600kg/m³		
	风载（kN/m²）			风载（kN/m²）		
	0.3（约7级风）	0.4（约八级风）	0.5（约九级风）	0.3（约7级风）	0.4（约八级风）	0.5（约九级风）
190	—	—	—	1.4	1.1	0.7
240	2.8	2.1	1.4	2.2	1.7	1.1
370	5.2	3.9	2.6	4.2	3.2	2.1
490	8.6	6.5	4.3	7.0	5.2	3.5
620	14.0	10.5	7.0	11.4	8.6	5.7

注：1. 本表适用于施工处相对标高（H）在 10m 范围内的情况。如 10m<H≤15m，15m<H≤20m 时，表中的允许自由高度应分别乘以 0.9、0.8 的系数；如 H>20m 时，应通过抗倾覆验算确定其允许自由高度。
2. 当所砌筑的墙有横墙或其他结构与其连接，而且间距小于表中相应墙、柱的允许自由高度的 2 倍时，砌筑高度可不受本表的限制。
3. 当砌体密度小于 1300kg/m³ 时，墙和柱的允许自由高度应另行验算确定。

2）正常施工条件下，砖砌体、小砌块砌体每日砌筑高度宜控制在 1.5m 或一步脚手架高度内；石砌体不宜超过 1.2m。

本条为新增加条文。对墙体砌筑每日砌筑高度的控制，其目的是保证砌体的砌筑质量和生产安全。

8. 砌体施工和质量管理的其他要求

1）砌筑墙体应设置皮数杆。

本条为新增加条文。使用皮数杆对保证砌体灰缝的厚度均匀、平直和控制砌体高度及高度变化部位的位置十分重要。皮数杆一般立在房屋的四大角以及纵横墙的交接处，如果墙面过长应每隔10～15m立一根。

2）砌筑完基础或每一楼层后，应校核砌体的轴线和标高。在允许偏差范围内，轴线偏差可在基础顶面或楼面上校正，标高偏差宜通过调整上部砌体灰缝厚度校正。

3）搁置预制梁、板的砌体顶面应平整，标高一致。

预制梁、板与砌体接触不紧密不仅对梁、板、砌体受力不利，而且还对房顶抹灰和地面施工带来不利影响。目前在搁置预制梁、板时，往往忽略了在砌体顶面找平，致使梁、板与砌体受力不均匀，使安装的预制板不平整和不平稳，从而出现板缝处的裂纹及增加找平层的厚度。对原文"安装时应座浆。当设计无具体要求时，应采用1:2.5水泥砂浆"予以删除，该部分内容不属于砌体施工的内容。

4）砌体施工质量控制等级分为三级，并应按表5-3划分。

表5-3 施工质量控制等级

项目	施工质量控制等级		
	A	B	C
现场质量管理	监督检查制度健全，并严格执行；施工方有在岗专业技术管理人员，人员齐全，并持证上岗	监督检查制度基本健全，并能执行；施工方有在岗专业技术管理人员，人员齐全，并持证上岗	有监督检查制度；施工方有在岗专业技术管理人员
砂浆、混凝土强度	试块按规定制作，强度满足验收规定，离散性小	试块按规定制作，强度满足验收规定，离散性较小	试块按规定制作，强度满足验收规定，离散性大
砂浆拌合	机械拌合；配合比计量控制严格	机械拌合；配合比计量一般	机械或人工拌合；配合比计量控制较差
砌筑工人	中级工以上，其中，高级工不少于30%	高、中级工不少于70%	初级工以上

由于砌体的施工存在较多的人工操作过程，所以，砌体结构的质量也在很大程度上取决于人工因素。施工过程对砌体结构质量的影响直接表现在砌体的强度上。在采用概率理论为基础的极限状态设计方法中，材料的强度设计值是由材料标准值除以材料性能分项系数确定，而材料性能分项系数与材料质量和施工水平相关。在国际标准中，施工水平按质量监督人员、砂浆强度试验及搅拌、砌筑工人技术熟练程度等情况分为三级，材料性能分项系数也相应取为不同的数值。

关于砂浆和混凝土的施工质量，可分为"优良""一般"和"差"三个等级，强度离散性分别对应为"离散性小""离散性较小"和"离散性大"，其划分是按照砂浆、混凝土强度标准差确定。砂浆、混凝土强度标准差参见表5-4、表5-5。

表 5-4 砌筑砂浆质量水平

强度标准差　　强度等级　质量水平	M5	M7.5	M10	M15	M20	M30
优良	1.00	1.50	2.00	3.00	4.00	6.00
一般	1.25	1.88	2.50	3.75	5.00	7.50
差	1.50	2.25	3.00	4.50	6.00	9.00

表 5-5 混凝土质量水平

评定指标	生产单位	优良		一般		差	
		<C20	≥C20	<C20	≥C20	<C20	≥C20
强度标准差（MPa）	预拌混凝土厂	≤3.0	≤3.5	≤4.0	≤5.0	>4.0	>5.0
	集中搅拌混凝土的施工现场	≥3.5	≤4.0	≤4.5	≤5.5	>4.5	>5.5
强度等于或大于混凝土强度等级值的百分率（%）	预拌混凝土厂、集中搅拌混凝土的施工现场	≥95		>85		≤85	

对 A 级施工质量控制等级，砌筑工人中高级工的比例由原规范的 20% 提高到 30%，是因为近几年砌体结构工程中的新结构、新材料、新工艺、新设备不断增加，为了保证施工质量的需要。

5）砌体结构中钢筋（包括夹心复合墙内外叶墙间的拉结件或钢筋）的防腐，应符合设计规定。

从建筑物的耐久性考虑，现行国家标准《砌体结构设计规范》（GB 50003）根据砌体结构的环境类别，对设置在砂浆中和混凝土中的钢筋采取防腐措施。

6）雨天不宜在露天砌筑墙体，对下雨当日砌筑的墙体应进行遮盖。继续施工时，应复核墙体的垂直度，如果垂直度超过允许偏差，应拆除重新砌筑。

7）砌体施工时，楼面和屋面堆载不得超过楼板的允许荷载值。当施工层进料口处施工荷载较大时，楼板下宜采取临时支撑措施。

在楼面上砌筑施工时，常发现以下几种超载现象：一是集中堆料造成超载；二是抢进度或遇停电时，提前集中备料造成超载；三是采用井架或门架上料时，接料平台倾斜有坎，运料车出吊篮后对进料口房间楼板产生较大的振动荷载。这些超载现象常常使楼板的板底产生裂缝，严重时就会导致安全事故。因此应对集中荷载加以限制，使其不得大于楼板的允许荷载值。

8）在墙体砌筑过程中，当砌筑砂浆初凝后，块体被撞动或需移动时，应将砂浆清除后再铺浆砌筑。

砂浆初凝后，如果再移动已砌筑的块体，砂浆的内部及砂浆与块体的粘结面的粘结力会被破坏，使砌体产生内伤，降低砌体的强度及整体性。因此应将原砂浆清理干净，重新铺浆砌筑。

5 主体结构分部工程质量检查与验收

9. 检验批的验收

1）砌体结构工程检验批的划分应同时符合下列规定：

（1） 所用材料类型及同类型材料的强度等级相同；

（2） 不超过 $250m^3$ 砌体；

（3） 主体结构砌体一个楼层（基础砌体可按一个楼层计）；填充墙砌体量少时可多个楼层合并。

本条为新增加条文。针对砌体结构工程的施工特点，将现行国家标准《建筑工程施工质量验收统一标准》（GB 50300）对检验批的规定具体化。

2）砌体结构工程检验批验收时，其主控项目应全部符合规范的规定；一般项目应有80％及以上的抽检处符合规范的规定；有允许偏差的项目，最大超差值为允许偏差值的1.5倍。

本条文补充了对一般项目中的最大超差值作了规定，其值为允许偏差值1.5倍。这是从工程实际的现状考虑的，在这种施工偏差下，不会造成结构安全问题和影响使用功能及观感效果。

3）砌体结构分项工程中检验批抽检时，各抽检项目的样本最小容量除有特殊要求外，按不应小于5确定。

本条为新增加条文。为使砌体结构工程施工质量抽检更具有科学性，在本次规范修订中，遵照现行国家标准《建筑工程施工质量验收统一标准》（GB 50300）的要求，对原规范条文抽检项目的抽样方案作了修改，即将抽检数量按检验批的百分数（一般规定为10％）抽取的方法修改为按现行国家标准《逐批检查计数抽样程序及抽样表》（GB 2828）对抽样批的最小容量确定。各抽检项目的样本最小容量除有特殊要求外，按不应小于5确定，以便于检验批的统计和质量判定。

4）分项工程检验批质量验收可按《砌体结构工程施工质量验收规范》（GB 50203—2011）附录A各相应记录表填写。

5.1.2 砌筑砂浆

1. 原材料质量要求

1）水泥

水泥使用应符合下列规定：

（1）水泥进场使用时应对其品种、等级、包装或散装仓号、出厂日期等进行检查，并应对其强度、安定性进行复检，其质量必须符合现行国家标准《通用硅酸盐水泥》（GB 175）的有关规定。

（2）当在使用中对水泥质量有怀疑或水泥出厂超过三个月（快硬硅酸盐水泥超过一个月）时，应复查试验，并按复验结果使用。

（3）不同品种的水泥，不得混合使用。

抽检数量：按同一生产厂家、同品种、同等级、同批号连续进场的水泥，袋装水泥不超过200t为一批，散装水泥不超过500t为一批，每批抽样不少于一次。

检验方法：检查产品合格证、出厂检验报告和进场复验报告。

本条中的(1)和(2)为强制性条文,必须严格执行。水泥的强度及安定性是判断水泥是否合格的两项主要技术指标,因此在水泥使用前应进行复检。

不同品种的水泥成分不同,混合使用后有可能会发生材料变化或强度降低现象,从而引起工程质量问题。

2) 砂

砂浆用砂宜采用过筛中砂,并应满足下列要求:

(1) 不应混有草根、树叶、树枝、塑料、煤块、炉渣等杂物;

(2) 砂中含泥量、泥块含量、石粉含量、云母、轻物质、有机物、硫化物、硫酸盐及氯盐含量(配筋砌体砌筑用砂)等应符合现行行业标准《普通混凝土用砂、石质量及检验方法标准》(JGJ 52)的有关规定;

(3) 人工砂、山砂及特细砂,应经试配能满足砌筑砂浆技术条件要求。

砂中草根等杂物,含泥量、泥块含量、石粉含量过大,不但会降低砌筑砂浆的强度和均匀性,还可能使砂浆的收缩值增大,耐久性降低,影响砌体质量。砂中氯离子超标,配制的砌筑砂浆会对其中的钢筋产生不良影响。

对人工砂、山砂及特细砂,由于其中的含泥量、石粉含量过大,因此规定经试配能满足砌筑砂浆技术条件时即可。

3) 外掺料

拌制水泥混合砂浆的粉煤灰、建筑生石灰、建筑生石灰粉及石灰膏应符合下列规定:

(1) 粉煤灰、建筑生石灰、建筑生石灰粉的品质指标应符合现行行业标准《粉煤灰在混凝土及砂浆中应用技术规程》(JGJ 28)、《建筑生石灰》(JC/T 479)、《建筑生石灰粉》(JC/T 480)的有关规定;

(2) 建筑生石灰、建筑生石灰粉熟化为石灰膏,其熟化时间分别不得少于 7d 和 2d;沉淀池中储存的石灰膏,应防止干燥、冻结和污染,严禁采用脱水硬化的石灰膏;建筑生石灰粉、消石灰粉不得替代石灰膏配制水泥石灰砂浆;

脱水硬化的石灰膏和消石灰粉不能起塑化作用而且又影响砂浆强度,因此不应使用。建筑生石灰粉由于其细度有限,在砂浆搅拌时直接掺入起不到改善砂浆和易性和保水性的作用。

(3) 石灰膏的用量,应按稠度 120mm±5mm 计量,现场施工中石灰膏不同稠度的换算系数,可按表 5-6 确定。

表 5-6 石灰膏不同稠度的换算系数

	稠度(mm)									
	120	110	100	90	80	70	60	50	40	30
换算系数	1.00	0.99	0.97	0.95	0.93	0.92	0.90	0.88	0.87	0.86

4) 水

拌制砂浆用水的水质,应符合现行行业标准《混凝土用水标准》(JGJ 63)的有关规定。

考虑到目前水源污染比较普遍，当水中含有有害物质时，将会影响水泥的正常凝结，并可能对钢筋产生锈蚀作用。因此本条对拌制砂浆用水做出了规定。

5）外加剂

在砂浆中掺入的砌筑砂浆增塑剂、早强剂、缓凝剂、防冻剂、防水剂等砂浆外加剂，其品种和用量应经有资质的检测单位检验和试配确定。所用外加剂的技术性能应符合国家现行有关标准《砌筑砂浆增塑剂》（JG/T 164）、《混凝土外加剂》（GB 8076）、《砂浆、混凝土防水剂》（JC 474）的质量要求。

目前，在砂浆中掺用的砂浆增塑剂、早强剂、缓凝剂、防冻剂、防水剂等产品很多，性能和质量也存在差异，为保证砌筑砂浆的性能和施工质量，应对这些外加剂的品种和用量进行检验和试配，符合要求后再使用。该条文由原规范的强制性条文改为非强制性条文。

2. 砂浆配合比及强度等级的要求

1）砌筑砂浆应进行配合比设计。当砌筑砂浆的组成材料有变更时，其配合比应重新确定。砌筑砂浆的稠度宜按表 5-7 的规定采用。

表 5-7 砌筑砂浆的稠度

砌体种类	砂浆稠度（mm）
烧结普通砖砌体 蒸压粉煤灰砖砌体	70～90
混凝土实心砖、混凝土多孔砖砌体 普通混凝土小型空心砌块砌体 蒸压灰砂砖砌体	50～70
烧结多孔砖、空心砖砌体 轻骨料小型空心砌块砌体 蒸压加气混凝土砌块砌体	60～80
石砌体	30～50

注：1. 采用薄灰砌筑法砌筑蒸压加气混凝土砌块砌体时，加气混凝土粘结砂浆的加水量按照其产品说明书控制；
    2. 当砌筑其他块体时，其砌筑砂浆的稠度可根据块体吸水特性及气候条件确定。

砌筑砂浆通过配合比设计确定的配合比，是使施工中砌筑砂浆达到设计强度等级，符合砂浆试块合格验收条件，减少砂浆强度离散性的重要保证。

砌筑砂浆的稠度选择是否合适，将直接影响砌筑的难易和质量，表 5-7 砌筑砂浆稠度范围的规定主要是考虑了块体吸水特性、铺砌面有无孔洞及气候条件的差异。

2）配制砌筑砂浆时，各组分材料应采用质量计量，水泥及各种外加剂配料的允许偏差为±2%；砂、粉煤灰、石灰膏等配料的允许偏差为±5%。

砌筑砂浆各组成材料计量不精确，将直接影响砂浆实际的配合比，导致砂浆强度误差和离散性加大，不利于砌体砌筑质量的控制和砂浆强度的验收。为确保砂浆各组分材料的计量精确，本条文增加了质量计量的允许偏差。

3）施工中不应采用强度等级小于 M5 水泥砂浆替代同强度等级水泥混合砂浆，如需替代，应将水泥砂浆提高一个强度等级。

该条内容是根据新修订的国家标准《砌体结构设计规范》（GB 50003）的下述规定

而编写的：当砌体用强度等级小于 M5 的水泥砂浆砌筑时，砌体强度设计值应予降低，其中抗压强度值乘以 0.9 的调整系数；轴心抗拉、弯曲抗拉、抗剪强度值乘以 0.8 的调整系数；当砌筑砂浆强度等级大于和等于 M5 时，砌体强度设计值不予降低。

3. 砂浆拌制和使用

1）砌筑砂浆应采用机械搅拌，搅拌时间自投料完起算应符合下列规定：

（1）水泥砂浆和水泥混合砂浆不得少于 **120s**；

（2）水泥粉煤灰砂浆和掺用外加剂的砂浆不得少于 **180s**；

（3）掺增塑剂的砂浆，其搅拌方式、搅拌时间应符合现行行业标准《砌筑砂浆增塑剂》（JG/T 164）的有关规定；

（4）干混砂浆及加气混凝土砌块专用砂浆宜按掺用外加剂的砂浆确定搅拌时间或按产品说明书采用。

为了降低劳动强度和克服人工拌制砂浆不易搅拌均匀的缺点，规定砂浆应采用机械搅拌。同时，为保证物料充分拌合，保证砂浆拌合质量，对不同砂浆品种分别规定了搅拌时间的要求。

2）**现场拌制的砂浆应随拌随用，拌制的砂浆应在 3h 内使用完毕；当施工期间最高气温超过 30℃时，应在 2h 内使用完毕**。预拌砂浆及蒸压加气混凝土砌块专用砂浆的使用时间应按照厂方提供的说明书确定。

根据以前的实验结果和国内资料的分析，在一般气温情况下，水泥砂浆和水泥混合砂浆在 2h 和 3h 内使用完，砂浆强度降低一般不超过 20%，虽然对砌体强度有影响，但降低幅度在 10% 以内，而且大部分砂浆已在之前使用完毕。当气温较高时，水泥凝结硬化加速，砂浆拌制后的使用时间应予以缩短。近年来，设计中普遍提高了砌筑砂浆强度，水泥用量增加，为了对施工质量和施工管理有利，新规范将砌筑砂浆拌合后的使用时间作了调整，统一按照水泥砂浆的使用时间进行控制。

3）砌体结构工程使用的湿拌砂浆，除直接使用外必须储存在不吸水的专用容器内，并根据气候条件采取遮阳、保温、防雨雪等措施，砂浆在储存过程中严禁随意加水。

4. 砂浆试块强度的验收

1）**砌筑砂浆试块强度验收时其强度合格标准应符合下列规定：**

（1）同一验收批砂浆试块强度平均值应大于或等于设计强度等级值的 **1.10 倍**；

（2）同一验收批砂浆试块抗压强度的最小一组平均值应大于或等于设计强度等级值的 **85%**。

注：1. 砌筑砂浆的验收批，同一类型、强度等级的砂浆试块不应少于 3 组；同一验收批只有 1 组或 2 组试块时，每组试块抗压强度平均值应大于或等于设计强度等级值的 1.10 倍；对于建筑结构的安全等级为一级或设计使用年限为 50 年及以上的房屋，同一验收批砂浆试块的数量不得少于 3 组。
2. 砂浆强度应以标准养护、28d 龄期的试块抗压强度为准。
3. 制作砂浆试块的砂浆稠度应与配合比设计一致。

抽检数量：每一检验批且不超过 250m³ 砌体的各类、各强度等级的普通砌筑砂浆，每台搅拌机应至少抽检一次。验收批的预拌砂浆、蒸压加气混凝土砌块专用砂浆，抽检可为 3 组。

检验方法：在砂浆搅拌机出料口或在湿拌砂浆的储存容器出料口随机取样制作砂浆试块（现场拌制的砂浆，同盘砂浆只应作 **1** 组试块），试块标养 **28d** 后作强度试验。预拌砂浆中的湿拌砂浆稠度应在进场时取样检验。

根据结构可靠度分析，当砌筑砂浆质量水平一般，即砂浆试块强度统计的变异系数为 0.25，验收批砌筑砂浆试块抗压强度平均值为设计强度的 1.10 倍时，砌筑砂浆强度达到和超过设计强度的统计概率为 65.5%，砌体强度达到 95% 规范值的统计概率为 78.8%；砌筑砂浆试块强度最小值为 85% 设计强度时，砌体强度值只比规范设计值降低 2%～8%，砌筑砂浆抗压强度等于和大于 85% 设计强度的统计概率为 84.1%。此外，砌体强度除与块体、砌筑砂浆强度直接相关外，尚与施工过程的质量控制有关，如砌筑砂浆的拌制质量及强度的离散性、块体砌筑前浇水湿润程度、砌筑手法、灰缝厚度及砂浆饱满度等。因此欲保证砌体的强度，除应使块体和砌筑砂浆合格外，尚应加强施工过程控制，这是保证砌体施工质量的综合措施。同时考虑砂浆拌制后到使用时存在的时间间隔对其强度的不利影响，本次规范修订中对砌筑砂浆试块抗压强度合格验收条件较原规范作了一定提高。

当砂浆试块数量不足 3 组时，其强度的代表性较差，验收也存在较大风险，如只有 1 组试块时，其错判概率至少为 30%。因此为确保砌体结构施工验收的可靠性，对重要房屋一个验收批砂浆试块的数量规定为不得少于 3 组。

试验表明，砌筑砂浆的稠度对试块立方体抗压强度有一定影响，特别是当采用带底试模时，这种影响将十分明显。为如实反映施工中砌筑砂浆的强度，制作砂浆试块的砂浆稠度应与配合比设计一致，在实际操作中应注意砌筑砂浆的用水量控制。此外，根据现行的行业标准《预拌砂浆》（JG/T 230）规定，预拌砂浆中的湿拌砂浆在交货时应进行稠度检验。

对工厂生产的预拌砂浆、加气混凝土专用砂浆，由于其材料稳定，计量准确，砂浆质量较好，强度值离散性较小，因此可适当减少现场砂浆试块的制作数量，但每验收批的各类、各强度等级砂浆试块不应小于 3 组。

2) 当施工中或验收时出现下列情况时，可采用现场检验方法对砂浆或砌体强度进行实体检测，并判定其强度：

(1) 砂浆试块缺乏代表性或试块数量不足；
(2) 对砂浆试块的试验结果有怀疑或有争议；
(3) 砂浆试块的试验结果，不能满足设计要求；
(4) 发生工程事故，需要进一步分析事故原因。

施工中，砌筑砂浆强度直接关系砌体质量。因此，规定了在一些非正常情况下应测定工程实体中的砂浆或砌体的实际强度。其中，当砂浆试块的试验结果已不能满足设计要求时，通过实体检测以便于进行强度核算和结构加固处理。

5.1.3 砖砌体工程

1. 一般规定

1) 本部分适用于烧结普通砖、烧结多孔砖、混凝土多孔砖、混凝土实心砖、蒸压灰砂砖、蒸压粉煤灰砖等砌体工程。

本部分所用的砖是指以传统砖基本尺寸240mm×115mm×53mm为基础，适当调整尺寸变为长度不超过240mm，宽度不超过190mm，厚度不超过115mm的，采用烧结、蒸压养护或自然养护等工艺生产的实心或多孔（通孔、半盲孔）的主规格砖及其配砖。

2）用于清水墙、柱表面的砖，应边角整齐，色泽均匀。

用于清水墙、柱表面的砖，根据砌体外观质量的需要，应采用边角整齐、色泽均匀的块材。

3）砌体砌筑时，混凝土多孔砖、混凝土实心砖、蒸压灰砂砖、蒸压粉煤灰砖等块体的产品龄期不应小于28d。

混凝土多孔砖、混凝土实心砖、蒸压灰砂砖、蒸压粉煤灰砖早期收缩值大，如果这时用于墙体上，将很容易出现明显的收缩裂缝。因而要求砌筑时砖的产品龄期不应小于28d，使其早期收缩值在此期间内完成大部分，这是预防墙体早期开裂的一个重要技术措施。混凝土多孔砖、混凝土实心砖的强度等级进场复验也需产品龄期为28d。

4）有冻胀环境和条件的地区，地面以下或防潮层以下的砌体，不应采用多孔砖。

有冻胀环境和条件的地区，地面以下或防潮层以下的砌体，常处于潮湿的环境中，有的处于水位以下，在冻胀作用下，对多孔砖砌体的耐久性能影响较大。因此在有受冻环境和条件的地区不应在地面以下或防潮层以下采用多孔砖。

5）不同品种的砖不得在同一楼层混砌。

不同品种砖的收缩特性的差异容易造成墙体收缩裂缝的产生，为避免质量问题的发生特制定本条规定。

6）砌筑烧结普通砖、烧结多孔砖、蒸压灰砂砖、蒸压粉煤灰砖砌体时，砖应提前1~2d适度湿润，严禁采用干砖或处于吸水饱和状态的砖砌筑，块体湿润程度宜符合下列规定：

（1）烧结类块体的相对含水率60%~70%；

（2）混凝土多孔砖及混凝土实心砖不需浇水湿润，但在气候干燥炎热的情况下，宜在砌筑前对其喷水湿润。其他非烧结类块体的相对含水率40%~50%。

砖砌筑前浇水是砖砌体施工工艺的一个部分，砖的湿润程度对砌体的施工质量影响较大。对比试验证明，适宜的含水率不仅可以提高砖与砂浆之间的粘结力，提高砌体的抗剪强度，也可以使砂浆强度保持正常增长，提高砌体的抗压强度。同时适宜的含水率还可以使砂浆在操作面上保持一定的摊铺流动性能，便于施工操作，有利于保证砂浆的饱满度。这些对确保砌体施工质量和力学性能都是十分有利的。

考虑各类砌筑用砖的吸水特性，如吸水率大小、吸水和失水速度快慢等的差异，砖砌筑时适宜的含水率也应有所不同。为了便于在施工中对适宜含水率有更清晰的了解和控制，块体砌筑时的适宜含水率宜采用相对含水率表示，即含水率与吸水率的比值。

7）采用铺浆法砌筑砌体，铺浆长度不得超过750mm；当施工期间气温超过30℃时，铺浆长度不得超过500mm。

砖砌体砌筑宜随铺砂浆随砌浆。采用铺浆法砌筑时，铺浆长度对砌体的抗剪强度影响明显,陕西省建筑科学研究院的试验表明,在气温15℃时,铺浆后立即砌砖和铺浆后3min再砌砖,砌体的抗剪强度相差30%。施工气温较高时,砖和砂浆中的水分蒸发较快,影响程度更大。为避免影响工人操作和砌筑质量,因而应缩短铺浆长度。

8)240mm厚承重墙的每层墙的最上一皮砖,砖砌体的阶台水平面上及挑出层的外皮砖,应整砖丁砌。

从有利于保证砌体的完整性、整体性和受力的合理性出发,强调本条所述部位应采用整砖丁砌。

9)弧拱式及平拱式过梁的灰缝应砌成楔形缝,拱底灰缝宽度不宜小于5mm,拱顶灰缝宽度不应大于15mm,拱体的纵向及横向灰缝应填实砂浆;平拱式过梁拱脚下面应伸入墙内不小于20mm;砖砌平拱过梁底应有1%的起拱。

砖平拱过梁是砖砌拱体结构的一个特例,是矢高极小的一种拱体结构,拱底应有一定起拱量。从其受力特点及施工工艺考虑,必须保证拱脚下面伸入墙内的长度,并保持楔形灰缝形态。

10)砖过梁底部的模板及其支架拆除时,灰缝砂浆强度不应低于设计强度的75%。

过梁底部模板是砌筑过程中的承重结构,只有砂浆达到一定强度后,过梁部位砌体方能承受荷载作用,才能拆除底模。本次修订将灰缝砂浆强度不低于设计强度的50%提高到75%,是为了更好地保证安全。

11)多孔砖的孔洞应垂直于受压面砌筑。半盲孔多孔砖的封底面应朝上砌筑。

多孔砖的孔洞垂直于受压面,能使砌体有较大的有效受压面积,有利于砂浆结合层进入上下砖块的孔洞产生"销键"作用,提高砌体的抗剪强度和砌体的整体性。此外孔洞垂直于受压面砌筑也符合砌体强度试验时试件的砌筑方法。

12)竖向灰缝不应出现瞎缝、透明缝和假缝。

竖向灰缝砂浆的饱满度一般对砌体的抗压强度影响不大,但是对砌体的抗剪强度影响明显。根据试验结果得到:当竖缝砂浆很不饱满甚至完全无砂浆时,其对角加载砌体的抗剪强度将降低30%。此外透明缝、瞎缝和假缝对房屋的使用功能也会产生不良影响。因此对砌体施工时的竖向灰缝的质量要求做出了相应的规定。

13)砖砌体施工临时间断处补砌时,必须将接槎处表面清理干净,洒水湿润,并填实砂浆,保持灰缝平直。

砖砌体的施工临时间断处的接槎部位本身就是受力的薄弱点,为保证砌体的整体性,必须强调补砌时的要求。

14)夹心复合墙的砌筑应符合下列规定:

(1)墙体砌筑时,应采取措施防止空腔内掉落砂浆和杂物;

(2)拉结件设置应符合设计要求,拉结件在叶墙上的搁置长度不应小于叶墙厚度的2/3,并不应小于60mm;

(3)保温材料品种及性能应符合设计要求,保温材料的浇注压力不应对砌体强度、变形及外观质量产生不良影响。

2. 砖砌体工程检验批的质量检验

砖砌体工程检验批的质量检验标准、检验方法和检查数量见表5-8。

表 5-8 砖砌体工程检验批的质量检验标准

项目	序号	检验项目	质量标准	检验方法	检查数量
主控项目	1	砖和砂浆的强度等级	砖和砂浆的强度等级必须符合设计要求	查砖和砂浆试块试验报告	每一生产厂家,烧结普通砖、混凝土实心砖每 15 万块,烧结多孔砖、混凝土多孔砖、蒸压灰砂砖及蒸压粉煤灰砖每 10 万块各为一验收批,不足上述数量按 1 批计,抽检数量为 1 组。砂浆试块的抽检数量执行规范的有关规定
	2	砂浆饱满度	砌体灰缝砂浆应密实饱满,砖墙水平灰缝的砂浆饱满度不得低于 80%;砖柱水平灰缝和竖向灰缝饱满度不得低于 90%	用百格网检查砖底面与砂浆的粘结痕迹面积,每处检测 3 块砖,取其平均值	每检验批抽查不应少于 5 处
	3	转角处和交接处斜槎	砖砌体的转角处和交接处应同时砌筑,严禁无可靠措施的内外墙分砌施工。在抗震设防烈度为 8 度及 8 度以上地区,对不能同时砌筑而又必须留置的临时间断处应砌成斜槎,普通砖砌体斜槎水平投影长度不应小于高度的 2/3,多孔砖砌体的斜槎长高比不应小于 1/2。斜槎高度不得超过一步脚手架的高度	观察检查	每检验批抽查不应少于 5 处
	4	直槎拉结钢筋	非抗震设防及抗震设防烈度为 6 度、7 度地区的临时间断处,当不能留斜槎时,除转角处外,可留直槎,但直槎必须做成凸槎,且应加设拉结钢筋,拉结钢筋应符合下列规定:(1) 每 120mm 墙厚放置 1φ6 拉结钢筋 (120mm 厚墙应放置 2φ6 拉结钢筋);(2) 间距沿墙高不应超过 500mm,且竖向间距偏差不应超过 100mm;(3) 埋入长度从留槎处算起每边不应小于 500mm,对抗震设防烈度 6 度、7 度的地区,不应小于 1000mm;(4) 末端应有 90°弯钩(图 5-2)	观察和尺量检查	每检验批抽查不应少于 5 处

续表

项目	序号	检验项目	质量标准	检验方法	检查数量
一般项目	1	组砌方法	砖砌体组砌方法应正确，内外搭砌，上、下错缝。清水墙、窗间墙无通缝；混水墙中不得有长度大于300mm的通缝，长度200~300mm的通缝每间不超过3处，且不得位于同一面墙体上。砖柱不得采用包心砌法	观察检查	每检验批抽查不应少于5处，砌体组砌方法抽检每处应为3~5m
	2	水平灰缝厚度及竖向灰缝宽度	砖砌体的灰缝应横平竖直，厚薄均匀，水平灰缝厚度及竖向灰缝宽度宜为10mm，但不应小于8mm，也不应大于12mm	水平灰缝厚度用尺量10皮砖砌体高度折算；竖向灰缝宽度用尺量2m砌体长度折算	每检验批抽查不应少于5处
	3	尺寸、位置的允许偏差	砖砌体尺寸、位置的允许偏差及检验应符合表5-9的规定	见表5-9	见表5-9

2) 关于砖砌体工程检验批的质量检验标准的说明：

(1) 主控项目第一项

本条为强制性条文，必须严格执行。在正常施工条件下，砖砌体的强度取决于砖和砂浆的强度等级，为保证结构的受力性能和使用安全，砖和砂浆的强度等级必须符合设计要求。

烧结普通砖根据抗压强度分为MU10、MU15、MU20、MU25、MU30共五个强度等级；烧结多孔砖根据抗压强度分为MU10、MU15、MU20、MU25、MU30共五个强度等级；蒸压灰砂砖根据抗压强度和抗折强度分为MU10、MU15、MU20、MU25共四个强度等级；粉煤灰砖根据抗压强度和抗折强度分为MU10、MU15、MU20、MU25、MU30共五个强度等级。

根据《砌筑砂浆配合比设计规程》（JGJ/T 98—2010）的规定，水泥砂浆及预拌砂浆的强度等级可分为M5、M7.5、M10、M15、M20、M25、M30；水泥混合砂浆的强度等级可分为M5、M7.5、M10、M15。

烧结普通砖、混凝土实心砖检验批数量的确定，是参考砌体检验批划分的基本数量（250m³砌体）确定；烧结多孔砖、混凝土多孔砖、蒸压灰砂砖、蒸压粉煤灰砖检验批数量根据产品的特点并参考产品标准作了适当的调整。

(2) 主控项目第二项

水平灰缝砂浆饱满度不小于80%的规定沿用已久，根据实验结果，当水泥混合砂浆水平灰缝饱满度达到73.6%时，可满足设计规范所规定的砌体抗压强度值。砖柱为独立受力的重要构件，为保证其安全性，本次修订时对其水平灰缝砂浆饱满度的要求有所提高，并增加对其竖向灰缝砂浆饱满度的规定。砂浆饱满度对砌体的强度（特别是抗剪强度）影响较大，应严格控制其质量，用百格网检查砖底面与砂浆的粘结痕迹面积，每处检测三块砖，取其平均值。

(3) 主控项目第三项

本条为强制性条文，必须严格执行。砌体转角处和交接处的砌筑和接槎质量，是保证砖砌体结构整体性能和抗震性能的关键之一,地震震害充分证明了这一点。根据对交接处同时砌筑和不同留槎形式接槎部位连接性能的试验分析,证明同时砌筑的连接性能最佳;留踏步槎(斜槎)的次之;留直槎并按规定加拉结钢筋的再次之;仅留直槎不加设拉钢筋的最差。上述不同砌筑的留槎形式连接性能之比为 1.00∶0.93∶0.85∶0.72。因此对抗震设防烈度为 8 度及 8 度以上地区,对不能同时砌筑而又必须留置的临时间断处应砌成斜槎。多孔砖砌体的斜槎长高比不应小于 1/2,是从多孔砖规格尺寸、组砌方法及施工实际出发考虑的。斜槎高度不得超过一步脚手架高度的规定,主要是为了尽量减少砌体的临时间断处对结构整体性的不利影响。

(4) 主控项目第四项

对抗震设计烈度为 6 度、7 度地区的临时间断处,允许留直槎并按规定加设拉钢筋。这主要是从实际出发,在保证施工质量的前提下,留直槎加设拉钢筋时,其连接性能较留斜槎时降低有限,对抗震设计烈度不高的地区允许采用留直槎加设拉结钢筋是可行的。拉结钢筋应符合相关规定,以满足连接性能。关于拉结筋留设如图 5-2 所示。

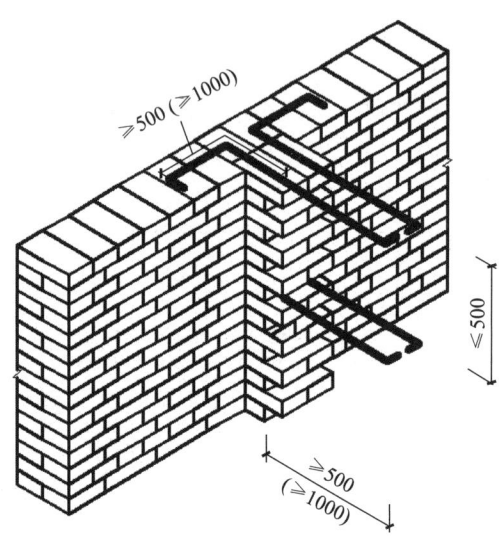

图 5-2 直槎处拉结筋的留设(单位:mm)

(5) 一般项目第一项

本条是从确保砌体结构整体性和有利于结构承载出发,对组砌方法提出的基本要求,施工中应予以满足。砖砌体"通缝"指上下两皮砖搭接长度小于 25mm 的部位。清水墙及窗间墙应无通缝;对于混水墙,新规范修改为"混水墙中不得有长度大于 300mm 的通缝,长度 200～300mm 的通缝每间不超过 3 处,且不得位于同一面墙体上"。

(6) 一般项目第二项

灰缝横平竖直、厚薄均匀不仅有利于美观,而且有利于砌体均匀传力。此外灰缝厚度还影响砌体的抗压强度,对于水平灰缝厚度为 12mm、10mm、8mm 砌体的抗压强度之比为 0.95∶1∶1.06。对多孔砖砌体,其变化幅度还要大些。因此规范规定,水平灰缝的厚度不应小于 8mm,也不应大于 12mm。砌体竖向灰缝宽度不仅影响观感质量,而且易造成灰缝砂浆饱满度较差,影响砌体的使用功能、整体性及抗剪强度,因此此次修订增加了砌体竖向灰缝宽度的规定。

(7) 一般项目第三项

砖砌体尺寸、位置的允许偏差和检查方法见表5-9。

表5-9 砖砌体尺寸、位置的允许偏差及检验

项次	项目		允许偏差(mm)	检验方法	抽检数量
1	轴线偏移		10	用经纬仪和尺或用其他测量仪器检查	承重墙、柱全数检查
2	基础、墙、柱顶面标高		±15	用水准仪和尺检查	不应少于5处
3	墙面垂直度	每层	5	用2m托线板检查	不应少于5处
		全高 ≤10m	10	用经纬仪、吊线和尺或用其他测量仪器检查	外墙全部阳角
		全高 >10m	20		
4	表面平整度	清水墙、柱	5	用2m靠尺和楔形塞尺检查	不应少于5处
		混水墙、柱	8		
5	水平灰缝平直度	清水墙	7	拉5m线和尺检查	不应少于5处
		混水墙	10		
6	门窗洞口高、宽(后塞口)		±10	用尺检查	不应少于5处
7	外墙上下窗口偏移		20	以底层窗口为准,用经纬仪或吊线检查	不应少于5处
8	清水墙游丁走缝		20	以每层第一皮砖为准,吊线和尺检查	不应少于5处

本条所列砖砌体一般尺寸偏差,虽对结构的受力性能和结构安全性不会产生重要影响,但对整个建筑物的施工质量、经济性、建筑美观和确保有效使用面积产生影响,故施工中对其偏差也应予以控制。

对于钢筋混凝土楼、屋盖整体现浇的房屋,其结构整体性能良好;对于装配整体式楼、屋盖结构,国家现行设计标准也有加强整体性的规定。另外根据实际调研看到,砌体的轴线位置和墙面垂直度的偏差值均不大,但有时也会出现偏差大于规范的规定,这就不符合主控项目的验收要求,如要返工将十分困难。考虑上述因素,现将墙体轴线位置和墙面垂直度的尺寸偏差项目列为一般项目,墙体的受力性能和楼、屋盖的安全性是能够保证的。

本次规范修订时,将门窗洞口高、宽(后塞口)的允许偏差由原规范的±5mm调整为±10mm。

5.1.4 混凝土小型空心砌块砌体工程

混凝土小型空心砌块砌体工程是指采用普通混凝土小型空心砌块和轻骨料混凝土小型空心砌块进行砌筑的工程。普通混凝土小型空心砌块是以水泥、砂、碎石或卵石、水,搅拌浇筑成型,养护而成的主规格高度大于115mm而又小于380mm的砌块;轻骨料混凝土小型空心砌块组成成分与普通混凝土小型砌块不同之处是以轻骨料（如陶粒、陶砂）代替了碎石或卵石。

1. 一般规定

1）本部分适用于普通混凝土小型空心砌块和轻骨料混凝土小型空心砌块（以下简称小砌块）等砌体工程。

2）施工前，应按房屋设计图编绘小砌块平、立面排块图，施工中应按排块图施工。

编制小砌块平、立面排块图是施工准备的一项重要工作，也是保证小砌块墙体施工质量的重要技术措施。在编制时，宜由水电管线安装人员与土建施工人员共同商定。

3）施工采用的小砌块的产品龄期不应小于28d。

小砌块龄期达到28d之前，自身收缩速度较快，其后收缩速度减慢，且强度趋于稳定。为有效控制砌体收缩裂缝，检验小砌块的强度，规定砌体施工时所用的小砌块，龄期不应小于28d。本次修订时，考虑到施工时有时难于确定小砌块的生产日期，因此将本条文修改为非强制性条文。

4）砌筑小砌块时，应清除表面污物，剔除外观质量不合格的小砌块。

5）砌筑小砌块砌体，宜选用专用小砌块砌筑砂浆。

专用的小砌块砌筑砂浆是指符合现行行业标准《混凝土小型空心砌块和混凝土砖砌筑砂浆》（JC 860）的砌筑砂浆，该砂浆可提高小砌块与砂浆间的粘结力，且施工性能好。

6）底层室内地面以下或防潮层以下的砌体，应采取强度等级不低于C20（或Cb20）的混凝土灌实小砌块的孔洞。

用混凝土填实室内地面以下或防潮层以下砌体小砌块的孔洞，属于构造措施。主要目的是提高砌体的耐久性，预防或延缓冻害以减轻地下水中有害物质对砌体的侵蚀。

7）砌筑普通混凝土小型空心砌块砌体，不需对小砌块浇水湿润，如遇天气干燥炎热，宜在砌筑前对其喷水湿润；对轻骨料混凝土小砌块，可提前浇水湿润，块体的相对含水率宜为40%～50%。雨天及小砌块表面有浮水时，不得施工。

普通混凝土小砌块具有吸水率低和吸水、失水速度迟缓的特点，一般情况下砌墙时可不浇水。轻骨料混凝土小砌块的吸水率较大，吸水、失水速度比普通混凝土小砌块快，对这类小砌块应提前浇水湿润。控制小砌块含水率的目的，一是避免砌筑时产生砂浆流淌；二是保证砂浆不至失水过快。

8）承重墙体使用的小砌块应完整、无破损、无裂缝。

本条文为强制性条文，必须严格执行。小砌块为薄壁、大孔且块体较大的建筑材料，单个块体如果存在破损、裂缝等质量缺陷，对砌体强度将产生不利影响；小砌块的原有裂缝也容易发展并形成墙体新的裂缝。条文经改动后较原规范条文"承重墙体严禁使用断裂小砌体"更全面。

9）小砌块墙体应对孔、肋对肋错缝搭砌。单排孔小砌块的搭接长度应为块体长度的1/2；多排孔小砌块的搭接长度可适当调整，但不宜小于小砌块长度的1/3，且不应小于90mm。墙体的个别部位不能满足上述要求时，应在灰缝中设置拉结钢筋或钢筋网片，但竖向通缝仍不得超过两皮小砌块。

确保小砌块砌体的砌筑质量，可简单归纳为六个字：对孔、错缝、反砌。所谓对孔，即在保证上、下皮小砌块搭砌要求的前提下，使上皮小砌块的孔洞尽量对准下皮小砌块的孔洞，使上、下皮小砌块的壁、肋能够较好传递竖向荷载，保证砌体的整体性及强度。所谓错缝，即上、下皮小砌块错开砌筑（搭砌），以增强砌体的整体性，这属于砌筑工艺的基本要求。

10）小砌块应将生产时的底面朝上反砌于墙上。

本条文为强制性条文，必须严格执行。所谓反砌，即小砌块生产时的底面朝上砌筑于墙体上，易于铺放砂浆和保证水平灰缝砂浆的饱满度，这也是确定砌体强度指标的试件的基本砌法。

11）小砌块墙体宜逐块坐（铺）浆砌筑。

小砌块砌体相对于砖砌体，小砌块块体大，水平灰缝坐（铺）浆面窄小，竖缝面积大，每砌块砌筑费时多，为缩短坐（铺）浆后的间隔时间，减少对砌筑质量的不良影响，特作此规定。

12）在散热器、厨房和卫生间等设备的卡具安装处砌筑的小砌块，宜在施工前用强度等级不低于C20（或Cb20）的混凝土将其孔洞灌实。

13）每步架墙（柱）砌筑完后，应随即刮平墙体灰缝。

灰缝经过刮平，将对表层砂浆起到压实作用，减少砂浆中水分的蒸发，有利于保证砂浆强度的增长。

14）芯柱处小砌块墙体砌筑应符合下列规定：

（1）每一楼层芯柱处第一皮砌块应采用开口小砌块；

（2）砌筑时应随砌随清除小砌块孔内的毛边，并将灰缝中挤出的砂浆刮净。

凡在芯柱之处均应设清扫口，一是用于清扫孔洞底撒落的杂物，二是便于上下芯柱钢筋连接。

芯柱孔洞内壁的毛边、砂浆不仅使芯柱断面缩小，而且混入混凝土中还会影响其质量，因此要及时清理。

15）芯柱混凝土宜选用专用小砌块灌孔混凝土。浇筑芯柱混凝土应符合下列规定：

（1）每次连续浇筑的高度宜为半个楼层，但不应大于1.8m；

（2）浇筑芯柱混凝土时，砌筑砂浆强度应大于1MPa；

（3）清除孔内掉落的砂浆等杂物，并用水冲淋孔壁；

（4）浇筑芯柱混凝土前，应先注入适量与芯柱混凝土成分相同的去石砂浆；

（5）每浇筑400～500mm高度捣实一次，或边浇筑边捣实。

专用小砌块灌孔混凝土是指符合现行的行业标准《混凝土砌块（砖）砌体用灌孔混凝土》（JC 861）的专用混凝土，该混凝土性能好，对保证砌体施工质量和结构受力十分有利。由于芯柱混凝土难以浇筑密实，因此本次规范修订时特别补充了芯柱的施工质量控制要求，加强芯柱抗震能力。

2. 混凝土小型空心砌块砌体工程检验批的质量检验

混凝土小型空心砌块砌体工程检验批的检验标准、检验方法和检查数量见表5-10。

表 5-10 混凝土小型空心砌块砌体工程检验批的检验标准

项目	序号	检验项目	质量标准	检验方法	检查数量
主控项目	1	小砌块和芯柱混凝土、砌筑砂浆的强度等级	小砌块和芯柱混凝土、砌筑砂浆的强度等级必须符合设计要求	检查小砌块和芯柱混凝土、砌筑砂浆试块试验报告	每一生产厂家,每1万块小砌块为一检验批,不足1万块按一批计,抽检数量为1组;用于多层以上建筑的基础和底层的小砌块抽检数量不应少于2组。砂浆试块的抽检数量见有关规定
主控项目	2	灰缝的砂浆饱满度	砌体水平灰缝和竖向灰缝的砂浆饱满度,按净面积计算不得低于90%	用专用百格网检测小砌块与砂浆粘结痕迹,每处检测3块小砌块,取其平均值	每检验批抽查不应少于5处
主控项目	3	斜槎留置	墙体转角处和纵横墙交界处应同时砌筑。临时间断处应砌成斜槎,斜槎水平投影长度不应小于斜槎高度。施工洞口可预留直槎,但在洞口砌筑和补砌时,应在直槎上下搭砌的小砌块孔洞内用强度等级不低于C20(或Cb20)的混凝土灌实	观察检查	每检验批抽查不应少于5处
主控项目	4	芯柱质量	小砌块砌体的芯柱在楼盖处应贯通,不得削弱芯柱截面尺寸;芯柱混凝土不得漏灌	观察检查	每检验批抽查不应少于5处
一般项目	1	水平灰缝厚度和竖向灰缝宽度	砌体的水平灰缝厚度和竖向灰缝宽度宜为10mm,但不应小于8mm,也不应大于12mm	水平灰缝厚度用尺量5皮小砌块的高度折算;竖向灰缝宽度用尺量2m砌体长度折算	每检验批抽查不应少于5处
一般项目	2	尺寸、位置的允许偏差	小砌块砌体尺寸、位置的允许偏差应按表5-9的规定执行	见表5-9	见表5-9

2)关于混凝土小型空心砌块砌体工程检验批质量检验的说明:

(1)主控项目第一项

该条为强制性条文,必须严格执行。在正常施工条件下,小砌块砌体的强度取决于小砌块和砌筑砂浆的强度等级;芯柱混凝土强度等级也是砌体力学性能能否满足要求最基本的条件。因此为保证结构的受力性能和使用安全,小砌块和芯柱混凝土、砌筑砂浆的强度等级必须符合设计要求。

普通混凝土小型空心砌块按其抗压强度的不同，分为 MU3.5、MU5.0、MU7.5、MU10.0、MU15.0、MU20.0 共六个等级；轻骨料混凝土小型空心砌块按其抗压强度的不同，分为 MU1.5、MU2.5、MU3.5、MU5.0、MU7.5、MU10.0 共六个强度等级。

(2) 主控项目第二项

小砌块砌体施工时对砂浆饱满度的要求，要严于砖砌体的规定。究其原因，一是由于小砌块壁较薄且肋较窄，小砌块与砂浆的粘结面积不大；二是砂浆饱满度对砌体强度及墙体整体性影响较大，其中抗剪强度较低又是小砌块的一个弱点；三是考虑了建筑物使用功能（如防渗漏）的需要。竖向灰缝砂浆饱满度对防止墙体裂缝和渗水至关重要，本次修订时，将其由原来的 80% 提高到 90%。

(3) 主控项目第三项

墙体转角处和纵横墙交接处同时砌筑可保证墙体结构整体性，其作用效果同时砌筑的连接性能最佳；留踏步槎（斜槎）的次之；留直槎并按规定加拉结钢筋的再次之；仅留直槎不加设拉钢筋的最差。由于受小砌块块体尺寸的影响，临时间断处斜槎长度与高度比例不同于砖砌体，故在修订时对斜槎的水平投影长度进行了调整。

本次经修订的规范允许在施工洞口处预留直槎，但应在直槎处的两侧小砌块孔洞中灌实混凝土，以保证接槎处墙体的整体性。该处理方法比设置构造柱简便。

(4) 主控项目第四项

芯柱在楼盖处不贯通将会大大削弱芯柱的抗震作用。芯柱混凝土浇筑质量对小砌块建筑的安全至关重要，根据汶川地震震害调查分析，在小砌块建筑墙体中芯柱普遍存在混凝土不密实的情况，甚至有的芯柱存在一段中缺失混凝土（断柱），从而导致墙体开裂、错位破坏较为严重。因此在本次规范修订时增加了对芯柱混凝土浇筑质量的要求。

5.1.5 配筋砌体工程

配筋砌体是由配置钢筋的砌体作为建筑物主要受力构件的结构。它是网状配筋砌体柱、水平配筋砌体墙、砖砌体和钢筋混凝土面层或钢筋砂浆面层组合砌体柱（墙）、砖砌体和钢筋混凝土构造柱组合墙和配筋小砌块砌体剪力墙结构的统称。

1. 一般规定

1) 配筋砌体工程除应满足本部分要求和规定外，尚应符合本章第 5.1.3、5.1.4 的要求和规定。

为避免重复，配筋砌体工程除了满足本部分"一般规定""主控项目""一般项目"的要求外，尚应符合砖砌体工程、混凝土小型空心砌块砌体工程的相关规定。

2) 施工配筋小砌块砌体剪力墙，应采用专用的小砌块砌筑砂浆砌筑，专用小砌块灌孔混凝土浇筑芯柱。

小砌块砌筑砂浆和小砌块灌孔混凝土性能好，对保证配筋砌块砌体剪力墙的结构受力性能十分有利，其性能应分别符合国家现行标准《混凝土小型空心砌块和混凝土砖砌筑砂浆》(JC 860) 和《混凝土砌块（砖）砌体用灌孔混凝土》(JC 861) 的要求。

3) 设置在灰缝内的钢筋，应居中置于灰缝内，水平灰缝厚度应大于钢筋直径 4mm 以上。

砌体水平灰缝中钢筋居中放置有两个目的：一是对钢筋有较好的保护；二是使砂浆

层能与块体较好地粘结。要避免钢筋偏上或偏下而与块体直接接触的情况出现,因此规定水平灰缝厚度应大于钢筋直径 4mm 以上,但灰缝过厚又会降低砌体的强度,因此,施工中应予以注意。

2. 配筋砌体工程检验批的质量检验

1) 配筋砌体工程检验批的检验标准、检验方法和检查数量见表 5-11。

表 5-11 配筋砌体工程检验批的检验标准

项目	序号	检验项目	质量标准	检验方法	检查数量
主控项目	1	钢筋的品种、规格、数量和设置部位	钢筋的品种、规格、数量和设置部位应符合设计要求	检查钢筋的合格证书、钢筋性能复试试验报告、隐蔽工程记录	
	2	混凝土及砂浆的强度等级	构造柱、芯柱、组合砌体构件、配筋砌体剪力墙构件的混凝土及砂浆的强度等级应符合设计要求	检查混凝土和砂浆试块试验报告	每检验批砌体,试块不应少于 1 组,验收批砌体试块不得少于 3 组
	3	马牙槎尺寸与拉结钢筋	构造柱与墙体的连接应符合下列规定: (1) 墙体应砌成马牙槎,马牙槎凹凸尺寸不宜小于 60mm,高度不应超过 300mm,马牙槎应先退后进,对称砌筑;马牙槎尺寸偏差每一构造柱不应超过 2 处; (2) 预留拉结钢筋的规格、尺寸、数量及位置应正确,拉结钢筋应沿墙高每隔 500mm 设 $2\varphi6$,伸入墙内不宜小于 600mm,钢筋的竖向移位不应超过 100mm,且竖向移位每一构造柱不得超过 2 处; (3) 施工中不得任意弯折拉结钢筋	观察检查和尺量检查	每检验批抽查不应少于 5 处
	4	钢筋的连接方式及锚固长度、搭接长度	配筋砌体中受力钢筋的连接方式及锚固长度、搭接长度应符合设计要求	观察检查	每检验批抽查不应少于 5 处
一般项目	1	构造柱允许偏差	构造柱一般尺寸允许偏差及检验方法应符合表 5-12 的规定	见表 5-12	每检验批抽查不应少于 5 处
	2	灰缝钢筋防腐	设置在砌体灰缝中钢筋的防腐保护应符合基本规定的规定,且钢筋保护层完好,不应有肉眼可见裂纹、剥落和擦痕等缺陷	观察检查	每检验批抽查不应少于 5 处

续表

项目	序号	检验项目	质量标准	检验方法	检查数量
一般项目	3	网状配筋规格及放置间距	网状配筋砌体中,钢筋网规格及放置间距应符合设计规定。每一构件钢筋网沿砌体高度位置超过设计规定一皮砖厚不得多于一处	通过钢筋网成品检查钢筋规格,钢筋网放置间距采用局部剔缝观察,或用探针刺入灰缝内检查,或用钢筋位置测定仪测定	每检验批抽查不应少于5处
	4	位置的允许偏差	钢筋安装位置的允许偏差及检验方法应符合表5-13的规定	见表5-13	每检验批抽查不应少于5处

2) 关于配筋砌体分项工程检验批的检验标准的说明:

(1) 主控项目第一项

本条为强制性条文,必须严格执行。配筋砌体中的钢筋的品种、规格、数量直接影响砌体的结构性能,因此应符合设计要求。

(2) 主控项目第二项

本条为强制性条文,必须严格执行。构造柱、芯柱、组合砌体构件、配筋砌体剪力墙构件的混凝土及砂浆的强度直接影响砌体的结构性能,因此应符合设计要求。

(3) 主控项目第三项

构造柱是房屋抗震设防的重要构造措施(见图5-3)。为保证构造柱与墙体可靠的连接,使构造柱能充分发挥其作用而提出了施工要求。外露的拉结筋有时会妨碍施工,必要时进行弯折是可以的,但不允许随意弯折。在弯折和平直复位时,应仔细操作,避免使埋入部分的钢筋产生松动,影响其锚固性能。

图5-3 构造柱示意图

(4) 主控项目第四项

因受力钢筋的连接方式及锚固、搭接长度对其受力至关重要,为保证配筋砌体的结构性能,将原规范条文进行修改纳入主控项目。

(5) 一般项目第一项

构造柱一般尺寸允许偏差及检验方法应符合表 5-12 的规定。构造柱位置及垂直度的允许偏差是根据《设置钢筋混凝土构造柱多层砖房抗震技术规范》(JGJ/T 13) 的规定而确定的,经多年工作实践,证明其尺寸允许偏差是适宜的。因构造柱位置及垂直度在允许偏差情况下不会明显影响结构安全,因此将其由原规范的主控项目修改为一般项目进行验收。

表 5-12 构造柱尺寸允许偏差

项次	项目		允许偏差 (mm)	抽检方法
1	中心线位置		10	用经纬仪和尺检查或用其他测量仪器检查
2	层间错位		8	用经纬仪和尺检查或用其他测量仪器检查
3	垂直度	每层	10	用 2m 托线板检查
		全高 ≤10m	15	用经纬仪、吊线和尺检查或用其他测量仪器检查
		>10m	20	

(6) 一般项目第四项

钢筋安装位置的允许偏差及检验方法应符合表 5-13 的规定。

表 5-13 钢筋安装位置的允许偏差

项目		允许偏差 (mm)	检验方法
受力钢筋保护层厚度	网状配筋砌体	±10	检查钢筋网成品,钢筋网放置位置局部剔缝观察,或用探针刺入灰缝内检查,或用钢筋位置测定仪测定
	组合砖砌体	±5	支模前观察与尺量检查
	配筋小砌块砌体	±10	浇筑灌孔混凝土前观察与尺量检查
配筋小砌块砌体墙凹槽中水平钢筋间距		±10	钢尺量连续三挡,取最大值

5.1.6 填充墙砌体工程

在框架结构的建筑中,墙体一般只起围护和分隔的作用,常用质量轻、保温隔声性能好的空心砖、加气混凝土砌块、轻骨料混凝土小型空心砌块等砌筑。

1. 一般规定

1) 本部分适用于烧结空心砖、蒸压加气混凝土砌块、轻骨料混凝土小型空心砌块等填充墙砌体工程。

2) 砌筑填充墙时,轻骨料混凝土小型空心砌块和蒸压加气混凝土砌块的产品龄期不应小于 **28d**,蒸压加气混凝土砌块的含水率宜小于 **30%**。

轻骨料混凝土小型空心砌块为水泥胶凝增强的块材,以 28d 强度为标准设计强度,且龄期达到 28d 之前,自身收缩较快。蒸压加气混凝土砌块出釜后虽然强度已达到要求,但出釜时含水率大多在 35%～40%,根据有关实验和资料介绍,在短期(10～

30d）制品的含水率下降一般不会超过10%，特别是在大气湿度较高地区。为有效控制蒸压加气混凝土砌块上墙时的含水率和墙体收缩裂缝，对砌筑时的产品龄期进行了规定。

另外现行的行业标准《蒸压加气混凝土建筑应用技术规程》（JGJ/T 17—2008）第3.0.4条规定"加气混凝土制品砌筑或安装时的含水率宜小于30%"，规范对此条规定予以引用。

3）烧结空心砖、蒸压加气混凝土砌块、轻骨料混凝土小型空心砌块等的运输、装卸过程中，严禁抛掷和倾倒；进场后应按品种、规格堆放整齐，堆置高度不宜超过2m。蒸压加气混凝土砌块在运输及堆放中应防止雨淋。

用于填充墙的空心砖、蒸压加气混凝土砌块、轻骨料混凝土小型空心砌块砌体强度不太高，碰撞易碎，应在运输、装卸中做到文明装卸，以减少损耗和提高砌体的外观质量。蒸压加气混凝土砌块的吸水率可达70%，为降低蒸压加气混凝土砌块砌筑时的含水率，减少墙体的收缩，有效控制收缩裂缝的产生，蒸压加气混凝土砌块出釜后堆放及运输中应采取防雨措施。

4）吸水率较小的轻骨料混凝土小型空心砌块及采用薄灰砌筑法施工的蒸压加气混凝土砌块，砌筑前不应对其浇（喷）水湿润；在气候干燥炎热的情况下，对吸水率较小的轻骨料混凝土小型空心砌块宜在砌筑前喷水湿润。

5）采用普通砌筑砂浆砌筑填充墙时，烧结空心砖、吸水率较大的轻骨料混凝土小型空心砌块应提前1～2d浇（喷）水湿润。蒸压加气混凝土砌块采用蒸压加气混凝土砌块砌筑砂浆或普通砌筑砂浆砌筑时，应在砌筑当天对砌块砌筑面喷水湿润。块体湿润程度宜符合下列规定：

（1）烧结空心砖的相对含水率60%～70%；

（2）吸水率较大的轻骨料混凝土小型空心砌块、蒸压加气混凝土砌块的相对含水率40%～50%。

块体砌筑前浇水湿润不仅可以提高砖与砂浆之间的粘结力，还可以提高砌体的强度。以上两条为修改条文，主要修改内容为：一是对原规范条文中"蒸压加气混凝土砌块砌筑时，应向砌筑面适量浇水"的规定分为薄灰砌筑法砌筑和普通砌筑砂浆砌筑或蒸压加气混凝土砌块砌筑砂浆两种情况。其中，当采用薄灰砌筑法施工时，由于使用与其配套的专用砂浆，故不需对砌块浇（喷）水湿润；当采用普通砌筑砂浆或蒸压加气混凝土砌块砌筑砂浆砌筑时，应在砌筑当天对砌块砌筑面喷水湿润。二是考虑轻骨料小型空心砌块种类多，吸水率有大有小，因此对吸水率大的小砌块应提前浇（喷）水湿润。三是砌筑前对块体浇喷水湿润程度做出了规定，并用块体的相对含水率表示，这更为明确和便于控制。

6）在厨房、卫生间、浴室等处采用轻骨料混凝土小型空心砌块、蒸压加气混凝土砌块砌筑墙体时，墙底部宜现浇混凝土坎台，其高度宜为150mm。

经多年的工程实践，当采用轻骨料混凝土小型空心砌块或蒸压加气混凝土填充墙施工时，除多水房间外可不需要在墙底部另砌烧结普通砖或多孔砖、普通混凝土小型空心砌块、现浇混凝土坎台等，因此本次规范修订将原规范条文进行了修改。

浇筑一定高度混凝土坎台的目的，主要是考虑有利于提高多水房间填充墙墙底的防水效果。混凝土坎台高度由原规范"不宜小于 200mm"的规定修改为"宜为 150mm"，是考虑踢脚线（板）便于遮盖填充墙底有可能产生的收缩裂缝。

7）填充墙拉结筋处的下皮小砌块宜采用半盲孔小砌块或用混凝土灌实孔洞的小砌块；薄灰砌筑法施工的蒸压加气混凝土砌块砌体，拉结筋应放置在砌块上表面设置的沟槽内。

8）蒸压加气混凝土砌块、轻骨料混凝土小型空心砌块不应与其他块体混砌，不同强度等级的同类块体与不得混砌。

注：窗台处和因安装门窗需要，在门窗洞口处两侧填充墙上、中、下部可采用其他块体局部嵌砌；对与框架柱、梁不脱开方法的填充墙，填塞填充墙顶部与梁之间缝隙可采用其他块体。

在填充墙中，由于蒸压加气混凝土砌块砌体，轻骨料混凝土小型空心砌块砌体的收缩较大，强度不高，为防止或控制砌体干缩裂缝的产生，做出不应混砌的规定，以免不同性质的块体组砌在一起易引起收缩裂缝产生。对于窗台处和因构造需要，在填充墙底、顶部及填充墙门窗洞口两侧上、中、下局部处，采用其他块体嵌砌和填塞时，由于这些部位的特殊性，不会对墙体裂缝产生附加的不利影响。

9）填充墙砌体砌筑，应待承重主体结构检验批验收合格后进行。填充墙与承重主体结构间的空（缝）隙部位施工，应在填充墙砌筑 14d 后进行。

本条文中"填充墙砌体的施工应待承重主体结构检验批验收合格后进行"是新增加的要求，这既是从施工实际出发，又对施工质量有保证；填充墙砌筑完成到与承重主体结构间的空（缝）隙进行处理的间隔时间由至少 7d 修改为 14d。这些要求有利于承重主体结构施工质量不合格的处理，减少混凝土收缩对填充墙砌体的不利影响。

2. 填充墙砌体工程检验批的质量检验

1）填充墙砌体工程检验批的检验标准、检验方法和检查数量见表 5-14。

表 5-14　填充墙砌体工程检验批的检验标准

项目	序号	检验项目	质量标准	检验方法	检查数量
主控项目	1	烧结空心砖、小砌块和砌筑砂浆的强度等级	烧结空心砖、小砌块和砌筑砂浆的强度等级应符合设计要求	查砖、小砌块的进场复验报告和砂浆试块试验报告	烧结空心砖每 10 万块为一验收批，小砌块每 1 万块为一验收批，不足上述数量时按一批计，抽检数量为 1 组。砂浆试块的抽检数量见有关规定
	2	与主体结构连接	填充墙砌体应与主体结构可靠连接，其连接构造应符合设计要求，未经设计同意，不得随意改变连接构造方法。每一填充墙与柱的拉结筋的位置超过一皮块体高度的数量不得多于一处	观察检查	每检验批抽查不应少于 5 处

5 主体结构分部工程质量检查与验收

续表

项目	序号	检验项目	质量标准	检验方法	检查数量
主控项目	3	植筋实体检测	填充墙与承重墙、柱、梁的连接钢筋，当采用化学植筋的连接方式时，应进行实体检测。锚固钢筋拉拔试验的轴向受拉非破坏承载力检验值应为6.0kN。抽检钢筋在检验值作用下应基材无裂缝、钢筋无滑移宏观裂损现象；持荷2min期间荷载值降低不大于5%。检验批验收可按《砌体结构工程施工质量验收规程》（GB 50203—2011）表B.0.1通过正常检验一次、二次抽样判定。填充墙砌体植筋固力检测记录可按《砌体结构工程施工质量验收规程》（GB 50203—2011）表C.0.1填写	原位试验检查	按表5-17确定
一般项目	1	尺寸、位置的允许偏差	填充墙砌体尺寸、位置的允许偏差及检验方法应符合表5-16的规定	见表5-16	每检验批抽查不应少于5处
一般项目	2	砂浆饱满度	填充墙砌体的砂浆饱满度及检验方法应符合表5-17的规定	见表5-17	每检验批抽查不应少于5处
一般项目	3	拉结钢筋或网片	填充墙留置的拉结钢筋或网片的位置与块体皮数相符合。拉结钢筋或网片应置于灰缝中，埋置长度应符合设计要求，竖向位置偏差不应超过一皮高度	观察和用尺量检查	每检验批抽查不应少于5处
一般项目	4	搭砌长度	砌筑填充墙时应错缝搭砌，蒸压加气混凝土砌块搭砌长度不应小于砌块长度的1/3；轻骨料混凝土小型空心砌块搭砌长度不应小于90mm；竖向通缝不应大于2皮	观察检查	每检验批抽查不应少于5处
一般项目	5	水平灰缝厚度和竖向灰缝宽度	填充墙的水平灰缝厚度和竖向灰缝宽度应正确，烧结空心砖、轻骨料混凝土小型空心砌块砌体的灰缝应为8～12mm；蒸压加气混凝土砌块砌体当采用水泥砂浆、水泥混合砂浆或蒸压加气混凝土砌块砌筑砂浆时，水平灰缝厚度和竖向灰缝宽度不应超过15mm；当蒸压加气混凝土砌块砌体采用蒸压加气混凝土砌块粘结砂浆时，水平灰缝厚度和竖向灰缝宽度宜为3～4mm	水平灰缝厚度用尺量5皮小砌块的高度折算；竖向灰缝宽度用尺量2m砌体长度折算	每检验批抽查不应少于5处

2) 关于填充墙砌体工程检验批的检验标准的说明：

(1) 主控项目第一项

烧结空心砖、小砌块和砌筑砂浆的强度等级合格是砌体力学性能的重要保证，因此做此规定。烧结空心砖根据抗压强度分为 MU2.5、MU3.5、MU5.0、MU7.5、MU10 共五个强度等级，根据表观密度分为 800、900、1000、1100 共四个密度级别；蒸压加气混凝土砌块按立方体抗压强度分为 A3.5、A5.0、A7.5、A10.0，按干密度分为 B05、B06、B07、B08。

为加强质量控制和验收，将原规范条文对砖、砌块的强度等级只检查产品合格证书、产品性能检测报告修改为查砖、小砌块强度等级的进场复验报告，并规定了抽检数量。

(2) 主控项目第二项

汶川地震震害表明，当填充墙与主体结构间无连接或连接不牢，墙体在水平荷载作用下极易破坏和倒塌；填充墙与主体结构间的连接不合理，例如当设计中不考虑填充墙参与水平地震力作用，但由于施工原因导致填充墙与主体结构共同工作，使框架柱常产生柱上部的短柱剪切破坏，进而危及房屋结构的安全。经修订的现行国家标准《砌体结构设计规范》（GB 50003）规定，填充墙与框架柱、梁的连接构造分为脱开方法和不脱开方法两类。鉴于此，本次规范修订时对条文进行了相应修改。

(3) 主控项目第三项

表 5-15 检验批抽检锚固钢筋样本最小容量

检验批的容量	样本最小容量	检验批的容量	样本最小容量
≤90	5	281～500	20
91～150	8	501～1200	32
151～280	13	1201～3200	50

近年来，填充墙与承重墙、柱、梁、板之间的拉结钢筋，施工中常采用后植筋，这种施工方法虽然方便，但常常因锚固胶或灌浆料质量问题，钻孔、清孔、注胶或灌浆操作不规范，使钢筋锚固不牢，起不到应有的拉结作用。同时对填充墙植筋的锚固力检测的抽检数量及施工验收无相关规定，从而使填充墙后植拉结筋的施工质量验收流于形式。因此，在本次规范修订中从确保工程质量方面考虑，增加了应对填充墙的后植拉结钢筋进行进场非破坏性检验的规定。

(4) 一般项目第一项

填充墙砌体尺寸、位置的允许偏差及检验方法应符合表 5-16 的规定。本次规范修订中，通过工程调查将门窗洞口高、宽（后塞口）的允许偏差由原规范的±5mm 增加为±10mm。

表 5-16 填充墙砌体一般尺寸允许偏差

项次	项目		允许偏差（mm）	检验方法
1	轴线位移		10	用尺检查
2	垂直度	≤3m	5	用 2m 托线板或吊线、尺检查
		>3m	10	

续表

项次	项目	允许偏差（mm）	检验方法
3	表面平整度	8	用2m靠尺和楔形塞尺检查
4	门窗洞口高、宽（后塞口）	±10	用尺检查
5	外墙上、下窗口偏移	20	用经纬仪或吊线检查

（5）一般项目第二项

填充墙砌体的砂浆饱满度及检验方法见表5-17。填充墙体的砂浆饱满度虽然不会涉及结构的重大安全，但会对墙体的使用功能产生影响，应予以规定。砂浆饱满度的具体规定是参照砖砌体工程和混凝土小型空心砌块砌体工程的规定确定的。

表5-17 填充墙砌体的砂浆饱满度及检验方法

砌体分类	灰缝	饱满度及要求	检验方法
空心砖砌体	水平	≥80%	采用百格网检查块体底面或侧面砂浆的粘结痕迹面积
	垂直	填满砂浆，不得有透明缝、瞎缝、假缝	
蒸压加气混凝土砌块、轻骨料混凝土小型空心砌块砌体	水平	≥80%	
	垂直	≥80%	

（6）一般项目第四项

错缝，即上、下皮块体错开摆放，此种砌法为搭砌，以增强砌体的整体性。

（7）一般项目第五项

蒸压加气混凝土砌块尺寸比空心砖、轻骨料混凝土小型空心砌块大，因此当其采用普通砌筑砂浆时，砌体水平灰缝厚度和竖向灰缝宽度的规定要稍大一些。灰缝过厚和过宽，不仅浪费砌筑砂浆，而且砌体灰缝的收缩将加大，不利于砌体裂缝的控制。当蒸压加气混凝土砌块砌体采用加气混凝土粘结砂浆进行薄灰砌筑法施工时，水平灰缝厚度和竖向灰缝宽度可以大大减薄。

5.1.7 砌体工程冬期施工

现行验收规范对冬季施工提出了要求，当冬季施工时，质量检查人员及监理人员应认真把关，以保证工程质量。以下是验收规范对冬期施工的具体要求：

1）当室外日平均气温连续5d稳定低于5℃时，砌体工程应采取冬期施工措施。

注：1. 气温根据当地气象资料确定。

2. 冬期施工期限以外，当日最低气温低于0℃，也应按冬期施工的规定执行。

室外日平均气温连续5d稳定低于5℃时，作为划定冬期施工的界限，其技术效果和经验效果均比较好。若冬期施工期规定得太短，或者应采取冬期施工措施时没有采取，都会导致技术上的失误，造成工程质量事故；若冬期施工期规定得太长，将增加冬期施工费用和工程造价，并给施工带来不必要的麻烦。

2）冬期施工的砌体工程质量验收除应符合本部分要求外，尚应符合现行行业标准《建筑工程冬期施工规程》（JGJ/T 104）的有关规定。

砌体工程冬期施工，由于气温低，必须采取一些必要的冬期施工措施来确保工程质量，同时又要保证常温施工情况下的一些工程质量要求。因此质量验收除应符合本章规定外，尚应符合规范前面各章的要求及现行的行业标准《建筑工程冬期施工规程》（JGJ/T 104）的规定。

3）砌体工程冬期施工应有完整的冬期施工方案。

砌体工程在冬期施工过程中，只有加强管理，制订完整的冬期施工方案，才能保证冬期施工技术措施的落实和工程质量。

4）冬期施工所用材料应符合下列规定：

（1）石灰膏、电石膏等应防止受冻。如遭冻结，应经融化后使用；

（2）拌制砂浆用砂，不得含有冰块和大于 10mm 的冻结块；

（3）砌体块体不得遭水浸冻。

石灰膏、电石膏等若受冻使用，将直接影响砂浆的强度，因此石灰膏、电石膏等如遭受冻结，应经融化后方可使用。

砂中含有冰块和大于 10mm 的冻结块，也将影响砂浆的均匀性、强度的增长和砌体灰缝厚度的控制，因此拌制砂浆用砂的质量要符合要求。

遭水浸冻后的砖或其他块材，使用时将降低它们与砂浆的粘接强度，并因它们温度较低而影响砂浆强度的增长，因此规定砌体用砖或其他块材不得遭水浸冻。

5）冬期施工砂浆试块的留置，除应按常温规定要求外，尚应增加 1 组与砌体同条件养护的试块，用于检验转入常温 28d 的强度。如有特殊需要，可另外增加相应龄期的同条件养护的试块。

考虑到冬期低温施工对砂浆强度影响较大，为了解冬期施工措施的效果及砌体中砂浆在自然养护期间的强度，确保砌体工程结构安全可靠，因此有必要增留与砌体同条件养护的砂浆试块，测试相应龄期的强度和转入常温 28d 的强度。

6）地基土有冻胀性时，应在未冻的地基上砌筑，并应防止在施工期间和回填土前地基受冻。

实践证明，在冻胀基土上砌筑基础，待基土解冻时会因不均匀沉降造成基础和上部结构破坏；施工期间和回墙土前如地基受冻，会因地基冻胀造成砌体胀裂或因地基解冻造成砌体损坏。

7）冬期施工中砖、小砌块浇（喷）水湿润应符合下列规定：

（1）烧结普通砖、烧结多孔砖、蒸压灰砂砖、蒸压粉煤灰砖、烧结空心砖、吸水率较大的轻骨料混凝土小型空心砌块在气温高于 0℃ 条件下砌筑时，应浇水湿润；在气温低于、等于 0℃ 条件下砌筑时，可不浇水，但必须增大砂浆稠度。

（2）普通混凝土小型空心砌块、混凝土多孔砖、混凝土实心砖及采用薄灰砌筑法的蒸压加气混凝土砌块施工时，不应对其浇（喷）水湿润。

（3）抗震设防烈度为 9 度的建筑物，当烧结普通砖、烧结多孔砖、蒸压粉煤灰砖、烧结空心砖无法浇水湿润时，如无特殊措施，不得砌筑。

烧结普通砖、烧结多孔砖、蒸压灰砂砖、蒸压粉煤灰砖、烧结空心砖、吸水率较大的轻骨料混凝土小型空心砌块的湿润程度对砌体强度的影响较大，特别对抗剪强度的影响更为明显，因此规定在气温高于 0℃ 条件下砌筑时，应浇水湿润；在气温低于、等于

0℃条件下砌筑时不宜再浇水,这是因为水在材料表面有可能立即结成冰薄膜,反而会降低和砂浆的粘结强度,同时也给施工操作带来不便。此时可不浇水但必须适当增大砂浆的稠度。普通混凝土小型空心砌块、混凝土砖因吸水率小和初始吸水速度慢,在砌筑施工中不需对其浇(喷)水湿润。

抗震设计烈度为9度的地区,因地震时产生的地震反应十分强烈,为了保证安全,因此对施工要求更加严格。

8)拌合砂浆时水的温度不得超过80℃;砂的温度不得超过40℃。

这是为了避免砂浆拌合时因砂和水过热造成水泥假凝现象而影响施工。

9)采用砂浆掺外加剂法、暖棚法施工时,砂浆使用温度不应低于5℃。

现行的行业标准《建筑工程冬期施工规程》(JGJ/T 104)已经取消了砌体冻结法施工,因此也删除了砌体冻结法施工的相应内容;《建筑工程冬期施工规程》(JGJ/T 104)将氯盐砂浆法纳入外加剂法,为了统一也不再单提氯盐砂浆法;为了在砌筑过程中砂浆能够保持良好的流动性,规定砂浆的使用温度,从而保证灰缝砂浆的饱满度和粘结强度。

10)采用暖棚法施工,块体在砌筑时的温度不应低于5℃,距离所砌的结构底面0.5m处的棚内温度也不应低于5℃。

主要目的是保证砌体中砂浆具有一定温度以利其强度增长。

11)在暖棚内的砌体养护时间,应根据暖棚内温度,按表5-18确定。

表5-18 暖棚法砌体的养护时间 (d)

	暖棚的温度 (℃)			
	5	10	15	20
养护时间 (d)	≥6	≥5	≥4	≥3

砌体暖棚法施工,近似于常温施工与养护,为有利于砌体强度的增长,暖棚内尚应保持一定的温度。表中给出的最少养护期是根据砂浆等级和养护温度之间的关系确定的。砂浆强度达到强度的30%,即达到了砂浆允许受冻临界强度值,再拆除暖棚。如果施工要求强度有较快增长,可以延长养护时间或提高棚内养护温度以满足施工进度要求。

12)采用外加剂法配制的砌筑砂浆,当设计无要求,且最低气温等于或低于−15℃时,砂浆强度等级应较常温施工提高一级。

本条根据现行的行业标准《建筑工程冬期施工规程》(JGJ/T 104)相应规定进行了修改,以保证冬期施工的质量。有关研究表明,当最低气温等于或低于−15℃时,砂浆受冻后强度损失10%~30%。

13)配筋砌体不得采用掺氯盐的砂浆施工。

掺氯盐的砂浆中氯离子含量较大,为了避免氯盐对砌体中钢筋的腐蚀,确保结构的耐久性,特作此规定。

5.2 混凝土结构子分部工程

混凝土结构是指混凝土为主制成的结构,包括素混凝土结构、钢筋混凝土结构和预应力混凝土结构等。混凝土结构工程的施工质量应满足现行国家标准《混凝土结构设计规范》（GB 50010）和施工项目设计文件提出的各项要求。混凝土结构施工质量的验收综合性强、牵涉面广，因此验收除了执行《混凝土结构工程施工质量验收规范》（GB 50204）以外，尚应符合国家现行有关标准的规定。

混凝土结构工程是一个子分部工程，包括模板工程、钢筋工程、混凝土工程、预应力工程、现浇结构工程、装配式结构工程等分项工程。本节主要介绍模板工程、钢筋工程、混凝土工程以及现浇结构工程等内容。

5.2.1 基本规定

1）混凝土结构子分部工程的划分

混凝土结构子分部工程可划分为模板、钢筋、预应力、混凝土、现浇结构和装配式结构等分项工程。各分项工程可根据与生产和施工方式相一致且便于控制施工质量的原则，按进场批次、工作班、楼层、结构缝或施工段划分为若干检验批。

（1）分项工程划分

工程验收时可根据工程实际情况确定混凝土结构子分部工程包括的分项工程。例如，钢筋混凝土结构子分部工程包括模板、钢筋、混凝土、现浇结构等 4 个分项工程；预应力混凝土结构子分部工程在钢筋混凝土结构子分部基础上增加预应力分项工程；对于装配式混凝土结构子分部工程，尚应增加装配式结构分项工程；对于全部由预制构件拼装而无现浇混凝土的结构，其子分部工程仅包括装配式结构一个分项工程。

（2）检验批的划分

各分项工程检查验收的工作量很大，往往还要根据与施工方式相一致、便于控制施工质量的原则，进一步划分为检验批。检验批通常按下列原则划分：

① 检验批内质量均匀一致，抽样应符合随机性和真实性的原则。

② 贯彻过程控制的原则，按施工次序、便于质量验收和控制关键工序质量的需要划分检验批。

结构缝是指为避免温度胀缩、地基沉降和地震碰撞等而在相邻两建筑物或建筑物的两部分之间设置的伸缩缝、沉降缝和防震缝等的总称。

2）混凝土结构子分部工程的质量验收

混凝土结构子分部工程的质量验收，应在钢筋、预应力、混凝土、现浇结构和装配式结构等相关分项工程验收合格的基础上，进行质量控制资料检查、观感质量验收及本规范第 10.1 节规定的结构实体检验。

（1）模板工程仅作为分项工程验收，旨在确保模板工程的质量，并尽量避免因模板工程质量问题造成的各类安全事故，对混凝土结构子分部工程验收来讲，模板不再是其中的一部分，因此不作为混凝土结构子分部验收的内容。

（2）结构实体检验应满足以下规定：

① 对涉及混凝土结构安全的有代表性的部位应进行结构实体检验。结构实体检验应包括混凝土强度、钢筋保护层厚度、结构位置与尺寸偏差以及合同约定的项目；必要时可检验其他项目。

② 结构实体检验应由监理单位组织施工单位实施，并见证实施过程。施工单位应制定结构实体检验专项方案，并经监理单位审核批准后实施。除结构位置与尺寸偏差外的结构实体检验项目，应由具有相应资质的检测机构完成。

③ 结构实体检验中，当混凝土强度或钢筋保护层厚度检验结果不满足要求时，应委托具有资质的检测机构按国家现行有关标准的规定进行检测。

（3）结构实体混凝土强度应按不同强度等级分别检验，检验方法宜采用同条件养护试件方法；当未取得同条件养护试件强度或同条件养护试件强度不符合要求时，可采用回弹—取芯法进行检验。

结构实体混凝土同条件养护试件强度检验应符合《混凝土结构工程施工质量验收规范》（GB 50204—2015）附录 C 的规定，具体要求见下面第（4）项；结构实体混凝土回弹—取芯法强度检验应符合《混凝土结构工程施工质量验收规范》（GB 50204—2015）附录 D 的规定，具体要求见下面第（5）项。

混凝土强度检验时的等效养护龄期可取日平均温度逐日累计达到 600℃·d 所对应的龄期，且不应小于 14d。日平均温度为 0℃ 及以下的龄期不计入。

冬期施工时，等效养护龄期计算时温度可取结构构件实际养护温度，也可根据结构构件的实际养护条件，按照同条件养护试件强度与在标准养护条件下 28d 龄期试件强度相等的原则由监理、施工等各方共同确定。

（4）结构实体混凝土同条件养护试件强度检验

混凝土结构中的混凝土强度，除按标准养护试块的强度检查验收外，在子分部工程验收之前，又增加了作为实体检验的结构混凝土强度检验。因为标准养护强度与实际结构中的混凝土，除组成成分相同以外，成型工艺、养护条件都有很大差别，两者之间可能存在较大差异。《混凝土结构工程施工质量验收规范》（GB 50204—2015）附录 C "结构实体检验用同条件养护试件强度检验"内容如下：

C.0.1 同条件养护试件的取样和留置应符合下列规定：

① 同条件养护试件所对应的结构构件或结构部位，应由施工、监理等各方共同选定，且同条件养护试件的取样宜均匀分布于工程施工周期内；

② 同条件养护试件应在混凝土浇筑入模处见证取样；

③ 同条件养护试件应留置在靠近相应结构构件的适当位置，并应采取相同的养护方法；

④ 同一强度等级的同条件养护试件不宜少于 10 组，且不应少于 3 组。每连续两层楼取样不应少于 1 组；每 2000m³ 取样不得少于一组。

C.0.2 每组同条件养护试件的强度值应根据强度试验结果按现行国家标准《普通混凝土力学性能试验方法标准》（GB/T 50081）的规定确定。

C.0.3 对同一强度等级的同条件养护试件，其强度值应除以 0.88 后按现行国家标准《混凝土强度检验评定标准》（GB/T 50107）的有关规定进行评定，评定结果符合要求时可判结构实体混凝土强度合格。

（5）结构实体混凝土回弹—取芯法强度检验，《混凝土结构工程施工质量验收规范》（GB 50204—2015）附录 D 内容如下：

D.0.1 回弹构件的抽取应符合下列规定：

① 同一混凝土强度等级的柱、梁、墙、板，抽取构件最小数量应符合表 5-19 的规定，并应均匀分布；

② 不宜抽取截面高度小于 300mm 的梁和边长小于 300mm 的柱。

表 5-19　回弹构件抽取最小数量

构件总数量	最小抽样数量
20 以下	全数
20～150	20
151～280	26
281～500	40
501～1200	64
1201～3200	100

D.0.2 每个构件应选取不少于 5 个测区进行回弹检测及回弹值计算，并应符合现行行业标准《回弹法检测混凝土抗压强度技术规程》（JGJ/T 23）对单个构件检测的有关规定。楼板构件的回弹宜在板底进行。

D.0.3 对同一强度等级的混凝土，应将每个构件 5 个测区中的最小测区平均回弹值进行排序，并在其最小的 3 个测区各钻取 1 个芯样。芯样应采用带水冷却装置的薄壁空心钻钻取，其直径宜为 100mm，且不宜小于混凝土骨料最大粒径的 3 倍。

D.0.4 芯样试件的端部宜采用环氧胶泥或聚合物水泥砂浆补平，也可采用硫黄胶泥修补。加工后芯样试件的尺寸偏差与外观质量应符合下列规定：

① 芯样试件的高度与直径之比实测值不应小于 0.95，也不应大于 1.05；

② 沿芯样高度的任一直径与其平均值之差不应大于 2mm；

③ 芯样试件端面的不平整度在 100mm 长度内不应大于 0.1mm；

④ 芯样试件端面与轴线的不垂直度不应大于 1°；

⑤ 芯样不应有裂缝、缺陷及钢筋等杂物。

D.0.5 芯样试件尺寸的量测应符合下列规定：

① 应采用游标卡尺在芯样试件中部互相垂直的两个位置测量直径，取其算术平均值作为芯样试件的直径，精确至 0.1mm；

② 应采用钢板尺测量芯样试件的高度，精确至 1mm；

③ 垂直度应采用游标量角器测量芯样试件两个端线与轴线的夹角，精确至 0.1°；

④ 平整度应采用钢板尺或角尺紧靠在芯样试件端面上，一面转动钢板尺，一面用塞尺测量钢板尺与芯样试件端面之间的缝隙；也可采用其他专用设备测量。

D.0.6 芯样试件应按现行国家标准《普通混凝土力学性能试验方法标准》（GB/T 50081）中圆柱体试件的规定进行抗压强度试验。

D.0.7 对同一强度等级的混凝土，当符合下列规定时，结构实体混凝土强度可判为合格：

① 三个芯样的抗压强度算术平均值不小于设计要求的混凝土强度等级值的 88%；

② 三个芯样抗压强度的最小值不小于设计要求的混凝土强度等级值的 80%。

(6) 钢筋保护层厚度检验应符合本规范附录 E 的规定,具体要求如下:

E.0.1 结构实体钢筋保护层厚度检验构件的选取应均匀分布,并应符合下列规定:

① 对非悬挑梁板类构件,应各抽取构件数量的 2% 且不少于 5 个构件进行检验。

② 对悬挑梁,应抽取构件数量的 5% 且不少于 10 个构件进行检验;当悬挑梁数量少于 10 个时,应全数检验。

③ 对悬挑板,应抽取构件数量的 10% 且不少于 20 个构件进行检验;当悬挑板数量少于 20 个时,应全数检验。

E.0.2 对选定的梁类构件,应对全部纵向受力钢筋的保护层厚度进行检验;对选定的板类构件,应抽取不少于 6 根纵向受力钢筋的保护层厚度进行检验。对每根钢筋,应选择有代表性的不同部位量测 3 点取平均值。

E.0.3 钢筋保护层厚度的检验,可采用非破损或局部破损的方法,也可采用非破损方法并用局部破损方法进行校准。当采用非破损方法检验时,所使用的检测仪器应经过计量检验,检测操作应符合相应规程的规定。

钢筋保护层厚度检验的检测误差不应大于 1mm。

E.0.4 钢筋保护层厚度检验时,纵向受力钢筋保护层厚度的允许偏差应符合表 5-20 的规定。

表 5-20 结构实体纵向受力钢筋保护层厚度的允许偏差

构件类型	允许偏差(mm)
梁	+10,-7
板	+8,-5

E.0.5 梁类、板类构件纵向受力钢筋的保护层厚度应分别进行验收,并应符合下列规定:

① 当全部钢筋保护层厚度检验的合格率为 90% 及以上时,可判为合格;

② 当全部钢筋保护层厚度检验的合格率小于 90% 但不小于 80% 时,可再抽取相同数量的构件进行检验;当按两次抽样总和计算的合格率为 90% 及以上时,仍可判为合格;

③ 每次抽样检验结果中不合格点的最大偏差均不应大于《混凝土结构工程施工质量验收规范》(GB 50204—2015)附录 E.0.4 条规定允许偏差的 1.5 倍。

(7) 结构位置与尺寸偏差检验应符合《混凝土结构工程施工质量验收规范》(GB 50204—2015)附录 F 的规定,具体要求如下:

F.0.1 结构实体位置与尺寸偏差检验构件的选取应均匀分布,并应符合下列规定:

① 梁、柱应抽取构件数量的 1%,且不应少于 3 个构件;

② 墙、板应按有代表性的自然间抽取 1%,且不应少于 3 间;

③ 层高应按有代表性的自然间抽查 1%,且不应少于 3 间。

F.0.2 对选定的构件,检验项目及检验方法应符合表 5-21 的规定,允许偏差及检验方法应符合《混凝土结构工程施工质量验收规范》(GB 50204—2015)表 8.3.2 和表 9.3.9 的规定,精确至 1mm。

表 5-21 结构实体位置与尺寸偏差检验项目及检验方法

项目	检验方法
柱截面尺寸	选取柱的一边量测柱中部、下部及其他部位,取 3 点平均值
柱垂直度	沿两个方向分别量测,取较大值
墙厚	墙身中部量测 3 点,取平均值;测点间距不应小于 1m
梁高	量测一侧边跨中及两个距离支座 0.1m 处,取 3 点平均值;量测值可取腹板高度加上此处楼板的实测厚度
板厚	悬挑板取距离支座 0.1m 处,沿宽度方向取包括中心位置在内的随机 3 点取平均值;其他楼板,在同一对角线上量测中间及距离两端各 0.1m 处,取 3 点平均值
层高	与板厚测点相同,M 测板顶至上层楼板板底净高,层高量测值为净高与板厚之和,取 3 点平均值

F.0.3 墙厚、板厚、层高的检验可采用非破损或局部破损的方法,也可采用非破损方法并用局部破损方法进行校准。当采用非破损方法检验时,所使用的检测仪器应经过计量检验,检测操作应符合国家现行有关标准的规定。

F.0.4 结构实体位置与尺寸偏差项目应分别进行验收,并应符合下列规定:

① 当检验项目的合格率为 80% 及以上时,可判为合格;

② 当检验项目的合格率小于 80% 但不小于 70% 时,可再抽取相同数量的构件进行检验;当按两次抽样总和计算的合格率为 80% 及以上时,仍可判为合格。

3) 分项工程的质量验收

分项工程的质量验收应在所含检验批验收合格的基础上,进行质量验收记录检查。

4) 检验批的质量验收

检验批的质量验收应包括实物检查和资料检查,并应符合下列规定:

(1) 主控项目的质量经抽样检验均应合格;

(2) 一般项目的质量经抽样检验应合格;一般项目当采用计数抽样检验时,除本规范各章有专门规定外,其合格点率应达到 80% 及以上,且不得有严重缺陷;

(3) 应具有完整的质量检验记录,重要工序应具有完整的施工操作记录。

主控项目是对检验批的基本质量起决定性影响的检验项目,这种项目的检验结果具有否决权。对采用计数检验的一般项目,要求的合格点率为 80% 及以上,且在允许存在的不超过 20% 的不合格点中,不得有严重缺陷。规范中还有少量采用计数检验的一般项目,合格点率要求为 90% 及以上,同时也不得有严重缺陷,在有关章节的要求中有具体规定。

5) 检验批的抽样要求

检验批抽样样本应随机抽取,并应满足分布均匀、具有代表性的要求。

随机抽取,是指检验批中的每个样本都具有相同的被抽取到的几率;分布均匀,是指被抽取的样本在总体样本中的分布应大致均匀;具有代表性,是指被抽取的样本质量能够代表大多数样本的总体质量状况。

6) 不合格检验批的处理

不合格检验批的处理应符合下列规定:

(1) 材料、构配件、器具及半成品检验批不合格时不得使用；

(2) 混凝土浇筑前施工质量不合格的检验批，应返工、返修，并应重新验收；

(3) 混凝土浇筑后施工质量不合格的检验批，应按本规范有关规定进行处理。

7）检验批容量扩大规定

获得认证的产品或来源稳定且连续三批均一次检验合格的产品，进场验收时检验批的容量可按本规范的有关规定扩大一倍，且检验批容量仅可扩大一倍。扩大检验批后的检验中，出现不合格情况时，应按扩大前的检验批容量重新验收，且该产品不得再次扩大检验批容量。

产品进场检验是在出厂合格的前提下进行的抽检工作。本条规定的目的是降低质量控制的社会成本，并鼓励优质产品进入工程现场。获得认证的产品，意味着其产品的生产设备、人员配备、质量管理环节对质量控制的有效性，产品质量是稳定且有保证的；连续三批均一次检验合格，同样体现了产品的质量稳定性，"一次检验合格"不包括二次抽样复检合格的情况。满足上述两个条件之一时，其检验批容量可按规范的有关规定扩大一倍；同时满足两个条件时，也仅扩大一倍。检验批容量扩大一倍后，抽样比例及抽样最小数量仍按未扩大前的规定执行。

8）同批材料避免重复验收

混凝土结构工程采用的材料、构配件、器具及半成品应按进场批次进行检验。属于同一工程项目且同期施工的多个单位工程，对同一厂家生产的同批材料、构配件、器具及半成品，可统一划分检验批进行验收。

9）质量验收记录

检验批、分项工程、混凝土结构子分部工程的质量验收可按规范附录 A 记录。

5.2.2 模板分项工程

模板分项工程是为混凝土浇筑成型用的模板及其支架的设计、安装、拆除等一系列技术工作和完成实体的总称。模板本身是混凝土结构施工过程中的工具设备。工程竣工之后，模板早已拆除，所以混凝土结构子分部的质量验收不包括模板分项工程。模板对混凝土结构工程有着极为重要的影响，其本身虽不是结构的一部分，但它影响着混凝土结构的质量。在混凝土结构施工过程中，荷载主要是由模板及其支架来承受的，对工程质量从结构性能到外观质量都有很大影响。此外，模板在安装、施工中还有许多关系到安全的环节。因此可以说，模板工程具有质量、安全两方面的双重重要性，混凝土结构施工质量验收规范将模板工程单独列为一个分项工程，规定必须加以验收，模板分项工程包括模板安装一个检验批。

1. 模板工程验收的一般规定

1）模板工程应编制施工方案。爬升式模板工程、工具式模板工程及高大模板支架工程的施工方案，应按有关规定进行技术论证。

根据住房城乡建设部《危险性较大的分部分项工程安全管理办法》（建质〔2009〕87号）的要求和多项现行国家标准的规定，编制、审查并认真实施施工方案是施工单位控制模板工程质量和安全的基本措施之一。模板工程施工方案一般宜包括下列内容：模板及支架的类型；模板及支架的材料要求；模板及支架的计算书和施工图；模板及支架安装、拆除相关技术措施；施工安全和应急措施（预案）、文明施工、环境保护等技术要求。

根据《建设工程高大模板支撑系统施工安全监督管理导则》（建质〔2009〕254号）的规定，高大模板支架是指具备下列四个条件之一的模板支架工程：支模高度超过8m，或构件跨度超过18m，或施工总荷载超过15kN/m²，或施工线荷载超过20kN/m。

2）模板及支架应根据安装、使用和拆除工况进行设计，并应满足承载力、刚度和整体稳固性要求。

本条是强制性条文。它是对模板安装的基本要求，是保证模板及其支架的安全并对混凝土成型质量起重要作用的规定。模板及支架虽然是施工过程中的临时结构，但其受力情况复杂，在施工过程中可能遇到多种不同的荷载及其组合，某些荷载还具有不确定性，故其设计既要符合建筑结构设计的基本要求，考虑结构形式、荷载大小等，又要结合施工过程的安装、使用和拆除等各种主要工况进行设计，以保证其安全可靠，在任何一种可能遇到的工况下仍具有足够的承载力、刚度和稳固性。

3）模板及支架的拆除应符合现行国家标准《混凝土结构工程施工规范》GB 50666的规定和施工方案的要求。

本规范未将模板及支架拆除列为验收内容，但考虑到模板及支架的拆除如果措施不当，也会影响到混凝土结构的质量，因此将模板及支架拆除要求作为一般规定。

2. 模板安装工程的质量检验

模板安装工程检验批的检验标准和检验方法见表5-22。

表5-22 模板安装工程的质量标准

项目	序号	检验项目	质量标准	检验方法	检查数量
主控项目	1	模板及其支架材料	模板及支架用材料的技术指标应符合国家现行有关标准的规定。进场时应抽样检验模板和支架材料的外观、规格和尺寸	检查质量证明文件；观察，尺量	按国家现行有关标准的规定
	2	模板及支架的安装	现浇混凝土结构模板及支架的安装质量，应符合国家现行有关标准的规定和施工方案的要求	按国家现行有关标准的规定	按国家现行有关标准的规定
	3	后浇带处的模板	后浇带处的模板及支架应独立设置	观察	全数检查
	4	基土要求	支架竖杆或竖向模板安装在土层上时，应符合下列规定： （1）土层应坚实、平整，其承载力或密实度应符合施工方案的要求； （2）应有防水、排水措施，对冻胀性土，应有预防冻融措施； （3）支架竖杆下应有底座或垫板	观察；检查土层密实度检测报告、土层承载力验算或现场检测报告	全数检查

5 主体结构分部工程质量检查与验收

续表

项目	序号	检验项目	质量标准	检验方法	检查数量
一般项目	1	模板安装要求	模板安装应符合下列规定：（1）模板的接缝应严密；（2）模板内不应有杂物、积水或冰雪等；（3）模板与混凝土的接触面应平整、清洁；（4）用作模板的地坪、胎膜等应平整、清洁，不应有影响构件质量的下沉、裂缝、起砂或起鼓；（5）对清水混凝土及装饰混凝土构件，应使用能达到设计效果的模板	观察	全数检查
	2	隔离剂	隔离剂的品种和涂刷方法应符合施工方案的要求。隔离剂不得影响结构性能及装饰施工；不得沾污钢筋、预应力筋、预埋件和混凝土接槎处；不得对环境造成污染	检查质量证明文件；观察	全数检查
	3	模板起拱	模板的起拱应符合现行国家标准《混凝土结构工程施工规范》（GB 50666）的规定，并应符合设计及施工方案的要求	水准仪或尺量	在同一检验批内，对梁，跨度大于18m时应全数检查，跨度不大于18m时应抽查构件数量的10%，且不应少于3件；对板，应按有代表性的自然间抽查10%，且不应少于3间；对大空间结构，板可按纵、横轴线划分检查面，抽查10%，且不应少于3面
	4	模板支架	现浇混凝土结构多层连续支模应符合施工方案的规定。上下层模板支架的竖杆宜对准。竖杆下垫板的设置应符合施工方案的要求	观察	全数检查
	5	预埋件、预留孔洞允许偏差	固定在模板上的预埋件和预留孔洞不得遗漏，且应安装牢固。有抗渗要求的混凝土结构中的预埋件，应按设计及施工方案的要求采取防渗措施。预埋件和预留孔洞的位置应满足设计和施工方案的要求。当设计无具体要求时，其位置偏差应符合表5-23的规定	观察，尺量	在同一检验批内，对梁、柱和独立基础，应抽查构件数量的10%，且不应少于3件；对墙和板，应按有代表性的自然间抽查10%，且不应少于3间；对大空间结构，墙可按相邻轴线间高度5m左右划分检查面，板可按纵、横轴线划分检查面，抽查10%，且均不应少于3面
	6	现浇结构模板安装允许偏差	现浇结构模板安装的偏差及检验方法应符合表5-24的规定	见表5-24	

续表

项目	序号	检验项目	质量标准	检验方法	检查数量
一般项目	7	预制构件模板安装的允许偏差	预制构件模板安装的偏差及检验方法应符合表5-25的规定	见表5-25	首次使用及大修后的模板应全数检查；使用中的模板应抽查10%，且不应少于5件，不足5件时应全数检查

关于模板安装工程检验批质量检验的说明：

（1）主控项目第一项

模板及支架材料的技术指标为模板、支架及配件的材质、规格、尺寸及力学性能等。目前常用的模板及支架材料种类繁多，其规格尺寸、材质和力学性能等各异，且多为周转重复使用，其质量差异较大。部分材料、配件的材质、规格尺寸、力学性能等如果不符合要求，将给模板及支架的质量、安全留下隐患，甚至可能酿成事故。

考虑到现场条件，以及现实中模板及支架材料的租赁、周转等情况比较复杂，正常情况下的主要检验方法是核查质量证明文件，并对实物的外观、规格、尺寸进行观察和必要的尺量检查。当实物的质量差异较大时，宜在检查前进行必要的分类筛选。

本条的尺寸检查包括模板的厚度、平整度等，支架杆件的直径、壁厚、外观等，连接件的规格、尺寸、重量、外观等，实施时可根据检验对象进行补充或调整。

（2）主控项目第二项

安装完成后的模板及支架进行验收，现浇混凝土结构的模板及支架类型众多，验收检查的项目和重点也不相同，主要类型已有相应的国家或行业标准，故要求应按照有关标准进行验收。

国家有关标准通常给出的是对模板及支架安装的基本和通用要求，安装的详细要求往往由施工方案根据工程的具体情况规定，如支架杆件的间距、各种支撑的设置数量和位置等，故本条规定验收时除了应符合有关标准以外，还应符合施工方案的要求。

（3）主控项目第三项

后浇带模板及支架由于施工中留置时间较长，不能与相邻的混凝土模板及支架同时拆除，且不宜拆除后二次支撑，故制订施工方案时应考虑独立设置，使其装拆方便，且不影响相邻混凝土结构的质量。

（4）主控项目第四项

在土层上直接安装支架竖杆或竖向模板，除了要求基土应坚实、平整并应有防水、排水、预防冻融等措施外，还明确要求基土承载力或密实度应符合施工方案的要求。施工方案可根据具体情况对基土提出密实度（压实系数）的要求。验收时应检查土层密实度检测报告、土层承载力验算或现场检测报告。

基土上支模时应采取防水、排水措施，是指应预先考虑并做好各项准备，而不能仅靠临时采取应急措施。对于湿陷性黄土、膨胀性土和冻胀性土，由于其对水浸或冻融十分敏感，尤其应该注意。

土层上支模时竖杆下应设置垫板，是国家标准《混凝土结构工程施工规范》

5 主体结构分部工程质量检查与验收

GB 50666规定的重要构造措施，应明确列入施工方案并加以具体化。对垫板的检查内容主要包括：是否按照施工方案的要求设置，垫板的面积是否足够分散竖杆压力，垫板是否中心承载，竖杆与垫板是否顶紧，支撑在通长垫板上的竖杆受力是否均匀等。

（5）一般项目第一项

本条提出对模板安装的基本要求：

① 模板漏浆，会造成混凝土浇筑困难，直接影响混凝土质量。因此无论采用何种材料制作模板，其接缝都应严密，避免漏浆，但木模板需考虑浇水湿润时的木材膨胀情况。

② 模板内部及与混凝土的接触面应清理干净，以避免出现麻面、夹渣等缺陷。

③ 对清水混凝土及装饰混凝土，为了使浇筑后的混凝土表面满足设计效果，宜事先对所使用的模板和浇筑工艺制作样板或进行试验。

（6）一般项目第二项

隔离剂主要功能为帮助模板顺利脱模，此外还具有保护混凝土结构的表面质量，增加模板的周转使用次数，降低工程成本等功能。隔离剂的品种、性能和涂刷方法应在施工方案中加以规定。选择隔离剂时，应避免使用可能会对混凝土结构受力性能和耐久性造成不利影响（如对混凝土中钢筋具有腐蚀性）的隔离剂，或影响混凝土表面后期装修（如使用废机油等）的隔离剂。

工程实践中，隔离剂宜在支模前涂刷，当受施工条件限制或支模工艺不同时，也可现场涂刷。现场涂刷隔离剂容易沾污钢筋、预埋件和混凝土接槎处，可能会对混凝土结构受力性能造成不利影响，故应采取适当措施加以避免。

本条验收内容分为两项，即隔离剂的品种、性能和隔离剂的涂刷质量。前者主要检查隔离剂质量证明文件以判定其品种、性能等是否符合要求，是否可能影响结构性能及装饰施工，是否可能对环境造成污染；后者主要是观察涂刷质量，并可对施工记录进行检查。

对于长效隔离剂，宜对其周转使用的实际效果进行检验或试验。

（7）一般项目第三项

对跨度较大的现浇混凝土梁、板的模板，由于其施工阶段自重作用，竖向支撑出现变形和下沉，如果不起拱可能造成跨间明显变形，严重时可能影响装饰和美观，故模板在安装时适度起拱有利于保证构件的形状和尺寸。

起拱高度可执行国家标准《混凝土结构工程施工规范》（GB 50666）给出的规定，通常跨度不小于4m时宜起拱，起拱高度宜为梁、板跨度的1/1000～3/1000，应根据具体工程情况并结合施工经验选择，对刚度较大的钢模板可采用较小值，对刚度较小的木模板木支架等可采用较大值。需注意国家标准《混凝土结构工程施工规范》（GB 50666）给出的起拱值未包括设计为了抵消构件在外荷载下出现的过大挠度所给出的要求。对梁、板起拱的检查验收，同时应注意起拱后的构件截面高度问题。

（8）一般项目第四项

多层连续支模的情况比较复杂，故基本要求是应符合施工方案的规定，编制严谨全面、符合要求的施工方案是重要前提。

上、下层模板支架的竖杆对准,利于混凝土重力及施工荷载的连续直接传递,减少楼板的附加应力,属于保证施工安全和结构质量的措施之一。实际施工中,竖杆对准的要求是指大致对准,检查方法通常采用目测观察即可。当确实没有条件对准时,应采取措施,并确保受力结构的安全。

当混凝土结构设置后浇带时,后浇带及相邻部位由于模板及支架的拆除时间、受力状况与其他部位不同,故对于竖杆对准更应严格要求。

对于多层连续支模,本条要求除上、下层模板支架的竖杆应对准外,上层支模时尚应按照施工方案的要求,通过计算确定保持其下层竖杆的层数。为保证安全,根据施工经验最少应为2层。应根据施工荷载和施工组织设计的要求,对下层连续支撑进行检查。

在土层上支模时竖杆下应设置垫板,已由现行国家标准《混凝土结构工程施工规范》(GB 50666)和《混凝土结构工程施工质量验收规范》(GB 50204)第 4.2.4 条规定。当模板支架的竖杆支承于混凝土楼面上时,是否需要设置垫板应由施工方案根据工程的具体情况确定。当支撑面的混凝土实际强度较低时,为防止楼面混凝土破损,亦应设置垫板。

(9)一般项目第五项

预埋件和预留孔洞的允许偏差见表 5-23。预埋件的外露长度只允许有正偏差,不允许有负偏差;对预留洞内部尺寸,只允许大,不允许小。在允许偏差表中,不允许有负偏差的以"0"表示。对尺寸偏差的检查,除可采用条文中给出的方法外,也可采用其他方法和相应的检测工具。

对安装牢固的检查,可以检查预埋件在模板上的固定方式、预留孔、洞的内置模板固定措施等藉以对其牢固程度加以判断;也可用力扳动,模拟混凝土浇筑时受到冲击、挤压会否移位等。

表 5-23 预埋件和预留孔洞的安装允许偏差

项目		允许偏差(mm)
预埋板中心线位置		3
预埋管、预留孔中心线位置		3
插筋	中心线位置	5
	外露长度	+10,0
预埋螺栓	中心线位置	2
	外露长度	+10,0
预留洞	中心线位置	10
	尺寸	+10,0

注:检查中心线位置时,应沿纵、横两个方向量测,并取其中偏差的较大值。

(10)一般项目第六项

现浇结构模板安装的偏差及检验方法应符合表 5-24 的规定。由于模板验收时尚未浇筑混凝土,发现过大偏差时应当在浇筑之前修整。过大偏差可按照允许偏差的 1.5 倍取值,也可由施工方案根据工程具体情况确定。

5 主体结构分部工程质量检查与验收

表 5-24 现浇结构模板安装的允许偏差及检验方法

项目		允许偏差（mm）	检验方法
轴线位置		5	尺量
底模上表面标高		±5	水准仪或拉线、尺量
模板内部尺寸	基础	±10	尺量
	柱、墙、梁	±5	
	楼梯相邻踏步高差	5	
柱、墙垂直度	层高≤6m	8	经纬仪或吊线、尺量
	层高>6m	10	
相邻模板表面高差		2	尺量
表面平整度		5	2m靠尺和塞尺量测

注：检查轴线位置时，当有纵横两个方向时，沿纵、横两个方向量测，并取其中偏差的较大值。

（11）一般项目第七项

预制构件模板安装的偏差及检验方法应符合表 5-25 的规定。除了适用于预制构件厂外，也适用于现场制作的预制构件。由于模板验收时尚未浇筑混凝土，发现过大偏差时应当在浇筑之前修整。过大偏差可按照允许偏差的 1.5 倍取值，也可由施工方根据工程具体情况确定。

表 5-25 预制构件模板安装的允许偏差及检验方法

项目		允许偏差（mm）	检验方法
长度	梁、板	±4	尺量两侧边，取其中较大值
	薄腹梁、桁架	±8	
	柱	0 −10	
	墙板	0 −5	
宽度	板、墙板	0 −5	尺量两端及中部，取其中较大值
	梁、薄腹梁、桁架	+2 −5	
高（厚）度	板	+2 −3	尺量两端及中部，取其中较大值
	墙板	0 −5	
	梁、薄腹梁、桁架、柱	+2 −5	
侧向弯曲	梁、板、柱	$L/1000$ 且≤15	拉线、尺量最大弯曲处
	墙板、薄腹梁、桁架	$L/1500$ 且≤15	
板的表面平整度		3	2m靠尺和塞尺量测
相邻模板表面高差		1	尺量
对角线差	板	7	尺量两对角线
	墙板	5	

续表

项目		允许偏差（mm）	检验方法
翘曲	板、墙板	L/1500	水平尺在两端量测
设计起拱	薄腹梁、桁架、梁	±3	拉线、尺量跨中

注：L 为构件长度（mm）。

5.2.3 钢筋分项工程

钢筋分项工程是普通钢筋及成型钢筋进场检验、钢筋加工、钢筋连接、钢筋安装等一系列技术工作和完成实体的总称。钢筋分项工程所含的检验批可根据施工工序和验收的需要确定。钢筋工程属于隐蔽工程。

1. 钢筋分项工程验收的一般规定

（1）浇筑混凝土之前，应进行钢筋隐蔽工程验收。隐蔽工程验收应包括下列主要内容：

① 纵向受力钢筋的牌号、规格、数量、位置；

② 钢筋的连接方式、接头位置、接头质量、接头面积百分率、搭接长度、锚固方式及锚固长度；

③ 箍筋、横向钢筋的牌号、规格、数量、间距、位置，箍筋弯钩的弯折角度及平直段长度；

④ 预埋件的规格、数量和位置。

钢筋隐蔽工程反映钢筋分项工程施工的综合质量，在浇筑混凝土之前验收是为了确保受力钢筋等的加工、连接、安装满足设计要求和规范的有关规定。对于钢筋隐蔽工程验收的内容，本次修订在原规范的基础上增加了钢筋搭接长度、锚固长度、锚固方式及箍筋位置、弯钩弯折角度、平直段长度等内容；除本条规定的主要内容外，可根据工程实际情况，增加影响工程质量的其他重要内容。根据工程实际情况，钢筋隐蔽工程验收可与钢筋安装检验批验收同时进行。

（2）钢筋、成型钢筋进场检验，当满足下列条件之一时，其检验批容量可扩大一倍：

① 获得认证的钢筋、成型钢筋；

② 同一厂家、同一牌号、同一规格的钢筋，连续三批均一次检验合格；

③ 同一厂家、同一类型、同一钢筋来源的成型钢筋，连续三批均一次检验合格。

对于获得认证或生产质量稳定的钢筋、成型钢筋，在进场检验时，可比常规检验批容量扩大一倍。当钢筋、成型钢筋同时满足两个条件时，检验批容量只扩大一次。当扩大检验批后的检验出现一次不合格情况时，应按扩大前的检验批容量重新验收，并不得再次扩大检验批容量。

2. 钢筋分项工程检验批的质量检验

钢筋工程属于分项工程，根据钢筋工程施工工序的特点，将其质量控制划分为材料验收、钢筋加工、钢筋连接与钢筋安装4个阶段。实际施工质量验收时，按需要根据施工段、施工层划分更多的检验批。

1）钢筋材料工程检验批检验

钢筋材料工程检验批的质量检验应符合表5-26的规定。

5 主体结构分部工程质量检查与验收

表 5-26 钢筋材料的检验标准

项目	序号	检验项目	质量标准	检验方法	检查数量
主控项目	1	力学性能和质量偏差检验	钢筋进场时,应按国家现行相关标准的规定抽取试件作屈服强度、抗拉强度、伸长率、弯曲性能和质量偏差检验,检验结果应符合相应标准的规定	检查质量证明文件和抽样检验报告	按进场批次和产品的抽样检验方案确定
	2	成型钢筋进场检验	成型钢筋进场时,应抽取试件作屈服强度、抗拉强度、伸长率和质量偏差检验,检验结果应符合国家现行有关标准的规定。对由热轧钢筋制成的成型钢筋,当有施工单位或监理单位的代表驻厂监督生产过程,并提供原材钢筋力学性能第三方检验报告时,可仅进行质量偏差检验	检查质量证明文件和抽样检验报告	同一厂家、同一类型、同一钢筋来源的成型钢筋,不超过30t为一批,每批中每种钢筋牌号、规格均应至少抽取1个钢筋试件,总数不应少于3个
	3	抗震用钢筋强度和总伸长率要求	对按一、二、三级抗震等级设计的框架和斜撑构件(含梯段)中的纵向受力普通钢筋应采用HRB335E、HRB400E、HRB500E、HRBF335E、HRBF400E或HRBF500E钢筋,其强度和最大力下总伸长率的实测值应符合下列规定: (1)抗拉强度实测值与屈服强度实测值的比值不应小于1.25; (2)屈服强度实测值与屈服强度标准值的比值不应大于1.30; (3)最大力下总伸长率不应小于9%	检查抽样检验报告	按进场批次和产品的抽样检验方案确定
一般项目	1	外观质量	钢筋应平直、无损伤,表面不得有裂纹、油污、颗粒状或片状老锈	观察	全数检查
	2	成型钢筋的外观质量和尺寸偏差	成型钢筋的外观质量和尺寸偏差应符合国家现行有关标准的规定	观察,尺量	同一厂家、同一类型的成型钢筋,不超过30t为一批,每批随机抽取3个成型钢筋
	3	钢筋机械连接套筒、钢筋锚固板以及预埋件等的外观质量	钢筋机械连接套筒、钢筋锚固板以及预埋件等的外观质量应符合国家现行有关标准的规定	检查产品质量证明文件;观察,尺量	按国家现行有关标准的规定确定

关于钢筋材料检验批质量检验的说明:

(1)主控项目第一项

本条为强制性条文,应严格执行。钢筋对混凝土结构的承载力至关重要,对其质量应从严要求。作为主控项目，钢筋进场时，应按现行国家标准的规定，抽取试件作力学性能检验和质量偏差检验，其质量必须符合有关标准的规定。有关标准包括《钢筋混凝土用钢 第1部分：热轧光圆钢筋》（GB 1499.1）、《钢筋混凝土用钢 第2部分：热轧带肋钢筋》（GB 1499.2）、《钢筋混凝土用余热处理钢筋》（GB 13014）、《钢筋混凝土用钢 第3部分：钢筋焊接网》（GB 1499.3）、《冷轧带肋钢筋》（GB 13788）、《高延性冷轧带肋钢筋》（YB/T 4260）、《冷轧扭钢筋》（JG 190）、《冷轧带肋钢筋混凝土结构技术规程》（JGJ 95）、《冷轧扭钢筋混凝土构件技术规程》（JGJ 115）、《冷拔低碳钢丝应用技术规程》（JGJ 19）等。

钢筋进场时，应检查产品合格证和出厂检验报告，并按相关标准的规定进行抽样检验。由于工程量、运输条件和各种钢筋的用量等的差异，很难对钢筋进场的批量大小作出统一规定。实际检查时，若有关标准中对进场检验作了具体规定，应遵照执行；若有关标准中只有对产品出厂检验的规定，则在进场检验时，批量应按下列情况确定：

① 对同一厂家、同一牌号、同一规格的钢筋，当一次进场的数量大于该产品的出厂检验批量时，应划分为若干个出厂检验批量，并按出厂检验的抽样方案执行；

② 对同一厂家、同一牌号、同一规格的钢筋，当一次进场的数量小于该产品的出厂检验批量时，应作为一个检验批量，并按出厂检验的抽样方案执行；

③ 对不同时间进场的同批钢筋，当确有可靠依据时，可按一次进场的钢筋处理。

本条的检验方法中，质量证明文件包括产品合格证、出厂检验报告，有时产品合格证、出厂检验报告可以合并；当用户有特别要求时，还应列出某些专门检验数据。进场抽样检验的结果是钢筋材料能否在工程中应用的判断依据。

对于每批钢筋的检验数量，应按相关产品标准执行。国家标准《钢筋混凝土用钢 第1部分：热轧光圆钢筋》（GB 1499.1）、《钢筋混凝土用钢 第2部分：热轧带肋钢筋》（GB 1499.2）中规定热轧钢筋每批抽取5个试件，先进行质量偏差检验，再取其中2个试件进行拉伸试验检验屈服强度、抗拉强度、伸长率，另取其中2个试件进行弯曲性能检验。对于钢筋伸长率，牌号带"E"的钢筋必须检验最大力下总伸长率。

（2）主控项目第二项

本条规定的成型钢筋指按产品标准《混凝土结构用成型钢筋》（JG/T 226）生产的产品，成型钢筋类型包括箍筋、纵筋、焊接网、钢筋笼等。

对由热轧钢筋组成的成型钢筋，当有施工单位或监理单位的代表驻厂监督加工过程，并能提交该批成型钢筋原材钢筋第三方检验报告时，可只进行质量偏差检验。此时成型钢筋进场的质量证明文件主要为产品合格证、产品标准要求的出厂检验报告和成型钢筋所用原材钢筋的第三方检验报告。

对由热乳钢筋组成的成型钢筋不满足上述条件时，或者由冷加工钢筋组成的成型钢筋，进场时应按本条规定作屈服强度、抗拉强度、伸长率和质量偏差检验。此时成型钢筋的质量证明文件主要为产品合格证、产品标准要求的出厂检验报告；对成型钢筋所用原材钢筋，生产企业可参照本规范及相关专业规范的规定自行检验，其检验报告在成型钢筋进场时可不提供，但应在生产企业存档保留，以便需要时查阅。

对于钢筋焊接网，材料进场还需按现行行业标准《钢筋焊接网混凝土结构技术规程》(JGJ 114)的有关规定检验弯曲、抗剪等项目。

当每车进场的成型钢筋包括不同类型时，可将多车的同类型成型钢筋合并为一个检验批进行验收。对不同时间进场的同批成型钢筋，当有可靠依据时，可按一次进场的成型钢筋处理。

本条规定每批不同牌号、规格均应抽取1个钢筋试件进行检验，试件总数不应少于3个。当同批的成型钢筋为相同牌号、规格时，应抽取3个试件，检验结果可按3个试件的平均值判断；当同批的成型钢筋存在不同钢筋牌号、规格时，每种钢筋牌号、规格均应抽取1个钢筋试件，且总数量不应少于3个，此时所有抽取试件的检验结果均应合格；当仅存在2种钢筋牌号、规格时，3个试件中的2个为相同牌号、规格，但下一批取样相同的牌号、规格应改变，此时相同牌号、规格的2个试件可按平均值判断检验结果。

为了保证钢筋试件抽取的随机性，每批抽取的试件应在不同成型钢筋上抽取，成型钢筋截取钢筋试件后可采用搭接或焊接的方式进行修补。当进行屈服强度、抗拉强度、伸长率和质量偏差检验时，每批中抽取的试件应先进行质量偏差检验，再进行力学性能检验，试件截取长度应满足两种试验要求。

(3) 主控项目第三项

本条为强制性条文，应严格执行。根据国家标准《混凝土结构设计规范》(GB 50010)、《建筑抗震设计规范》(GB 50011)的规定，本条提出了针对部分框架、斜撑构件（含梯段）中纵向受力钢筋强度、伸长率的规定，其目的是保证重要结构构件的抗震性能。为了保证在地震作用下，结构某些部位出现塑性铰以后，钢筋具有足够的变形能力，以减少地震造成的影响。

本条中的框架包括各类混凝土结构中的框架梁、框架柱、框支梁、框支柱及板柱—抗震墙的柱等，其抗震等级应根据国家现行相关标准由设计确定；斜撑构件包括伸臂桁架的斜撑、楼梯的梯段等，有关标准中未对斜撑构件规定抗震等级，当建筑中其他构件需要应用牌号带"E"钢筋时，则建筑中所有斜撑构件均应满足本条规定；对不做受力斜撑构件使用的简支预制楼梯，可不遵守本条规定；剪力墙及其连梁与边缘构件、筒体、楼板、基础不属于本条规定的范围。

(4) 一般项目第一项

为了加强对钢筋外观质量的控制，钢筋进场时和使用前均应对外观进行检查。表面不得有裂纹、油污、颗粒状或片状老锈，以防影响钢筋强度和锚固性能。加工后一段时间没有使用的钢筋和钢筋半成品也应进行该项检查。弯曲不直或经弯折损伤、有裂纹的钢筋不得使用。

(5) 一般项目第二项

成型钢筋在加工及出厂过程中均由专业加工厂质量管理人员进行检验，检验合格的产品才能入库和出厂。为规避成型钢筋在储存和运输过程中可能出现质量波动影响工程质量，本条规定了进入施工现场时的成型钢筋整体的外观质量和尺寸偏差检验要求。尺寸主要包括成型钢筋形状尺寸，《混凝土结构工程施工质量验收规范》(GB 50204—2015)第5.3.5条规定的偏差为主要检验内容之一，其他内容应符合有关标准的规定。对于钢筋焊接网和焊接骨架，外观质量尚应包括开焊点、漏焊点数量，焊网钢筋间距等项目。

本条要求每批随机抽取 3 个成型钢筋试件,如每批存在 3 个以上的成型钢筋类型,不同批成型钢筋应抽取不同的类型,以体现"随机性"。

(6)一般项目第三项

钢筋机械连接用套筒的外观质量应符合现行行业标准《钢筋机械连接技术规程》(JGJ 107)、《钢筋机械连接用套筒》(JG/T 163)的有关规定。钢筋锚固板质量应符合现行行业标准《钢筋锚固板应用技术规程》(JGJ 256)的规定。本条规定还适用于按商品进场验收的预埋件等结构配件。钢筋机械连接套筒、钢筋锚固板以及预埋件等外观质量的进场检验项目及合格要求应按有关标准的规定确定。

2)钢筋加工工程检验批的质量检验

钢筋加工工程检验批的质量检验标准和检验方法见表 5-27。

表 5-27 钢筋加工工程的检验标准

项目	序号	检验项目	质量标准	检验方法	检查数量
主控项目	1	钢筋的弯弧内径	钢筋弯折的弯弧内直径应符合下列规定: (1)光圆钢筋,不应小于钢筋直径的 2.5 倍; (2)235MPa 级、400MPa 级带肋钢筋,不应小于钢筋直径的 4 倍; (3)500MPa 级带肋钢筋,当直径为 28mm 以下时不应小于钢筋直径的 6 倍,当直径为 28mm 及以上时不应小于钢筋直径的 7 倍; (4)箍筋弯折处尚不应小于纵向受力钢筋的直径	尺量	同一设备加工的同一类型钢筋,每工作班抽查不应少于 3 件
	2	弯折后平直段长度	纵向受力钢筋的弯折后平直段长度应符合设计要求。光圆钢筋末端做 180°弯钩时,弯钩的平直段长度不应小于钢筋直径的 3 倍	尺量	
	3	弯钩要求	箍筋、拉筋的末端应按设计要求做弯钩,并应符合下列规定: (1)对一般结构构件,箍筋弯钩的弯折角度不应小于 90°,弯折后平直段长度不应小于箍筋直径的 5 倍;对有抗震设防要求或设计有专门要求的结构构件,箍筋弯钩的弯折角度不应小于 135°,弯折后平直段长度不应小于箍筋直径的 10 倍; (2)圆形箍筋的搭接长度不应小于其受拉锚固长度,且两末端弯钩的弯折角度不应小于 135°,弯折后平直段长度对一般结构构件不应小于箍筋直径的 5 倍,对有抗震设防要求的结构构件不应小于箍筋直径的 10 倍; (3)梁、柱复合箍筋中的单肢箍筋两端弯钩的弯折角度均不应小于 135°,弯折后平直段长度应符合本条第 1 款对箍筋的有关规定	尺量	

续表

项目	序号	检验项目	质量标准	检验方法	检查数量
主控项目	4	钢筋调直后的检验	盘卷钢筋调直后应进行力学性能和质量偏差检验，其强度应符合国家现行有关标准的规定，其断后伸长率、质量偏差应符合表5-28的规定。力学性能和质量偏差检验应符合下列规定： （1）应对3个试件先进行质量偏差检验，再取其中2个试件进行力学性能检验。 （2）质量偏差应按下式计算： $\Delta =(W_d-W_0)/W_0\times 100\%$ 式中：Δ——质量偏差（%）； W_d——3个调直钢筋试件的实际质量之和（kg）； W_0——钢筋理论质量（kg），取每米理论质量（kg/m）与3个调直钢筋试件长度之和（m）的乘积。 （3）检验质量偏差时，试件切口应平滑并与长度方向垂直，其长度不应小于500mm；长度和质量的量测精度分别不应低于1mm和1g。 采用无延伸功能的机械设备调直的钢筋，可不进行本条规定的检验	检查抽样检验报告	同一设备加工的同一牌号、同一规格的调直钢筋，质量不大于30t为一批，每批见证抽取3个试件
一般项目	1	钢筋加工的形状、尺寸	钢筋加工的形状、尺寸应符合设计要求，其偏差应符合表5-29的规定	尺量	同一设备加工的同一类型钢筋，每工作班抽查不应少于3件

关于钢筋加工工程检验批质量检验的几点说明：

（1）主控项目第一项

钢筋加工时应按规定选择弯折机弯头，防止因弯弧内径太小使钢筋弯折后弯弧外侧出现裂缝，影响钢筋受力或锚固性能。本条第（4）款规定"箍筋弯折处尚不应小于纵向受力钢筋的直径"，纵向受力钢筋指箍筋弯折处的纵向受力钢筋，除此规定外，拉筋弯折尚应考虑拉筋实际勾住钢筋的具体情况。

（2）主控项目第二项

本条规定的纵向受力钢筋弯折后平直段长度包括受拉光面钢筋180°弯钩、带肋钢筋在节点内弯折锚固、带肋钢筋弯钩锚固、分批截断钢筋延伸锚固等情况，本规范仅规定了光圆钢筋180°弯钩的弯折后平直段长度，其他构造应符合设计要求。

（3）主控项目第三项

根据构件受力性能的不同要求，合理配置箍筋有利于保证混凝土构件的承载力，特别是对配筋率较高的柱、受扭的梁和有抗震设防要求的结构构件更为重要。本条提出对箍筋及用作复合箍筋拉筋的弯钩构造的验收要求。有抗震设防要求的结构构件，即设计图纸和有关标准中规定具有抗震等级的结构构件，箍筋弯钩可按不小于135°弯折。本条中的设计专门要求指构件受扭、弯剪扭等复合受力状态，也包括全部纵向受力钢筋配筋率大于3%的柱。

（4）主控项目第四项

所有用于工程的调直钢筋均应按本条规定执行，为加强对调直后钢筋性能质量的控制，防止冷拉加工过度改变钢筋的力学性能。

钢筋的相关国家现行标准有：《钢筋混凝土用钢 第1部分：热轧光圆钢筋》（GB 1499.1）、《钢筋混凝土用钢 第2部分：热轧带肋钢筋》（GB 1499.2）、《钢筋混凝土用余热处理钢筋》（GB 13014）等。表5-28规定的断后伸长率、质量偏差要求，是在上述标准规定的指标基础上考虑了正常冷拉调直对指标的影响给出的。

对钢筋调直机械设备是否有延伸功能的判定，可由施工单位检查并经监理单位确认；当不能判定或对判定结果有争议时，应按本条规定进行检验。

表5-28 盘卷钢筋调直后的断后伸长率、质量偏差要求

钢筋牌号	断后伸长率A（%）	质量偏差（%）	
		直径6~12 mm	直径14~16mm
HPB300	≥21	≥-10	—
HRB335、HRBF335	≥16	≥-8	≥-6
HRB400、HRBF400	≥15		
RRB400	≥13		
HRB500、HRBF500	≥14		

注：断后伸长率A的量测标距为5倍钢筋直径。

（5）一般项目第一项

钢筋加工的允许偏差见表5-29。现行国家标准《混凝土结构设计规范》（GB 50010）已将混凝土保护层厚度按最外层钢筋（箍筋）规定，此种情况下截面尺寸减两倍保护层厚度后将直接得到箍筋外廓尺寸，本条将原规范的箍筋内净尺寸改为外廓尺寸。

表5-29 钢筋加工的允许偏差

项目	允许偏差（mm）
受力钢筋沿长度方向的净尺寸	±10
弯起钢筋的弯折位置	±20
箍筋外廓尺寸	±5

3）钢筋连接工程检验批的质量检验

钢筋连接工程检验批的检验标准和检验方法见表5-30。

表5-30 钢筋连接工程的检验标准

项目	序号	检验项目	质量标准	检验方法	检查数量
主控项目	1	连接方式	钢筋的连接方式应符合设计要求	观察	全数检查

5 主体结构分部工程质量检查与验收

续表

项目	序号	检验项目	质量标准	检验方法	检查数量
主控项目	2	机械连接和焊接接头	钢筋采用机械连接或焊接连接时,钢筋机械连接接头、焊接接头的力学性能、弯曲性能应符合国家现有关标准的规定。接头试件应从工程实体中截取	检查质量证明文件和抽样检验报告	按现行行业标准《钢筋机械连接技术规程》(JGJ 107)和《钢筋焊接及验收规程》(JGJ 18)的规定确定
主控项目	3	机械连接螺纹接头	钢筋采用机械连接时,螺纹接头应检验拧紧扭矩值,挤压接头应量测压痕直径,检验结果应符合现行行业标准《钢筋机械连接技术规程》(JGJ 107)的相关规定	采用专用扭力扳手或专用量规检查	按现行行业标准《钢筋机械连接技术规程》(JGJ 107)的规定确定
一般项目	1	接头位置和数量	钢筋接头的位置应符合设计和施工方案要求。有抗震设防要求的结构中,梁端、柱端箍筋加密区范围内不应进行钢筋搭接。接头末端至钢筋弯起点的距离不应小于钢筋直径的10倍	观察、尺量	全数检查
一般项目	2	钢筋机械连接和焊接的外观质量	钢筋机械连接接头、焊接接头的外观质量应符合现行行业标准《钢筋机械连接技术规程》(JGJ 107)和《钢筋焊接及验收规程》(JGJ 18)的规定	观察、尺量	按现行行业标准《钢筋机械连接技术规程》(JGJ 107)和《钢筋焊接及验收规程》(JGJ 18)的规定确定
一般项目	3	纵向受力钢筋机械连接、焊接的接头面积百分率	当纵向受力钢筋采用机械连接头或焊接接头时,同一连接区段内纵向受力钢筋的接头面积百分率应符合设计要求;当设计无具体要求时,应符合下列规定: (1)受拉接头,不宜大于50%;受压接头,可不受限制; (2)直接承受动力荷载的结构构件中,不宜采用焊接;当采用机械连接时,不应超过50%	观察、尺量	在同一检验批内,对梁、柱和独立基础,应抽查构件数量的10%,且不应少于3件;对墙和板,应按有代表性的自然间抽查10%,且不应少于3间;对大空间结构,墙可按相邻轴线间高度5m左右划分检查面,板可按纵横轴线划分检查面,抽查10%,且均不少于3面
一般项目	4	纵向受力钢筋绑扎搭接接头面积百分率	当纵向受力钢筋采用绑扎搭接接头时,接头的设置应符合下列规定: (1)接头的横向净间距不应小于钢筋直径,且不应小于25mm。 (2)同一连接区段内,纵向受拉钢筋的接头面积百分率应符合设计要求;当设计无具体要求时,应符合下列规定: ① 梁类、板类及墙类构件,不宜超过25%;基础筏板,不宜超过50%。 ② 柱类构件,不宜超过50%。 ③ 当工程中确有必要增大接头面积百分率时,对梁类构件,不应大于50%	观察、尺量	

续表

项目	序号	检验项目	质量标准	检验方法	检查数量
一般项目	5	纵向受力钢筋搭接长度范围内箍筋的要求	梁、柱类构件的纵向受力钢筋搭接长度范围内箍筋的设置应符合设计要求，当设计无具体要求时，应符合下列规定： （1）箍筋直径不应小于搭接钢筋较大直径的1/4； （2）受拉搭接区段的箍筋间距不应大于搭接钢筋较小直径的5倍，且不应大于100mm； （3）受压搭接区段的箍筋间距不应大于搭接钢筋较小直径的10倍，且不应大于200mm； （4）当柱中纵向受力钢筋直径大于25mm时，应在搭接接头两个端面外100mm范围内各设置两道箍筋，其间距宜为50mm	观察、尺量	在同一检验批内，应抽查构件数量的10%，且不应少于3件

关于钢筋连接工程检验批质量检验的说明：

(1) 主控项目第一项

本条提出了纵向受力钢筋的连接方式的基本要求，这是保证受力钢筋应力传递及结构构件的受力性能的需要。如设计没有规定钢筋的连接方式，可由施工单位根据《混凝土结构设计规范》（GB 50010）等国家现行有关标准的相关规定和施工现场条件与设计共同商定，并按此进行验收。

(2) 主控项目第二项

国家现行标准《钢筋机械连接技术规程》（JGJ 107）、《钢筋焊接及验收规程》（JGJ 18）分别对钢筋机械连接、焊接的力学性能、弯曲性能（仅针对焊接）质量验收等提出了明确的规定，应按其规定进行验收。对机械连接，质量证明文件应包括有效的型式检验报告。为保证接头试件能够代表实际工程质量，本条要求接头试件应在钢筋安装后、混凝土浇筑前从工程实体中截取。

(3) 主控项目第三项

螺纹接头的拧紧扭矩值和挤压接头的压痕直径是钢筋机械连接过程中的重要技术参数，应按现行行业标准《钢筋机械连接技术规程》（JGJ 107）的相关规定进行检验，检验应使用专用扭力扳手或专用量规检查。

(4) 一般项目第一项

钢筋接头的位置影响受力性能，应根据设计和施工方案要求设置在受力较小处。梁端、柱端箍筋加密区的范围可按现行国家标准《混凝土结构设计规范》（GB 50010）的有关规定确定。加密区范围内尽可能不设置钢筋接头，如需连接则应采用性能较好的机械连接和焊接接头。

(5) 一般项目第三项

接头连接区段是指长度为 $35d$ 且不小于 500mm 的区段，d 为相互连接两根钢筋的直径较小值。当同一构件内不同连接钢筋计算的连接区段长度不同时取大值。同一连接区段内纵向受力钢筋接头面积百分率为接头中点位于该连接区段内的纵向受力钢筋截面面积与全部纵向受力钢筋截面面积的比值。根据相关规范的规定，板、墙、柱中受拉机械连接接头及装配式混凝土结构构件连接处受拉机械连接、焊接接头，可根据实际情况放宽接头面积百分率要求。

（6）一般项目第四项

接头连接区段是指长度为1.3倍搭接长度的区段，搭接长度取相互连接两根钢筋中较小直径计算。当同一构件内不同连接钢筋计算的连接区段长度不同时取大值。同一连接区段内纵向受力钢筋接头面积百分率为接头中点位于该连接区段长度内的纵向受力钢筋截面面积与全部纵向受力钢筋截面面积的比值。图5-4所示搭接接头同一连接区段内的搭接钢筋为两根，当各钢筋直径相同时，接头面积百分率为50%。对于接头百分率，本条规定当确有必要放松时对梁类构件不应大于50%。根据有关规范规定，对其他构件可根据实际情况放宽。

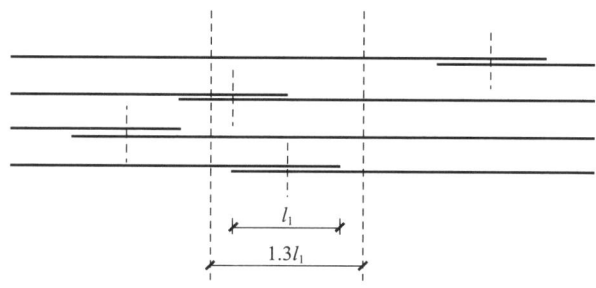

图5-4 钢筋绑扎搭接接头连接区段及接头面积百分率

4）钢筋安装工程检验批的质量检验

钢筋安装工程检验批的检验标准和检验方法见表5-31。

表5-31 钢筋安装工程的检验标准

项目	序号	检验项目	质量标准	检验方法	检查数量
主控项目	1	受力钢筋的牌号、规格等	钢筋安装时，受力钢筋的牌号、规格和数量必须符合设计要求	观察、尺量	全数检查
主控项目	2	受力钢筋安装位置等	钢筋应安装牢固。受力钢筋的安装位置、锚固方式应符合设计要求	观察、尺量	全数检查
一般项目	1	钢筋安装允许偏差	钢筋安装偏差及检验方法应符合表5-32的规定，受力钢筋保护层厚度的合格点率应达到90%及以上，且不得有超过表中数值1.5倍的尺寸偏差	见表5-32	见表5-32

关于钢筋安装工程检验批质量检验的说明：

（1）主控项目第一项

本条为强制性条文，应严格执行。受力钢筋的牌号、规格和数量对结构构件的受力性能有重要影响，必须符合设计要求。较大直径带肋钢筋的牌号、规格可根据钢筋外观的轧制标志识别。光圆钢筋和小直径带肋钢筋外观没有轧制标志，安装时应对其牌号特别注意。

（2）主控项目第二项

钢筋的安装位置、锚固方式同样影响结构受力性能，应按设计要求进行验收。钢筋的安装位置主要包括钢筋安装的部位，如梁顶部与底部、柱的长边与短边等。

（3）一般项目第一项

钢筋安装的允许偏差应符合表 5-32 的规定。考虑到纵向受力钢筋锚固长度对结构受力性能的重要性，本条增加了锚固长度的允许偏差要求，规定纵向受力钢筋锚固长度负偏差不大于 20mm，对正偏差没有要求。现行国家标准《混凝土结构设计规范》（GB 50010）已将混凝土保护层最小厚度按最外层钢筋规定，本条中对于钢筋的混凝土保护层厚度允许偏差同时规定了纵向受力钢筋和箍筋。

考虑保护层厚度对结构的安全性、耐久性的重要影响，本条将受力钢筋保护层厚度的合格率统一提高为 90% 及以上。

表 5-32　钢筋安装允许偏差和检验方法

项目		允许偏差（mm）	检验方法	检查数量
绑扎钢筋网	长、宽	±10	尺量	在同一检验批内，对梁、柱和独立基础，应抽查构件数量的 10%，且不少于 3 件；对墙和板，应按有代表性的自然间抽查 10%，且不少于 3 间；对大空间结构，墙可按相邻轴线间高度 5m 左右划分检查面，板可按纵横轴线划分检查面，抽查 10%，且均不少于 3 面
	网眼尺寸	±20	尺量连续三挡，取最大偏差值	
绑扎钢筋骨架	长	±10	尺量	
	宽、高	±5	尺量	
纵向受力钢筋	锚固长度	−20	尺量	
	间距	±10	尺量两端、中间各一点，取最大偏差值	
	排距	±5		
纵向受力钢筋、箍筋的混凝土保护层厚度	基础	±10	尺量	
	柱、梁	±5	尺量	
	板、墙、壳	±3	尺量	
绑扎箍筋、横向钢筋间距		±20	尺量连续三挡，取最大偏差值	
钢筋弯起点位置		20	尺量	
预埋件	中心线位置	5	尺量	
	水平高差	+3，0	塞尺量测	

注：检查中心线位置时，沿纵、横两个方向量测，并取其中偏差的较大值。

5.2.4　混凝土分项工程

混凝土分项工程是包括原材料进场检验、混凝土制备与运输、混凝土现场施工等一系列技术工作和完成实体的总称。混凝土分项工程所含的检验批可根据施工工序和验收的需要确定。

5 主体结构分部工程质量检查与验收

1. 混凝土分项工程的一般规定

1）混凝土强度的评定

混凝土强度应按现行国家标准《混凝土强度检验评定标准》（GB/T 50107）的规定分批检验评定。划入同一检验批的混凝土，其施工持续时间不宜超过 3 个月。

检验评定混凝土强度时，应采用 28d 或设计规定龄期的标准养护试件。

试件成型方法及标准养护条件应符合现行国家标准《普通混凝土力学性能试验方法标准》（GB/T 50081）的规定。采用蒸汽养护的构件，其试件应先随构件同条件养护，然后再置入标准养护条件下继续养护至 28d 或设计规定龄期。

为了改善混凝土性能并实现节能减排，目前多数混凝土中掺有矿物掺合料，尤其是大体积混凝土。实验表明，掺加矿物掺合料混凝土的强度与不掺矿物掺合料的混凝土相比，早期强度偏低，而后期强度发展较快，在温度较低条件下更为明显。为了充分反映掺加矿物掺合料混凝土的后期强度，规定混凝土强度进行合格评定时的试验龄期可以大于 28d（如 60d、90d），具体龄期可由建筑结构设计人员规定。设计规定龄期是指混凝土在掺加矿物掺合料后，设计人员根据矿物掺合料的掺加量及结构设计要求，所规定的标准养护试件的试验龄期。

在现行国家标准《普通混凝土力学性能试验方法标准》（GB/T 50081）中规定，采用标准养护的试件，应在温度为（20±5）℃的环境中静置一昼夜至二昼夜，然后编号、拆模。拆模后应立即放入温度为（20±2）℃，相对湿度为 95% 以上的标准养护室中养护，或在温度为（20±2）℃的不流动 $Ca(OH)_2$ 饱和溶液中养护。标准养护室内的试件应放在支架上，彼此间隔 10~20mm，试件表面应保持潮湿，并不得被水直接冲淋。龄期从搅拌加水开始计时。采用蒸汽养护的构件，其试件应先随构件同条件养护，然后应置入标准养护条件下继续养护，两段养护时间的总和为龄期。

2）强度尺寸换算

当采用非标准尺寸试件时，应将其抗压强度乘以尺寸折算系数，折算成边长为 150mm 的标准尺寸试件抗压强度。尺寸折算系数应按现行国家标准《混凝土强度检验评定标准》（GB/T 50107）采用。

对于强度等级不低于 C60 的混凝土，宜采用标准尺寸试件。当采用非标准尺寸试件时，折算系数需要通过试验确定，试件数量不应少于 30 对组，有利于提高折算系数的准确性。混凝土强度等级低于 C60 时，边长为 100mm 的立方体试件折算系数取 0.95，对边长为 200mm 的立方体试件折算系数取 1.05。

3）强度评定不合格的处理

当混凝土试件强度评定不合格时，应委托具有资质的检测机构按国家现行有关标准的规定对结构构件中的混凝土强度进行检测推定，并应按本规范第 10.2.2 条的规定进行处理。

混凝土试件强度评定不合格时，可根据《回弹法检测混凝土抗压强度技术规程》（JGJ/T 23）等国家现行标准，采用各种检测方法推定结构中的混凝土强度，并可作为结构是否需要处理的依据。

4）混凝土耐久性

混凝土有耐久性指标要求时，应按现行行业标准《混凝土耐久性检验评定标准》

(JGJ/T 193）的规定检验评定。

依据现行行业标准《混凝土耐久性检验评定标准》(JGJ/T 193）可以评定混凝土的抗冻等级、抗冻标号、抗渗等级、抗硫酸盐等级、抗氯离子渗透性能等级、抗碳化性能等级以及早期抗裂性能等级等有关耐久性指标。

5) 大批量、连续生产的混凝土

大批量、连续生产的同一配合比混凝土，混凝土生产单位应提供基本性能试验报告。

大批量、连续生产是指同一工程项目、同一配合比的混凝土生产量为2000m³以上。此时，混凝土浇筑前，其生产单位应提供稠度、凝结时间、坍落度经时损失、泌水、表观密度等性能试验报告；当设计有要求，应按设计要求提供其他性能试验报告。上述性能试验报告可由混凝土生产单位试验室或第三方提供。

根据现行国家《普通混凝土拌合物性能试验方法标准》(GB/T 50080）、《普通混凝土力学性能试验方法标准》(GB/T 50081）、《普通混凝土长期性能和耐久性能试验方法标准》(GB/T 50082）规定，混凝土的基本性能主要包括稠度、凝结时间、坍落度经时损失、泌水与压力泌水、表观密度、含气量、抗压强度、轴心抗压强度、静力受压弹性模量、劈裂抗拉强度、抗折强度、抗冻性能、动弹性模量、抗水渗透、抗氯离子渗透、收缩性能、早期抗裂、受压徐变、碳化性能、混凝土中钢筋锈蚀、抗压疲劳变形、抗硫酸盐侵蚀和碱—骨料反应等。

6) 预拌混凝土

预拌混凝土的原材料质量、制备等应符合现行国家标准《预拌混凝土》(GB/T 14902）的规定。

7) 检验批容量扩大

水泥、外加剂进场检验，当满足下列条件之一时，其检验批容量可扩大一倍：

(1) 获得认证的产品；

(2) 同一厂家、同一品种、同一规格的产品，连续三次进场检验均一次检验合格。

对于混凝土原材料来讲，只有水泥和外加剂可以扩大检验批容量。

2. 混凝土分项工程的质量检验

混凝土分项工程包括"原材料""混凝土拌合物""混凝土施工"等三个方面，混凝土分项工程检验批的划分还要考虑施工段和施工层进行。

1) 混凝土工程原材料的质量检验标准

混凝土原材料的检验标准和检验方法见表5-33。

表5-33 混凝土工程原材料的检验标准

项目	序号	检验项目	质量标准	检验方法	检查数量
主控项目	1	水泥进场检验	水泥进场时，应对其品种、代号、强度等级、包装或散装编号、出厂日期等进行检查，并应对水泥的强度、安定性和凝结时间进行检验，检验结果应符合现行国家标准《通用硅酸盐水泥》(GB 175）等的相关规定	检查质量证明文件和抽样检验报告	按同一厂家、同一品种、同一代号、同一强度等级、同一批号且连续进场的水泥，袋装不超过200t为一批，散装不超过500t为一批，每批抽样数量不应少于一次

续表

项目	序号	检验项目	质量标准	检验方法	检查数量
主控项目	2	外加剂进场检验	混凝土外加剂进场时，应对其品种、性能、出厂日期等进行检查，并应对外加剂的相关性能指标进行检验，检验结果应符合现行国家标准《混凝土外加剂》（GB 8076）和《混凝土外加剂应用技术规范》（GB 50119）等的规定	检查质量证明文件和抽样检验报告	按同一厂家、同一品种、同一性能、同一批号且连续进场的混凝土外加剂，不超过50t为一批，每批抽样数量不应少于一次
一般项目	1	矿物掺合料进场检验	混凝土用矿物掺合料进场时，应对其品种、技术指标、出厂日期等进行检查，并应对矿物掺合料的相关技术指标进行检验，检验结果应符合国家现行有关标准的规定	检查质量证明文件和抽样检验报告	按同一厂家、同一品种、同一技术指标、同一批号且连续进场的矿物掺合料，粉煤灰、石灰石粉、磷渣粉和钢铁渣粉不超过200t为一批，粒化高炉矿渣粉和复合矿物掺合料不超过500t为一批，沸石粉不超过120t为一批，硅灰不超过30t为一批，每批抽样数量不应少于一次
一般项目	2	粗细骨料的质量	混凝土原材料中的粗骨料、细骨料质量应符合现行行业标准《普通混凝土用砂、石质量及检验方法标准》（JGJ 52）的规定，使用经过净化处理的海砂应符合现行行业标准《海砂混凝土应用技术规范》（JGJ 206）的规定，再生混凝土骨料应符合现行国家标准《混凝土用再生粗骨料》（GB/T 25177）和《混凝土和砂浆用再生细骨料》（GB/T 25176）的规定	检查抽样检验报告	按现行行业标准《普通混凝土用砂、石质量及检验方法标准》（JGJ 52）的规定确定
一般项目	3	拌制用水	混凝土拌制及养护用水应符合现行行业标准《混凝土用水标准》（JGJ 63）的规定。采用饮用水时，可不检验；采用中水、搅拌站清洗水、施工现场循环水等其他水源时，应对其成分进行检验	检查水质检验报告	同一水源检查不应少于一次

关于混凝土工程原材料质量检验的说明：

（1）主控项目第一项

本条为强制性条文，应严格执行。无论是预拌混凝土还是现场搅拌混凝土，水泥进场时，应根据产品合格证检查其品种、代号、强度等级等，并有序存放，以免造成混料错批。强度、安定性和凝结时间是水泥的重要性能指标，进场时应抽样检验，其质量应符合现行国家标准《通用硅酸盐水泥》(GB 175)等的要求。质量证明文件包括产品合格证、有效的型式检验报告、出厂检验报告。

(2) 主控项目第二项

混凝土外加剂种类较多，且均有国家现行有关的质量标准。使用时，混凝土外加剂的质量不仅要符合有关国家标准的规定，也应符合相关行业标准的规定。外加剂的检验项目、检验方法和批量应符合有关标准的规定。质量证明文件包括产品合格证、有效的型式检验报告、出厂检验报告。

(3) 一般项目第一项

混凝土用矿物掺合料的种类主要有粉煤灰、粒化高炉矿渣粉、石灰石粉、硅灰、沸石粉、磷渣粉、钢铁渣粉和复合矿物掺合料等，对各种矿物掺合料，均应符合相应的现行国家标准要求，例如《矿物掺合料应用技术规范》(GB/T 51003)、《用于水泥和混凝土中的粉煤灰》(GB/T 1596)、《用于水泥、砂浆和混凝土中的粒化高炉矿渣粉》(GB/T 18046)、《石灰石粉在混凝土中应用技术规程》(JGJ/T 318)、《混凝土用粒化电炉磷渣粉》(JG/T 317)、《砂浆和混凝土用硅灰》(GB/T 27690)、《钢铁渣粉》(GB/T 28293)等。矿物掺合料的掺量应通过试验确定，并符合《普通混凝土配合比设计规程》(JGJ 55)的规定。质量证明文件包括产品合格证、有效的型式检验报告、出厂检验报告等。

(4) 一般项目第三项

考虑到今后生产中利用工业处理水的发展趋势，除采用饮用水外，也可采用其他水源，使用前应对其成分进行检验，并应符合国家现行标准《混凝土用水标准》(JGJ 63)的要求。

2) 混凝土拌合物的质量检验标准

混凝土拌合物的检验标准和检验方法见表 5-34。

表 5-34 混凝土拌合物的检验标准和检验方法

项目	序号	检验项目	质量标准	检验方法	检查数量
主控项目	1	预拌混凝土进场检验	预拌混凝土进场时，其质量应符合现行国家标准《预拌混凝土》(GB/T 14902)的规定	检查质量证明文件	全数检查
	2	离析	混凝土拌合物不应离析	观察	全数检查
	3	氯离子和碱总含量	混凝土中氯离子含量和碱总含量应符合现行国家标准《混凝土结构设计规范》(GB 50010)的规定和设计要求	检查原材料试验报告和氯离子、碱的总含量计算书	同一配合比的混凝土检查不应少于一次
	4	开盘鉴定	首次使用的混凝土配合比应进行开盘鉴定，其原材料、强度、凝结时间、稠度等应满足设计配合比的要求	检查开盘鉴定资料和强度试验报告	同一配合比的混凝土检查不应少于一次

5 主体结构分部工程质量检查与验收

续表

项目	序号	检验项目	质量标准	检验方法	检查数量
一般项目	1	稠度	混凝土拌合物稠度应满足施工方案的要求	检查稠度抽样检验记录	对同一配合比混凝土，取样应符合下列规定： （1）每拌制100盘且不超过100m³时，取样不得少于一次； （2）每工作班拌制不足100盘时，取样不得少于一次； （3）连续浇筑超过1000m³时，每200m³取样不得少于一次； （4）每一楼层取样不得少于一次
	2	耐久性	混凝土有耐久性指标要求时，应在施工现场随机抽取试件进行耐久性检验，其检验结果应符合国家现行有关标准的规定和设计要求	检查试件耐久性试验报告	同一配合比的混凝土，取样不应少于一次，留置试件数量应符合国家现行标准《普通混凝土长期性能和耐久性能试验方法标准》（GB/T 50082）和《混凝土耐久性检验评定标准》（JGJ/T 193）的规定
	3	含气量	混凝土有抗冻要求时，应在施工现场进行混凝土含气量检验，其检验结果应符合国家现行有关标准的规定和设计要求	检查混凝土含气量试验报告	同一配合比的混凝土，取样不应少于一次，取样数量应符合现行国家标准《普通混凝土拌合物性能试验方法标准》（GB/T 50080）的规定

关于混凝土拌合物检验批质量检验的说明：

（1）主控项目第一项

预拌混凝土的质量证明文件主要包括混凝土配合比通知单、混凝土质量合格证、强度检验报告、混凝土运输单以及合同规定的其他资料。对大批量、连续生产的混凝土，质量证明文件还包括《混凝土结构工程施工质量验收规范》（GB 50204—2015）第7.1.5条规定的基本性能试验报告。由于混凝土的强度试验需要一定的龄期，强度检验报告可以在达到确定混凝土强度龄期后提供。预拌混凝土所用的水泥、骨料、矿物掺合料等均应参照《混凝土结构工程施工质量验收规范》（GB 50204—2015）的有关规定进行检验，其检验报告在预拌混凝土进场时可不提供，但应在生产企业存档保留，以便需要时查阅使用。

（2）主控项目第二项

混凝土拌合物发生离析，将影响其和易性和匀质性，以及硬化后的强度和表面质量等。

（3）主控项目第三项

在混凝土中，水泥、骨料、外加剂和拌合用水等都可能含有氯离子，可能引起混凝土结构中钢筋的锈蚀，应严格控制其氯离子含量。混凝土碱含量过高，在一定条件下会导致碱骨料反应。钢筋锈蚀或碱骨料反应都将严重影响结构构件受力性能和耐久性。现行国家标准《混凝土结构设计规范》（GB 50010）中对混凝土氯离子含量和碱总含量进行了规定。除了《混凝土结构设计规范》（GB 50010）的规定外，设计也可能有更严格的规定，所生产的混凝土都应该满足上述要求。

（4）主控项目第四项

开盘鉴定是为了验证混凝土的实际质量与设计要求的一致性。开始生产时应至少留置一组标准养护试件，作为验证配合比的依据。开盘鉴定资料包括混凝土原材料检验报告、混凝土配合比通知单、强度试验报告以及配合比设计所要求的性能等。

（5）一般项目第一项

混凝土拌合物稠度，根据现行国家标准《普通混凝土拌合物性能试验方法标准》（GB/T 50080）的规定，包括坍落度、坍落扩展度、维勃稠度等。通常在现场测定混凝土坍落度。但是对于大流动度的混凝土，仅用坍落度已无法全面反映混凝土的流动性能，所以对于坍落度大于220mm的混凝土，还应测量坍落扩展度，用混凝土坍落扩展度、坍落度的相互关系来综合评价混凝土的稠度。对于骨料最大粒径不超过40mm，维勃稠度在5～30s之间的干硬性混凝土拌合物，则用维勃稠度表达混凝土的流动性。

（6）一般项目第二项

依据现行行业标准《混凝土耐久性检验评定标准》（JGJ/T 193）规定，混凝土耐久性的指标有：抗冻等级、抗冻标号、抗渗等级、抗硫酸盐等级、抗氯离子渗透性能等级、抗碳化性能等级以及早期抗裂性能等级等，不同的耐久性试验需要制作不同的试件，具体要求应按照现行国家标准《普通混凝土长期性能和耐久性能试验方法标准》（GB/T 50082）的规定执行。

（7）一般项目第三项

在混凝土中加入具有引气功能的外加剂后，能够增加混凝土中的含气量，有利于提高混凝土的抗冻性，使混凝土具有更好的耐久性和长期性能。混凝土的含气量低于设计要求，将降低混凝土的抗冻性能；高于设计要求，往往对混凝土的强度产生不利影响，故应严格控制混凝土的含气量。

3）混凝土工程施工的质量检验标准

混凝土施工的质量检验标准和检验方法见表5-35。

5 主体结构分部工程质量检查与验收

表 5-35 混凝土施工的检验标准

项目	序号	检验项目	质量标准	检验方法	检查数量
主控项目	1	混凝土强度等级	混凝土的强度等级必须符合设计要求。用于检验混凝土强度的试件应在浇筑地点随机抽取	检查施工记录及混凝土强度试验报告	对同一配合比混凝土，取样与试件留置应符合下列规定： （1）每拌制100盘且不超过100m³时，取样不得少于一次； （2）每工作班拌制不足100盘时，取样不得少于一次； （3）连续浇筑超过1000m³时，每200m³取样不得少于一次； （4）每一楼层取样不得少于一次； （5）每次取样应至少留置一组试件
一般项目	1	后浇带、施工缝的留设	后浇带的留设位置应符合设计要求。后浇带和施工缝的留设及处理方法应符合施工方案要求	观察	全数检查
一般项目	2	混凝土养护	混凝土浇筑完毕后应及时进行养护，养护时间以及养护方法应符合施工方案要求	观察，检查混凝土养护记录	全数检查

关于混凝土施工检验批质量检验的说明：

（1）主控项目第一项

本条为强制性条文，应严格执行。本条规定了两项内容，其一，混凝土的强度等级必须符合设计要求。混凝土强度等级是针对强度评定检验批而言的，应将整个检验批的所有各组混凝土试件强度代表值按《混凝土强度检验评定标准》（GB/T 50107）的有关公式进行计算，以评定该检验批的混凝土强度等级，并非指某一组或几组混凝土标准养护试件的抗压强度代表值。其二，对用于检验混凝土强度的试件的规定，包含两个要求，一是试件制作地点和抽样方法的要求，二是试件制作数量的要求。试件制作的地点应为浇筑地点，通常指混凝土入模处。如需3d、7d、14d等过程质量控制试件，可根据实际情况自行确定。

（2）一般项目第一项

① 混凝土后浇带对控制混凝土结构的温度、收缩裂缝有较大作用。混凝土后浇带位置应按设计要求留置，后浇带混凝土浇筑时间、处理方法也应事先在施工方案中确定。

② 混凝土施工缝不应随意留置，其位置应事先在施工方案中确定。施工缝的位置宜留在结构受剪力较小且便于施工的部位，并应符合下列规定：

a. 柱宜留置在基础的顶面、梁或吊车梁牛腿的下面、吊车梁的上面、无梁楼板柱帽的下面。

b. 与板连成整体的大截面梁，留置在板底面以下 20～30mm 处。当板下有梁托时，留置在梁托下部。

c. 单向板，留置在平行与板的短边的任何位置。

d. 有主次梁的楼板宜顺着次梁方向浇筑，施工缝应留在次梁跨度的中间 1/3 范围内。

e. 墙，留置在门洞口过梁跨中 1/3 范围内，也可以在纵横墙的交接处。

f. 双向受力楼板、大体积混凝土结构、拱、穹拱、薄壳、蓄水池、斗仓、多层钢价及其他结构复杂的工程，施工缝的位置应按设计要求留置。

③ 在施工缝处继续浇筑混凝土时，应符合下列规定：

a. 已浇筑的混凝土，其抗压强度不应小于 $1.2N/mm^2$。

b. 在已硬化混凝土表面上，应清除水泥薄膜的松动石子以及软弱混凝土层，并加以充分湿润和冲洗干净，且不得积水。

c. 在浇筑混凝土前，宜先在施工缝处铺一层水泥浆或混凝土内成分相同的水泥砂浆。

d. 混凝土应细致捣实，使新旧混凝土紧密结合。

④ 承受动力作用的设备基础，原则上不应留置施工缝；当需要留置时，应符合设计要求并按施工方案执行。在设备基础的地脚螺栓范围内施工缝的留置位置，应符合下列要求：

a. 水平施工缝，必须低于地脚螺栓底端，其与地脚螺栓底端的距离应大于 150mm。当地脚螺栓直径小于 30mm 时，水平施工缝可留置在不小于地脚螺栓埋入混凝土部分总长度的 3/4 处。

b. 垂直施工缝，其与地脚螺栓中心线的距离不得小于 250mm，且不得小于螺栓直径的 5 倍。

(3) 一般项目第二项

混凝土的养护条件对混凝土强度的增长有重要影响。在施工过程中，应根据材料、配合比、浇筑部位和施工季节等具体情况，制订合理的施工技术方案，采取有效的养护措施，保证混凝土强度正常增长。

养护方案应该确定具体的养护方法及养护时间，并应符合现行国家标准《混凝土结构工程施工规范》（GB 50666）的规定：

a. 应在浇筑完毕后的 12h 以内对混凝土加以覆盖并保湿养护。

b. 混凝土浇水养护的时间：对采用硅酸盐水泥、普通硅酸盐水泥或矿渣硅酸盐水泥拌制的混凝土，不得少于 7d，对掺用缓凝型外加剂或有抗渗要求的混凝土，不得少于 14d。

c. 混凝土强度达到 $1.2N/mm^2$ 前，不得在其上踩踏或安装模板及支架。

d. 当日平均气温低于 5℃时，不得浇水。

e. 浇水次数应能保持混凝土处于湿润状态。

f. 混凝土养护用水应与拌制用水相同。

g. 采用塑料布覆盖养护的混凝土,其敞露的全部表面应覆盖严密,并应保持塑料布内有凝结水。

h. 混凝土表面不便浇水或使用塑料布时,宜涂刷养护剂。

i. 当采用其他品种水泥时,混凝土的养护时间应根据所采用水泥的技术性能确定。

j. 对大体积混凝土的养护,应根据气候条件在施工技术方案中采取控温措施。

5.2.5 现浇结构分项工程

现浇筑结构分项工程以模板、钢筋、预应力、混凝土四个分项工程为依托,是拆除模板后的混凝土结构实物外观质量、几何尺寸检验等一系列技术工作的总称。现行混凝土结构施工质量验收规范将混凝土工程和现浇结构两个分项工程分开,主要区别是混凝土工程主要是对混凝土拌合物的质量及施工过程进行控制,而现浇结构分项工程主要是已经浇筑完成的混凝土结构的构件进行验收。现浇筑结构分项工程可按楼层、结构缝或施工段划分检验批。

1. 现浇结构分项工程的一般规定

1) 现浇结构质量验收的基本条件和要求

现浇结构质量验收应符合下列规定:

(1) 现浇结构质量验收应在拆模后、混凝土表面未作修整和装饰前进行,并应作出记录;

(2) 已经隐蔽的不可直接观察和量测的内容,可检查隐蔽工程验收记录;

(3) 修整或返工的结构构件或部位应有实施前后的文字及图像记录。

现浇结构外观和尺寸质量验收应在拆模后及时进行。即使混凝土表面存在缺陷,验收前也不应进行修整、装饰或各种方式的覆盖。

本条第(2)款中已经隐蔽的内容,是指与混凝土外观质量、几何尺寸有关而又不可直接观察和量测的部位和项目,如地下室防水混凝土外墙厚度、混凝土施工缝处理等。

修整或返工的结构构件或部位,其实施前后的文字及图像记录是指对缺陷情况和缺陷等级的描述、处理方案、实施过程图像记录以及实施后外观的文字和图像记录。

2) 现浇结构外观质量严重缺陷、一般缺陷确定的一般原则

现浇结构的外观质量缺陷应由监理单位、施工单位等各方根据其对结构性能和使用功能影响的严重程度按表5-36确定。

表5-36 现浇结构外观质量缺陷

名称	现象	严重缺陷	一般缺陷
露筋	构件内钢筋未被混凝土包裹而外露	纵向受力钢筋有露筋	其他钢筋有少量露筋
蜂窝	混凝土表面缺少水泥砂浆而形成石子外露	构件主要受力部位有蜂窝	其他部位有少量蜂窝

续表

名称	现象	严重缺陷	一般缺陷
孔洞	混凝土中孔穴深度和长度均超过保护层厚度	构件主要受力部位有孔洞	其他部位有少量孔洞
夹渣	混凝土中夹有杂物且深度超过保护层厚度	构件主要受力部位有夹渣	其他部位有少量夹渣
疏松	混凝土中局部不密实	构件主要受力部位有疏松	其他部位有少量疏松
裂缝	缝隙从混凝土表面延伸至混凝土内部	构件主要受力部位有影响结构性能或使用功能的裂缝	其他部位有少量不影响结构性能或使用功能的裂缝
连接部位缺陷	构件连接处混凝土缺陷及连接钢筋、连接件松动	连接部位有影响结构传力性能的缺陷	连接部位有基本不影响结构传力性能的缺陷
外形缺陷	缺棱掉角、棱角不直、翘曲不平、飞边凸肋等	清水混凝土构件有影响使用功能或装饰效果的外形缺陷	其他混凝土构件有不影响使用功能的外形缺陷
外表缺陷	构件表面麻面、掉皮、起砂、沾污等	具有重要装饰效果的清水混凝土构件有外表缺陷	其他混凝土构件有不影响使用功能的外表缺陷

对现浇结构外观质量的验收，采用检查缺陷，并对缺陷的性质和数量加以限制的方法进行。关于缺陷的定义如下：建筑工程施工质量中不符合规定要求的检验项或检验点，按其程度分为严重缺陷、一般缺陷。严重缺陷是对结构构件的受力性能或安装使用性能有决定性影响的缺陷。一般缺陷是对结构构件的受力性能或安装使用性能无决定性影响的缺陷。

当外观质量缺陷的严重程度超过规定的一般缺陷时，可按严重缺陷处理。对于具有重要装饰效果的清水混凝土，考虑到其装饰效果属于重要使用功能，故将其表面外观缺陷、外表缺陷确定为严重缺陷。

现浇结构工程如何对结构实物、外观质量检查缺陷进行验收。各种缺陷的数量限制可由各地根据实际情况做出具体规定。例如一般缺陷的几个概念。

少量露筋：梁、柱非纵向受力钢筋的露筋长度不大于10cm，累计不大于20cm；基础、墙、板非纵向受力钢筋的露筋长度不大于20cm，累计不大于40cm。

少量蜂窝：梁、柱上的蜂窝面积不大于500cm^2，累计不大于1000cm^2；基础、墙、板上蜂窝面积不大于1000cm^2，累计不大于2000cm^2。

少量孔洞：梁、柱上的孔洞面积不大于10cm^2，累计不大于80cm^2；基础、墙、板上的孔洞面积不大于100cm^2，累计不大于200cm^2。

少量夹渣：夹渣层的深度不大于5cm；梁、柱上的夹渣层长度不大于5cm，不多于两处；基础、墙、板上的夹渣层长度不大于20cm，不多于两处。

少量疏松：梁、柱上的疏松面积不大于500cm^2，累计不大于1000cm^2；基础、墙、板上的疏松面积不大于1000cm^2，累计不大于2000cm^2。

3）装配式结构现浇部分的验收

装配式结构现浇部分的外观质量、位置偏差、尺寸偏差验收应符合现浇结构分项工程要求。

2. 现浇结构分项工程的质量检验

现行验收规范将外观质量和尺寸偏差分别单独作为一个检验批来进行检查，为方便起见将两个检验批放在一起进行介绍，现浇结构分项结构工程外观质量和尺寸偏差检验批的检验标准和检验方法见表5-37。

表5-37 现浇结构外观质量和尺寸偏差的检验标准

项目	序号	检验项目	质量标准	检验方法	检查数量
主控项目	1	外观质量	现浇结构的外观质量不应有严重缺陷。对已经出现的严重缺陷，应由施工单位提出技术处理方案，并经监理单位认可后进行处理；对裂缝或连接部位的严重缺陷及其他影响结构安全的严重缺陷，技术处理方案尚应经设计单位认可。对经处理的部位应重新验收	观察，检查处理记录	全数检查
主控项目	2	过大尺寸偏差处理	现浇结构不应有影响结构性能或使用功能的尺寸偏差；混凝土设备基础不应有影响结构性能或设备安装的尺寸偏差。对超过尺寸允许偏差且影响结构性能或安装、使用功能的部位，应由施工单位提出技术处理方案，并经监理、设计单位认可后进行处理。对经处理的部位应重新验收	量测，检查处理记录	
一般项目	1	外观质量一般缺陷	现浇结构的外观质量不应有一般缺陷。对已经出现的一般缺陷，应由施工单位按技术处理方案进行处理。对经处理的部位应重新验收	观察，检查处理记录	全数检查
一般项目	2	现浇结构允许偏差	现浇结构的位置和尺寸偏差及检验方法应符合表5-38的规定	见表5-38	见表5-38
一般项目	3	现浇设备基础尺寸的允许偏差	现浇设备基础的位置和尺寸应符合设计和设备安装的要求。其位置和尺寸偏差及检验方法应符合表5-39的规定	见表5-39	全数检查

关于混凝土现浇结构分项工程检验批质量检验说明：

(1) 主控项目第一项

外观质量的严重缺陷通常会影响到结构性能、使用功能或耐久性。对已经出现的严重缺陷，应由施工单位根据缺陷的具体情况提出技术处理方案，经监理单位认可后进行处理，并重新检查验收。对于影响结构安全的严重缺陷，除上述程序外，技术处理方案尚应经设计单位认可。

(2) 主控项目第二项

过大的尺寸偏差可能影响结构构件的受力性能、使用功能，也可能影响设备在基础上的安装、使用。验收时，应根据现浇结构、混凝土设备基础尺寸偏差的具体情况，由施工、监理各方共同确定尺寸偏差对结构性能和安装使用功能的影响程度。对超过尺寸允许偏差且影响结构性能和安装、使用功能的部位，应由施工单位根据尺寸偏差的具体情况提出技术处理方案，经监理、设计单位认可后进行处理，并重新检查验收。

（3）一般项目第一项

外观质量的一般缺陷不会对结构性能、使用功能造成严重影响，但有碍观瞻。故对已经出现的一般缺陷，也应及时处理，并重新检查验收。

（4）一般项目第二项

现浇结构位置和尺寸允许偏差的检查方法见表 5-38 的规定。根据建筑工程的实际情况，允许偏差规定进行适当调整，柱、墙、梁的轴线位置偏差统一，并包括剪力墙；层高内垂直度偏差按 6m 层高划分，并适当调整偏差要求；全高垂直度偏差考虑国内高层建筑的实际情况，提出了新的计算公式，并适当放宽了超高层建筑的总要求；增加了混凝土基础的截面尺寸偏差要求；增加了楼梯相邻踏步高差要求；考虑到混凝土结构子分部工程验收增加了结构实体构件尺寸偏差检验，且同样要用到本条偏差指标要求，本条将柱、墙、梁、板的截面尺寸偏差统一为 +10mm 和 −5mm；对于电梯井洞，考虑安装要求需要，不再提出垂直度要求，而改为要求中心位置；增加了预埋板、预埋螺栓、预埋管之外的其他预埋件中心位置偏差要求。

表 5-38　现浇结构位置和尺寸允许偏差及检验方法

项目		允许偏差（mm）	检验方法	检查数量
轴线位置	整体基础	15	经纬仪及尺量	在同一检验批内，对梁、柱和独立基础，应抽查构件数量的 10%，且不少于 3 件；对墙和板，应按有代表性的自然间抽查 10%，且不应少于 3 间；对大空间结构，墙可按相邻轴线间高度 5m 左右划分检查面，板可按纵横轴线划分检查面，抽查 10%，且均不少于 3 面；对电梯井，应全数检查
	独立基础	10	经纬仪及尺量	
	柱、墙、梁	8	尺量	
垂直度	层高 ≤6m	10	经纬仪或吊线、尺量	
	层高 >6m	12	经纬仪或吊线、尺量	
	全高（H）≤300m	$H/30000+20$	经纬仪、尺量	
	全高（H）>300m	$H/10000$ 且 ≤80	经纬仪、尺量	
标高	层高	±10	水准仪或拉线、尺量	
	全高	±30		
截面尺寸	基础	+15，−10	尺量	
	柱、梁、板、墙	+10，−5	尺量	
	楼梯相邻踏步高差	6	尺量	
电梯井	中心位置	10	尺量	
	长、宽尺寸	+25，0	尺量	
表面平整度		8	2m 靠尺和塞尺量测	
预埋件中心位置	预埋板	10	尺量	
	预埋螺栓	5		
	预埋管	5		
	其他	10		
预留洞、孔中心线位置		15	尺量	

注：1. 检查柱轴线、中心线位置时，沿纵、横两个方向测量，并取其中偏差的较大值。
　　2. H 为全高，单位为 mm。

(5) 一般项目第三项

混凝土设备基础位置和尺寸允许偏差检查方法见表 5-39 的规定。

表 5-39 现浇设备基础位置和尺寸允许偏差及检验方法

项目		允许偏差（mm）	检验方法
坐标位置		20	经纬仪及尺量
不同平面标高		0，−20	水准仪或拉线、尺量
平面外形尺寸		±20	尺量
凸台上平面外形尺寸		0，−20	尺量
凹槽尺寸		+20，0	尺量
平面水平度	每米	5	水平尺、塞尺量测
	全长	10	
垂直度	每米	5	经纬仪或吊线、尺量
	全高	10	
预埋地脚螺栓	中心位置	2	尺量
	顶标高	+20，0	水准仪或拉线、尺量
	中心距	±2	尺量
	垂直度	5	吊线、尺量
预埋地脚螺栓孔	中心线位置	10	尺量
	截面尺寸	+20，0	尺量
	深度	+20，0	尺量
	垂直度	$h/100$ 且≤10	吊线、尺量
预埋活动地脚螺栓锚板	中心线位置	5	尺量
	标高	+20，0	水准仪或拉线、尺量
	带槽锚板平整度	5	直尺、塞尺量测
	带螺纹孔锚板平整度	2	直尺、塞尺量测

注：1. 检查坐标、中心线位置时，应沿纵、横两个方向测量，并取其中偏差的较大值。
2. h 为预埋地脚螺栓孔孔深（mm）。

5.3 钢结构工程

在房屋建筑中，有大量的钢结构厂房、高层钢结构建筑、大跨度钢网架建筑、悬索结构建筑等，所有这些钢结构尽管用途和形式有所不同，但他们都是由钢板和型钢等加工成基本构件，然后将这些基本构件按照一定的方式通过焊接和螺栓连接等组成结构。钢结构工程施工质量的验收应执行《钢结构工程施工质量验收标准》（GB 50205—2020）的有关规定。

钢结构工程作为一个子分部工程，包括原材料及成品验收、焊接、紧固件连接、钢零件及钢部件加工、钢构件组装、钢构件预拼装、单层多高层钢结构安装、空间结构安装、压型金属板、涂装等分项工程。下面主要介绍钢结构的基本规定、单层多高层钢结构安装、涂装等内容，其他内容从略，如果有需要按照规范执行。

5.3.1 基本规定

1）质量管理

钢结构工程施工单位应有相应的施工技术标准、质量管理体系、质量控制及检验制度，施工现场应有经审批的施工组织设计、施工方案等技术文件。

本条是对从事钢结构工程的施工企业资质和质量管理内容进行检查验收，强调市场准入制度，属于管理方面的要求。现行国家标准《建筑工程施工质量验收统一标准》(GB 50300) 中表 A.0.1 的检查内容比较细，检查内容主要有：质量管理制度和质量检验制度、施工技术企业标准、专业技术管理和专业工程岗位证书、施工资质和分包方资质、施工组织设计（施工方案）、检验仪器设备及计量设备等。针对钢结构工程可以进行简化，特别是对已通过质量管理体系 ISO 9001、环境管理体系 ISO 14001 和职业健康安全管理体系 OHSAS 18001 认证的企业，检查项目可以减少。

2）计量器具与见证检验

钢结构工程施工质量的验收，必须采用经计量检定、校准合格的计量器具。钢结构工程见证取样送样应由检测机构完成。

钢结构工程施工质量验收所使用的计量器具必须是根据计量法规定的、定期计量检验合格，且保证在检定有效期内使用。不同计量器具有不同的使用要求，同一计量器具在不同使用状况下，测量精度不同，因此本标准要求严格按有关规定正确操作计量器具。

钢结构工程见证取样送样、检测应由具有相应资质的检测机构进行，制作单位可委托具有制作所在地中国计量认证（CMA）或中国合格评定国家认可委员会（CNAS）认证的检测机构检测，建设单位可委托工程所在地具有建设行业主管部门资质的检测机构进行。

3）技术资料验收

钢结构工程施工中采用的工程技术文件、承包合同文件等对施工质量验收的要求不得低于标准的规定。

钢结构图纸是钢结构工程施工的重要文件，是钢结构工程施工质量验收的基本依据。在市场经济中，工程承包合同中有关工程质量的要求具有法律效力，因此合同文件中有关工程质量的约定也是验收的依据之一，但合同文件的规定只能高于标准的规定，标准的规定是施工质量最低和最基本的要求。

4）施工质量控制

钢结构工程应按下列规定进行施工质量控制：

（1）采用的原材料及成品应进行进场验收，凡涉及安全、功能的原材料及成品应按《钢结构工程施工质量验收标准》(GB 50205—2020) 14.0.2 条的规定进行复验，并应经监理工程师（建设单位技术负责人）见证取样送样；

（2）各工序应按施工技术标准进行质量控制，每道工序完成后应进行检查；

（3）相关各专业之间应进行交接检验，并经监理工程师（建设单位技术负责人）检查认可。

5）验收程序

钢结构工程施工质量验收在施工单位自检合格的基础上，按照检验批、分项工程、分部（子分部）工程分别进行验收，钢结构分部（子分部）工程中分项工程的划分，应按现行国家标准《建筑工程施工质量验收统一标准》（GB 50300）的规定执行。钢结构分项工程应由一个或若干检验批组成，其各分项工程检验批应按本标准的规定进行划分，并应经监理（或建设单位）确认。

钢结构作为主体结构，属于分部工程，对大型钢结构工程可按空间刚度单元划分为若干个子分部工程；当主体结构含钢筋混凝土结构、砌体结构等时，钢结构就属于子分部工程；钢结构分项工程按照主要工种、材料、施工工艺等进行划分，标准将钢结构工程划分为10个分项工程，每个分项工程单独成章；将分项工程划分成检验批进行验收，有助于及时纠正施工中出现的质量问题，确保工程质量，也符合施工实际需要。

钢结构分项工程检验批划分遵循以下原则：单层钢结构按变形缝划分；多层及高层钢结构按楼层或施工段划分；压型金属板工程可按屋面、墙板、楼面等划分；对于原材料及成品进场时的验收，可以根据工程规模及进料实际情况合并或分解检验批。

6）检验批质量标准

检验批合格质量标准应符合下列规定：

（1）主控项目必须满足标准质量要求；

（2）一般项目的检验结果应有80%及以上的检查点（值）满足标准的要求，且最大值（或最小值）不应超过其允许偏差值的1.2倍。

检验批的合格质量主要取决于对主控项目和一般项目的检验结果。主控项目是对检验批的基本质量起决定性影响的检验项目，因此必须全部符合标准的规定，这意味着主控项目不允许有不满足要求的检验结果，即这种项目的检查具有否决权。一般项目是指对施工质量不起决定性作用的检验项目。本条中80%的规定是参照原验评标准及工程实际情况确定的。考虑到钢结构对缺陷的敏感性，本条对一般偏差项目设定了1.2倍偏差限值的门槛值。

7）分项工程质量标准

分项工程合格质量标准应符合下列规定：

（1）分项工程所含的各检验批均应满足标准质量要求；

（2）分项工程所含的各检验批质量验收记录应完整。

分项工程的验收在检验批的基础上进行，两者具有相同或相近的性质，只是批量的大小不同而已，因此将有关的检验批汇集便构成分项工程的验收。分项工程质量合格的条件相对简单，只要构成分项工程的各检验批的验收资料文件完整，并且均已验收合格，则分项工程验收合格。

8）质量不合格的处理

当钢结构工程施工质量不符合标准的规定时，应按下列规定进行处理：

（1）经返修或更换构（配）件的检验批，应重新进行验收；

（2）经法定的检测单位检测鉴定能够达到设计要求的检验批，应予以验收；

（3）经法定的检测单位检测鉴定达不到设计要求，但经原设计单位核算认可能够满

足结构安全和使用功能的检验批，可予以验收；

(4) 经返修或加固处理的分项、分部工程，仍能满足结构安全和使用功能要求时，可按处理技术方案和协商文件进行验收；

(5) 通过返修或加固处理仍不能满足安全使用要求的钢结构分部工程，严禁验收。

一般情况下，不符合规定的现象在最基层的验收单元—检验批时就应发现并及时处理，否则将影响后续检验批和相关的分项工程、分部（子分部）工程的验收。因此，所有质量隐患必须尽快消灭在萌芽状态，这也是本标准以强化验收促进过程控制原则的体现。质量不合格的处理分五种情况。

第一种情况：在检验批验收时，其主控项目或一般项目不能符合标准的规定时，应及时进行处理。其中，严重的缺陷应返工重做或更换构件；一般的缺陷通过翻修、返工予以解决。允许施工单位在采取相应的措施后重新验收，如能够符合标准的规定，则认为该检验批合格。

第二种情况：当个别检验批发现试件强度、原材料质量等不能满足要求或发生裂纹、变形等问题，且缺陷程度比较严重或验收各方对质量看法有较大分歧而难以通过协商解决时，应请具有资质的法定检测单位检测，并给出检测结论。当检测结果能够达到设计要求时，该检验批可通过验收。

第三种情况：如经检测鉴定达不到设计要求，但经原设计单位核算，仍能满足结构安全和使用功能的情况，该检验批可予验收。标准给出的是满足安全和功能的最低限度要求，而设计一般在此基础上留有一些余量。不满足设计要求和符合相应标准的要求，两者并不矛盾。

第四种情况：更为严重的缺陷或者超过检验批的更大范围内的缺陷，可能影响结构的安全性和使用功能。在经法定检测单位的检测鉴定以后，仍达不到规范标准的相应要求，即不能满足最低限度的安全储备和使用功能，则必须按一定的技术方案进行加固处理，使之能保证其满足安全使用的基本要求，但已造成了一些永久性的缺陷，如改变了结构外形尺寸，影响了一些次要的使用功能等。为避免更大的损失，在基本上不影响安全和主要使用功能条件下可采取按处理技术方案和协商文件再进行验收，降级使用。但不能作为轻视质量而回避责任的一种出路，这是应该特别注意的。

第五种情况：通过返修或加固处理仍不能满足安全使用要求的钢结构分部工程，严禁验收。

5.3.2 单层、多高层钢结构安装工程

1. 一般规定

(1) 本部分可用于单层和多高层钢结构的主体结构、地下钢结构、檩条及墙架等次要构件、钢平台、马道、钢梯、防护栏杆等安装工程的质量验收。

条文中"柱"是单节柱和多节柱的统称，"柱"的各项规定两者都适用，"多节柱"安装的各项规定主要适用于多高层钢结构工程。

(2) 钢结构安装工程可按变形缝或空间稳定单元等划分成一个或若干个检验批，也可按楼层或施工段等划分为一个或若干个检验批。地下钢结构可按不同地下层划分检

验批。

(3) 钢结构安装检验批应在原材料及构件进场验收和紧固件连接、焊接连接、防腐等分项工程验收合格的基础上进行验收。

(4) 结构安装测量校正、高强度螺栓连接副及摩擦面抗滑移系数、冬雨期施工及焊接等，应在实施前制订相应的施工工艺或方案。

(5) 安装偏差的检测，应在结构形成空间稳定单元并连接固定且临时支承结构拆除前进行。

钢结构工程具有复杂性和多样性，合理的安装方法和安装顺序，保证安装完成的钢结构在竖向和平面形成稳定的空间结构，是为了保证结构施工安全，必要时采用临时支撑或其他临时措施。安装偏差的检测应在临时支撑结构拆除前（卸载前）进行。拆除后的变形属于结构承载变形。

(6) 安装时，施工荷载和冰雪荷载等严禁超过梁、桁架、楼面板、屋面板、平台铺板等的承载能力。

(7) 在形成空间稳定单元后，应立即对柱底板和基础顶面的空隙进行二次浇灌。

(8) 多节柱安装时，每节柱的定位轴线应从基准面控制轴线直接引上，不得从下层柱的轴线引上。

多、高层钢结构每节柱定位轴线应从地面的控制轴线直接引上来，可避免安装误差参与传递。多层和超高层安装应设若干传递层，每一传递层为一基准面，测量是以基准面为基础进行的。

2. 基础和地脚螺栓（锚栓）工程检验批质量检验

基础和地脚螺栓（锚栓）工程检验批质量检验标准、检验方法及检查数量见表 5-40。

表 5-40 基础和地脚螺栓（锚栓）工程检验批质量检验

项目	序号	检验项目	质量标准	检验方法	检查数量
主控项目	1	轴线和标高	建筑物定位轴线、基础上柱的定位轴线和标高应满足设计要求。当设计无要求时应符合表 5-41 的规定	用经纬仪、水准仪、全站仪和钢尺现场实测	全数检查
	2	支承面	基础顶面直接作为柱的支承面或以基础顶面预埋钢板或支座作为柱的支承面时，其支承面、地脚螺栓（锚栓）位置的允许偏差应符合表 5-42 的规定	用经纬仪、水准仪、全站仪、水平尺和钢尺实测	按柱基数抽查 10%，且不应少于 3 个
	3	座浆垫板	采用座浆垫板时，座浆垫板的允许偏差应符合表 5-43 的规定	用水准仪、全站仪、水平尺和钢尺现场实测	按柱基数抽查 10%，且不应少于 3 个
	4	杯口尺寸	采用插入式或埋入式柱脚时，杯口尺寸的允许偏差应符合表 5-44 的规定	观察及尺量检查	按基础数抽查 10%，且不应少于 3 处

续表

项目	序号	检验项目	质量标准	检验方法	检查数量
一般项目	1	规格、位置及紧固	地脚螺栓（锚栓）规格、位置及紧固应满足设计要求，地脚螺栓（锚栓）的螺纹应有保护措施	现场观察	全数检查
	2	地脚螺栓（锚栓）尺寸	地脚螺栓（锚栓）尺寸的偏差应符合表5-45的规定	用钢尺现场实测	按基础数抽查10%，且不应少于3处

关于基础和地脚螺栓（锚栓）工程检验批质量检验标准的说明：

(1) 主控项目第一项

建筑物的定位轴线与基础上柱的标高等直接影响到钢结构的安装质量，故应给予高度重视。建筑物定位轴线、基础上柱的定位轴线和标高的允许偏差应符合表5-41的规定。

表5-41 建筑物定位轴线、基础上柱的定位轴线和标高的允许偏差（mm）

项目	允许偏差	图例
建筑物定位轴线	$l/20000$，且不大于3.0	
基础上柱的定位轴线	1.0	
基础上柱底标高	±3.0	

(2) 主控项目第二项

支承面、地脚螺栓（锚栓）位置的允许偏差应符合表5-42的规定。

表5-42 支承面、地脚螺栓（锚栓）位置的允许偏差（mm）

项目		允许偏差
支承面	标高	±3.0
	水平度	$l/1000$
地脚螺栓（锚栓）	螺栓中心偏移	5.0
	预留孔中心偏移	10.0

注：l为垫板长度。

(3) 主控项目第三项

座浆垫板的允许偏差应符合表 5-43 的规定。

表 5-43 座浆垫板的允许偏差（mm）

项目	允许偏差
顶面标高	0 −3.0
水平度	$l/1000$
平面位置	20.0

注：l 为垫板长度。

(4) 主控项目第四项

杯口尺寸的允许偏差应符合表 5-44 的规定。

表 5-44 杯口尺寸的允许偏差（mm）

项目	允许偏差
底面标高	0 −5.0
杯口深度 H	±5.0
杯口垂直度	$h/100$，且不应大于 10.0
柱脚轴线对柱定位轴线的偏差	1.0

注：h 为底层柱的高度。

(5) 一般项目第一项

地脚螺栓（锚栓）尺寸的偏差应符合表 5-45 的规定。

表 5-45 地脚螺栓（锚栓）尺寸的允许偏差（mm）

螺栓（锚栓）直径	允许偏差	
	螺栓（锚栓）外露长度	螺栓（锚栓）螺纹长度
$d \leqslant 30$	0 +1.2d	0 +1.2d
$d > 30$	0 +1.0d	0 +1.0d

3. 钢柱安装工程检验批质量检验

钢柱安装工程检验批质量检验标准、检验方法及检查数量见表 5-46。

表 5-46 钢柱安装工程检验批质量检验

项目	序号	检验项目	质量标准	检验方法	检查数量
主控项目	1	外观检查	钢柱几何尺寸应满足设计要求并符合本标准的规定。运输、堆放和吊装等造成的钢构件变形及涂层脱落，应进行矫正和修补	用拉线、钢尺现场实测或观察	按钢柱数抽查 10%，且不应少于 3 个

续表

项目	序号	检验项目	质量标准	检验方法	检查数量
主控项目	2	节点接头	设计要求顶紧的构件或节点、钢柱现场拼接接头接触面不应少于70%密贴,且边缘最大间隙不应大于0.8mm	用钢尺及0.3mm和0.8mm厚的塞尺现场实测	按节点或接头数抽查10%,且不应少于3个
一般项目	1	构件标记	钢柱等主要构件的中心线及标高基准点等标记应齐全	观察检查	按同类构件或钢柱数抽查10%,且不应少于3件
一般项目	2	安装偏差	钢柱安装的允许偏差应符合表5-47的规定	见表5-47	按钢柱数抽查10%,且不应少于3件
一般项目	3	工地拼接接头偏差	柱的工地拼接接头焊缝组间隙的允许偏差,应符合表5-48的规定	钢尺检查	按同类节点数抽查10%,且不应少于3个
一般项目	4	表面干净	钢柱表面应干净,结构主要表面不应有疤痕、泥沙等污垢	观察检查	按同类构件数抽查10%,且不应少于3件

关于钢柱安装工程检验批质量检验标准的说明：

(1) 主控项目第一项

钢结构安装工程质量不仅要控制原材料和构件的制作质量,而且要控制构件的运输、堆放和吊装质量,应采取可靠措施,防止构件在上述过程中变形或脱漆。如不慎构件产生变形或脱漆,应矫正或补漆后再安装。

(2) 主控项目第二项

顶紧面紧贴与否直接影响节点荷载或拼接柱的荷载传递,保证一定的贴紧面是非常重要的。

(3) 一般项目第一项

钢构件的定位标记（中心线和标高等标记）不仅能提高安装精度,而且能加快安装进度。对工程竣工后正确地进行定期观测,积累工程档案资料和工程的改、扩建等至关重要。

(4) 一般项目第二项

钢柱安装的允许偏差和检验方法应符合表5-47的规定。

表5-47 钢柱安装的允许偏差（mm）

项目	允许偏差	图例	检验方法
柱脚底座中心线对定位轴线的偏移△	5.0		用吊线和钢尺等实测

5 主体结构分部工程质量检查与验收

续表

项目		允许偏差	图例	检验方法
柱子定位轴线 Δ		1.0		—
柱基准点标高	有吊车梁的柱	+3.0 −5.0		—
	无吊车梁的柱	+5.0 −8.0		用水准仪等实测
弯曲矢高		$H/1200$，且不大于 15.0		用经纬仪或拉线和钢尺等实测
柱轴线垂直度	单层柱	$H/1000$，且不大于 25.0		用经纬仪或吊线和钢尺等实测
	多层柱 单节柱	$H/1000$，且不大于 10.0		
	柱全高	35.0		
钢柱安装偏差		3.0		用钢尺等实测
同一层柱的各柱顶高度差 Δ		5.0		用全站仪、水准仪等实测

(5) 一般项目第三项

柱的工地拼接接头焊缝组对间隙的允许偏差应符合表 5-48 的规定。

表 5-48　柱的工地拼接接头焊缝组间隙的允许偏差（mm）

项目	允许偏差
无垫板间隙	+3.0 0
有垫板间隙	+3.0 −2.0

（6）一般项目第四项

在钢结构安装工程中，由于构件堆放和施工现场都是露天的，风吹雨淋，构件表面极易粘结泥沙、油污等脏物，不仅影响建筑物美观，而且时间长了还会侵蚀涂层，造成结构锈蚀。因此做出本条规定。焊疤是在构件上固定工卡具的临时焊缝未清除干净以及焊工在焊缝接头处外引弧所造成的，构件的焊疤影响美观且易积存灰尘和粘结泥沙。

4. 钢板剪力墙安装工程检验批质量检验

钢板剪力墙安装工程检验批质量检验标准、检验方法及检查数量见表 5-49。

表 5-49　钢板剪力墙安装工程检验批质量检验

项目	序号	检验项目	质量标准	检验方法	检查数量
主控项目	1	外观检查	钢板剪力墙的几何尺寸应满足设计要求并符合本标准的规定。运输、堆放和吊装等造成构件变形和涂层脱落，应进行校正和修补	用拉线、钢尺现场实测或观察	按进场构件数抽查 10%，且不应少于 3 个
主控项目	2	对口错边、平面外挠曲	钢板剪力墙对口错边、平面外挠曲应符合表 5-50 的规定	用钢尺现场实测或观察	按构件数抽查 10%，且不应少于 3 件
主控项目	3	消能减震	消能减震钢板剪力墙的性能指标应满足设计要求	检查检测报告	全数检查
一般项目	1	表面质量	安装后的钢板剪力墙表面应干净，不得有明显的疤痕、泥沙和污垢等	观察检查	按构件数抽查 10%，且不应少于 3 件

关于钢板剪力墙安装工程检验批质量检验标准的说明：

（1）主控项目第二项

钢板剪力墙对口错边、平面外挠曲应符合表 5-50 的规定。钢板剪力墙作为抗侧力体系的一种，广泛应用于超高层钢结构中，表中第二项偏差值是考虑不能超过混凝土保护层。

表 5-50　钢板剪力墙安装允许偏差（mm）

项目	允许偏差	图例
钢板剪力墙对口错边 Δ	$t/5$，且不大于 3	

续表

项目	允许偏差	图例
钢板剪力墙平面外挠曲	$l/250+10$，且不大于 30 （l 取 l_1 和 l_2 中的较小值）	

5. 主体钢结构工程检验批质量检验

主体钢结构工程检验批质量检验标准、检验方法及检查数量见表 5-51。

表 5-51 主体钢结构工程检验批质量检验

项目	序号	检验项目	质量标准	检验方法	检查数量
主控项目	1	立面检查	主体钢结构整体立面偏移和整体平面弯曲的允许偏差应符合表 5-52 的规定	采用经纬仪、全站仪、GPS 等测量	对主要立面全部检查。对每个所检查的立面，除两列角柱外，尚应至少选取一列中间柱
一般项目	1	高度检查	主体钢结构总高度可按相对标高或设计标高进行控制。总高度的允许偏差应符合表 5-53 的规定	采用全站仪、水准仪和钢尺实测	按标准柱列数抽查 10%，且不应少于 4 列

关于主体钢结构工程检验批质量检验标准的说明：

（1）主控项目第一项

钢结构整体立面偏移和整体平面弯曲的允许偏差应符合表 5-52 的规定。

表 5-52 钢结构整体立面偏移和整体平面弯曲的允许偏差（mm）

项目	允许偏差		图例
主体结构的整体立面偏移	单层	$H/1000$，且不大于 25.0	
	高度 60m 以下的多高层	$(H/2500+10)$，且不大于 30.0	
	高度 60m 至 100m 的高层	$(H/2500+10)$，且不大于 50.0	
	高度 100m 以上的高层	$(H/2500+10)$，且不大于 80.0	
主体结构的整体平面弯曲	$l/1500$，且不大于 50.0		

(2) 一般项目第一项

钢结构施工总高度可按相对标高控制，也可按设计标高控制，在钢结构施工实施前确定。不论采用相对标高还是设计标高进行多层、高层钢结构安装，对同一层柱顶标高的差值均应控制在 5mm 以内，使柱顶高度偏差不致失控。总高度的允许偏差应符合表 5-53 的规定。

表 5-53 主体钢结构总高度的允许偏差（mm）

项目		允许偏差	图例
用相对标高控制安装		$\pm \Sigma (\Delta_h + \Delta_z + \Delta_w)$	
用设计标高控制安装	单层	$H/1000$，且不大于 20.0 $-H/1000$，且不小于 -20.0	
	高度 60m 以下的多高层	$H/1000$，且不大于 30.0 $-H/1000$，且不小于 -30.0	
	高度 60m 至 100m 的高层	$H/1000$，且不大于 50.0 $-H/1000$，且不小于 -50.0	
	高度 100m 以上的高层	$H/1000$，且不大于 100.0 $-H/1000$，且不小于 -100.0	

注：Δ_h 为每节柱子长度的制造允许偏差；Δ_z 为每节柱子长度受荷载后的压缩值；Δ_w 为每节柱子接头焊缝的收缩值。

5.3.3 涂装工程

1. 一般规定

(1) 本部分可用于钢结构的油漆类防腐、金属热喷涂防腐、热浸镀锌防腐和防火涂料涂装等工程的施工质量验收。

(2) 钢结构涂装工程可按钢结构制作或钢结构安装分项工程检验批的划分原则划分成一个或若干个检验批。

(3) 钢结构普通防腐涂料涂装工程应在钢结构构件组装、预拼装或钢结构安装工程检验批的施工质量验收合格后进行。钢结构防火涂料涂装工程应在钢结构安装分项工程检验批和钢结构防腐涂装检验批的施工质量验收合格后进行。

(4) 采用涂料防腐时，表面除锈处理后宜在 **4h** 内进行涂装，采用金属热喷涂防腐时，钢结构表面处理与热喷涂施工的间隔时间，晴天或湿度不大的气候条件下不应超过 **12h**，雨天、潮湿、有盐雾的气候条件下不应超过 **2h**。

(5) 采用防火防腐一体化体系（含防火防腐双功能涂料）时，防腐涂装和防火涂装可以合并验收。

2. 防腐涂料涂装工程检验批质量检验

防腐涂料涂装工程检验批质量检验标准、检验方法及检查数量见表 5-54。

5 主体结构分部工程质量检查与验收

表 5-54 防腐涂料涂装工程检验批质量检验

项目	序号	检验项目	质量标准	检验方法	检查数量
主控项目	1	表面处理	涂装前钢材表面除锈应符合设计要求并符合国家现行标准的规定。处理后的钢材表面不应有焊渣、焊疤、灰尘、油污、水和毛刺等。当设计无要求时，钢材表面除锈等级应符合表 5-55 的规定	用铲刀检查和用现行国家标准《涂覆涂料前钢材表面处理-表面清洁度的目视评定 第 1 部分：未涂覆过的钢材表面和全面清除原有涂层后的钢材表面的锈蚀等级和处理等级》(GB/T 8923.1) 规定的图片对照观察检查	按构件数量抽查 10%，且同类构件不应少于 3 件
	2	涂装工艺评定	当设计要求或施工单位首次采用某涂料和涂装工艺时，应按本标准附录 D 的规定进行涂装工艺评定，评定结果应满足设计要求并符合国家现行标准的要求	检查涂装工艺评定报告	全数检查
	3	涂层厚度	**防腐涂料、涂装遍数、涂装间隔、涂层厚度均应满足设计文件、涂料产品标准的要求。当设计对涂层厚度无要求时，涂层干漆膜总厚度：室外不应小于 150μm，室内不应小于 125μm**	用干漆膜测厚仪检查。每个构件检测 5 处，每处的数值为 3 个相距 50mm 测点涂层干漆膜厚度的平均值，漆膜厚度的允许偏差应为 −25μm	按构件数抽查 10%，且同类构件不应少于 3 件
	4	金属热喷涂涂层厚度	金属热喷涂涂层厚度应满足设计要求	按现行国家标准《热喷涂涂层厚度的无损测量方法》(GB/T 11374) 的有关规定执行	平整的表面每 10m² 表面上的测量基准面数量不得少于 3 个，不规则的表面可适当增加基准面数量
	5	金属热喷涂涂层结合强度	金属热喷涂涂层结合强度应符合现行国家标准《热喷涂金属和其他无机覆盖层锌、铝及其合金》(GB/T 9793) 的有关规定	按现行国家标准《热喷涂金属和其他无机覆盖层锌、铝及其合金》(GB/T 9793) 的有关规定执行	每 500m² 检测数量不得少于 1 次，且总检测数量不得少于 3 次
	6	涂层附着力测试	当钢结构处于有腐蚀介质环境、外露或设计有要求时，应进行涂层附着力测试。在检测范围内，当涂层完整程度达到 70% 以上时，涂层附着力可认定为质量合格	按现行国家标准《漆膜附着力测定法》(GB 1720) 或《色漆和清漆划格试验》(GB/T 9286) 执行	按构件数抽查 1%，且不应少于 3 件，每件测 3 处

续表

项目	序号	检验项目	质量标准	检验方法	检查数量
一般项目	1	表面质量	涂层应均匀，无明显皱皮、流坠、针眼和气泡等	观察检查	全数检查
	2	金属热喷涂涂层的外观	金属热喷涂涂层的外观应均匀一致，涂层不得有气孔、裸露母材的斑点、附着不牢的金属熔融颗粒、裂纹或影响使用寿命的其他缺陷	观察检查	全数检查
	3	标志	涂装完成后，构件的标志、标记和编号应清晰完整	观察检查	全数检查

关于钢结构防腐涂料涂装工程检验批质量检验标准的说明：

（1）主控项目第一项

涂装前钢材表面除锈应符合设计要求和国家现行有关标准的规定。当设计无要求时，钢材表面除锈等级应符合表5-55的规定。钢结构除锈应采用喷射除锈作为首选的除锈方法，而手工和动力工具除锈仅作为喷射除锈的补充手段。

表5-55　各种底漆或防锈漆要求最低的除锈等级

涂料品种	除锈等级
油性酚醛、醇酸等底漆或防锈漆	St3
高氯化聚乙烯、氯化橡胶、氯磺化聚乙烯、环氧树脂、聚氨酯等底漆或防锈漆	Sa2½
无机富锌、有机硅、过氯乙烯等底漆	Sa2½

（2）主控项目第三项

本条为强制性条文，必须严格执行。涂装防腐是提高钢结构耐久性的重要手段与方法。

（3）主控项目第六项

涂层附着力是反映涂装质量的综合性指标，其测试方法简单易行，故增加该项检查以便综合评价整个涂装工程质量。

（4）一般项目第一项

实验证明，在涂装后的钢材表面施焊，焊缝的根部会出现密集气孔，影响焊缝质量。误涂后，用火焰吹烧或用焊条引弧吹烧都不能彻底清除油漆，焊缝根部仍然会有气孔产生。

（5）一般项目第三项

对于安装单位来说，构件的标志、标记和编号（对于重大构件应标注质量和起吊位置）是构件安装的重要依据，因此要求全数检查。

3. 防火涂料涂装工程检验批质量检验

防火涂料涂装工程检验批质量检验标准、检验方法及检查数量见表5-56。

表 5-56 防火涂料涂装工程检验批质量检验

项目	序号	检验项目	质量标准	检验方法	检查数量
主控项目	1	防腐涂装验收	防火涂料涂装前，钢材表面防腐涂装质量应满足设计要求并符合标准的规定	检查防腐涂装验收记录	全数检查
	2	强度试验	防火涂料的粘结强度、抗压强度应符合现行国家标准《钢结构防火涂料》(GB 14907)的规定。	检查复检报告	每使用 100t 或不足 100t 薄涂型防火涂料应抽检一次粘结强度；每使用 500t 或不足 500t 厚涂型防火涂料应抽检一次粘结强度和抗压强度
	3	涂层厚度及隔热性能	**膨胀型（超薄型、薄涂型）防火涂料、厚涂型防火涂料的涂层厚度及隔热性能应满足国家现行标准有关耐火极限的要求，且不应小于－200μm。当采用厚涂型防火涂料涂装时，80% 及以上涂层面积应满足国家现行标准有关耐火极限的要求，且最薄处厚度不应低于设计要求的 85%**	膨胀型（超薄型、薄涂型）防火涂料采用涂层厚度测量仪，涂层厚度允许偏差应为－5%。厚涂型防火涂料的涂层厚度采用本标准附录 E 的方法检测	按构件数抽查 10%，且同类构件不应少于 3 件
	4	表面裂纹	超薄型防火涂料涂层表面不应出现裂纹；薄涂型防火涂料涂层表面裂纹宽度不应大于 0.5mm；厚涂型防火涂料涂层表面裂纹宽度不应大于 1.0mm	观察和用尺量检查	按同类构件数抽查 10%，且均不应少于 3 件
一般项目	1	基层表面	防火涂料涂装基层不应有油污、灰尘和泥砂等污垢	观察检查	全数检查
	2	涂层表面质量	防火涂料不应有误涂、漏涂，涂层应闭合，无脱层、空鼓、明显凹陷、粉化松散和浮浆、乳突等缺陷	观察检查	全数检查

复习思考题：

5-1 脚手眼的留设有什么要求？

5-2 砌体每日砌筑高度的规定是什么？

5-3 砌筑的砂浆对原材料质量有什么要求？

5-4 砂浆拌制和使用有何要求？

5-5 砖砌体分项工程检验批的检验项目有哪些？

5-6 混凝土小型空心砌块砌体工程检验批的检验项目有哪些？

5-7 浇筑芯柱混凝土应符合哪些规定？

5-8 什么是配筋砌体？

5-9 填充墙砌体可用哪些块材？

5-10 什么时候砌体工程进入冬期施工？

5-11 模板安装分项工程中主要检查哪些项目？

5-12 什么情况下需要对模板起拱，其作用是什么？

5-13 简要分析选择"模板支撑""立柱位置和垫板"作为模板安装分项工程主控项目的原因。

5-14 现浇结构模板安装的允许偏差分别是多少？如果在检查中发现某工程某层模板安装的轴线偏差达到了7mm，能否确认为是合格的？如果某根柱子模板的轴线偏差达到8mm，如何处理？

5-15 钢筋原材料进场需要进行复验，复验的内容有哪些？

5-16 纵向受力钢筋机械连接和焊接的接头有什么要求？

5-17 钢筋安装的允许偏差有什么规定？

5-18 水泥进场需要检查哪些项目，如何取样？

5-19 混凝土强度等级的试件取样和留置有什么规定？

5-20 混凝土养护应符合哪些规定？

5-21 施工缝如何留设？如何处理？

5-22 严重缺陷和一般缺陷是如何定义的？

5-23 在单层钢结构安装工程中，基础和地脚螺栓的质量应检验哪些项目？

5-24 钢结构防火涂料涂装工程应检验哪些项目？

6 屋面分部工程质量检查与验收

内容提示：本章主要涉及《屋面工程质量验收规范》（GB 50207—2012）专业验收规范的内容。

课程目标：通过学习熟悉屋面工程施工质量验收的基本规定；掌握屋面分部工程常见的检验批主控项目和一般项目的验收标准，能够正确进行验收。

思政目标：屋面工程质量验收合格，管理不到位容易引起屋面漏水。学生应该爱国、敬业、服从管理、对人友善，为富强、民主、文明、和谐的社会作出自己贡献。

屋面工程的主要功能是防水、保温和隔热，它是一个分部工程。屋面分部工程又划分为基层与保护、保温与隔热、防水与密封、瓦面与板面、细部构造等5个子分部工程。

屋面渗漏水现象时有发生，原因有很多种，比如原材料不合格、施工技术不过关、施工现场管理不到位等，这些严重影响屋面使用功能。为加强建筑屋面工程质量管理，提高屋面工程的质量，国家制定了《屋面工程质量验收规范》（GB 50207—2012）。该规范不仅是施工质量验收规范，还包括质量管理、设计等方面内容，因此跟其他规范有所不同，没有"施工"二字。

6.1 基本规定

屋面工程应遵循"材料是基础、设计是前提、施工是关键、管理是保证"的综合治理原则，积极采用新材料、新工艺、新技术，确保屋面的防水、保温和隔热等使用功能，保证建筑屋面工程质量。《屋面工程质量验收规范》（GB 50207—2012）对屋面工程做出了以下基本规定。

（1）屋面工程应根据建筑物的性质、重要程度、使用功能要求，按不同屋面等级进行设防。屋面防水等级和设防要求应符合现行国家标准《屋面工程技术规范》（GB 50345）的有关规定。

《屋面工程技术规范》（GB 50345）中第3.0.5条的规定为"屋面防水工程应根据建筑物的类别、重要程度、使用功能要求确定防水等级，并应按相应等级进行防水设防；对防水有特殊要求的建筑屋面，应进行专项防水设计。屋面防水等级和设防要求应符合表6-1的规定。"

表6-1 屋面防水等级和设防要求

防水等级	建筑类别	设防要求
Ⅰ	重要建筑和高层建筑	两道防水设防
Ⅱ	一般建筑	一道防水设防

卷材或涂膜厚度不符合规范规定的防水层不能作为屋面的一道防水设防，卷材和涂膜的厚度见表6-2、表6-3的规定。

表6-2 每道卷材防水层最小厚度（mm）

防水等级	合成高分子防水卷材	高聚物改性沥青防水卷材		
		聚酯胎、玻纤胎、聚乙烯胎	自粘聚酯胎	自粘无胎
Ⅰ	1.2	3.0	2.0	1.5
Ⅱ	1.5	4.0	3.0	2.0

表6-3 每道涂膜防水层最小厚度（mm）

防水等级	合成高分子防水涂膜	聚合物水泥防水涂膜	高聚物改性沥青防水涂膜
Ⅰ	1.5	1.5	2.0
Ⅱ	2.0	2.0	3.0

（2）施工单位应取得建筑防水和保温工程相应等级的资质证书；作业人员应持证上岗。

目前，防水专业队伍是由省级以上建设行政主管部门对防水施工企业的规模、技术条件、业绩等综合考核后颁发资质证书。防水工程施工，实际上是对防水材料的一次再加工，必须由防水专业队伍进行施工，才能确保防水工程的质量。操作人员应经过防水专业培训，达到符合要求的操作技术水平，由当地建设行政主管部门发给上岗证。对非防水专业队伍或非防水工施工的情况，当地质量监督部门应责令其停止施工。

（3）施工单位应建立、健全施工质量的检验制度，严格工序管理，做好隐蔽工程的质量检查和记录。

施工单位应该推行全过程的质量控制，施工现场质量管理要求有相应的施工技术标准、健全的质量管理体系、施工质量控制和检验制度。

（4）屋面工程施工前应通过图纸会审，施工单位应掌握施工图中的细部构造及有关技术要求；施工单位应编制屋面工程专项施工方案，并应经监理单位或建设单位审查确认后执行。

根据《关于提高防水工程质量的若干规定》（建设部〔1991〕837号文）要求："防水工程施工前，施工单位要组织对图纸的会审，掌握施工图中的细部构造及有关要求。"这样做一方面是对设计图纸进行把关，另一方面使施工单位切实掌握屋面防水设计的要求，避免施工中的差错。同时，制订确保防水工程质量的施工方案或技术措施。施工方案或技术措施应按程序进行审批，经监理单位或建设单位审查确认后执行。

（5）对屋面工程采用的新技术，应按有关规定经过科技成果鉴定、评估或新产品、新技术鉴定。施工单位应对新的或首次采用的新技术进行工艺评价，并应制定相应技术质量标准。

随着人们对屋面使用功能要求的提高，屋面工程设计提出多样化、立体化等新的建筑设计理念，从而对建筑造型、屋面防水、保温隔热、建筑节能和生态环境等方面提出了更高的要求。

6 屋面分部工程质量检查与验收

本条是根据《建设领域推广应用新技术管理规定》(建设部令第109号)和《建设部推广应用新技术管理细则》(建设部建科〔2002〕222号)的精神,注重在屋面工程中推广应用新技术和限制、禁止使用落后的技术。对采用性能、质量可靠的新型防水材料和相应的施工技术等科技成果,必须经过科技成果鉴定、评估或新产品、新技术鉴定,并应制订相应的技术规程。同时强调新技术需经屋面工程的实践检验,符合有关安全及功能要求的才能得到推广和应用。

(6) 屋面工程所用的防水、保温材料应有产品合格证书和性能检测报告,材料的品种、规格、性能等必须符合国家现行产品标准和设计要求。产品质量应由经过省级以上建设行政主管部门对其资质认可和质量技术监督部门对其计量认证的质量检测单位进行检测。

本条为强制性条文,必须严格执行。防水、保温材料除有产品合格证和性能检测报告等出厂质量证明文件外,还应有经当地建设行政主管部门所指定的检测单位对该产品本年度抽样检验认证的试验报告,其质量必须符合国家现行产品标准和设计要求。

(7) 防水、保温材料进场验收应符合下列规定:

① 应根据设计要求对材料的质量证明文件进行检查,并应经监理工程师或建设单位代表确认,纳入工程技术档案。

② 应对材料的品种、规格、包装、外观和尺寸等进行检查验收,并应经监理工程师或建设单位代表确认,形成相应验收记录。

③ 防水、保温材料进场检验项目及材料标准应符合规范附录 A 和附录 B 的规定;材料进场检验应执行见证取样送检制度,并应提出进场检验报告。

④ 进场检验报告的全部项目指标均达到技术标准规定应为合格;不合格材料不得在工程中使用。

材料的进场验收是把好材料合格关的重要环节,本条给出了屋面工程所用防水、保温材料进场验收的具体规定。

① 首先根据设计要求对质量证明文件核查。由于材料的规格、品种和性能繁多,首先要看进场材料的质量证明文件是否与设计要求的相符,故进场验收必须对材料附带的质量证明文件进行核查。质量证明文件通常也称技术资料,主要包括出厂合格证、中文说明书及相关性能检测报告等;进口材料应按规定进行出入境商品检验。这些质量证明文件应纳入工程技术档案。

② 其次是对进场材料的品种、规格、包装、外观和尺寸等可视质量进行检查验收,并应经监理工程师或建设单位代表核准。进场验收应形成相应的记录。材料的可视质量,可以通过目视和简单尺量、称量、敲击等方法进行检查。

③ 对于进场的防水和保温材料应实施抽样检验,以验证其质量是否符合要求。为了方便查找和使用,规范在附录 A 和附录 B 中列出了防水、保温材料的进场检验项目。例如:高聚物改性沥青防水卷材和合成高分子防水卷材的抽检数量为"大于1000卷抽5卷,每500~1000卷抽4卷,100~499卷抽3卷,100卷以下抽2卷,进行规格尺寸和外观质量检验。在外观质量检验合格的卷材中任取一卷作物理性能检验";高聚物改性沥青防水卷材外观质量检验为"表面平整,边缘整齐,无孔洞、缺边、裂口、胎基未

浸透，矿物粒料粒度，每卷卷材的接头"；合成高分子防水卷材外观质量检验为"表面平整，边缘整齐，无气泡、裂纹、粘结疤痕，每卷卷材的接头"；高聚物改性沥青防水卷材物理性能检验为"可溶物含量、拉力、最大拉力时延伸率、耐热度、低温柔度、不透水性"；合成高分子防水卷材物理性能检验为"断裂拉伸强度、扯断伸长率、低温弯折性、不透水性"。

④ 对于材料进场检验报告中的全部项目指标，均应达到技术标准的规定。不合格的防水、保温材料或国家明令禁止使用的材料，严禁在屋面工程中使用，以确保工程质量。

(8) 屋面工程使用的材料应符合国家现行有关标准对材料有害物质限量的规定，不得对周围环境造成污染。

环境保护是我国的一项基本国策，屋面工程使用的材料应符合国家现行有关标准对材料有害物质限量的规定，不得对周围环境造成污染。现行的行业标准《建筑防水涂料中有害物质限量》(JC 1066) 适用于建筑防水用各类涂料和防水材料配套用的液体材料，对各种有害物质含量的限值均做了规定。

(9) 屋面工程各构造层的组成材料，应分别与相邻层次的材料相容。

相容性是指相邻两种材料之间互不产生有害物理和化学作用的性能。

(10) 屋面工程施工时，应建立各道工序的自检、交接检和专职人员检查的"三检"制度，并有完整的检查记录。每道工序施工完成后，应经监理单位或建设单位检查验收，并应在合格后再进行下道工序的施工。

屋面工程各道工序之间，常常因上道工序存在的问题未解决，而被下道工序所覆盖，给屋面防水留下质量隐患。因此必须加强按工序、层次进行检查验收，即在操作人员自检合格的基础上，进行工序间的交接检和专职质量人员的检查，检查结果应有完整的记录，然后经监理单位或建设单位进行检查验收后，方可进行下一道工序的施工，以达到消除质量隐患的目的。

(11) 当下道工序或相邻工程施工时，应对屋面已完成的部分采取保护措施。伸出屋面的管道、设备或预埋件等，应在保温层和防水层施工前安设完毕。屋面保温层和防水层完工后，不得进行凿孔、打洞或重物冲击等有损屋面的作业。

对屋面工程的成品保护是一个非常重要的问题，很多工程在屋面施工完后，又上人去进行如安装天线、安装广告支架、堆放脚手架工具等作业，造成保温层和防水层的局部破坏而出现渗漏，所以对于防水层施工完成后的成品保护应引起足够重视。

本条强调在防水层施工前，应将伸出屋面的管道、设备及预埋件安装完毕。如在保温层和防水层施工完毕后再上人去安装，凿孔打洞或重物冲击都会破坏防水层的整体性，从而容易导致屋面渗漏。

(12) 屋面防水工程完工后，应进行观感质量检查和雨后观察或淋水、蓄水试验，不得有渗漏和积水现象。

本条为强制性条文，必须严格执行，因为屋面渗漏是当前建筑工程中突出的质量问题。屋面工程必须做到无渗漏，才能保证使用功能的要求。无论是防水层的本身还是屋面细部构造，通过外观检验只能看到表面的特征是否符合设计和规范的要求，肉眼很难判断是否会渗漏。只有经过雨后或持续淋水 2h，使屋面处于工作状态下经受实际考验，才能观察出屋面工程是否有渗漏。有可能作蓄水检验的屋面，还规定其蓄水时间不应少于 24h。

(13) 屋面工程各子分部工程和分项工程的划分，应符合表 6-4 的要求。

表 6-4 屋面工程各子分部工程和分项工程的划分

分部工程	子分部工程	分项工程
屋面工程	基层与保护	找坡层、找平层、隔汽层、隔离层、保护层
	保温与隔热	板状材料保温层、纤维材料保温层、喷涂硬泡聚氨酯保温层、现浇泡沫混凝土保温层、种植隔热层、架空隔热层、蓄水隔热层
	防水与密封	卷材防水层、涂膜防水层、复合防水层、接缝密封防水
	瓦面与板面	烧结瓦和混凝土瓦铺装、沥青瓦铺装、金属板铺装、玻璃采光顶铺装
	细部构造	檐口、檐沟和天沟、女儿墙和山墙、水落口、变形缝、伸出屋面管道、屋面出入口、反梁过水孔、设施基座、屋脊、屋顶窗

根据《建筑工程施工质量验收统一标准》(GB 50300) 的规定，按建筑部位确定屋面工程为一个分部工程。当分部工程较大或较复杂时，又可按材料种类、施工特点、专业类别等划分为若干子分部工程。故本规范把卷材防水屋面、涂膜防水屋面、刚性防水屋面、瓦屋面、隔热屋面均列为子分部工程。由于产生屋面渗漏的主要原因在于细部构造，因此细部构造单独列为一个子分部工程，目的为引起足够重视。

规范对分项工程划分，有助于及时纠正施工中出现的质量问题，符合施工实际的需要。

(14) 屋面工程各分项工程宜按屋面面积每 500～1000m² 划分为一个检验批，不足 500m² 应按一个检验批；每个检验批的抽检数量应按规范规定执行。

6.2 基层与保护工程

基层与保护工程作为一个子分部工程，包括找坡层和找平层、隔汽层、隔离层、保护层等分项工程。以下主要介绍基层与保护工程的一般规定、找坡层和找平层、隔汽层、隔离层、保护层等内容。

6.2.1 一般规定

(1) 本部分适用于与屋面保温层、防水层相关的找坡层、找平层、隔汽层、隔离层、保护层等分项工程的施工质量验收。

(2) 屋面混凝土结构层的施工，应符合现行国家标准《混凝土结构工程施工质量验收规范》(GB 50204) 的有关规定。

(3) 屋面找坡应满足设计排水坡度要求，结构找坡不应小于 3%，材料找坡宜为 2%；檐沟、天沟纵向找坡不应小于 1%，沟底水落差不得超过 200mm。

屋面防水应以防为主,以排为辅。在完善设防的基础上,应将水迅速排走,以减少屋面渗水的机会,所以正确的排水坡度很重要。屋面在建筑功能许可的情况下应尽量做成结构找坡,坡度应尽量大些,过小施工不易准确,所以规定不应小于3%。材料找坡时,为了减轻屋面荷载,坡度规定宜为2%。天沟、檐沟的纵向坡度不能过小,不应小于1%,否则施工时因找坡困难而造成积水,防水层长期被水浸泡会加速损坏。沟底的落差不超过200mm,即水落口离天沟分水线不得超过20mm。

(4) 上人屋面或其他使用功能屋面,其保护及铺面的施工除应符合本部分的规定外,尚应符合现行国家标准《建筑地面工程施工质量验收规范》(GB 50209)等的有关规定。

按屋面的一般使用要求,设计可分为上人屋面和不上人屋面。目前随着使用功能多样化,屋面保护及铺面可分为非步行用、步行用、运动用、庭园用、停车场用等不同用途的屋面。因此,本条做出了上人屋面或其他使用功能屋面的保护及铺面施工除应符合规范的规定外,应符合现行国家标准《建筑地面工程施工质量验收规范》(GB 50209)等的有关规定。

(5) 基层与保护工程各分项工程每个检验批的抽检数量,应按屋面面积每100m² 抽一处,每处应为10m²,且不得少于3处。

6.2.2 找坡层和找平层

1. 找坡层和找平层工程的一般要求

1) 装配式钢筋混凝土板的板缝嵌填施工,应符合下列要求:

(1) 嵌填混凝土时板缝内应清理干净,并应保持湿润;

(2) 当板缝宽度大于40mm 或上窄下宽时,板缝内应按设计要求配置钢筋;

(3) 嵌填细石混凝土的强度等级不应低于C20,嵌填深度宜低于板面10~20mm,且应振捣密实和浇水养护;

(4) 板端缝应按设计要求增加防裂的构造措施。

目前国内较少使用小型预制构件作为结构层,但大跨度预应力多孔板和大型屋面板装配式结构仍在使用,为了获得整体性和刚度好的基层,对板缝的灌缝做了详细具体规定。当板缝过宽或上窄下宽时,灌缝的混凝土干缩受振动后容易掉落,故需在缝内配筋。板端缝处是变形最大的部位,板在长期荷载下的挠曲变形会导致板与板间的接头缝隙增大,故强调此处应增加防裂的构造措施。

2) 找坡层宜采用轻骨料混凝土;找坡材料应分层铺设和适当压实,表面应平整。

当用材料找坡时,为了减轻屋面荷载和施工方便,可采用轻骨料混凝土,不宜采用水泥膨胀珍珠岩。找坡层施工时应注意找坡层最薄处应符合设计要求,找坡材料应分层铺设并适当压实,表面应做到平整。

3) 找平层宜采用水泥砂浆或细石混凝土;找平层的抹平工序应在初凝前完成,压光工序应在终凝前完成,终凝后应进行养护。

找平层的厚度和技术要求按照现行国家标准《屋面工程技术规范》(GB 50345)中的规定,应符合表6-5 的要求。

6 屋面分部工程质量检查与验收

表 6-5 找平层的厚度和技术要求

找平层分类	适用的基层	厚度（mm）	技术要求
水泥砂浆	整体现浇混凝土板	15～20	1:2.5 水泥砂浆
	整体材料保温层	20～25	
细石混凝土	装配式混凝土板	30～35	C20 混凝土，宜加钢筋网片
	板状材料保温层		C20 混凝土

4）找平层分格缝纵横间距不宜大于 6m，分格缝的宽度宜为 5～20mm。

由于水泥砂浆和细石混凝土收缩和温差变形的影响，找平层应预先留设分格缝，使裂缝集中于分格缝中，减少找平层大面积开裂的可能。本次修订把原规范有关分格缝内嵌填密封材料和分格缝应留在结构变形最易发生负弯矩的板端处的内容删除。

2. 找坡层和找平层检验批的质量检验

找坡层和找平层检验批的质量检验标准、检验方法和检查数量见表 6-6。

表 6-6 找坡层和找平层检验批的质量检验标准

项目	序号	检验项目	质量标准	检验方法	检查数量
主控项目	1	材料质量及配合比	找坡层和找平层所用材料的质量及配合比，应符合设计要求	检查出厂合格证、质量检验报告和计量措施	按屋面面积每100m²抽一处，每处应为10m²，且不得少于 3 处
	2	排水坡度	找坡层和找平层的排水坡度，应符合设计要求	坡度尺检查	
一般项目	1	表面质量	找平层应抹平、压光，不得有酥松、起砂、起皮现象	观察检查	
	2	交接处和转角处	卷材防水层的基层与突出屋面结构的交接处以及基层的转角处，找平层应做成圆弧形，且应整齐平顺	观察检查	
	3	分格缝	找平层分格缝的宽度和间距，均应符合设计要求	观察和尺量检查	
	4	表面平整度	找坡层表面平整度的允许偏差为 7mm，找平层表面平整度的允许偏差为 5mm	2m 靠尺和塞尺检查	

6.2.3 隔汽层

1. 隔汽层的一般要求

1）隔汽层的基层应平整、干净、干燥

隔汽层应铺设在结构层上，结构层表面应平整，无突出的尖角和凹坑，一般隔汽层下宜设置找平层。隔汽层施工前，应将基层表面清扫干净，并使其充分干燥。基层的干燥程度的简易检验方法，是将 1m² 卷材平坦地干铺在找平层上，静置 3～4h 后掀开检查，找平层覆盖部位与卷材上未见水印即可铺设。

2）隔汽层应设置在结构层与保温层之间；隔汽层应选用气密性、水密性好的材料。

隔汽层的作用是防潮和隔汽，隔汽层铺在保温层下面，可以隔绝室内水蒸气通过板缝或孔隙进入保温层，因此本条规定隔汽层应选用气密性、水密性好的材料。

3）在屋面与墙的连接处，隔汽层应沿墙面向上连续铺设，高出保温层上表面不得小于150mm。

本条规定在屋面与墙的连接处，隔汽层应沿墙面向上连续铺设，且高出保温层上表面不得小于150mm，以防止水蒸气因温差结露而导致水珠回落在周边的保温层上。本条修订时把原规范有关隔汽层应与屋面的防水层相连接，形成全封闭的整体内容删除，因为隔汽层不是防水层，与防水设防无关联；隔汽层施工在前，保温层和防水层施工在后，几道工序无法做到同步，防水层与墙面交接处的泛水处理与隔汽层无关联，因此隔汽层收边不需要与保温层上的防水层连接。

4）隔汽层采用卷材时宜空铺，卷材搭接缝应满粘，其搭接宽度不应小于80mm；隔汽层采用涂料时，应涂刷均匀。

隔汽层采用卷材时，为了提高抵抗基层的变形能力，隔汽层的卷材宜采用空铺，卷材搭接缝应满粘。隔汽层采用涂膜时，涂层应均匀，无流淌和露底现象，涂料应涂两遍，且前后两遍的涂刷方向应相互垂直。

5）穿过隔汽层的管线周围应封严，转角处应无折损；隔汽层凡有缺陷或破损的部位，均应进行返修。

若隔汽层出现破损现象，将不能起到隔绝室内水蒸气的作用，严重影响保温层的保温效果。隔汽层若有破损，应将破损部位进行修复。

2. 隔汽层检验批的质量检验

隔汽层检验批的质量检验标准、检验方法和检查数量见表6-7。

表6-7 隔汽层检验批的质量检验标准

项目	序号	检验项目	质量标准	检验方法	检查数量
主控项目	1	材料质量	隔汽层所用材料的质量，应符合设计要求	检查出厂合格证、质量检验报告和进场检验报告	按屋面面积每100m²抽一处，每处应为10m²，且不得少于3处
主控项目	2	隔汽层质量	隔汽层不得有破损现象	观察检查	
一般项目	1	卷材隔汽层表面质量	卷材隔汽层应铺设平整，卷材搭接缝应粘结牢固，密封应严密，不得有扭曲、皱折和起泡等缺陷	观察检查	
一般项目	2	涂膜隔汽层表面质量	涂膜隔汽层应粘结牢固，表面平整，涂布均匀，不得有堆积、起泡和露底等缺陷	观察检查	

6.2.4 隔离层

1. 隔离层的一般要求

1）块体材料、水泥砂浆或细石混凝土保护层与卷材、涂膜防水层之间，应设置隔离层。

在柔性防水层上设置块体材料、水泥砂浆、细石混凝土等刚性保护层，由于保护层与防水层之间的粘结力和机械咬合力，当刚性保护层胀缩变形时，会对防水层造成损坏，因此在保护层与防水层之间应铺设隔离层，同时可防止保护层施工时对防水层的损坏。本条强调了在保护层与防水层之间设置隔离层的必要性，以保证保护层胀缩变形时，不至于损坏防水层。

2）隔离层可采用干铺塑料膜、土工布、卷材或铺抹低强度等级砂浆。

当基层比较平整时，在已完成雨后或淋水、蓄水检验合格的防水层上面，可以直接干铺塑料膜、土工布或卷材。

当基层不太平整时，隔离层宜采用低强度等级黏土砂浆、水泥石灰砂浆或水泥砂浆。铺抹砂浆时，铺抹厚度宜为10mm，表面应抹平、压实并养护；待砂浆干燥后，其上干铺一层塑料膜、土工布或卷材。

2. 隔离层检验批的质量检验

隔离层检验批的质量检验标准、检验方法和检查数量见表6-8。

表6-8 隔离层检验批的质量检验标准

项目	序号	检验项目	质量标准	检验方法	检查数量
主控项目	1	材料质量及配合比	隔离层所用材料的质量及配合比，应符合设计要求	检查出厂合格证和计量措施	按屋面面积每100m²抽一处，每处应为10m²，且不得少于3处
主控项目	2	隔离层质量	隔离层不得有破损和漏铺现象	观察检查	
一般项目	1	表面与搭接质量	塑料膜、土工布、卷材应铺设平整，其搭接宽度不应小于50mm，不得有皱折	观察和尺量检查	
一般项目	2	砂浆表面	低强度等级砂浆表面应压实、平整，不得有起壳、起砂现象	观察检查	

6.2.5 保护层

1. 保护层的一般要求

1）防水层上的保护层施工，应待卷材铺贴完成或涂料固化成膜，并经检验合格后进行。

按照屋面工程各工序之间的验收要求，强调对防水层的雨后或淋水、蓄水试验，防止防水层被保护层覆盖后还存在未解决的问题。沥青类防水卷材也可直接采用卷材上表面覆有矿物粒料或铝箔作为保护层。

2）用块体材料做保护层时，宜设置分格缝，分格缝纵横间距不应大于10m，分格缝宽度宜为20mm。

用块体材料作保护层，在调研中发现往往因温度升高、膨胀致使块体隆起。因此本条做出对块体材料保护层应留设分格缝的规定。

3）用水泥砂浆做保护层时，表面应抹平压光，并应设表面分格缝，分格面积宜为 1m²。

水泥砂浆保护层由于水泥砂浆自身的干缩或温度变化影响，往往产生严重龟裂，且裂缝宽度较大，以致造成碎裂、脱落。为确保水泥砂浆保护层的质量，表面应抹平压光，可避免水泥砂浆保护层出现起砂、起皮现象。根据工程实践经验，在水泥砂浆保护层上划分表面分格缝，将裂缝均匀分布在分格缝内，避免了大面积表面龟裂。

4）用细石混凝土做保护层时，混凝土应振捣密实，表面应抹平压光，分格缝纵横间距不应大于 6m，分格缝的宽度宜为 10～20mm。

细石混凝土保护层应一次浇筑完成，否则新旧混凝土的结合处易产生裂缝，造成混凝土保护层的局部破坏，影响屋面使用和外观质量。用细石混凝土作保护层，分格缝过密会给施工带来困难，也不容易确保质量；分格缝过大又难以达到防裂的效果。根据调研的意见，分格缝纵横间距不应大于 6m，分格缝的宽度宜为 10～20mm。

5）块体材料、水泥砂浆或细石混凝土保护层与女儿墙和山墙之间，应预留宽度为 30mm 的缝隙，缝内宜填塞聚苯乙烯泡沫塑料，并应用密封材料嵌填严密。

根据历次对屋面工程的调查，发现许多工程的块体材料、水泥砂浆、细石混凝土等刚性保护层与女儿墙均未留空隙。当高温季节，刚性保护层热胀就会顶推女儿墙，有的还将女儿墙推裂造成渗漏；而在刚性保护层与女儿墙间留出空隙的屋面，均未见有推裂女儿墙的现象。因此规定了刚性保护层与女儿墙之间应预留 30mm 的缝隙，并用密封材料封闭严密。

2. 保护层检验批的质量检验

保护层检验批的质量检验标准、检验方法和检查数量见表 6-9。

表 6-9 保护层检验批的质量检验标准

项目	序号	检验项目	质量标准	检验方法	检查数量
主控项目	1	材料质量及配合比	保护层所用材料的质量及配合比，应符合设计要求	检查出厂合格证、质量检验报告和计量措施	按屋面面积每100m²抽一处，每处应为10m²，且不得少于3处
主控项目	2	强度等级	块体材料、水泥砂浆或细石混凝土保护层的强度等级，应符合设计要求	检查块体材料、水泥砂浆或混凝土抗压强度试验报告	
主控项目	3	排水坡度	保护层的排水坡度，应符合设计要求	坡度尺检查	
一般项目	1	块体材料表面质量	块体材料保护层表面应干净，接缝应平整，周边应顺直，镶嵌应正确，应无空鼓现象	小锤轻击和观察检查	
一般项目	2	水泥砂浆、细石混凝土保护层	水泥砂浆、细石混凝土保护层不得有裂纹、脱皮、麻面和起砂等现象	观察检查	
一般项目	3	浅色涂料	浅色涂料应与防水层粘结牢固，厚薄应均匀，不得漏涂	观察检查	
一般项目	4	允许偏差	保护层的允许偏差和检验方法应符合表 6-10 的规定	见表 6-10	

表 6-10 保护层的允许偏差和检验方法

项目	允许偏差（mm）			检验方法
	块体材料	水泥砂浆	细石混凝土	
表面平整度	4.0	4.0	5.0	2m靠尺和塞尺检查
缝格平直	3.0	3.0	3.0	拉线和尺量检查
接缝高低差	1.5	—	—	直尺和塞尺检查
板块间隙宽度	2.0	—	—	尺量检查
保护层厚度	设计厚度的10%，且不得大于5mm			钢针插入和尺量检查

6.3 保温与隔热工程

保温与隔热工程是一个子分部工程，包括板状材料保温层、纤维材料保温层、喷涂硬泡聚氨酯保温层、现浇泡沫混凝土保温层和种植隔热层、架空隔热层、蓄水隔热层等分项工程。下面主要介绍保温与隔热工程的一般规定、板状材料保温层、架空隔热层等内容。

6.3.1 一般规定

(1) 本部分适用于板状材料、纤维材料、喷涂硬泡聚氨酯、现浇泡沫混凝土保温层和种植、架空、蓄水隔离层分项工程的施工质量验收。

(2) 铺设保温层的基层应平整、干燥和干净。

保温层的基层应平整，保证铺设的保温层厚度均匀，保温层的基层应干燥，避免保温层铺设后吸收基层中的水分，导致导热系数增大，降低保温效果；保温层的基层应干净，保证板状保温材料紧靠在基层表面上，铺平垫稳防止滑动。

(3) 保温材料在施工过程中应采取防潮、防水和防火等措施。

由于保温材料是多孔结构，很容易潮湿变质或改变性状，尤其是保温材料受潮后导热系数会增大。目前，在选用节能材料时，人们还比较热衷采用泡沫塑料型保温材料。火灾后，人们对易燃、多烟的泡沫塑料的使用更为谨慎，并按照公安部、住房城乡建设部联合颁发的《民用建筑外墙保温系统及外墙装饰防火暂行规定》的要求实施。因此规定保温材料在施工过程中应采取防潮、防水和防火等保护措施。

(4) 保温与隔热工程的构造及选用材料应符合设计要求。

屋面保温与隔热工程设计，应根据建筑物的使用要求、屋面结构形式、环境条件、防水处理方法、施工条件等因素确定。不同地区主要建筑类型的保温与隔热形式，还有待于进一步研究及总结。

屋面保温材料应采用吸水率低、表观密度和导热系数较小的材料，板状材料还应有一定的强度。保温材料的品种、规格和性能等应符合现行产品标准和设计要求。

(5) 保温与隔热工程质量验收除应符合本部分规定外，尚应符合现行国家标准《建筑节能工程施工质量验收标准》(GB 50411) 的有关规定。

对于建筑物来说，热量损失主要包括外墙体、外门窗、屋面及地面等围护结构的热量损耗，一般的居住建筑屋面热量损耗约占整个建筑热损耗的20%。屋面保温与隔热工程，首先按国家和地区民用建筑节能设计标准进行设计和施工，才能实现建筑节能目标，同时还应符合现行国家标准《建筑节能工程施工质量验收标准》（GB 50411）的有关规定。

(6) 保温使用时的含水率，应相当于该材料在当地自然风干状态下的平衡含水率。

保温材料的干湿程度与导热系数关系很大，限制保温材料的含水率是保证工程质量的重要环节。由于每一个地区的环境湿度不同，不可能定出统一的含水率限制。本条修订时删除保温层的含水率必须符合设计要求的内容，规定了保温材料使用时含水率应相当于该材料在当地自然风干状态下的平衡含水率。所谓平衡含水率是指在自然环境中，材料孔隙中的水分与空气温度达到平衡时，这部分水的质量占材料干质量的百分比。

(7) 保温材料的导热系数、表观密度或干密度、抗压强度或压缩强度、燃烧性能，必须符合设计要求。

本条为强制性条文，必须严格执行。建筑围护结构热工性能直接影响建筑采暖和空调的负荷与能耗，必须予以严格控制。保温材料的导热系数随着材料的密度提高而增加，并且与材料的孔隙大小和构造特征有密切关系。一般是多孔材料的导热系数较小，但当其孔隙中所充满的空气、水、冰不同时，材料的导热性能就会发生变化。因此，要保证材料优良的保温性能，就要求材料尽量干燥别受潮，而吸水受潮后尽量不受冰冻，这对施工和使用都有很现实的意义。

保温材料的抗压强度或压缩强度，是材料主要的力学性能。一般是材料使用时会受到外力的作用，当材料内部产生应力增大到超过材料本身所能承受的极限值时，材料就会产生破坏。因此，必须根据材料的主要力学性能因材使用，才能更好地发挥材料的优势。

保温材料的燃烧性能，是可燃性建筑材料分级的一个重要判定。建筑防火关系到人民财产及生命安全和社会稳定，国家给予高度重视，出台了一系列规定，相关标准规范也即将颁布。因此保温材料的燃烧性能是保证防止火灾发生的重要条件。

(8) 种植、架空、蓄水隔热层施工前，防水层均应验收合格。

检验防水层的质量，主要是进行雨后观察、淋水或蓄水试验。防水层经验收合格后，方可进行种植、架空、蓄水隔热层施工。施工时必须采取有效保护措施，否则损坏了防水层而产生渗漏，既不容易查找渗漏部位，也不容易维修。

(9) 保温与隔热工程各分项工程每个检验批的抽检数量，应按屋面面积每100m²抽查1处，每处应为10m²，且不得少于3处。

6.3.2 板状材料保温层

1. 板状材料保温层的一般要求

1) 板状材料保温层采用干铺法施工时，板状保温材料应紧靠在基层表面上，应铺平垫稳；分层铺设的板块上下层接缝应相互错开，板间缝隙应采用同类材料的碎屑嵌填密实。

采用干铺法施工板状材料保温层，就是将板状保温材料直接铺设在基层上，而不需要粘结,但是必须要将板材铺平、垫稳,以便为铺抹找平层提供平整的表面,确保找平层厚度均匀。本条还强调板与板的拼接缝及上下板的拼接缝要相互错开,并用同类材料的碎屑嵌填密实,避免产生热桥。

2）板状材料保温层采用粘贴法施工时,胶粘剂应与保温材料的材性相容,并应贴严、粘牢;板状材料保温层的平面接缝应挤紧拼严,不得在板块侧面涂抹胶粘剂,超过 2mm 的缝隙应采用相同材料板条或片填塞严密。

采用粘贴法铺设板状材料保温层,就是用胶粘剂或水泥砂浆将板状保温材料粘贴在基层上。要注意所用的胶粘剂必须与板材的材性相容,以避免粘结不牢或发生腐蚀。板状材料保温层铺设完成后,在胶粘剂固化前不得上人走动,以免影响粘结效果。

3）板状保温材料采用机械固定法施工时,应选择专用螺钉和垫片;固定件与结构层之间应连接牢固。

机械固定法是使用专用固定钉及配件,将板状保温材料定点钉固在基层上的施工方法。本条规定选择专用螺钉和金属垫片,是为了保证保温板与基层连接固定,并允许保温板产生相对滑动,但不得出现保温板与基层相互脱离或松动。

2. 板状材料保温层检验批的质量检验

1）板状材料保温层检验批的质量检验标准、检验方法和检查数量见表 6-11。

表 6-11 板状材料保温层检验批的质量检验标准

项目	序号	检验项目	质量标准	检验方法	检查数量
主控项目	1	材料质量	板状保温材料的质量,应符合设计要求	检查出厂合格证、质量检验报告和进场检验报告	按屋面面积每 $100m^2$ 抽 1 处,每处应为 $10m^2$,且不得少于 3 处
	2	厚度	板状材料保温层的厚度应符合设计要求,其正偏差不限,负偏差应为 5%,且不得大于 4mm	钢材插入和尺量检查	
	3	热桥部位	屋面热桥部位处理应符合设计要求	观察检查	
一般项目	1	铺设质量	板状保温材料铺设应紧贴基层,应铺平垫稳,拼缝应严密,粘贴应牢固	观察检查	
	2	固定件	固定件的规格、数量和位置均应符合设计要求;垫片应与保温层表面齐平	观察检查	
	3	表面平整度	板状材料保温层表面平整度的允许偏差为 5mm	2m 靠尺和塞尺检查	
	4	接缝高低差	板状材料保温层接缝高低差的允许偏差为 2mm	直尺和塞尺检查	

2）关于板状材料保温层检验批的质量检验标准的说明:

（1）主控项目第一项

本条规定所用板状保温材料的品种、规格、性能,应按设计要求和相关现行材料标准规定选择,不得随意改变其品种和规格。材料进场后应进行抽样检验,检验合格后方可在工程中使用。板状保温材料的质量,应符合国家现行标准《绝热用模塑聚苯乙烯泡沫塑料》(GB/T 10801.1)、《绝热用挤塑聚苯乙烯泡沫塑料(XPS)》(GB/T 10801.2)、《建筑绝热用硬质聚氨酯泡沫塑料》(GB/T 21558)、《膨胀珍珠岩绝热制品》(GB/T 10303)、《蒸压加气混凝土砌块》(GB 11968)和现行的行业标准《泡沫玻璃绝热制品》(JC/T 647)、《泡沫混凝土砌块》(JC/T 1062)等的要求。

(2) 主控项目第二项

保温层厚度将决定屋面保温的效果,检查时应给出厚度的允许偏差,过厚浪费材料,过薄则达不到设计要求。本条规定板状保温材料的厚度必须符合设计要求,其正偏差不限,负偏差为5%且不得大于4mm。

(3) 主控项目第三项

本条特别对严寒和寒冷地区的屋面热桥部位提出要求。屋面与外墙都是外围护结构,一般来说居住建筑外围护结构的内表面大面积结露的可能性不大,结露大都出现在外墙和屋面交接的位置附近,屋面的热桥主要出现在檐口、女儿墙与屋面连接等处,设计时应注意屋面热桥部位的特殊处理,即加强热桥部位的保温,减少采暖负荷。因此本条规定屋面热桥部位处理必须符合设计要求。

(4) 一般项目第二项

板状保温材料采用机械固定法施工,固定件的规格、数量和位置应符合设计要求。当设计无要求时,挤塑聚苯板、模塑聚苯板、硬泡聚氨酯板保温材料,各边长均小于等于1.2m时,每块板固定件最少为4个;任一边长大于1.2m时,每块板固定件最少为6个。固定位置为四个角及沿长向中线均匀布置,固定垫片距离板边缘不得大于150mm。当屋面坡度大于50%时,应适当增加固定件数量。

本条规定了垫片应与保温板表面齐平,是为了保证保温板被固定时,不出现因螺钉紧固而发生保温板的破裂或断裂。

6.3.3 架空隔热层

1. 架空隔热层的一般要求

1) 架空隔热层的高度应按屋面宽度或坡度大小确定。设计无要求时,架空隔热层的高度宜为180~300mm。

架空隔热层的高度应根据屋面宽度和坡度大小来决定。屋面较宽时,风道中阻力增大,宜采用较高的架空层,反之,可采用较低的架空层。根据调研情况有关架空高度相差较大,考虑到太低了隔热效果不好,太高了通风效果并不能提高多少且稳定性不好。本条规定设计无要求时,架空隔热层的高度宜为180~300mm。

2) 当屋面宽度大于10m时,应在屋面中部设置通风屋脊,通风口处应设置通风算子。

为了保证通风效果,本条规定当屋面宽度大于10m时,在屋面中部设置通风屋脊,通风口处应设置通风算子。

3) 架空隔热制品支座底面的卷材、涂膜防水层,应采取加强措施。

4) 架空隔热制品的质量应符合下列要求：

（1）非上人屋面的砌块强度等级不应低于 MU7.5，上人屋面的砌块强度等级不应低于 MU10。

（2）混凝土板的强度等级不应低于 C20，板厚及配筋应符合设计要求。

2. 架空隔热层检验批的质量检验

1）架空隔热层检验批的质量检验标准、检验方法和检查数量见表 6-12。

表 6-12 架空隔热层检验批的质量检验标准

项目	序号	检验项目	质量标准	检验方法	检查数量
主控项目	1	材料质量	架空隔热制品的质量，应符合设计要求	检查材料或构件合格证和质量检验报告	按屋面面积每100m² 抽1处，每处应为10m²，且不得少于3处
主控项目	2	铺设质量	架空隔热制品的铺设应平整、稳固，缝隙勾填应密实	观察检查	
一般项目	1	距山墙或女儿墙距离	架空隔热制品距山墙或女儿墙不得小于250mm	观察和尺量检查	
一般项目	2	构造做法	架空隔热层的高度及通风屋脊、变形缝做法，应符合设计要求	观察和尺量检查	
一般项目	3	接缝高低差	架空隔热制品接缝高低差的允许偏差为3mm	直尺和塞尺检查	

2）关于架空隔热层检验批的质量检验标准的说明：

（1）主控项目第一项

架空隔热层是采用隔热制品覆盖在屋面防水层上，并架设一定高度的空间，利用空气流动加快散热起到隔热作用。架空隔热制品的质量必须符合设计要求，如使用有断裂和露筋等缺陷的制品，日长月久后就会使隔热层受到破坏，对隔热效果带来不良影响。

（2）主控项目第二项

考虑到屋面在使用中要上人清扫等情况，要求架空隔热制品应做到平整和稳固，板缝应填密实，使板的刚度增大并形成一个整体。

（3）一般项目第一项

架空隔热制品与山墙或女儿墙的距离不应小于250mm，主要是考虑在保证屋面膨胀变形的同时，防止堵塞和便于清理。当然间距也不应过大，太宽了将会降低架空隔热的作用。

6.4 防水与密封工程

防水与密封工程是一个子分部工程，包括卷材防水层、涂膜防水层、复合防水层和接缝密封防水等分项工程。下面主要介绍防水与密封工程的一般规定、卷材防水层、涂膜防水层和接缝密封防水等内容。

6.4.1 一般规定

(1) 本部分适用于卷材防水层、涂膜防水层、复合防水层和接缝密封防水等分项工程的施工质量验收。

(2) 防水层施工前，基层应坚实、平整、干净、干燥。

虽然现在有些防水材料对基层不要求干燥，但对于屋面工程一般不提倡采用湿铺法施工。基层干燥程度的简易检验方法，是将 $1m^2$ 卷材平坦地干铺在找平层上，静置 3~4h 后掀开检查，找平层覆盖部位与卷材上未见水印即可铺设防水层。

(3) 基层处理剂应配比准确，并应搅拌均匀；喷涂或涂刷基层处理剂应均匀一致，待其干燥后应及时进行卷材、涂膜防水层和接缝密封防水施工。

在进行基层处理剂喷涂前，应按照卷材、涂膜防水层所用材料的品种，选用与其材性相容的基层处理剂。在配制基层处理剂时，应根据所用基层处理剂的品种，按有关规定或产品说明书的配合比要求，准确计量，混合后应搅拌 3~5min，使其充分均匀。在喷涂或涂刷基层处理剂时应均匀一致，不得漏涂，待基层处理剂干燥后应及时进行卷材或涂膜防水层的施工。如基层处理剂未干燥前遭受雨淋，或是干燥后长期不进行防水层施工，则在防水层施工前必须再涂刷一次基层处理剂。

(4) 防水层完工并经验收合格后，应及时做好成品保护。

屋面防水层的成品保护是一个非常重要的环节。屋面防水层完工后，往往在后续工序作业时会造成防水层的局部破坏，所以必须做好防水层的保护工作。另外，屋面防水层完工后，严禁在其上凿孔、打洞，破坏防水层的整体性，以避免屋面渗漏。

(5) 防水与密封工程各分项工程每个检验批的抽检数量，防水层应按屋面面积每 $100m^2$ 抽查一处，每处应为 $10m^2$，且不得少于 3 处；接缝密封防水应按每 50m 抽查一处，每处应为 5m，且不得少于 3 处。

6.4.2 卷材防水层

1. 卷材防水层的一般要求

1) 屋面坡度大于 25% 时，卷材应采取满粘和钉压固定措施。

卷材屋面坡度超过 25% 时，常发生下滑现象，因此应采取防止下滑措施。防止卷材下滑的措施除采取满粘法外，还有钉压固定等方法，固定点应封闭严密。

2) 卷材铺贴方向应符合下列规定：

(1) 卷材宜平行屋脊铺贴。

(2) 上下层卷材不得相互垂直铺贴。

本条在规范修订时进行了修改，卷材铺贴方向应结合卷材搭接缝顺水接茬和卷材铺贴可操作性两方面因素综合考虑。卷材铺贴应在保证顺直的前提下，宜平行屋脊铺贴。

当卷材防水层采用叠层工法时，上下层卷材不得相互垂直铺贴，主要是尽可能避免接缝叠加。

3）卷材搭接缝应符合下列规定：

（1） 平行屋脊的卷材搭接缝应顺流水方向，卷材搭接宽度应符合表 6-13 的规定。

（2） 相邻两幅卷材短边搭接缝应错开，且不得小于 **500mm**。

（3） 上下层卷材长边搭接缝应错开，且不得小于幅宽的 **1/3**。

为确保卷材防水屋面的质量，所有卷材均应采用搭接法。本条文规定了高聚物改性沥青防水卷材以及合成高分子防水卷材的搭接宽度，统一列出了表格。表 6-13 中的搭接宽度，是根据我国现行多数做法及国外资料的数据作出规定的。

表 6-13 卷材搭接宽度（mm）

卷材类别		搭接宽度
合成高分子防水卷材	胶粘剂	80
	胶粘带	50
	单缝焊	60，有效焊接宽度不小于 25
	双缝焊	80，有效焊接宽度10×2＋空腔宽
高聚物改性沥青防水卷材	胶粘剂	100
	自粘	80

4）冷粘法铺贴卷材应符合下列规定：

（1） 胶粘剂涂刷应均匀，不应露底，不应堆积；

（2） 应控制胶粘剂涂刷与卷材铺贴的间隔时间；

（3） 卷材下面的空气应排尽，并应辊压粘牢固；

（4） 卷材铺贴应平整顺直，搭接尺寸应准确，不得扭曲、皱折；

（5） 接缝口应用密封材料封严，宽度不应小于 **10mm**。

采用冷粘法铺贴卷材时，胶粘剂的涂刷质量对保证卷材防水施工质量关系极大，涂刷不均匀、有堆积或漏涂现象，不但影响卷材的粘结力，还会造成材料浪费。

根据胶粘剂的性能和施工环境条件不同，有的可以在涂刷后立即粘贴，有的要待挥发后粘贴，间隔时间还和气温、湿度、风力等因素有关。因此本条提出原则规定，要求控制好间隔时间。

卷材防水搭接的粘结质量，关键搭接宽度和粘结密封性能。搭接缝平直、不扭曲，才能使搭接宽度有起码的保证；涂满胶粘剂、粘结牢固、溢出胶粘剂，才能证明粘结牢固、封闭严密。为保证搭接尺寸，一般在已铺卷材上以规定搭接宽度弹出粉线作为标准。卷材铺贴后，要求接缝口用宽 10mm 的密封材料封严，以提高防水层的密封抗渗性能。

5）热粘法铺贴卷材应符合下列规定：

（1） 熔化热熔型改性沥青胶结料时，宜采用专用导热油炉加热，加热温度不应高于 **200℃**，使用温度不应低于 **180℃**；

（2） 粘贴卷材的热熔型改性沥青胶结料厚度宜为 **1.0~1.5mm**；

（3） 采用热熔型改性沥青胶结料粘贴卷材时，应随刮随铺，并应展平压实。

采用热熔型改性沥青胶结料铺贴高聚物改性沥青防水卷材，可起到涂膜与卷材之间优势互补和复合防水的作用，更有利于提高屋面防水工程质量，应当提倡和推广应用。为了防止加热温度过高，导致改性沥青中高聚物发生裂解而影响质量，故规定采用专用的导热油炉加热融化改性沥青，要求加热温度不应高于 200℃，使用温度不应低于 180℃。

铺贴卷材时，要求随刮涂热熔型改性沥青胶结料随滚铺卷材，展平压实，本条对粘贴卷材的改性沥青胶结料的厚度提出了具体的规定。

6）热熔法铺贴卷材应符合下列规定：

（1）火焰加热器加热卷材应均匀，不得加热不足或烧穿卷材。

（2）卷材表面热熔后应立即滚铺，卷材下面的空气应排尽，并应辊压粘结牢固。

（3）卷材接缝部位应溢出热熔的改性沥青胶，溢出的改性沥青胶宽度宜为 8mm。

（4）铺贴的卷材应平整顺直，搭接尺寸应准确，不得扭曲、皱折。

（5）厚度小于 3mm 的高聚物改性沥青防水卷材，严禁采用热熔法施工。

本条对热熔法铺贴卷材的施工要点作出规定。施工加热时卷材幅宽内必须均匀一致，要求火焰加热器的喷嘴与卷材的距离应适当，加热至卷材表面有光亮黑色时方可粘合。若熔化不够，会影响卷材接缝的粘结强度和密封性能；加温过高，会使改性沥青老化变焦且把卷材烧穿。

因卷材表面所涂覆的改性沥青较薄，采用热熔法施工容易把胎体增强材料烧坏，使其降低乃至失去拉伸性能，从而严重影响卷材防水层的质量。因此还对厚度小于 3mm 的高聚物改性沥青防水卷材，做出严禁采用热熔法施工的规定。铺贴卷材时应将空气排出，才能粘贴牢固；滚铺卷材时缝边必须溢出热熔的改性沥青胶，使接缝粘结牢固、封闭严密。

为保证铺贴的卷材平整顺直，搭接尺寸准确，不发生扭曲，应沿预留的或现场弹出的基准线作为标准进行施工作业。

7）自粘法铺贴卷材应符合下列规定：

（1）铺贴卷材时，应将自粘胶底面的隔离纸全部撕净。

（2）卷材下面的空气应排尽，并应辊压粘结牢固。

（3）铺贴的卷材应平整顺直，搭接尺寸应准确，不得扭曲、皱折。

（4）接缝口应用密封材料封严，宽度不应小于 10mm。

（5）低温施工时，接缝部位宜采用热风加热，并应随即粘贴牢固。

本条文对自粘法铺贴卷材的施工要点作出了规定。首先将隔离纸撕净，否则不能实现完全粘贴。为了提高卷材与基层的粘结性能，基层应涂刷处理剂，并及时铺贴卷材。为保证接缝粘结性能，搭接部位提倡采用热风加热，尤其在温度较低时施工这一措施就更为必要。

采用这种铺贴工艺，考虑到施工的可靠度、防水层的收缩，以及外力使缝口翘边开缝的可能，要求接缝口密封材料封严，以提高其密封抗渗的性能。

在铺贴立面或大坡面卷材时，立面和大坡面处卷材容易下滑，可采用加热方法使自粘卷材与基层粘结牢固，必要时还应采用钉压固定等措施。

8）焊接法铺贴卷材应符合下列规定：

(1) 焊接前卷材应铺设平整、顺直,搭接尺寸应准确,不得扭曲、皱折。

(2) 卷材焊接缝的结合面应干净、干燥,不得有水滴、油污及附着物。

(3) 焊接时应先焊长边搭接缝,后焊短边搭接缝。

(4) 控制加热温度和时间,焊接缝不得有漏焊、跳焊、焊焦或焊接不牢现象。

(5) 焊接时不得损害非焊接部位的卷材。

本条文对热塑性卷材(如 PVC 卷材等)采用热风焊机或焊枪进行焊接的施工要点做出规定。为确保卷材接缝的焊接质量,要求焊接前卷材的铺设应正确,不得扭曲。为使接缝焊接牢固、封闭严密,应将接缝表面的油污、尘土、水滴等附着物擦拭干净后,才能进行焊接施工。同时焊缝质量与焊接速度、热风温度、操作人员的熟练程度关系极大,焊接施工时必须严格控制,决不能出现漏焊、跳焊、焊焦或焊接不牢等现象。

9)机械固定法铺贴卷材应符合下列规定:

(1) 卷材应采用专用固定件进行机械固定。

(2) 固定件应设置在卷材搭接缝内。外露固定件应用卷材封严。

(3) 固定件应垂直钉入结构层有效固定,固定件数量和位置应符合设计要求。

(4) 卷材搭接缝应粘结或焊接牢固,密封应严密。

(5) 卷材周边 800mm 范围内应满粘。

机械固定法铺贴卷材是采用专用的固定件和垫片或压条,将卷材固定在屋面板或结构层构件上,一般固定件均设置在卷材搭接缝内。当固定件固定在屋面板上拉拔力不能满足风揭力的要求时,只能将固定件固定在檩条上。固定件采用螺钉加垫片时,应加盖 200mm×200mm 卷材封盖。固定件采用螺钉加"U"形压条时,应加盖不小于 150mm 宽卷材封盖。机械固定法在轻钢屋面上固定,其钢板的厚度不宜小于 0.7mm,方可满足拉拔力要求。

目前国内适用机械固定法铺贴的卷材,主要有内增强型 PVC、TPO、EPDM 防水卷材和 5mm 厚加强高聚物改性沥青防水卷材,要求防水卷材具有强度高、搭接缝可靠和使用寿命长等特性。

2. 卷材防水层检验批的质量检验

1)卷材防水层检验批的质量检验标准、检验方法和检查数量见表 6-14。

表 6-14 卷材防水层检验批的质量检验标准

项目	序号	检验项目	质量标准	检验方法	检查数量
主控项目	1	卷材及其配套材料	防水卷材及其配套材料的质量,应符合设计要求	检查出厂合格证、质量检验报告和进场检验报告	按屋面面积每 100m² 抽查一处,每处应为 10m²,且不得少于 3 处
	2	防水层施工质量	卷材防水层不得有渗漏和积水现象	雨后观察或淋水、蓄水试验	
	3	细部构造	卷材防水层在檐口、檐沟、天沟、水落口、泛水、变形缝和伸出屋面管道的防水构造,应符合设计要求	观察检查	

续表

项目	序号	检验项目	质量标准	检验方法	检查数量
一般项目	1	搭接缝	卷材的搭接缝应粘结或焊接牢固，密封应严密，不得扭曲、皱折和翘边	观察检查	按屋面面积每100m²抽查一处，每处应为10m²，且不得少于3处
	2	收头	卷材防水层的收头应与基层粘结，钉压应牢固，密封应严密	观察检查	
	3	卷材铺贴与搭接	卷材防水层的铺贴方向应正确，卷材搭接宽度的允许偏差为−10mm	观察和尺量检查	
	4	排汽屋面	屋面排汽构造的排气道应纵横贯通，不得堵塞；排汽管应安装牢固，位置应正确，封闭应严密	观察检查	

2) 关于卷材防水层检验批的质量检验标准的说明：

(1) 主控项目第一项

国内新型防水材料发展很快。近年来，我国普遍应用并获得较好效果高聚物改性沥青防水卷材，产品质量应符合现行国家标准《弹性体改性沥青防水卷材》（GB 18242）、《塑性体改性沥青防水卷材》（GB 18243）、《改性沥青聚乙烯胎防水卷材》（GB 18967）和《自粘聚合物改性沥青防水卷材》（GB 23441）的要求。目前国内合成高分子防水卷材的种类主要为：三元乙丙、氯化聚乙烯橡胶共混、聚氯乙烯、氯化聚乙烯和纤维增强氯化聚乙烯等产品，这些材料在国内使用也比较多，而且比较成熟。产品质量应符合现行国家标准《聚氯乙烯防水卷材》（GB 12952）、《高分子防水材料 第一部分：片材》（GB 18173.1）的要求。

同时还对卷材的胶粘剂提出基本质量要求，合成高分子胶粘剂质量应符合现行行业标准《高分子防水卷材胶粘剂》（JC/T 863）的要求。

(2) 主控项目第二项

防水是屋面的主要功能之一，若卷材防水层出现渗漏或积水现象，将是最大的弊病。检验屋面有无渗漏和积水、排水系统是否畅通，可在雨后或持续淋水2h以后进行观察。有可能作蓄水试验的屋面，其蓄水时间不应少于24h。

(3) 主控项目第三项

天沟、檐沟、檐口、水落口、泛水、变形缝和伸出屋面管道等处，是当前屋面防水工程渗漏最严重的部位。因此，卷材屋面的防水构造设计应符合下列规定：

① 应根据屋面的结构变形、温差变形、干缩变形和振动等因素，使节点设防能够满足基层变形的需要。

② 应采用柔性密封、防排结合、材料防水与构造防水相结合的做法。

③ 应采用防水卷材、防水涂料、密封材料等材性互补、并用的多道设防，包括设置附加层。

(4) 一般项目第一项

卷材防水层的搭接缝质量是卷材防水层成败的关键，搭接缝质量的好坏表现在两个方面，一是搭接缝粘结或焊接牢固，密封严密；二是搭接宽度符合设计要求和规范规定。施工时注意以下几点，冷粘法施工，胶粘剂的选择至关重要；热熔法施工，卷材的质量和厚度是保证搭接缝的前提，完工的搭接缝以溢出沥青胶为准；热风焊接法的关键是焊机的温度和速度的把握，不得出现虚焊、漏焊或焊焦现象。

(5) 一般项目第二项

卷材的收头端部处理十分重要，如果处理不当容易存在渗漏隐患。檐口 800mm 范围内的卷材应满粘，卷材端头应压入找平层的凹槽内，卷材的收头应用金属压条钉压固定，并用密封材料封固；檐沟内卷材应由沟底翻上至沟外侧顶部，卷材的收头应用金属压条钉压固定，并用密封材料封固；女儿墙和山墙泛水高度不应小于 250mm，卷材收头可直接铺到压顶下，用金属压条钉压固定，并用密封材料封固；伸出屋面管道泛水高度不应小于 250mm，卷材收头处应用金属箍箍紧，并用密封材料封严；水落口部位的防水层，伸入水落口杯内不应小于 50mm，并应粘结牢固。

(6) 一般项目第三项

为保证卷材铺贴质量，本条文规定了卷材搭接宽度的允许偏差为 －10mm，不考虑正偏差。通常卷材铺贴前施工单位应根据卷材搭接宽度和允许偏差，在现场弹出尺寸基准线作为标准去控制施工质量。

(7) 一般项目第四项

排汽屋面的排汽道应纵横贯通，不得堵塞，并同与大气排汽出口相通。找平层设置的分格缝可兼做排汽道，排汽道宽度宜为 40mm，排汽道纵横间距宜为 6m，屋面面积每 36m² 宜设一个排汽出口。排汽出口应埋设排汽管，排汽管应设置在结构层上，穿过保温层及排汽道的管壁应打孔，以保证排汽道的畅通。排汽口也可设在檐口下或屋面排汽道交叉处。排汽管的安装必须牢固、封闭严密，否则会使排汽管变成进水孔，造成屋面漏水。

6.4.3 涂膜防水层

1. 涂膜防水层的一般要求

1) 防水涂料应多遍涂布，并应待前一遍涂布的涂料干燥成膜后，再涂后一遍涂料，且前后两遍涂料的涂布方向应相互垂直。

防水涂膜在满足厚度要求的前提下，涂刷的遍数越多对成膜的密实度越好。因此涂刷时应多遍涂刷，不论是厚质涂料还是薄质涂料均不得一次成膜；每遍涂刷应均匀，不得有露底、漏涂和堆积现象；多遍涂刷时，应待涂层干燥成膜后，方可涂刷后一遍涂料；两涂层施工间隔时间不宜过长，否则易形成分层现象。

2) 铺设胎体增强材料应符合下列规定：

(1) 胎体增强材料宜采用聚酯无纺布或化纤无纺布。

(2) 胎体增强材料长边搭接宽度不应小于 50mm，短边搭接宽度不应小于 70mm。

(3) 上下层胎体增强材料的长边搭接缝应错开，且不得小于幅度的 1/3。

(4) 上下层胎体增强材料不得相互垂直铺设。

胎体增强材料平行或垂直屋脊铺设应根据施工方便而定。平行于屋脊铺设时，必须由最低标高处向上铺设，胎体增强材料顺着流水方向搭接，避免呛水；胎体增强材料铺贴时，应边涂刷边铺贴，避免两者分离；为了便于工程质量验收和确保涂膜防水层的完整性，规定长边搭接宽度不小于50mm，短边搭接宽度不小于70mm，没有必要按卷材搭接宽度来规定。当采用两层胎体增强材料时，上、下两层不得垂直铺设，使其两层胎体材料同方向有一致的延伸性；上、下层胎体增强材料的长边搭接缝应错开且不得小于1/3幅宽，避免上下层胎体材料产生重缝及防水层厚薄不均匀。

3）多组分防水涂料应按配合比准确计量，搅拌应均匀，并应根据有效时间确定每次配制的数量。

采用多组分涂料时，由于各组分的配料计量不准和搅拌不均匀，将会影响混合料的充分化学反应，造成涂料性能指标下降。一般配成的涂料固化时间比较短，应按照一次涂布用量确定配料的多少，在固化前用完。已固化的涂料不能和未固化的涂料混合使用，否则将会降低防水涂膜的质量。当涂料黏度过大或涂料固化过快或涂料固化过慢时，可分别加入适量的稀释剂、缓凝剂或促凝剂，调节黏度或固化时间，但不得影响防水涂膜的质量。

2. 涂膜防水层检验批的质量检验

1）涂膜防水层检验批的质量检验标准、检验方法和检查数量见表6-15。

表6-15 涂膜防水层检验批的质量检验标准

项目	序号	检验项目	质量标准	检验方法	检查数量
主控项目	1	防水涂料和胎体增强材料	防水涂料和胎体增强材料的质量，应符合设计要求	检查出厂合格证、质量检验报告和进场检验报告	按屋面面积每100m²抽查一处，每处应为10m²，且不得少于3处
	2	防水层施工质量	涂膜防水层不得有渗漏和积水现象	雨后观察或淋水、蓄水试验	
	3	细部构造	涂膜防水层在檐口、檐沟、天沟、水落口、泛水、变形缝和伸出屋面管道的防水构造，应符合设计要求	观察检查和检查隐蔽工程验收记录	
	4	涂膜厚度	涂膜防水层的平均厚度应符合设计要求，且最小厚度不得小于设计厚度的80%	针测法或取样量测	
一般项目	1	涂膜施工	涂膜防水层与基层应粘结牢固，表面应平整，涂布应均匀，不得有流淌、皱折、起泡和露胎体等缺陷	观察检查	按屋面面积每100m²抽查一处，每处应为10m²，且不得少于3处
	2	收头	涂膜防水层的收头应用防水涂料多遍涂刷	观察检查	
	3	胎体增强材料	铺贴胎体增强材料应平整顺直，搭接尺寸应准确，应排除气泡，并应与涂料粘结牢固；胎体增强材料搭接宽度的允许偏差为−10mm	观察和尺量检查	

2）关于涂膜防水层检验批质量检验标准的说明：

（1）主控项目第一项

高聚物改性沥青防水涂料的质量，应符合现行的行业标准《水乳型沥青防水涂料》（JC/T 408）、《溶剂型橡胶沥青防水涂料》（JC/T 852）的要求。合成高分子防水涂料中的反应固化型，主要指聚氨酯类防水涂料，质量应符合现行国家标准《聚氨酯防水涂料》（GB/T 19250）的要求；挥发固化型，主要指聚丙酸酯类防水涂料，质量应符合现行的行业标准《聚合物乳液建筑防水涂料》（JC/T 864）的要求；聚合物水泥涂料质量应符合现行国家标准《聚合物水泥防水涂料》（GB/T 23445）的要求。胎体增强材料主要有聚酯无纺布、化纤无纺布。

（2）主控项目第四项

本条原规范为一般项目，现修改为主控项目。涂膜防水层合理使用年限长短的决定因素，除防水涂料技术性能外就是涂膜的厚度，本条文规定平均厚度应符合设计要求，最小厚度不应小于设计厚度的80%。涂膜防水层厚度也应包括胎体增强材料的厚度。

（3）一般项目第一项

涂膜防水层应表面平整，涂刷均匀，成膜后如出现流淌、鼓泡、露胎体等缺陷，会降低防水工程质量而影响使用寿命。

关于涂膜防水层与基层粘结牢固的问题，考虑到防水涂料的粘结性是反映防水涂料性能优劣的一项重要指标，而且涂膜防水层施工时，基层可预见变形部位（如分格缝处）宜采用空铺附加层。因此，验收时规定涂膜防水层与基层应粘结牢固是合理的要求。

（4）一般项目第二项

涂膜防水层收头是屋面细部构造施工的关键环节。本条规定涂膜防水层收头应用防水涂料多遍涂刷。一是因为防水涂料在常温下呈黏稠状液体，分数遍涂刷基层上，待溶剂挥发或反应固化后，即形成无接缝的防水涂膜；二是防水涂料在夹铺胎体增强材料时，为了防止收头部位出现翘边、皱折、露胎体等现象，收头处必须用涂料多遍涂刷，以增加密封效果；三是涂膜收头若采用密封材料压边，会产生两种材料的相容性问题。

（5）一般项目第三项

胎体增加材料应随防水涂料边涂刷边铺贴，用毛刷或纤维布抹平，与防水涂料完全粘结，如粘结不牢固、不平整，涂膜防水层会出现分层现象。同一层短边搭接缝和上下层搭接缝错开的目的是避免接缝重叠，胎体厚度太大，影响涂膜防水层厚薄均匀度。胎体增加材料搭接宽度的控制，是涂膜防水层整体强度均匀性的保证，本条规定搭接宽度允许偏差为－10mm，未规定正偏差。

6.4.4 接缝密封防水

1. 接缝密封防水的一般要求

1）密封防水部位的基层应符合下列要求：

（1）基层应牢固，表面应平整、密实，不得有裂缝、蜂窝、麻面、起皮和起砂现象。

(2) 基层应清洁、干燥,并应无油污、无灰尘。

(3) 嵌入的背衬材料与接缝壁间不得留有空隙。

(4) 密封防水部位的基层宜涂刷基层处理剂,涂刷应均匀,不得漏涂。

本条是对密封防水部位基层的规定,如果接触密封材料的基层强度不够,或有蜂窝、麻面、起皮、起砂现象,都会降低密封材料与基层的粘结强度。基层不平整、不密实或嵌填密封材料不均匀,接缝位移时会造成密封材料局部拉环,失去密封防水的作用。

如果基层不干净不干燥,会降低密封材料与基层的粘结强度。尤其溶剂型或反应固化型密封材料,基层必须干燥。

背衬材料应填塞在接缝处的密封材料底部,其作用是控制密封材料的嵌填深度避免破坏密封防水。背衬材料应尽量选择与密封材料不粘结或粘结力弱的材料,并应能适应基层的延伸和压缩,具有施工时不变形、复原率高和耐久性好等性能。

密封防水部位的基层宜涂刷基层处理剂。选择基层处理剂时,既要考虑密封材料与基层处理剂材性的相容性,又要考虑基层处理剂与被粘结材料有良好的粘结性。

2) 多组分密封材料应按配合比准确计量,拌合应均匀,并应根据有效时间确定每次配制的数量。

多组分密封材料配比应准确,搅拌应均匀。固化组分过多,会使密封材料粘结力下降;固化组分过少,会使密封材料拉伸模量过高,密封材料的位移变形能力下降。施工中拌合不均匀,会造成混合料不能充分反应,导致材料性能达不到指标要求。配制时应根据固化前的有效时间确定一次使用量,应用多少配制多少。

3) 密封材料嵌填完成后,在固化前应避免灰尘、破损及污染,且不得踩踏。

嵌填完毕的密封材料,一般应养护2~3d。接缝密封防水处理通常在下一道工序施工前,应对接缝部位的密封材料采取保护措施。如施工现场清扫、隔热层施工时,对已嵌填的密封材料宜采用卷材或木板保护,以防止污染及碰损。因为密封材料嵌填对构造尺寸和形状都有一定的要求,未固化的材料不具备一定的弹性,踩踏后密封材料会发生塑性变形,导致密封材料构造尺寸不符合设计要求,所以对嵌填的密封材料固化前不得踩踏。

2. 接缝密封防水检验批的质量检验

接缝密封防水检验批的质量检验标准、检验方法和检查数量见表6-16。

表6-16 接缝密封防水检验批的质量检验标准

项目	序号	检验项目	质量标准	检验方法	检查数量
主控项目	1	材料质量	密封材料及其配套材料的质量,应符合设计要求	检查出厂合格证、质量检验报告和进场检验报告	每50m应抽查一处,每处应为5m,且不得少于3处
主控项目	2	嵌填质量	密封材料嵌填应密实、连续、饱满,粘结牢固,不得有气泡、开裂、脱落等缺陷	观察检查	每50m应抽查一处,每处应为5m,且不得少于3处
一般项目	1	基层处理	密封防水部位的基层应符合一般要求第一条的规定	观察检查	每50m应抽查一处,每处应为5m,且不得少于3处

6 屋面分部工程质量检查与验收

续表

项目	序号	检验项目	质量标准	检验方法	检查数量
一般项目	2	接缝允许偏差	接缝宽度和密封材料的嵌填深度应符合设计要求，接缝宽度的允许偏差为±10%	尺量检查	每50m应抽查一处，每处应为5m，且不得少于3处
	3	表面质量	嵌填的密封材料表面应平滑，缝边应顺直，应无明显不平和周边污染现象	观察检查	

2）关于接缝密封防水检验批质量检验标准的说明：

（1）主控项目第一项

改性石油沥青密封材料按耐热度和低温柔性分为Ⅰ和Ⅱ类，质量要求依据现行行业标准《建筑防水沥青嵌缝油膏》（JC/T 207），Ⅰ类产品代号为"702"，即耐热度为70℃，低温柔性为-20℃，适合北方地区使用；Ⅱ类产品代号为"801"，即耐热度为80℃，低温柔性为-10℃，适合南方地区使用。

合成高分子密封材料质量要求依据现行行业标准《混凝土建筑接缝用密封胶》（JC/T 881），按密封胶位移能力分为25、20、12.5、7.5共四个级别，把25级、20级和12.5E级密封胶称为弹性密封胶，把12.5P级和7.5P级密封胶称为塑性密封胶。

（2）主控项目第二项

采用改性石油沥青密封材料嵌填时应注意以下两点：

① 热灌法施工应由下向上进行，并减少接头；垂直于屋脊的板缝宜先浇灌，同时在纵横交叉处宜沿平行于屋脊的两侧板缝各延伸浇灌150mm，并留成斜槎。密封材料熬制及浇灌温度应按不同材料要求严格控制。

② 冷嵌法施工应先将少量密封材料批刮到缝槽两侧，分次将密封材料嵌填在缝内，用力压嵌密实，嵌填时密封材料与缝壁不得留有空隙，并防止裹入空气。接头应采用斜槎。

采用合成高分子密封材料嵌填时，不管是用挤出枪还是用腻子刀施工，表面都不会光滑平直，可能还会出现凹陷、漏嵌填、孔洞、气泡等现象，故应在密封材料表干前进行修整。如果表干前不修整，则表干后不易修整，且容易将成膜固化的密封材料破坏。上述目的是使嵌填的密封材料饱满、密实，无气泡、孔洞现象。

（3）一般项目第一项

密封防水部位的基层应符合一般要求第一条的相关规定。

（4）一般项目第二项

位移接缝的接缝宽度应按屋面接缝位移量计算确定，接缝的相对位移量不应大于可供选择密封材料的位移能力，否则将导致密封防水处理失效。屋面密封防水的接缝宽度规定不应大于40mm，且不应小于10mm。考虑到接缝宽度太窄密封材料不易嵌填，太宽造成材料浪费，故规定接缝宽度的允许偏差为±10%。如果接缝宽度不符合上述要求，应进行调整或用聚合物水泥砂浆处理。密封材料嵌填深度为接缝宽度的50%～70%，是从国外大量的资料和国内工程实践中总结出来的，是一个经验值。

6.5 细部构造工程

细部构造工程是一个子分部工程,包括檐口、檐沟和天沟、女儿墙和山墙、水落口、变形缝、伸出屋面管道、屋面出入口、反梁过水孔、设施基座、屋脊、屋顶窗等分项工程。下面主要介绍细部构造工程的一般规定、檐沟和天沟、女儿墙和山墙、水落口、伸出屋面管道等内容。

6.5.1 一般规定

(1) 本部分适用于檐口、檐沟和天沟、女儿墙和山墙、水落口、变形缝、伸出屋面管道、屋面出入口、反梁过水孔、设施基座、屋脊、屋顶窗等分项工程的施工质量验收。

(2) 细部构造工程各分项工程每个检验批应全数进行检验。

据调查表明有70%的屋面渗漏都是由于细部构造的防水处理不当引起的。细部构造是屋面工程最容易出现问题的部位,难以用抽检的方法来保证屋面细部构造的整体质量,所以规定细部构造应按全数进行检验,并作重点质量检查验收。

(3) 细部构造所使用卷材、涂料和密封材料的质量应符合设计要求,两种材料之间应具有相容性。

用于细部构造的防水材料,由于品种多、用量少而作用非常大,所以对细部构造所用的材料,也应按照有关的材料标准进行检查验收,质量应符合设计要求。必要时应做两种材料的相容性试验。

(4) 屋面细部构造热桥部位的保温处理,应符合设计要求。

6.5.2 檐沟和天沟细部构造

檐沟和天沟是有组织排水且雨水比较集中的部位,檐沟、天沟与屋面的交接处,由于构件断面变化和屋面的变形,常常在此处发生裂缝。同时沟内防水层因受雨水冲刷和清扫的影响很大,验收时对构造做法必须严格检查。

卷材或涂膜防水屋面在檐沟和天沟的防水层下应增设附加层,防水层伸入屋面的宽度不应小于250mm;防水层应由沟底翻上至外侧顶部,卷材的收头应用金属压条钉压固定,并用密封材料封严;涂膜收头应用防水涂料多遍涂刷,檐沟外侧下端做成鹰嘴或滴水槽。瓦屋面檐沟和天沟防水层下应增设附加层,附加层伸入屋面的宽度不应小于500mm;檐沟和天沟防水层伸入瓦内的宽度不应小于150mm,并应与屋面防水层顺水流方向搭接。烧结瓦、混凝土瓦伸入檐沟和天沟的长度为50~70mm,沥青瓦伸入檐沟和天沟的长度为10~20mm。

檐沟和天沟检验批的质量检验标准、检验方法和检查数量见表6-17。

6 屋面分部工程质量检查与验收

表 6-17 檐沟、天沟细部构造的质量检验

项目	序号	检验项目	质量标准	检验方法	检查数量
主控项目	1	防水构造	檐沟、天沟的防水构造应符合设计要求	观察检查	全数检查
	2	排水坡度	檐沟、天沟的排水坡度应符合设计要求；沟内不得有渗漏和积水现象	坡度尺检查和雨后观察或淋水、蓄水试验	
一般项目	1	附加层铺设	檐沟、天沟附加层铺设应符合设计要求	观察和尺量检查	全数检查
	2	收头处理	檐沟防水层应由沟底翻上至外侧顶部，卷材收头应用金属压条钉压固定，并应用密封材料封严；涂膜收头应用防水涂料多遍涂刷	观察检查	
	3	外侧顶部及侧面做法	檐沟外侧顶部及侧面均应抹聚合物水泥砂浆，其下端应做成鹰嘴或滴水槽	观察检查	

6.5.3 女儿墙和山墙细部构造

女儿墙和山墙无论是采用混凝土还是砌体都会产生开裂，女儿墙和山墙的抹灰及压顶出现裂缝也很常见，女儿墙和山墙与屋面交接处由于温度应力也容易造成墙体开裂，如果不做防水设防，雨水会沿着裂缝或墙流入室内。

砌筑女儿墙和山墙应用现浇混凝土或预制混凝土压顶，压顶形成向内不小于 5% 的排水坡度，其内侧下端应做成鹰嘴或滴水槽防止倒水；混凝土压顶必须设分格缝并嵌填密封材料。泛水部位做附加层防水增强处理，泛水收头处理不当易产生翘边现象。

女儿墙和山墙检验批的质量检验标准、检验方法和检查数量见表 6-18。

表 6-18 女儿墙和山墙细部构造检验批的质量检验

项目	序号	检验项目	质量标准	检验方法	检查数量
主控项目	1	防水构造	女儿墙和山墙的防水构造应符合设计要求	观察检查	全数检查
	2	压顶做法	女儿墙和山墙的压顶向内排水坡度不应小于5%，压顶内侧下端应做成鹰嘴或滴水槽	观察和坡度尺检查	
	3	根部质量	女儿墙和山墙的根部不得有渗漏和积水现象	雨后观察或淋水试验	

续表

项目	序号	检验项目	质量标准	检验方法	检查数量
一般项目	1	泛水做法	女儿墙和山墙的泛水高度及附加层铺设应符合设计要求	观察和尺量检查	全数检查
	2	卷材施工	女儿墙和山墙的卷材应满粘，卷材收头应用金属压条钉压固定，并应用密封材料封严	观察检查	
	3	涂膜施工	女儿墙和山墙的涂膜应直接涂刷至压顶下，涂膜收头应用防水涂料多遍涂刷	观察检查	

6.5.4 水落口细部构造

水落口一般采用塑料制品，也有采用金属制品的，由于水落口杯与混凝土材料的线膨胀系数不同，环境温度变化产生的热胀冷缩会使水落口杯与基层交接处产生裂缝。同时水落口是雨水集中的部位，要求其能迅速排水，并在雨水长期冲刷下应具有足够的耐久能力。

水落口杯的安装高度应充分考虑水落口部位增加的附加层和排水坡度的尺寸，保证水落口杯上口在排水沟的最低处，以免水落口杯周围积水。水落口的数量和位置要满足设计要求。水落口杯应用细石混凝土与基层固定牢固。

水落口细部构造检验批的质量检验标准、检验方法和检查数量见表 6-19。

表 6-19　水落口细部构造检验批质量检验

项目	序号	检验项目	质量标准	检验方法	检查数量
主控项目	1	防水构造	水落口的防水构造应符合设计要求	观察检查	全数检查
	2	水落口杯位置	水落口杯上口应设在沟底的最低处；水落口处不得有渗漏和积水现象	雨后观察或淋水、蓄水试验	
一般项目	1	数量和位置	水落口的数量和位置应符合设计要求；水落口杯应安装牢固	观察和手扳检查	全数检查
	2	水落口周围	水落口周围直径 500mm 范围内坡度不应小于 5%，水落口周围的附加层铺设应符合设计要求	观察和尺量检查	
	3	防水层及附加层伸入水落口杯	防水层及附加层伸入水落口杯内不应小于 50mm，并应粘结牢固	观察和尺量检查	

6.5.5 伸出屋面管道细部构造

伸出屋面管道通常采用金属或 PVC 管材，由于温差变化引起的材料收缩会使管壁四周产生裂纹，所以在管壁四周应设附加层做防水增强处理。卷材防水层收头处应用管箍或镀锌铁丝扎紧后用密封材料封严。伸出屋面管道无论是直埋还是预埋套管，管道往往直接与室内相连，因此伸出屋面管道是绝对不允许出现渗漏的。验收时应按每道工序进行质量检查，并做好隐藏工程验收记录。

伸出屋面管道细部构造检验批的质量检验标准、检验方法和检查数量见表 6-20。

表 6-20 伸出屋面管道细部构造检验批的质量检验

项目	序号	检验项目	质量标准	检验方法	检查数量
主控项目	1	防水构造	伸出屋面管道的防水构造应符合设计要求	观察检查	全数检查
	2	伸出屋面管道根部	伸出屋面管道根部不得有渗漏和积水现象	雨后观察或淋水试验	
一般项目	1	泛水高度及附加层铺设	伸出屋面管道的泛水高度及附加层铺设，应符合设计要求	观察和尺量检查	全数检查
	2	伸出屋面管道周围	伸出屋面管道周围的找平层应抹出高度不小于 30mm 的排水坡	观察和尺量检查	
	3	收头处理	卷材防水层收头处应用金属箍紧固，并用密封材料封严；涂膜防水层收头应用防水涂料多遍涂刷	观察检查	

复习思考题：

6-1 屋面分部工程划分为哪些子分部工程？

6-2 基层与保护工程包括哪些分项工程？

6-3 隔离层的一般要求是什么？

6-4 在卷材防水施工中卷材铺贴的方向如何规定的？

6-5 对冷粘法铺贴卷材有何规定？

6-6 热熔法铺贴卷材有何规定？

6-7 涂膜防水层铺设胎体增强材料应符合哪些规定？

6-8 屋面细部构造的一般要求是什么？

7 建筑装饰装修分部工程质量检查与验收

内容提示：本章主要涉及《建筑装饰装修工程质量验收标准》（GB 50210—2018）和《建筑地面工程施工质量验收规范》（GB 50209—2010）两个专业验收规范。

课程目标：通过学习熟悉建筑装饰装修工程和建筑地面工程施工质量验收的基本规定；掌握常见的建筑装饰装修分部工程所含的检验批主控项目和一般项目的验收标准，能够正确进行验收。

思政目标：为了完善建筑物的使用功能，对建筑物进行装饰装修，学生应该正确提升审美能力和审美价值。

建筑装饰装修的定义是：为保护建筑物的主体结构、完善建筑物的使用功能和美化建筑物，采用装饰装修材料或饰物，对建筑物的内外表面及空间进行的各种处理过程。关于建筑装饰装修，过去还有几种说法，如建筑装饰、建筑装修、建筑装潢等。"建筑装饰"和"建筑装潢"词意偏重于表面处理，"建筑装修"则不仅包含表面处理，还包含基层处理、龙骨设置等处理过程。建筑装饰装修术语的含义包括了目前使用的"建筑装饰""建筑装修"和"建筑装潢"。

为了加强建筑工程管理，统一建筑装饰装修工程的质量验收，保证工程质量，国家制订了《建筑装饰装修工程质量验收标准》（GB 50210—2018）。建筑装饰装修工程作为一个分部工程，其又划分为建筑地面、抹灰、外墙防水、门窗、吊顶、轻质隔墙、饰面板、饰面砖、幕墙、涂饰、裱糊与软包、细部等子分部工程。地面工程作为建筑装饰装修分部工程其中的一个子分部工程，国家制定了专门的施工质量验收规范，因此地面工程验收时须按《建筑地面工程施工质量验收规范》（GB 50209—2010）进行。

7.1 基本规定

《建筑装饰装修工程质量验收标准》（GB 50210—2018）适用于新建、扩建、改建和既有建筑的装饰装修工程的质量验收，不包括古建筑和保护性建筑的质量验收。建筑装饰装修工程的承包合同、设计文件及其他技术文件对工程质量验收的要求不得低于标准的规定。基本规定是对保证建筑装饰装修工程的质量所提出的明确规定，也是最基本的要求。

7.1.1 建筑装饰装修工程设计

下面针对建筑装饰装修工程设计提出了具体要求，建设单位不得要求设计单位按低于此要求的标准设计，设计单位提出的设计文件也必须满足此要求，双方不得签订低于

7 建筑装饰装修分部工程质量检查与验收

此要求的合同文件。

(1) 建筑装饰装修工程应进行设计,并应出具完整的施工图设计文件。

建筑装饰装修工程完整的施工图设计文件是施工和验收的基础,应严格要求。施工图设计文件包括设计单位完成的建筑装饰装修设计、施工单位完成的深化设计等。

(2) 建筑装饰装修设计应符合城市规划、防火、环保、节能、减排等有关规定。建筑装饰装修耐久性应满足使用要求。

(3) 承担建筑装饰装修工程设计的单位应对建筑物进行了解和实地勘察,设计深度应满足施工要求。由施工单位完成的深化设计应经建筑装饰装修设计单位确认。

(4) 既有建筑装饰装修工程设计涉及主体和承重结构变动时,必须在施工前委托原结构设计单位或者具有相应资质条件的设计单位提出设计方案,或由检测鉴定单位对建筑结构的安全性进行鉴定。

本条为强制性条文,必须严格执行。随着我国经济的快速发展和人们生活水平的提高,建筑装饰装修行业已经成为一个重要的行业。建筑装饰装修行业为公众营造出了舒适的居住和活动空间,已成为现代生活中不可或缺的一个组成部分。但是,在装饰装修活动中也存在一些不规范甚至相当危险的做法。例如,随意拆改承重墙、楼板等主体和承重结构。为了保证建筑装饰装修活动本身不危及建筑物的结构安全,特将本条作为强制性条文。

(5) 建筑装饰装修工程的防火、防雷和抗震设计应符合现行国家标准的规定。

(6) 当墙体或吊顶内的管线可能产生冰冻或结露时,应进行防冻或防结露设计。

7.1.2 建筑装饰装修工程所用材料的控制

建筑装饰装修工程所用材料的质量是建筑装饰装修工程质量的基础。对材料的质量控制是一个系统的过程,从材料的采购、运输、进场、见证检测、储存和使用等方面都要进行控制。以下是《建筑装饰装修工程质量验收标准》(GB 50210—2018)对建筑装饰装修工程材料的基本规定:

(1) 建筑装饰装修工程所用材料的品种、规格和质量应符合设计要求和国家现行标准的规定。不得使用国家明令淘汰的材料。

(2) 建筑装饰装修工程所用材料的燃烧性能应符合现行国家标准《建筑内部装修设计防火规范》(**GB 50222**)和《建筑设计防火规范》(**GB 50016**)的规定。

(3) 建筑装饰装修工程所用材料应符合国家有关建筑装饰装修材料有害物质限量标准的规定。

(4) 建筑装饰装修工程采用的材料、构配件应按进场批次进行检验。属于同一工程项目且同期施工的多个单位工程,对同一厂家生产的同批材料、构配件、器具及半成品,可统一划分检验批对品种、规格、外观和尺寸等进行验收,包装应完好,并应有产品合格证书、中文说明书及性能检验报告,进口产品应按规定进行商品检验。

(5) 进场后需要进行复验的材料种类及项目应符合标准的规定,同一厂家生产的同一品种、同一类型的进场材料应至少抽取一组样品进行复验,当合同另有更高要求时应按合同执行。抽样样本应随机抽取,满足分布均匀、具有代表性的要求,获得认证的产品或来源稳定且连续三批均一次检验合格的产品，进场验收时检验批的容量可扩大一倍，且仅可扩大一次。扩大检验批后的检验中，出现不合格情况时，应按扩大前的检验批容量重新验收，且该产品不得再次扩大检验批容量。

对进场材料进行复验，是为保证建筑装饰装修工程质量采取的一种确认方式，有助于避免不合格材料用于装饰装修工程，也有助于解决提供样品与供货质量不一致的问题。

(6) 当国家规定或合同约定应对材料进行见证检验时，或对材料质量发生争议时，应进行见证检验。

(7) 建筑装饰装修工程所使用的材料在运输、储存和施工过程中，应采取有效措施防止损坏、变质和污染环境。

(8) 建筑装饰装修工程所使用的材料应按设计要求进行防火、防腐和防虫处理。

建筑装饰装修工程采用大量的木质材料，包括木材和各种人造木板，这些材料不经防火处理往往达不到防火要求。与建筑装饰装修工程防火有关的现行国家标准《建筑内部装修设计防火规范》（GB 50222）和《建筑设计防火规范》（GB 50016）也有相关规定。设计人员按上述标准给出所用材料的燃烧性能及处理方法后，施工单位应严格按设计进行选材和处理，不得调换材料或减少处理步骤。

7.1.3 建筑装饰装修工程的施工

《建筑装饰装修工程质量验收标准》（GB 50210—2018）对建筑装饰装修工程施工单位的资质、质量管理体系和制度、现场管理等方面提出以下基本规定：

(1) 施工单位应编制施工组织设计并经过审查批准。施工单位应按有关的施工工艺标准或经审定的施工技术方案施工，并应对施工全过程实行质量控制。

(2) 承担建筑装饰装修工程施工的人员上岗前应进行培训。

(3) 建筑装饰装修工程施工中，不得违反设计文件擅自改动建筑主体、承重结构或主要使用功能。

制订本条目的是为了避免装饰装修施工中随意拆改承重墙等不规范甚至相当危险的做法，导致建筑物安全度降低，或影响建筑物的主要使用功能。

(4) 未经设计确认和有关部门批准，不得擅自拆改主体结构和水、暖、电、燃气、通信等配套设施。

(5) 施工单位应采取有效措施控制施工现场的各种粉尘、废气、废弃物、噪声、振动等对周围环境造成的污染和危害。

在建筑装饰装修活动中，由于特殊的装饰材料和施工工艺的不同，会产生环境污染源。制订本条目的是为了避免装饰装修施工现场的各种粉尘、废气、废弃物、噪声、振动等对周围环境造成的污染和危害。

(6) 施工单位应建立有关施工安全、劳动保护、防火和防毒等管理制度，并应配备必要的设备、器具和标识。

(7) 建筑装饰装修工程应在基体或基层的质量验收合格后施工。对既有建筑进行装饰装修前，应对基层进行处理。

基体或基层的质量是影响建筑装饰装修工程质量的一个重要因素。例如，基层有油污可能导致抹灰工程和涂饰工程出现脱层、起皮等质量问题；基体或基层强度不够可能导致饰面层脱落，甚至造成坠落伤人的严重事故。

(8) 建筑装饰装修工程施工前应有主要材料的样板或做样板间（件），并应经有关各方确认。

建筑装饰装修工程的装饰装修效果很难用语言准确、完整地表述出来，某些施工质量问题也需要有一个更直观的评判依据。因此，在施工前，应根据工程情况确定制作样板间、样板件或封存材料样板。样板间适用于宾馆客房、住宅、写字楼办公室等工程，样板件适用于外墙饰面或室内公共活动场所，主要材料样板是指建筑装饰装修工程中采用的壁纸、涂料、石材等涉及颜色、光泽、图案花纹等难以描述的材料。不管采用哪种方式，都应由建设方、施工方、供货方等有关各方确认。

(9) 墙面采用保温隔热材料的建筑装饰装修工程，所用保温隔热材料的类型、品种、规格及施工工艺应符合设计要求。

(10) 管道、设备安装及调试应在建筑装饰装修工程施工前完成；当必须同步进行时，应在饰面层施工前完成。装饰装修工程不得影响管道、设备等的使用和维修。涉及燃气管道和电气工程的建筑装饰装修工程施工应符合有关安全管理的规定。

(11) 建筑装饰装修工程的电气安装应符合设计要求。不得直接埋设电线。

(12) 隐蔽工程验收应有记录，记录应包含隐蔽部位照片。施工质量的检验批验收应有现场检查原始记录。

(13) 室内外装饰装修工程施工的环境条件应满足施工工艺的要求。

(14) 建筑装饰装修工程施工过程中应做好半成品、成品的保护，防止污染和损坏。

(15) 建筑装饰装修工程验收前应将施工现场清理干净。

7.1.4 建筑地面工程的基本规定

《建筑地面工程施工质量验收规范》（GB 50209—2010）适用于新建建筑地面工程（含室外散水、明沟、踏步、台阶和坡道等附属工程）施工质量的验收。对于改建、扩建工程也适用，但为了确保原有建筑的安全，应由原设计部门对建筑荷载的承受能力进行校核。不适用于超净、屏蔽、绝缘、防止放射线以及防腐蚀等有特殊要求的建筑地面工程施工质量的验收。

(1) 建筑地面工程子分部工程、分项工程的划分应按表 7-1 的规定执行。

表 7-1 建筑地面子分部工程、分项工程划分表

分部工程	子分部工程		分项工程
建筑装饰装修工程	地面	整体面层	基层：基土、灰土垫层，砂垫层和砂石垫层、碎石垫层和碎砖垫层、三合土及四合土垫层、炉渣垫层、水泥混凝土垫层和陶粒混凝土垫层、找平层、隔离层、填充层、绝热层
			面层：水泥混凝土面层、水泥砂浆面层、水磨石面层、硬化耐磨面层、防油渗面层、不发火（防爆）面层、自流平面层、涂料面层、塑胶面层、地面辐射供暖的整体面层

续表

分部工程	子分部工程	分项工程
建筑装饰装修工程	地面	板块面层	基层：基土、灰土垫层，砂垫层和砂石垫层、碎石垫层和碎砖垫层、三合土及四合土垫层、炉渣垫层、水泥混凝土垫层和陶粒混凝土垫层、找平层、隔离层、填充层、绝热层
		面层：砖面层（陶瓷锦砖、缸砖、陶瓷地砖和水泥花砖面层）、大理石面层和花岗石面层、预制板块面层（水泥混凝土板块、水磨石板块面层、人造石板块面层）、料石面层（条石、块石面层）、塑料板面层、活动地板面层、金属板面层、地毯面层、地面辐射供暖的板块面层
		木、竹面层	基层：基土、灰土垫层，砂垫层和砂石垫层、碎石垫层和碎砖垫层、三合土及四合土垫层、炉渣垫层、水泥混凝土垫层和陶粒混凝土垫层、找平层、隔离层、填充层、绝热层
		面层：实木地板、实木集成地板、竹地板面层（条材、块材面层）、实木复合地板面层（条材、块材面层）、浸渍纸层压木质地板面层（条材、块材面层）、软木类地板面层（条材、块材面层）、地面辐射供暖的木板面层

（2）从事建筑地面工程施工的建筑施工企业应有质量管理体系和相应的施工工艺技术标准。

（3）建筑地面工程采用的材料或产品应符合设计要求和国家现行有关标准的规定。无国家现行有关标准的，应具有省级住房和城乡建设行政主管部门的技术认可文件。材料或产品进场时还应符合下列规定：

① 应有质量合格证明文件；

② 应对型号、规格、外观等进行验收，对重要材料或产品应抽样进行复验。

本条为强制性条文，必须严格执行。建筑地面工程的所有材料或产品均应有质量合格证明文件，以防假冒产品，并强调按规定进行抽样复验和做好检验记录，严把材料进场关，从而控制进场材料的质量。为配合推广新材料的使用，暂时没有国家现行标准的建筑地面材料或产品也可进场使用，但必须持有建筑地面工程所在地的省级住房和城乡建设行政主管部门的技术认可文件。

质量合格证明文件是指随同进场材料或产品一同提供的有效的中文质量状况证明文件。通常包括型式检验报告、出厂检验报告、出厂合格证等。进口产品还应包括出入境商品检验合格证明。

（4）建筑地面工程采用的大理石、花岗石、料石等天然石材以及砖、预制板块、地毯、人造板材、胶粘剂、涂料、水泥、砂、石、外加剂等材料或产品应符合国家现行有关室内环境污染控制和放射性、有害物质限量的规定。材料进场时应具有检测报告。

建筑地面工程采用的各种材料或产品除了应符合设计要求外，还应符合现行国家标准《民用建筑工程室内环境污染控制规范》（GB 50325）、《建筑材料放射性核素限量》（GB 6566）、《室内装饰装修材料 人造板及其制品中甲醛释放限量》（GB 18580）、《室内

装饰装修材料 溶剂型木器涂料中有害物质限量》(GB 18581)、《室内装饰装修材料 胶粘剂中有害物质限量》(GB 18583)、《室内装饰装修材料、聚氯乙烯卷材地板中有害物质限量》(GB 18586)、《室内装饰装修材料 地毯、地毯衬垫及地毯胶粘剂有害物质释放限量》(GB 18587) 和现行的行业标准《建筑防水涂料中有害物质限量》(JC 1066)、《进口石材放射性检验规程》(SN/T 2057) 及其他现行有关放射性和有害物质限量方面的规定。

(5) 厕浴间和有防滑要求的建筑地面应符合设计防滑要求。

本条为强制性条文，必须严格执行。以满足浴厕间和有防滑要求的建筑地面的使用功能要求，防止使用时对人体造成伤害。

(6) 有种植要求的建筑地面，其构造做法应符合设计要求和现行行业标准《种植屋面工程技术规程》(JGJ 155) 的有关规定。设计无要求时，种植地面应低于相邻建筑地面 50mm 以上或作槛台处理。

本条为新增条文，对有种植要求的建筑地面构造做法做出了规定。

(7) 地面辐射供暖系统的设计、施工及验收应符合现行行业标准《地面辐射供暖技术规程》(JGJ 142) 的有关规定。

(8) 地面辐射供暖系统施工验收合格后，方可进行面层铺设。面层分格缝的构造做法应符合设计要求。

这两条为新增条文，规定了地面辐射供暖系统（包括建筑地面中铺设的绝热层、隔离层、供热做法、填充层等）应由专业公司设计、施工并验收合格后，方能交付给地面施工单位进行地面面层的施工。

(9) 建筑地面下的沟槽、暗管、保温、隔热、隔声等工程完工后，应经检验合格并做隐蔽记录，方可进行建筑地面工程的施工。

(10) 建筑地面工程基层（各构造层）和面层的铺设，均应待其下一层检验合格后方可施工上一层。建筑地面工程各层铺设前与相关专业的分部（子分部）工程、分项工程以及设备管道安装工程之间，应进行交接检验。

这两条强调施工顺序，以避免上一层与下层因施工质量缺陷而造成的返工，从而保证建筑地面（含构造屋）工程整体施工质量的提高。建筑地面各构造层施工时，不仅是本工程上、下层的施工顺序，有时还涉及与其他各分部工程之间交叉进行。为保证相关土建和安装之间的施工质量，避免完工后发生质量问题的纠纷，强调中间交接质量检验是极其重要的。

(11) 建筑地面工程施工时，各层环境温度的控制应符合材料或产品的技术要求，并应符合下列规定：

① 采用掺有水泥、石灰的拌合料铺设以及用石油沥青胶结料铺贴时，不应低于 5℃；

② 采用有机胶粘剂粘贴时，不应低于 10℃；

③ 采用砂、石材料铺设时，不应低于 0℃；

④ 采用自流平、涂料铺设时，不应低于 5℃，也不应高于 30℃。

(12) 铺设有坡度的地面应采用基土高差达到设计要求的坡度；铺设有坡度的楼面

(或架空地面)应采用在结构楼层板上变更填充层（或找平层）铺设的厚度或以结构起坡达到设计要求的坡度。

建筑地面是指建筑物底层地面和楼面的总称,本条针对坡度的做法分别提出了具体要求。

(13) 建筑物室内接触基土的首层地面施工应符合设计要求,并应符合下列规定:

① 在冻胀性土上铺设地面时,应按设计要求做好防冻胀土处理后方可施工,并不得在冻胀土层上进行填土施工;

② 在永冻土上铺设地面时,应按建筑节能要求进行隔热、保温处理后方可施工。

本条为新增内容,对寒冷地区规定了建筑物室内接触基土的首层地面施工的具体要求。

(14) 室外散水、明沟、踏步、台阶和坡道等,其面层和基层（各构造层）均应符合设计要求。施工时应按规范基层铺设中基土和相应垫层以及面层的规定执行。

(15) 水泥混凝土散水、明沟应设置伸、缩缝,其延长米间距不得大于10m,对日晒强烈且昼夜温差超过15℃的地区,其延长米间距宜为4～6m。水泥混凝土散水、明沟和台阶等与建筑物连接处及房屋转角处应设缝处理。上述缝的宽度应为15～20mm,缝内应填嵌柔性密封材料。

(16) 建筑地面的变形缝应按设计要求设置,并应符合下列规定:

① 建筑地面的沉降缝、伸缝、缩缝和防震缝,应与结构相应缝的位置一致,且应贯通建筑地面的各构造层;

② 沉降缝和防震缝的宽度应符合设计要求,缝内清理干净,以柔性密封材料填嵌后用板封盖,并应与面层齐平。

(17) 当建筑地面采用镶边时,应按设计要求设置并应符合下列规定:

① 有强烈机械作用下的水泥类整体面层与其他类型的面层邻接处,应设置金属镶边构件;

② 具有较大振动或变形的设备基础与周围建筑地面的邻接处,应沿设备基础周边设置贯通建筑地面各构造层的沉降缝（防震缝）,缝的处理应执行上一条的规定;

③ 采用水磨石整体面层时,应用同类材料镶边,并用分格条进行分格;

④ 条石面层和砖面层与其他面层邻接处,应用顶铺的同类材料镶边;

⑤ 采用木、竹面层和塑料板面层时,应用同类材料镶边;

⑥ 地面面层与管沟、孔洞、检查井等邻接处,均应设置镶边;

⑦ 管沟、变形缝等处的建筑地面面层的镶边构件,应在面层铺设前装设;

⑧ 建筑地面的镶边宜与柱、墙面或踢脚线的变化协调一致。

本条提出了建筑地面工程设置镶边的规定,为了增加地面镶边的美观,提出了建筑地面的镶边宜与柱、墙面或踢脚线的变化协调一致。

(18) 厕浴间、厨房和有排水（或其他液体）要求的建筑地面面层与相连接各类面层的标高差应符合设计要求。

本条为强制性条文,必须严格执行。强调了相邻面层的标高差的重要性和必要性,以防止有排水要求的建筑物地面面层水倒泄入相邻面层,影响正常使用。

7 建筑装饰装修分部工程质量检查与验收

（19）检验同一施工批次、同一配合比水泥混凝土和水泥砂浆强度的试块，应按每一层（或检验批）建筑地面工程不应小于 1 组。当每一层（或检验批）建筑地面工程面积大于 1000m² 时，每增加 1000m² 应增做 1 组试块；小于 1000m² 按 1000m² 计算，取样 1 组。检验同一施工批次、同一配合比的散水、明沟、踏步、台阶、坡道的水泥混凝土和水泥砂浆强度的试块，应按每 150 延长米不少于 1 组。

（20）各类面层的铺设宜在室内装饰工程基本完工后进行。木、竹面层、塑料板面层、活动地板面层、地毯面层的铺设，应待抹灰工程、管道试压等完工后进行。

（21）建筑地面工程施工质量的检验，应符合下列规定：

① 基层（各构造层）和各类面层的分项工程的施工质量验收应按每一层次或每层施工段（或变形缝）划分检验批，高层建筑的标准层可按每三层（不足三层按三层计）划分检验批。

② 每检验批应以各子分部工程的基层（各构造层）和各类面层所划分的分项工程按自然间（或标准间）检验，抽查数量应随机检验不应少于 3 间；不足 3 间，应全数检查；其中走廊（过道）应以 10 延长米为 1 间，工业厂房（按单跨计）、礼堂、门厅应以两个轴线为 1 间计算。

③ 有防水要求的建筑地面子分部工程的分项工程施工质量每检验批抽查数量应按其房间总数随机检验不应少于 4 间，不足 4 间，应全数检查。

（22）建筑地面工程的分项工程施工质量检验的主控项目，应达到规范规定的质量标准，认定为合格；一般项目 80%以上的检查点（处）符合规范规定的质量要求，其他检查点（处）不得有明显影响使用，且最大偏差值不超过允许偏差值的 50%为合格。凡达不到质量标准时，应按现行国家标准《建筑工程施工质量验收统一标准》（GB 50300）的规定处理。

（23）建筑地面工程的施工质量验收应在建筑施工企业自检合格的基础上，由监理单位或建设单位组织有关单位对分项工程、子分部工程进行检验。

（24）检验方法应符合下列规定：

① 检查允许偏差应采用钢尺、1m 直尺、2m 直尺、3m 直尺、2m 靠尺、楔形塞尺、坡度尺、游标卡尺和水准仪。

② 检查空鼓应采用敲击的方法。

③ 检查防水隔离层应采用蓄水方法，蓄水深度最浅处不得小于 10mm，蓄水时间不得少于 24h；检查有防水要求的建筑地面的面层应采用泼水方法。

④ 检查各类面层（含不需铺设部分或局部面层）表面的裂纹、脱皮、麻面和起砂等缺陷，应采用观感的方法。

本条提出了常规检查方法，但不排除新的工具和检验方法。

（25）建筑地面工程完工后，应对面层采取保护措施。

为了保证面层完工后的表面免受破坏，加强面层施工完成后的成品保护是非常必要的，保护的措施有遮盖、封闭等。

7.2 地面子分部工程

地面子分部工程包括整体面层、板块面层、木竹面层三个部分，每个部分又有基层和面层分项工程。下面主要介绍了基层铺设、整体面层铺设、板块面层铺设等内容。

7.2.1 基层铺设

1. 一般规定

1）本部分适用于基土、垫层、找平层、隔离层、绝热层和填充层等基层分项工程的施工质量检验。

本节所列条文均为基层共性方面的规定，比原规范增加了绝热层。基层是面层下的构造层，包括填充层、隔离层、绝热层、找平层、垫层和基土等。填充层是在建筑地面中具有隔声、找坡等作用和暗敷管线的构造层；隔离层是防止建筑地面上各种液体或地下水、潮气渗透地面等作用的构造层；绝热层是指地面阻挡热量传递的构造层；找平层是在垫层、楼板上或填充层上起整平、找坡或加强作用的构造层；垫层是承受并传递地面荷载于基土上的构造层；基土是底层地面的地基土层。

2）基层铺设的材料质量、密实度和强度等级（或配合比）等应符合设计要求和规范的规定。

3）基层铺设前，其下一层表面应干净、无积水。

4）垫层分段施工时，接槎处应做成阶梯形，每层接槎处的水平距离应错开 0.5～1.0m。接槎处不应设在地面荷载较大的部位。

垫层分段施工时，接槎处如果处理不好会造成地面面层开裂，将影响地面的使用，因此本条提出具体要求，也是规范新增内容。

5）当垫层、找平层、填充层内埋设暗管时，管道应按设计要求予以稳固。

6）对有防静电要求的整体地面的基层，应清除残留物，将露出基层的金属物涂绝缘漆两遍晾干。

7）基层的标高、坡度、厚度等应符合设计要求。基层表面应平整，其允许偏差和检验方法应符合表 7-2 的规定。

2. 基土

1）地面应铺设在均匀密实的基土上。土层结构被扰动的基土应进行换填，并予以压实。压实系数应符合设计要求。

2）对软弱土层应按设计要求进行处理。

3）填土应分层摊铺、分层压（夯）实、分层检验其密实度。填土质量应符合现行国家标准《建筑地基基础工程施工质量验收标准》（GB 50202）的有关规定。

4）填土时应为最优含水量。重要工程或大面积的地面填土前，应取土样，按击实试验确定最优含水量与相应的最大干密度。

5）基土工程检验批的质量检验标准、检验方法和检查数量见表 7-3。

7 建筑装饰装修分部工程质量检查与验收

表 7-2　基层表面的允许偏差和检验方法（mm）

项次	项目	允许偏差													检验方法
		基层				找平层				填充层		隔离层	绝热层	
		基土		垫层	垫层地板										
		土	砂、砂石、碎石、碎砖	灰土、三合土、四合土、炉渣、水泥混凝土、陶粒混凝土	木搁栅	拼花实木地板、拼花实木复合地板、软木类地板面层	其他种类面层	用胶结料做结合层铺设板块面层	用水泥砂浆做结合层铺设板块面层	用胶粘剂做结合层铺设花木板、浸渍纸层压木质地板、实木复合地板、竹地板、软木地板面层	金属板面层	松散材料	板、块材料	防水、防潮、防油渗	板块材料、浇筑材料、喷涂材料	
1	表面平整度	15	10	3	3	5	3	5	2	3	7	5	3	4	用2m靠尺和楔形塞尺检查
2	标高	0 −50	±20	±10	±5	±5	±8	±8	±5	±4	±4	±4	±4	±4	用水准仪检查
3	坡度	不大于房间相应尺寸的2/1000,且不大于30													用坡度尺检查
4	厚度	在个别地方不大于设计厚度的1/10,且不大于20													用钢尺检查

219

表 7-3 基土工程检验批的质量检验标准

项目	序号	检验项目	质量标准	检验方法	检查数量
主控项目	1	材料质量	基土不应用淤泥、腐植土、冻土、耕植土、膨胀土和建筑杂物作为填土，填土土块的粒径不应大于 50mm	观察检查和检查土质记录	随机检验不应少于 3 间；不足 3 间，应全数检查；其中走廊（过道）应以 10 延长米为 1 间，工业厂房（按单跨计）、礼堂、门厅应以两个轴线为 1 间计算
主控项目	2	氡浓度	Ⅰ类建筑基土的氡浓度应符合现行国家标准《民用建筑工程室内环境污染控制规范》（GB 50325）的规定	检查检测报告	同一工程、同一土源检查一组
主控项目	3	压实系数	基土应均匀密实，压实系数应符合设计要求，设计无要求时，不应小于 0.9	观察检查和检查试验记录	随机检验不应少于 3 间；不足 3 间，应全数检查；其中走廊（过道）应以 10 延长米为 1 间，工业厂房（按单跨计）、礼堂、门厅应以两个轴线为 1 间计算
一般项目	1	表面的允许偏差	基土表面的允许偏差应符合表 7-2 的规定	见表 7-2	

3. 灰土垫层

1）灰土垫层应采用熟化石灰与黏土（或粉质黏土、粉土）的拌合料铺设，其厚度不应小于 100mm。

一般常规提出熟化石灰与粘土的体积比为 3：7。

2）熟化石灰粉可采用磨细生石灰，亦可用粉煤灰代替。

熟化石灰粉可采用磨细生石灰代替，但应按体积比与黏土拌合洒水堆放 8h 后才能使用。还可用粉煤灰代替，有利于环境保护和废物利用，材料代用前应按现行的行业标准《粉煤灰石灰类道路基层施工及验收规程》（CJJ 4）已废止的规定进行检验，合格后方可使用。

3）灰土垫层应铺设在不受地下水浸泡的基土上。施工后应有防止水浸泡的措施。

4）灰土垫层应分层夯实，经湿润养护、晾干后方可进行下一道工序施工。

5）灰土垫层不宜在冬期施工。当必须在冬期施工时，应采取可靠措施。

6）灰土垫层工程检验批的质量检验标准、检验方法和检查数量见表 7-4。

表 7-4 灰土垫层工程检验批的质量检验标准

项目	序号	检验项目	质量标准	检验方法	检查数量
主控项目	1	体积比	灰土体积比应符合设计要求	观察检查和检查配合比试验报告	同一工程、同一体积比检查一次

7 建筑装饰装修分部工程质量检查与验收

续表

项目	序号	检验项目	质量标准	检验方法	检查数量
一般项目	1	材料质量	熟化石灰颗粒粒径不应大于5mm；黏土（或粉质黏土、粉土）内不得含有有机物质，颗粒粒径不应大于16mm	观察检查和检查质量合格证明文件	随机检验不应少于3间；不足3间，应全数检查；其中走廊（过道）应以10延长米为1间，工业厂房（按单跨计）、礼堂、门厅应以两个轴线为1间计算
一般项目	2	表面的允许偏差	灰土垫层表面的允许偏差应符合表7-2的规定	见表7-2	

4. 砂垫层和砂石垫层

1）砂垫层厚度不应小于60mm；砂石垫层厚度不应小于100mm。

2）砂石应选用天然级配材料。铺设时不应有粗细颗粒分离现象，压（夯）至不松动为止。

3）砂垫层和砂石垫层工程检验批的质量检验标准、检验方法和检查数量见表7-5。

表7-5 砂垫层和砂石垫层工程检验批的质量检验标准

项目	序号	检验项目	质量标准	检验方法	检查数量
主控项目	1	材料质量	砂和砂石不应含有草根等有机杂质；砂应采用中砂；石子最大粒径不应大于垫层厚度的2/3	观察检查和检查质量合格证明文件	随机检验不应少于3间；不足3间，应全数检查；其中走廊（过道）应以10延长米为1间，工业厂房（按单跨计）、礼堂、门厅应以两个轴线为1间计算
主控项目	2	干密度（或贯入度）	砂垫层和砂石垫层的干密度（或贯入度）应符合设计要求	观察检查和检查试验记录	
一般项目	1	表面质量	表面不应有砂窝、石堆等现象	观察检查	
一般项目	2	表面的允许偏差	砂垫层和砂石垫层表面的允许偏差应符合表7-2的规定	见表7-2	

5. 碎石垫层和碎砖垫层

1）碎石垫层和碎砖垫层厚度不应小于100mm。

2）垫层应分层压（夯）实，达到表面坚实、平整。

3）碎石垫层和碎砖垫层工程检验批的质量检验标准、检验方法和检查数量见表7-6。

表7-6 碎石垫层和碎砖垫层工程检验批的质量检验标准

项目	序号	检验项目	质量标准	检验方法	检查数量
主控项目	1	材料质量	碎石的强度应均匀，最大粒径不应大于垫层厚度的2/3；碎砖不应采用风化、酥松、夹有有机质的砖料，颗粒粒径不应大于60mm	观察检查和检查质量合格证明文件	随机检验不应少于3间；不足3间，应全数检查；其中走廊（过道）应以10延长米为1间，工业厂房（按单跨计）、礼堂、门厅应以两个轴线为1间计算
主控项目	2	密实度	碎石、碎砖垫层的密实度应符合设计要求	观察检查和检查试验记录	
一般项目	1	表面允许偏差	碎石、碎砖垫层的表面允许偏差应符合表7-2的规定	见表7-2	

6. 三合土垫层和四合土垫层

1） 三合土垫层采用石灰、砂（可掺入少量黏土）与碎砖的拌合料铺设，其厚度不应小于 **100mm**；四合土垫层应采用水泥、石灰、砂（可掺入少量粘土）与碎砖的拌合料铺设，其厚度不应小于 **80mm**。

2） 三合土垫层和四合土垫层应分层夯实。

3）三合土垫层和四合土垫层工程检验批的质量检验标准、检验方法和检查数量见表 7-7。

表 7-7 三合土垫层和四合土垫层工程检验批的质量检验标准

项目	序号	检验项目	质量标准	检验方法	检查数量
主控项目	1	材料质量	水泥宜采用硅酸盐水泥、普通硅酸盐水泥；熟化石灰颗粒粒径不应大于 5mm；砂应用中砂，并不得含有草根等有机物质；碎砖不应采用风化、酥松、夹有有机杂质的砖料，颗粒粒径不应大于 60mm	观察检查和检查质量合格证明文件	随机检验不应少于 3 间；不足 3 间，应全数检查；其中走廊（过道）应以 10 延长米为 1 间，工业厂房（按单跨计）、礼堂、门厅应以两个轴线为 1 间计算
主控项目	2	体积比	三合土、四合土的体积比应符合设计要求	观察检查和检查配合比试验报告	同一工程、同一体积比检查一次
一般项目	1	表面的允许偏差	三合土垫层和四合土垫层表面的允许偏差应符合表 7-2 的规定	见表 7-2	随机检验不应少于 3 间；不足 3 间，应全数检查；其中走廊（过道）应以 10 延长米为 1 间，工业厂房（按单跨计）、礼堂、门厅应以两个轴线为 1 间计算

7. 炉渣垫层

1） 炉渣垫层采用炉渣或水泥与炉渣或水泥、石灰与炉渣的拌合料铺设，其厚度不应小于 **80mm**。

2） 炉渣或水泥渣垫层的炉渣，使用前应浇水闷透；水泥石灰炉渣垫层的炉渣，使用前应用石灰浆或用熟化石灰浇水拌合闷透；闷透时间均不得少于 **5d**。

3） 在垫层铺设前，其下一层应湿润；铺设时应分层压实，表面不得有泌水现象。铺设后应养护，待其凝结后方可进行下一道工序施工。

4） 炉渣垫层施工过程中不宜留施工缝。当必须留缝时，应留直槎，并保证间隙处密实，接槎时应先刷水泥浆，再铺炉渣拌合料。

5）炉渣垫层工程检验批的质量检验标准、检验方法和检查数量见表 7-8。

表 7-8 炉渣垫层工程检验批的质量检验标准

项目	序号	检验项目	质量标准	检验方法	检查数量
主控项目	1	材料质量	炉渣内不应含有有机杂质和未燃尽的煤块，颗粒粒径不应大于40mm，且颗粒粒径在5mm及其以下的颗粒，不得超过总体积的40%；熟化石灰颗粒粒径不应大于5mm	观察检查和检查质量合格证明文件	随机检验不应少于3间；不足3间，应全数检查；其中走廊（过道）应以10延长米为1间，工业厂房（按单跨计）、礼堂、门厅应以两个轴线为1间计算
主控项目	2	体积比	炉渣垫层的体积比应符合设计要求	观察检查和检查配合比试验报告	同一工程、同一体积比检查一次
一般项目	1	与下一层结合	炉渣垫层与其下一层结合应牢固，不应有空鼓和松散炉渣颗粒	观察检查和用小锤轻击检查	随机检验不应少于3间；不足3间，应全数检查；其中走廊（过道）应以10延长米为1间，工业厂房（按单跨计）、礼堂、门厅应以两个轴线为1间计算
一般项目	2	表面的允许偏差	炉渣垫层表面的允许偏差应符合表7-2的规定	见表7-2	

8. 水泥混凝土垫层和陶粒混凝土垫层

1）水泥混凝土垫层和陶粒混凝土垫层应铺设在基土上。当气温长期处于0℃以下，设计无要求时，垫层应设置缩缝，缝的位置、嵌缝做法等应与面层伸、缩缝相一致，并应符合基本规定的要求。

2）水泥混凝土垫层的厚度不应小于60mm；陶粒混凝土垫层的厚度不应小于80mm。

3）垫层铺设前，当为水泥类基层时，其下一层表面应湿润。

4）室内地面的水泥混凝土垫层和陶粒混凝土垫层，应设置纵向缩缝和横向缩缝；纵向缩缝、横向缩缝的间距均不得大于6m。

5）垫层的纵向缩缝应做平头缝或加肋板平头缝。当垫层厚度大于150mm时，可做企口缝。横向缩缝应做假缝。平头缝和企口缝的缝间不得放置隔离材料，浇筑时应互相紧贴。企口缝尺寸应符合设计要求，假缝宽度宜为5~20mm，深度为垫层厚度的1/3，填缝材料应与地面变形缝的填缝材料相一致。

6）工业厂房、礼堂、门厅等大面积水泥混凝土垫层、陶粒混凝土垫层应分区段浇筑。分区段应结合变形缝位置、不同类型的建筑地面连接处和设备基础的位置进行划分，并应与设置的纵向、横向缩缝的间距相一致。

7）水泥混凝土、陶粒混凝土施工质量检验尚应符合现行国家标准《混凝土结构工程施工质量验收规范》（GB 50204）和《轻骨料混凝土技术规程》（JGJ 51）的有关规定。

8）水泥混凝土垫层和陶粒混凝土垫层工程检验批的质量检验标准、检验方法和检查数量见表7-9。

表 7-9 水泥混凝土垫层和陶粒混凝土垫层工程检验批的质量检验标准

项目	序号	检验项目	质量标准	检验方法	检查数量
主控项目	1	材料质量	水泥混凝土垫层和陶粒混凝土垫层采用的粗骨料，其最大粒径不应大于垫层厚度的2/3，含泥量不应大于3%；砂为中粗砂，其含泥量不应大于3%。陶粒中粒径小于5mm的颗粒含量应小于10%；粉煤灰陶粒中大于15mm的颗粒含量不应大于5%；陶粒中不得混夹杂物或黏土块。陶粒宜选用粉煤灰陶粒、页岩陶粒等	观察检查和检查质量合格证明文件	同一工程、同一强度等级、同一配合比检查一次
	2	强度等级和密度	水泥混凝土和陶粒混凝土的强度等级应符合设计要求。陶粒混凝土的密度应在 800～1400kg/m³ 之间	检查配合比试验报告和强度等级检测报告	配合比试验报告按同一工程、同一强度等级、同一配合比检查一次；强度等级检测报告按基本规定的要求
一般项目	1	表面的允许偏差	水泥混凝土垫层和陶粒混凝土垫层表面的允许偏差应符合表 7-2 的规定	见表 7-2	随机检验不应少于3间；不足 3 间，应全数检查；其中走廊（过道）应以 10 延长米为 1 间，工业厂房（按单跨计）、礼堂、门厅应以两个轴线为 1 间计算

9. 找平层

1）找平层宜采用水泥砂浆或水泥混凝土铺设。当找平层厚度小于 30mm 时，宜用水泥砂浆做找平层；当找平层厚度不小于 30mm 时，宜用细石混凝土做找平层。

2）找平层铺设前，当其下一层有松散填充料时，应予铺平振实。

3）有防水要求的建筑地面工程，铺设前必须对立管、套管和地漏与楼板节点之间进行密封处理，并应进行隐蔽验收；排水坡度应符合设计要求。

本条为强制性条文，必须严格执行，以免出现渗漏或积水等质量缺陷。

4）在预制钢筋混凝土板上铺设找平层前，板缝填嵌的施工应符合下列要求：

（1）预制钢筋混凝土板相邻缝底宽不应小于 20mm。

（2）填嵌时，板缝内应清理干净，保持湿润。

（3）填缝采用细石混凝土，其强度等级不得小于 C20。填缝高度应低于板面 10～20mm，且振捣密实；填缝后应养护。当填缝混凝土的强度等级达到 C15 后方可继续施工。

（4）当板缝底宽大于 40mm 时，应按设计要求配置钢筋。

5）在预制钢筋混凝土板上铺设找平层时，其板端应按设计要求做防裂的构造措施。

6）找平层工程检验批的质量检验标准、检验方法和检查数量见表 7-10。

表 7-10　找平层工程检验批的质量检验标准

项目	序号	检验项目	质量标准	检验方法	检查数量
主控项目	1	材料质量	找平层采用碎石或卵石的粒径不应大于其厚度的2/3，含泥量不应大于2%；砂为中粗砂，其含泥量不应大于3%	观察检查和检查质量合格证明文件	同一工程、同一强度等级、同一配合比检查一次
主控项目	2	体积比或强度等级	水泥砂浆体积比、水泥混凝土强度等级应符合设计要求，且水泥砂浆体积比不应小于1：3（或相应强度等级）；水泥混凝土强度等级不应小于C15	观察检查和检查配合比试验报告、强度等级检测报告	配合比试验报告按同一工程、同一强度等级、同一配合比检查一次；强度等级检测报告按基本规定的要求
主控项目	3	有防水要求的地面	有防水要求的建筑地面工程的立管、套管、地漏处不应渗漏，坡向应正确、无积水	观察检查和蓄水、泼水检验及坡度尺检查	抽查数量应随机检验不应少于3间；不足3间，应全数检查；其中走廊（过道）应以10延长米为1间，工业厂房（按单跨计）、礼堂、门厅应以两个轴线为1间计算。有防水要求的建筑地面子分部工程的分项工程施工质量每检验批抽查数量应按其房间总数随机检验不应少于4间，不足4间，应全数检查
主控项目	4	有防静电要求的地面	有防静电要求的整体面层的找平层施工前，其下敷设的导电地网系统应与接地引下线和地下接电体有可靠连接，经电性能检测且符合相关要求后进行隐蔽工程验收	观察检查和检查质量合格证明文件	
一般项目	1	找平层与下一层结合	找平层与其下一层结合牢固，不应有空鼓	用小锤轻击检查	抽查数量应随机检验不应少于3间；不足3间，应全数检查；其中走廊（过道）应以10延长米为1间，工业厂房（按单跨计）、礼堂、门厅应以两个轴线为1间计算。有防水要求的建筑地面子分部工程的分项工程施工质量每检验批抽查数量应按其房间总数随机检验不应少于4间，不足4间，应全数检查
一般项目	2	表面质量	找平层表面应密实，不应有起砂、蜂窝和裂缝等缺陷	观察检查	
一般项目	3	表面允许偏差	找平层的表面允许偏差应符合表 7-2 的规定	见表 7-2	

10. 隔离层

1） 隔离层材料的防水、防油渗性能应符合设计要求。

2） 隔离层的铺设层数（或道数）、上翻高度应符合设计要求。有种植要求的地面隔离层的防根穿刺等应符合现行行业标准《种植屋面工程技术规程》（JGJ 155）的有关规定。

3）在水泥类找平层上铺设卷材类、涂料类防水、防油渗隔离层时，其表面应坚固、洁净、干燥。铺设前，应涂刷基层处理剂。基层处理剂应采用与卷材性能相容的配套材料或采用与涂料性能相容的同类涂料的底子油。

4）当采用掺有防渗外加剂的水泥类隔离层时，其配合比、强度等级、外加剂的复合掺量等应符合设计要求。

5）铺设隔离层时，在管道穿过楼板面四周，防水、防油渗材料应向上铺涂，并超过套管的上口；在靠近柱、墙处，应高出面层200～300mm或按设计要求的高度铺涂。阴阳角和管道穿过楼板面的根部应增加铺涂附加防水、防油渗隔离层。

6）隔离层兼作面层时，其材料不得对人体及环境产生不利影响，并应符合现行国家标准《食品安全性毒理学评价程序》（GB 15193.1）和《生活饮用水卫生标准》（GB 5749）的有关规定。

7）防水隔离层铺设后，应进行蓄水检验。蓄水深度最浅处不得小于10mm，蓄水时间不得少于24h，并做记录。

8）隔离层施工质量检验应符合现行国家标准《屋面工程质量验收规范》（GB 50207）的有关规定。

9）隔离层工程检验批的质量检验标准、检验方法和检查数量见表7-11。

表7-11 隔离层工程检验批的质量检验标准

项目	序号	检验项目	质量标准	检验方法	检查数量
主控项目	1	材料质量	隔离层材质应符合设计要求和国家现行有关标准的规定	观察检查和检查型式检验报告、出厂检验报告、出厂合格证	同一工程、同一材料、同一生产厂家、同一型号、同一规格、同一批号检查一次
		材料进场复验	卷材类、涂料类隔离层材料进入施工现场，应对材料的主要物理性能指标进行复验	检查复验报告	执行现行国家标准《屋面工程质量验收规范》（GB 50207—2010）的有关规定
	2	隔离层构造	**厕浴间和有防水要求的建筑地面必须设置防水隔离层。楼层结构必须采用现浇混凝土或整块预制混凝土板，混凝土强度等级不应小于C20；房间的楼板四周除门洞外应做混凝土翻边，高度不应小于200mm，宽同墙厚，混凝土强度等级不应小于C20。施工时结构层标高和预留孔洞位置应准确，严禁乱凿洞**	观察和钢尺检查	有防水要求的建筑地面子分部工程的分项工程施工质量每检验批抽查数量应按其房间总数随机检验不应少于4间，不足4间，应全数检查
	3	防水等级和强度等级	水泥类防水隔离层的防水等级和强度等级应符合设计要求	观察检查和检查防水等级检测报告、强度等级检测报告	防水等级检测报告、强度等级检测报告均按基本规定要求检查
	4	隔离层坡度	**防水隔离层严禁渗漏**，排水的坡向应正确、排水通畅	观察检查和蓄水、泼水检验、坡度尺检查及检查验收记录	

续表

项目	序号	检验项目	质量标准	检验方法	检查数量
一般项目	1	隔离层厚度	隔离层厚度应符合设计要求	观察检查和用钢尺、卡尺检查	抽查数量应随机检验不应少于3间；不足3间，应全数检查；其中走廊（过道）应以10延长米为1间，工业厂房（按单跨计）、礼堂、门厅应以两个轴线为1间计算。有防水要求的建筑地面子分部工程的分项工程施工质量每检验批抽查数量应按其房间总数随机检验不应少于4间，不足4间，应全数检查
一般项目	2	隔离层施工质量	隔离层与其下一层应粘结牢固，不得有空鼓；防水涂层应平整、均匀，无脱皮、起壳、裂缝、鼓泡等缺陷	用小锤轻击检查和观察检查	
一般项目	3	表面的允许偏差	隔离层表面的允许偏差应符合表7-2的规定	见表7-2	

11. 填充层

1） 填充层材料的密度应符合设计要求。

2） 填充层的下一层表面应平整。当为水泥类时，尚应洁净、干燥，并不得有空鼓、裂缝和起砂等缺陷。

3） 采用松散材料铺设填充层时，应分层铺平拍实；采用板，块状材料铺设填充层时，应分层错缝铺贴。

4） 有隔声要求的楼面，隔声垫在柱、墙面的上翻高度应超出楼面 **20mm**，且应收口于踢脚线内。地面上有竖向管道时，隔声垫应包裹管道四周，高度同卷向柱、墙面的高度。隔声垫保护膜之间应错缝搭接，搭接长度应大于 **100mm**，并用胶带等封闭。

5） 隔声垫上部应设置保护层，其构造做法应符合设计要求。当设计无要求时，混凝土保护层厚度不应小于 **30mm**，内配间距不大于 **200mm×200mm** 的 ϕ**6mm** 钢筋网片。

6） 有隔声要求的建筑地面工程尚应符合现行国家标准《建筑隔声评价标准》（GB/T 50121）、《民用建筑隔声设计规范》（GBJ 118）的有关要求。

7）填充层工程检验批的质量检验标准、检验方法和检查数量见表7-12。

表7-12 填充层工程检验批的质量检验标准

项目	序号	检验项目	质量标准	检验方法	检查数量
主控项目	1	材料质量	填充层材料应符合设计要求和国家现行有关标准的规定	观察检查和检查质量合格证明文件	同一工程、同一材料、同一生产厂家、同一型号、同一规格、同一批号检查一次
主控项目	2	厚度、配合比	填充层的厚度、配合比应符合设计要求	用钢尺检查和检查配合比试验报告	抽查数量应随机检验不应少于3间；不足3间，应全数检查；其中走廊（过道）应以10延长米为1间，工业厂房（按单跨计）、礼堂、门厅应以两个轴线为1间计算
主控项目	3	有密闭要求的接缝	对填充材料接缝有密闭要求的应密封良好	观察检查	

续表

项目	序号	检验项目	质量标准	检验方法	检查数量
一般项目	1	填充层铺设	松散材料填充层铺设应密实；板块状材料填充层应压实、无翘曲	观察检查	抽查数量应随机检验不应少于3间；不足3间，应全数检查；其中走廊（过道）应以10延长米为1间，工业厂房（按单跨计）、礼堂、门厅应以两个轴线为1间计算
	2	坡度	填充层的坡度应符合设计要求，不应有倒泛水和积水现象	观察和采用泼水或用坡度尺检查	
	3	表面的允许偏差	填充层表面的允许偏差应符合表7-2的规定	见表7-2	
	4	隔声的填充层	用作隔声的填充层，其表面允许偏差应符合表7-2中隔离层的规定	见表7-2	

12. 绝热层

1）绝热层材料的性能、品种、厚度、构造做法应符合设计要求和国家现行有关标准的规定。

2）建筑物室内接触基土的首层地面应增设水泥混凝土垫层后方可铺设绝热层，垫层的厚度及强度等级应符合设计要求。首层地面及楼层楼板铺设绝热层前，表面平整度宜控制在3mm以内。

3）有防水、防潮要求的地面，宜在防水、防潮隔离层施工完毕并验收合格后再铺设绝热层。

4）穿越地面进入非采暖保温区域的金属管道应采取隔断热桥的措施。

5）绝热层与地面面层之间应设有水泥混凝土结合层，构造做法及强度等级应符合设计要求。设计无要求时，水泥混凝土结合层的厚度不应小于30mm，层内应设置间距不大于200mm×200mm的ϕ6mm钢筋网片。

6）有地下室的建筑，地上、地下交界部位楼板的绝热层应采用外保温做法，绝热层表面应设有外保护层。外保护层应安全、耐候，表面应平整、无裂纹。

7）建筑物勒脚处绝热层的铺设应符合设计要求。设计无要求时，应符合下列规定：

（1）当地区冻土深度不大于500mm时，应采用外保温做法；

（2）当地区冻土深度大于500mm且不大于1000mm时，宜采用内保温做法；

（3）当地区冻土深度大于1000mm时，应采用内保温做法；

（4）当建筑物的基础有防水要求时，宜采用内保温做法；

（5）采用外保温做法的绝热层，宜在建筑物主体结构完成后再施工。

8）绝热层的材料不应采用松散型材料或抹灰浆料。

9）绝热层施工质量检验应符合现行国家标准《建筑节能工程施工质量验收规范》（GB 50411）的有关规定。

10）绝热层工程检验批的质量检验标准、检验方法和检查数量见表7-13。

表7-13 绝热层工程检验批的质量检验标准

项目	序号	检验项目	质量标准	检验方法	检查数量
主控项目	1	材料质量	绝热层材料应符合设计要求和国家现行有关标准的规定	观察检查和检查型式检验报告、出厂检验报告、出厂合格证	同一工程、同一材料、同一生产厂家、同一型号、同一规格、同一批号检查一次
主控项目	2	材料复验	绝热层材料进入施工现场时，应对材料的导热系数、表观密度、抗压强度或压缩强度、阻燃性进行复验	检查复验报告	同一工程、同一材料、同一生产厂家、同一型号、同一规格、同一批号复验一组
主控项目	3	板块材料铺贴	绝热层的板块材料应采用无缝铺贴法铺设，表面应平整	观察检查、楔形塞尺检查	抽查数量应随机检验不应少于3间；不足3间，应全数检查；其中走廊（过道）应以10延长米为1间，工业厂房（按单跨计）、礼堂、门厅应以两个轴线为1间计算
一般项目	1	绝热层厚度	绝热层的厚度应符合设计要求，不应出现负偏差，表面应平整	直尺或钢尺检查	抽查数量应随机检验不应少于3间；不足3间，应全数检查；其中走廊（过道）应以10延长米为1间，工业厂房（按单跨计）、礼堂、门厅应以两个轴线为1间计算
一般项目	2	表面质量	绝热层表面应无开裂	观察检查	
一般项目	3	结合层或找平层的允许偏差	绝热层与地面面层之间的水泥混凝土结合层或水泥砂浆找平层，表面应平整，允许偏差应符合表7-2中找平层的规定	见表7-2	

7.2.2 整体面层铺设

1. 一般规定

1）本部分适用于水泥混凝土（含细石混凝土）面层、水泥砂浆面层、水磨石面层、硬化耐磨面层、防油渗面层、不发火（防爆）面层、自流平面层、涂料面层、塑胶面层、地面辐射供暖的整体面层等面层分项工程的施工质量检验。

2）铺设整体面层时，水泥类基层的抗压强度不得小于 **1.2MPa**；表面应粗糙、洁净、湿润并不得有积水。铺设前宜凿毛或涂刷界面处理剂。硬化耐磨面层、自流平面层的基层处理应符合设计及产品的要求。

3）铺设整体面层时，地面变形缝的位置应符合规范基本规定的要求；大面积水泥类面层应设置分格缝。

4）整体面层施工后，养护时间不应少于 **7d**；抗压强度应达到 **5MPa** 后方准上人行走；抗压强度应达到设计要求后，方可正常使用。

5）当采用掺有水泥拌合料做踢脚线时，不得用石灰混合砂浆打底。

6）水泥类整体面层的抹平工作应在水泥初凝前完成，压光工作应在水泥终凝前完成。

7）整体面层的允许偏差和检验方法应符合表 7-14 的规定。

表 7-14 整体面层的允许偏差和检验方法

项次	项目	允许偏差									检验方法
		水泥混凝土面层	水泥砂浆面层	普通水磨石面层	高级水磨石面层	硬化耐磨面层	防油渗混凝土和不发火（防爆）面层	自流平面层	涂料面层	塑胶面层	
1	表面平整度	5	4	3	2	4	5	2	2	2	用 2m 靠尺和楔形塞尺检查
2	踢脚线上口平直	4	4	3	3	4	4	3	3	3	拉 5m 线和用钢尺检查
3	缝格平直	3	3	3	2	3	3	2	2	2	

2．水泥混凝土面层

1）水泥混凝土面层厚度应符合设计要求。

2）水泥混凝土面层铺设不得留施工缝。当施工间隙超过允许时间规定时，应对接槎处进行处理。

3）水泥混凝土面层工程检验批的质量检验标准、检验方法和检查数量见表 7-15。

表 7-15 水泥混凝土面层工程检验批的质量检验标准

项目	序号	检验项目	质量标准	检验方法	检查数量
主控项目	1	材料质量	水泥混凝土采用的粗骨料，最大粒径不应大于面层厚度的 2/3，细石混凝土面层采用的石子粒径不应大于 16mm	观察检查和检查质量合格证明文件	同一工程、同一强度等级、同一配合比检查一次
	2	外加剂	防水水泥混凝土中掺入的外加剂的技术性能应符合国家现行有关标准的规定，外加剂的品种和掺量应经试验确定	检查外加剂合格证明文件和配合比试验报告	同一工程、同一品种、同一掺量检查一次
	3	强度等级	面层的强度等级应符合设计要求，且强度等级不应小于 C20	检查配合比试验报告和强度等级检测报告	配合比试验报告按同一工程、同一强度等级、同一配合比检查一次；强度等级检测报告按基本规定的要求检查
	4	面层与下一层的结合	面层与下一层应结合牢固，且应无空鼓和开裂。当出现空鼓时，空鼓面积不应大于 400cm²，且每自然间或标准间不应多于 2 处	观察和用小锤轻击检查	

7 建筑装饰装修分部工程质量检查与验收

续表

项目	序号	检验项目	质量标准	检验方法	检查数量
一般项目	1	面层表面质量	面层表面应洁净，不应有裂纹、脱皮、麻面、起砂等缺陷	观察检查	抽查数量应随机检验不应少于3间；不足3间，应全数检查；其中走廊（过道）应以10延长米为1间，工业厂房（按单跨计）、礼堂、门厅应以两个轴线为1间计算。有防水要求的建筑地面子分部工程的分项工程施工质量每检验批抽查数量应按其房间总数随机检验不应少于4间，不足4间，应全数检查
	2	面层表面的坡度	面层表面的坡度应符合设计要求，不应有倒泛水和积水现象	观察和采用泼水或用坡度尺检查	
	3	踢脚线	踢脚线与柱、墙面应紧密结合，踢脚线高度和出柱、墙厚度应符合设计要求且均匀一致。当出现空鼓时，局部空鼓长度不应大于300mm，且每自然间或标准间不应多于2处	用小锤轻击、钢尺和观察检查	
	4	楼梯、台阶踏步	楼梯、台阶踏步的宽度、高度应符合设计要求。楼层梯段相邻踏步高度差不应大于10mm；每踏步两端宽度差不应大于10mm，旋转楼梯梯段的每踏步两端宽度的允许偏差不应大于5mm。踏步面层应做防滑处理，齿角应整齐，防滑条应顺直、牢固	观察和用钢尺检查	
	5	面层的允许偏差	水泥混凝土面层的允许偏差应符合表7-14的规定	见表7-14	

4）关于水泥混凝土面层工程检验批质量检验标准的说明：

(1) 主控项目第一项

材料质量决定地面面层的施工质量，因此材料应该符合要求。细石混凝土面层的石子粒径改为不应大于16mm，与材料标准相一致。检查数量明确为按同一工程、同一强度等级、同一配合比检查一次。

(2) 主控项目第二项

此条为新增条文，对外加剂的品种、掺量及其质量进行控制，按同一工程、同一品种、同一掺量检查一次。

(3) 主控项目第三项

此条主要检查混凝土的强度等级，配合比试验报告按同一工程、同一强度等级、同一配合比检查一次；强度等级检测报告按地面工程基本规定第十九条做试块的要求检查。此次修订删除了水泥混凝土垫层兼作面层强度等级要求。

(4) 主控项目第四项

本部分一般规定的第二条已经对铺设整体面层的基层处理作了规定，目的是避免面层与下一层结合不好，出现空鼓和开裂。规范将原先注解部分变为条文，即当出现空鼓时，空鼓面积不应大于400cm^2，且每自然间或标准间不应多于2处。

(5) 一般项目第一项

本部分一般规定的第六条是对压光、抹平的工序要求，防止因操作不当使表面破坏，影响面层质量。除了这个因素，还有材料质量不合格、配合比不当等很多方面影响表面质量。因此施工中应加强管理，提高工程质量。

（6）一般项目第二项

此条针对有防水要求的面层进行检查，由于基层已经做过蓄水试验，因此此处只要求对坡度进行检查，防止倒泛水和积水，影响以后正常使用。

（7）一般项目第三项

踢脚线高度和出柱、墙厚度应符合设计要求且要求均匀一致。踢脚线与柱、墙面应紧密结合，当出现空鼓时，局部空鼓长度不应大于300mm，且每自然间或标准间不应多于2处。为了防治水泥类踢脚线的空鼓，本部分一般规定的第五条要求施工时不得用石灰混合砂浆打底。

（8）一般项目第四项

楼层梯段相邻踏步高度差不应大于10mm，防止影响以后的正常使用。在日常检查中，常常发现楼梯第一级和最后一级尺寸过大或过小，多数是施工过程中对现场标高控制不好造成的，因此施工时应加以注意，保证偏差值能够满足要求。

3. 水泥砂浆面层

1）水泥砂浆面层的厚度应符合设计要求。

2）水泥砂浆面层工程检验批的质量检验标准、检验方法和检查数量见表 7-16。

表 7-16　水泥砂浆面层工程检验批的质量检验标准

项目	序号	检验项目	质量标准	检验方法	检查数量
主控项目	1	材料质量	水泥宜采用硅酸盐水泥、普通硅酸盐水泥，不同品种、不同强度等级的水泥不应混用；砂应为中粗砂，当采用石屑时，其粒径应为1~5mm，且含泥量不应大于3%；防水水泥砂浆采用的砂或石屑，其含泥量不应大于1%	观察检查和检查质量合格证明文件	同一工程、同一强度等级、同一配合比检查一次
	2	外加剂	防水水泥砂浆中掺入的外加剂的技术性能应符合国家现行有关标准的规定，外加剂的品种和掺量应经试验确定	观察检查和检查质量合格证明文件、配合比试验报告	同一工程、同一强度等级、同一配合比、同一外加剂品种、同一掺量检查一次
	3	体积比和强度等级	水泥砂浆的体积比（强度等级）应符合设计要求；且体积比应为1:2，强度等级不应小于M15	检查强度等级检测报告	按基本规定第十九条的要求
	4	排水要求的地面	有排水要求的水泥砂浆地面，坡向应正确、排水通畅；防水水泥砂浆面层不应渗漏	观察检查和蓄水、泼水检验或用坡度尺检查及检查检验记录	
	5	面层与下一层的结合	面层与下一层应结合牢固，且应无空鼓和开裂。当出现空鼓时，空鼓面积不应大于400cm²，且每自然间或标准间不应多于2处	观察和用小锤轻击检查	

续表

项目	序号	检验项目	质量标准	检验方法	检查数量
一般项目	1	面层表面的坡度	面层表面的坡度应符合设计要求，不应有倒泛水和积水现象	观察和采用泼水或坡度尺检查	抽查数量应随机检验不应少于3间；不足3间，应全数检查；其中走廊（过道）应以10延长米为1间，工业厂房（按单跨计）、礼堂、门厅应以两个轴线为1间计算。 有防水要求的建筑地面子分部工程的分项工程施工质量每检验批抽查数量应按其房间总数随机检验不应少于4间，不足4间，应全数检查
	2	面层表面质量	面层表面应洁净，不应有裂纹、脱皮、麻面、起砂等缺陷	观察检查	
	3	踢脚线	踢脚线与柱、墙面应紧密结合，踢脚线高度和出柱、墙厚度应符合设计要求且均匀一致。当出现空鼓时，局部空鼓长度不应大于300mm，且每自然间或标准间不应多于2处	用小锤轻击、钢尺和观察检查	
	4	楼梯、台阶踏步	楼梯、台阶踏步的宽度、高度应符合设计要求。楼层梯段相邻踏步高度差不应大于10mm；每踏步两端宽度差不应大于10mm，旋转楼梯梯段的每踏步两端宽度的允许偏差不应大于5mm。踏步面层应做防滑处理，齿角应整齐，防滑条应顺直、牢固	观察和钢尺检查	
	5	面层的允许偏差	水泥砂浆面层的允许偏差应符合表7-14的规定	见表7-14	

3) 有关水泥砂浆面层工程检验批的质量检验标准的说明：

（1）主控项目第一项

此条对面层所用材料提出了要求，增加了防水水泥砂浆材料的要求，检查数量为同一工程、同一强度等级、同一配合比检查一次。

（2）主控项目第二项

此条为新增条文，增加了对防水水泥砂浆掺入外加剂的要求和检验方法、检查数量。

（3）主控项目第四项

此条为新增条文，对有排水和防水要求的水泥砂浆面层的施工质量提出要求和检验方法、检查数量。

其他各项说明见水泥混凝土面层的相应项目。

4. 自流平面层

1）自流平面层可采用水泥基、石膏基、合成树脂基等拌合物铺设。

2）自流平面层与墙、柱等连接处的构造做法应符合设计要求，铺设时应分层施工。

3）自流水面层的基层应平整、洁净，基层的含水率应与面层材料的技术要求相一致。

4）自流平面层的构造做法、厚度、颜色等应符合设计要求。

5）有防水、防潮、防油渗、防尘要求的自流平面层应达到设计要求。

6）自流平面层工程检验批的质量检验标准、检验方法和检查数量见表7-17。

表7-17 自流平面层工程检验批的质量检验标准

项目	序号	检验项目	质量标准	检验方法	检查数量
主控项目	1	材料质量	自流平面层的铺涂材料应符合设计要求和国家现行有关标准的规定	观察检查和检查型式检验报告、出厂检验报告、出厂合格证	同一工程、同一材料、同一生产厂家、同一型号、同一规格、同一批号检查一次
	2	有害物质限量	自流平面层的涂料进入施工现场时，应有以下有害物质限量合格的检测报告： （1）水性涂料中的挥发性有机化合物（VOC）和游离甲醛； （2）溶剂型涂料中的苯、甲苯+二甲苯、挥发性有机化合物（VOC）和游离甲苯二异氰酸酯（TDI）	检查检测报告	同一工程、同一材料、同一生产厂家、同一型号、同一规格、同一批号检查一次
	3	基层的强度等级	自流平面层的基层的强度等级不应小于C20	检查强度等级检测报告	按基本规定第十九条的要求
	4	各构造层之间	自流平面层的各构造层之间应粘结牢固，层与层之间不应出现分离、空鼓现象	用小锤轻击检查	抽查数量应随机检验不应少于3间；不足3间，应全数检查；其中走廊（过道）应以10延长米为1间，工业厂房（按单跨计）、礼堂、门厅应以两个轴线为1间计算
	5	表面质量和坡度	自流平面层的表面不应有开裂、漏涂和倒泛水、积水等现象	观察和泼水检查	
一般项目	1	分层施工	自流平面层应分层施工，面层找平施工时不应留有抹痕	观察检查和检查施工记录	抽查数量应随机检验不应少于3间；不足3间，应全数检查；其中走廊（过道）应以10延长米为1间，工业厂房（按单跨计）、礼堂、门厅应以两个轴线为1间计算
	2	表面质量	自流平面层表面应光洁，色泽应均匀、一致，不应有起泡、泛砂等现象	观察检查	
	3	允许偏差	自流平面层的允许偏差应符合表7-14的规定	见表7-14	

7.2.3 板块面层铺设

1. 一般规定

1）本部分适用于砖面层、大理石面层和花岗石面层、预制板块面层、料石面层、塑料板面层、活动地板面层、地毯面层、地面辐射供暖的板块面层等面层分项工程的施工质量验收。

2）铺设板块面层时，其水泥类基层的抗压强度不得小于**1.2MPa**。

3）铺设板块面层的结合层和板块间的填缝采用水泥砂浆时，应符合下列规定：

（1）配制水泥砂浆应采用硅酸盐水泥、普通硅酸盐水泥或矿渣硅酸盐水泥；

（2）配制水泥砂浆的砂应符合现行行业标准《普通混凝土用砂、石质量及检验方法标准》（JGJ 52）的有关规定；

（3）水泥砂浆的体积比（或强度等级）应符合设计要求。

本条对结合层和填缝材料为水泥砂浆的提出要求，以满足强度等级和适用性为主。结合层是指面层和下一构造层相连接的中间层。

4）结合层和板块面层填缝的胶结材料应符合国家现行有关标准的规定和设计要求。

5）铺设水泥混凝土板块、水磨石板块、人造石板块、陶瓷锦砖、陶瓷地砖、缸砖、水泥花砖、料石、大理石、花岗石等面层的结合层和填缝材料采用水泥砂浆时，在面层铺设后，表面应覆盖、湿润，养护时间不应少于7d。当板块面层的水泥砂浆结合层的抗压强度达到设计要求后，方可正常使用。

6）大面积板块面层的伸、缩缝及分格缝应符合设计要求。

大面积板块面层是指厂房、公共建筑、部分民用建筑等的板块面层。

7）板块类踢脚线施工时，不得采用混合砂浆打底。

8）板块面层的允许偏差和检验方法应符合表 7-18 的规定。

表 7-18 板块面层的允许偏差和检验方法（mm）

项次	项目	允许偏差										检验方法
		陶瓷锦砖面层、高级水磨石板、陶瓷地砖面层	缸砖面层	水泥花砖面层	水磨石板块面层	大理石面层、花岗石面层、人造石面层、金属板面层	塑料板面层	水泥混凝土板块面层	碎拼大理石、碎拼花岗石面层	活动地板面层	条石面层	块石面层	
1	表面平整度	2.0	4.0	3.0	3.0	1.0	2.0	4.0	3.0	2.0	10	10	用 2m 靠尺和楔形塞尺检查
2	缝格平直	3.0	3.0	3.0	3.0	2.0	3.0	3.0	—	2.5	8.0	8.0	拉 5m 线和用钢尺检查
3	接缝高低差	0.5	1.5	0.5	1.0	0.5	0.5	1.5	—	0.4	2.0	—	用钢尺和楔形塞尺检查
4	踢脚线上口平直	3.0	4.0	—	4.0	1.0	2.0	4.0	1.0	—	—	—	拉 5m 线和用钢尺检查
5	板块间隙宽度	2.0	2.0	2.0	2.0	1.0	—	6.0	—	0.3	5.0	—	用钢尺检查

2. 大理石面层和花岗石面层

1）大理石、花岗石面层采用天然大理石、花岗石（或碎拼大理石、碎拼花岗石）板材，应在结合层上铺设。

2）板材有裂缝、掉角、翘曲和表面有缺陷时应予剔除，品种不同的板材不得混杂使用；在铺设前，应根据石材的颜色、花纹、图案纹理等按设计要求，试拼编号。

3）铺设大理石、花岗石面层前，板材应浸湿、晾干；结合层与板材应分段同时铺设。

4）大理石面层和花岗石面层工程检验批的质量检验标准、检验方法和检查数量见表 7-19。

表 7-19　大理石面层和花岗石面层工程检验批的质量检验标准

项目	序号	检验项目	质量标准	检验方法	检查数量
主控项目	1	材料质量	大理石、花岗石面层所用板块产品应符合设计要求和国家现行有关标准的规定	观察检查和检查质量合格证明文件	同一工程、同一材料、同一生产厂家、同一型号、同一规格、同一批号检查一次
	2	放射性限量	大理石、花岗石面层所用板块产品进入施工现场时，应有放射性限量合格的检测报告	检查检测报告	同一工程、同一材料、同一生产厂家、同一型号、同一规格、同一批号检查一次
	3	面层与下一层的结合	面层与下一层应结合牢固，无空鼓（单块砖边角允许有局部空鼓，但每自然间或标准间的空鼓板块不应超过总数的 5%）	用小锤轻击检查	
一般项目	1	防碱处理	大理石、花岗石面层铺设前，板块的背面和侧面应进行防碱处理	观察检查和检查施工记录	抽查数量应随机检验不应少于 3 间；不足 3 间，应全数检查；其中走廊（过道）应以 10 延长米为 1 间，工业厂房（按单跨计）、礼堂、门厅应以两个轴线为 1 间计算。有防水要求的建筑地面子分部工程的分项工程施工质量每检验批抽查数量应按其房间总数随机检验不应少于 4 间，不足 4 间，应全数检查
	2	面层的表面质量	大理石、花岗石面层的表面应洁净、平整、无磨痕，且应图案清晰，色泽一致，接缝均匀，周边顺直，镶嵌正确，板块应无裂纹、掉角、缺楞等缺陷	观察检查	
	3	踢脚线	踢脚线表面应洁净，与柱、墙面的结合应牢固。踢脚线高度及出柱、墙厚度应符合设计要求，且均匀一致	观察和用小锤轻击及钢尺检查	
	4	楼梯、台阶踏步	楼梯、台阶踏步的宽度、高度应符合设计要求。踏步板块的缝隙宽度应一致；楼层梯段相邻踏步高度差不应大于 10mm；每踏步两端宽度差不应大于 10mm，旋转楼梯梯段的每踏步两端宽度的允许偏差不应大于 5mm。踏步面层应做防滑处理，齿角应整齐，防滑条应顺直、牢固	观察和用钢尺检查	
	5	面层表面的坡度	面层表面的坡度应符合设计要求，不倒泛水、无积水；与地漏、管道结合处应严密牢固，无渗漏	观察、泼水或用坡度尺及蓄水检查	
	6	面层的允许偏差	大理石和花岗石面层（或碎拼大理石、碎拼花岗石）的允许偏差应符合表 7-18 的规定	见表 7-18	

7.3 抹灰工程

抹灰工程是一个子分部工程，包括一般抹灰、保温层薄抹灰、装饰抹灰和清水砌体勾缝等分项工程。下面主要介绍一般抹灰工程、保温层薄抹灰以及抹灰工程的一般规定。

7.3.1 一般规定

1）本部分适用于一般抹灰、保温层薄抹灰、装饰抹灰和清水砌体勾缝等分项工程的质量验收。一般抹灰工程分为普通抹灰和高级抹灰，当设计无要求时，按普通抹灰验收。一般抹灰包括水泥砂浆、水泥混合砂浆、聚合物水泥砂浆和粉刷石膏等抹灰；保温层薄抹灰包括保温层外面聚合物砂浆薄抹灰；装饰抹灰包括水刷石、斩假石、干粘石和假面砖等装饰抹灰；清水砌体勾缝包括清水砌体砂浆勾缝和原浆勾缝。

2）抹灰工程验收时应检查下列文件和记录：

（1）抹灰工程的施工图、设计说明及其他设计文件。

（2）材料的产品合格证书、性能检测报告、进场验收记录和复验报告。

（3）隐蔽工程验收记录。

（4）施工记录。

3）抹灰工程应对下列材料及其性能指标进行复验：

（1）砂浆的拉伸粘结强度。

（2）聚合物砂浆的保水率。

4）抹灰工程应对下列隐蔽工程项目进行验收：

（1）抹灰总厚度大于或等于35mm时的加强措施。

（2）不同材料基体交接处的加强措施。

实际施工中加强的方法各不相同，采用加钢丝网、玻璃纤维布的加强措施能有效控制收缩裂缝，加钢丝网的加强效果较好。在房屋结构的布局发生改变时，装饰隔墙一般采用钢龙骨封硅钙板的工艺做法，此隔墙与原结构混凝土墙或二次结构墙的交接处裂缝通病较为突出，抹灰时通常的加强措施是加钢丝网，但此常规工艺无法确保抹灰层及基层不同收缩产生的张力，导致抹灰层裂缝的出现，甚至抹灰层上的面饰如面砖或石材的缝亦会因较大的应力发生开裂，此情况下应增大钢丝网搭接的宽度至少200mm以上。抹灰层的粘结性与基层工艺也息息相关，应增加对基层拉毛甩浆的隐蔽验收。

5）各分项工程的检验批应按下列规定划分：

（1）相同材料、工艺和施工条件的室外抹灰工程每1000m²应划为一个检验批，不足1000m²也应划为一个检验批。

（2）相同材料、工艺和施工条件的室内抹灰工程每50个自然间应划分为一个检验批，不足50间也应划分为一个检验批，大面积房间和走廊可按抹灰面积30m²计为一间。

室外抹灰一般是上下层连续作业，两层之间是完整的装饰面，没有层与层之间的界限，如果按楼层划分检验批不便于检查。另一方面各建筑物的体量和层高不一致，即使是同一建筑其层高也不完全一致，按楼层划分检验批量的概念难确定。因此此次修订，规定室外工程按相同材料、工艺和施工条件每1000m²划分为一个检验批。

6）检查数量应符合下列规定：

(1) 室内每个检验批应至少抽查10%，并不得少于3间，不足3间时应全数检查；

(2) 室外每个检验批每100m²应至少抽查一处，每处不得小于10m²。

7）外墙抹灰工程施工前应先安装钢木门窗框、护栏等，应将墙上的施工孔洞堵塞密实，并对基层进行处理。

实际过程中如门窗缝隙过大会造成堵塞不严或产生收缩裂缝，因此缝隙较大时应在砂浆中掺入少量麻刀嵌塞，使其塞缝严密。

8）室内墙面、柱面和门洞口的阳角做法应符合设计要求。设计无要求时，应采用不低于M20水泥砂浆做护角，其高度不应低于2m，每侧宽度不应小于50mm。

9）当要求抹灰层具有防水、防潮功能时，应采用防水砂浆。

10）各种砂浆抹灰层，在凝结前应防止快干、水冲、撞击、振动和受冻，在凝结后应采取措施防止沾污和损坏。水泥砂浆抹灰层应在湿润条件下养护。

如墙面抹灰时根部有明显积水会造成烂根，必须保证其墙角根部无积水，早期养护时应及时将根部的积水扫除。

11）外墙和顶棚的抹灰层与基层之间及各抹灰层之间必须粘结牢固。

混凝土（包括预制混凝土）顶棚基体抹灰，由于各种因素的影响，抹灰层脱落的质量事故时有发生，严重危及人身安全，引起了有关部门的重视，有的地区为解决混凝土顶棚基体表面抹灰层脱落的质量问题，要求各建筑施工单位，不得在混凝土顶棚基体表面抹灰，用腻子找平即可，取得了良好的效果。

7.3.2 一般抹灰工程

1）一般抹灰工程检验批的质量检验标准、检验方法和检查数量见表7-20。

表7-20 一般抹灰工程检验批质量检验标准

项目	序号	检验项目	质量标准	检验方法	检查数量
主控项目	1	材料质量	一般抹灰所用材料的品种和性能应符合设计要求及国家现行标准的有关规定。	检查产品合格证书、进场验收记录、性能检验报告和复验报告	室内每个检验批应至少抽查10%，并不得少于3间；不足3间时应全数检查。室外每个检验批每100m²应至少抽查一处，每处不得小于10m²
	2	基层处理	抹灰前基层表面的尘土、污垢和油渍等应清除干净，并应洒水润湿或进行界面处理	检查施工记录	
	3	操作要求	抹灰工程应分层进行。当抹灰总厚度大于或等于35mm时，应采取加强措施。不同材料基体交接处表面的抹灰，应采取防止开裂的加强措施，当采用加强网时，加强网与各基体的搭接宽度不应小于100mm	检查隐蔽工程验收记录和施工记录	

7 建筑装饰装修分部工程质量检查与验收

续表

项目	序号	检验项目	质量标准	检验方法	检查数量
主控项目	4	各抹灰层质量	抹灰层与基层之间及各抹灰层之间必须粘结牢固，抹灰层应无脱层和空鼓，面层应无爆灰和裂缝	观察；用小锤轻击检查；检查施工记录	室内每个检验批应至少抽查10%，并不得少于3间；不足3间时应全数检查。室外每个检验批每100m²应至少抽查一处，每处不得小于10m²
一般项目	1	表面质量	一般抹灰工程的表面质量应符合下列规定： （1）普通抹灰表面应光滑、洁净、接槎平整，分格缝应清晰； （2）高级抹灰表面应光滑、洁净、颜色均匀、无抹纹，分格缝和灰线应清晰美观	观察；手摸检查	
一般项目	2	细部质量	护角、孔洞、槽、盒周围的抹灰表面应整齐、光滑；管道后面的抹灰表面应平整	观察	
一般项目	3	施工要求	抹灰层的总厚度应符合设计要求；水泥砂浆不得抹在石灰砂浆层上；罩面石膏灰不得抹在水泥砂浆层上	检查施工记录	
一般项目	4	分格缝	抹灰分格缝的设置应符合设计要求，宽度和深度应均匀，表面应光滑，棱角应整齐	观察；尺量检查	
一般项目	5	滴水线（槽）	有排水要求的部位应做滴水线（槽）。滴水线（槽）应整齐顺直，滴水线应内高外低，滴水槽宽度和深度均满足设计要求，且均不应小于10mm	观察；尺量检查	
一般项目	6	允许偏差	一般抹灰工程质量的允许偏差和检验方法应符合表7-21的规定	见表7-21	

2）关于一般抹灰工程检验批质量检验标准的说明：

（1）主控项目第三项

抹灰厚度过大时，容易产生起鼓、脱落等质量问题；不同材料基体交接处，由于吸水和收缩性不一致，接缝处表面的抹灰层容易开裂，上述情况均应采取加强措施，以切实保证抹灰工程的质量。

（2）主控项目第四项

抹灰工程的质量关键是粘结牢固，无开裂、空鼓与脱落。如果粘结不牢，出现空鼓、开裂、脱落等缺陷，会降低对墙体保护作用，且影响装饰效果。抹灰层之所以出现开裂、空鼓和脱落等质量问题，主要原因是基体表面清理不干净，如基体表面尘埃及疏松物、脱模剂和油渍等影响抹灰粘结牢固的物质未彻底清除干净；基体表面光滑，抹灰前未作毛化处理；抹灰前基体表面浇水不透，抹灰后砂浆中的水分很快被基体吸收，使砂浆质量不好，使用不当；一次抹灰过厚，干缩率较大等，都会影响抹灰层与基体的粘结牢固。

（3）一般项目第六项

一般抹灰工程质量的允许偏差和检验方法见表 7-21。在实际验收时要注意表格下面的注解说明，有些内容可不检查。

表 7-21 一般抹灰的允许偏差和检验方法

项次	项目	允许偏差（mm）		检验方法
		普通抹灰	高级抹灰	
1	立面垂直度	4	3	用 2m 垂直检测尺检查
2	表面平整度	4	3	用 2m 靠尺和塞尺检查
3	阴阳角方正	4	3	用 200mm 直角检测尺检查
4	分格条（缝）直线度	4	3	用 5m 线，不足 5m 拉通线，用钢直尺检查
5	墙裙、勒脚上口直线度	4	3	拉 5m 线，不足 5m 拉通线，用钢直尺检查

注：1. 普通抹灰，本表第 3 项阴角方正可不检查；
　　2. 顶棚抹灰，本表第 2 项表面平整度可不检查，但应平顺。

7.3.3 保温层薄抹灰工程

1）保温层薄抹灰工程检验批的质量检验标准、检验方法和检查数量见表 7-22。

表 7-22 保温层薄抹灰工程检验批的质量检验标准

项目	序号	检验项目	质量标准	检验方法	检查数量
主控项目	1	材料质量	保温层薄抹灰所用材料的品种和性能应符合设计要求及国家现行标准的有关规定	检查产品合格证书、进场验收记录、性能检验报告和复验报告	室内每个检验批应至少抽查 10%，并不得少于 3 间；不足 3 间时应全数检查。室外每个检验批每 100m² 应至少抽查一处，每处不得小于 10m²
	2	基层处理	基层质量应符合设计和施工方案的要求。基层表面的尘土、污垢和油渍等应清除干净。基层含水率应满足施工工艺的要求	检查施工记录	
	3	操作要求	保温层薄抹灰及其加强处理应符合设计要求和国家现行标准的有关规定	检查隐蔽工程验收记录和施工记录	
	4	层间质量	抹灰层与基层之间及各抹灰层之间应粘结牢固，抹灰层无脱层和空鼓，面层应无爆灰和裂缝	观察；用小锤轻击检查；检查施工记录	
一般项目	1	表面质量	保温层薄抹灰表面应光滑、洁净、颜色均匀、无抹纹，分格缝和灰线应清晰美观	观察；手摸检查	

7 建筑装饰装修分部工程质量检查与验收

续表

项目	序号	检验项目	质量标准	检验方法	检查数量
一般项目	2	细部质量	护角、孔洞、槽、盒周围的抹灰表面应整齐、光滑；管道后面的抹灰表面应平整	观察	室内每个检验批应至少抽查10%，并不得少于3间；不足3间时应全数检查。室外每个检验批每100m²应至少抽查一处，每处不得小于10m²
	3	总厚度要求	保温层薄抹灰层的总厚度应符合设计要求	检查施工记录	
	4	分格缝	保温层薄抹灰分格缝的设置应符合设计要求，宽度和深度应均匀，表面应光滑，棱角应整齐	观察，尺量检查	
	5	滴水线（槽）	有排水要求的部位应做滴水线（槽）。滴水线（槽）应整齐顺直，滴水线以内高外低，滴水槽宽度和深度均不应小于10mm	观察；尺量检查	
	6	允许偏差	保温层薄抹灰工程质量的允许偏差和检验方法应符合表7-23的规定。	见表7-23	

2）关于保温层薄抹灰工程检验批质量检验标准的说明：

（1）主控项目第一项

我国建筑外墙保温节能要求北京等寒冷地区采用外保温外墙，保温层薄抹灰工程做法大量应用，已经有现行行业标准《外墙外保温工程技术规程》（JGJ 144）、《膨胀聚苯板薄抹灰外墙外保温系统》（JG 149）、《胶粉聚苯颗粒外墙外保温系统》（JG158）等。

（2）一般项目第六项

保温层薄抹灰工程质量的允许偏差和检验方法应符合表7-23的规定。

表7-23 保温层薄抹灰的允许偏差和检验方法

项次	项目	允许偏差（mm）	检验方法
1	立面垂直度	3	用2m垂直检测尺检查
2	表面平整度	3	用2m靠尺和塞尺检查
3	阴阳角方正	3	用200mm直角检测尺检查
4	分格条（缝）直线度	3	用5m线，不足5m拉通线，用钢直尺检查

7.4 外墙防水工程

外墙防水工程是一个子分部工程，包括外墙砂浆防水、涂膜防水和透气膜防水等分项工程。下面主要介绍外墙防水工程的一般规定、涂膜防水等内容。

7.4.1 一般规定

1）本部分适用于外墙砂浆防水、涂膜防水和透气膜防水等分项工程的质量验收。

2）外墙防水工程验收时应检查下列文件和记录：

（1）外墙防水工程的施工图、设计说明及其他设计文件。

（2）材料的产品合格证书、性能检验报告、进场验收记录和复验报告。

（3）施工方案及安全技术措施文件。

（4）雨后或现场淋水检验记录。

（5）隐蔽工程验收记录。

（6）施工记录。

（7）施工单位的资质证书及操作人员的上岗证书。

3）外墙防水工程应对下列材料及其性能指标进行复验：

（1）防水砂浆的粘结强度和抗渗性能。

（2）防水涂料的低温柔性和不透水性。

（3）防水透气膜的不透水性。

4）外墙防水工程应对下列隐蔽工程项目进行验收：

（1）外墙不同结构材料交接处的增强处理措施的节点。

（2）防水层在变形缝、门窗洞口、穿外墙管道、预埋件及收头等部位的节点。

（3）防水层的搭接宽度及附加层。

5）相同材料、工艺和施工条件的外墙防水工程每 1000m^2 应划分为一个检验批，不足 1000m^2 时也应划分为一个检验批。

6）每个检验批每 100m^2 应至少抽查一处，每处检查不得小于 10m^2，节点构造应全数进行检查。

7.4.2 涂膜防水工程

涂膜防水工程检验批的质量检验标准、检验方法和检查数量见表 7-24。

表 7-24 涂膜防水工程检验批的质量检验标准

项目	序号	检验项目	质量标准	检验方法	检查数量
主控项目	1	材料质量	涂膜防水层所用防水涂料及配套材料的品种及性能应符合设计要求及国家现行标准的有关规定	检查产品出厂合格证书、性能检验报告、进场验收记录和复验报告	每个检验批每 100m^2 应至少抽查一处，每处检查不得小于 10m^2，节点构造应全数进行检查
	2	细部做法	涂膜防水层在变形缝、门窗洞口、穿外墙管道、预埋件等部位的做法应符合设计要求	观察；检查隐蔽工程验收记录	
	3	无渗漏	涂膜防水层不得有渗漏现象	检查雨后或现场淋水检验记录	
	4	层间质量	涂膜防水层与基层之间应粘结牢固	观察	
一般项目	1	表面质量	涂膜防水层表面应平整，涂刷应均匀，不得有流坠、露底、气泡、皱折和翘边等缺陷	观察	
	2	厚度	涂膜防水层的厚度应符合设计要求	针测法或割取 20mm×20mm 实样用卡尺测量	

7.5 门窗工程

门窗工程是一个子分部工程，包括木门窗、金属门窗、塑料门窗和特种门安装以及门窗玻璃安装等分项工程。下面主要介绍门窗工程的一般规定、塑料门窗安装、门窗玻璃安装等内容。

7.5.1 一般规定

1） 本部分适用于木门窗、金属门窗、塑料门窗和特种门安装，以及门窗玻璃安装等分项工程的质量验收。金属门窗包括钢门窗、铝合金门窗和涂色镀锌钢板门窗等；特种门包括自动门、全玻门和旋转门等；门窗玻璃包括平板、吸热、反射、中空、夹层、夹丝、磨砂、钢化、防火和压花玻璃等。

木门窗应用最早而且最普通，包括门窗制作和安装两方面内容。修订时取消了木门窗的加工制作环节的相关内容，使标准的针对性和可操作性更强。门窗工程验收详细检验方法可参照现行行业标准《建筑门窗工程检测技术规程》（JGJ/T 205）进行。

2） 门窗工程验收时应检查下列文件和记录：

（1）门窗工程的施工图、设计说明及其他设计文件。

（2）材料的产品合格证书、性能检测报告、进场验收记录和复验报告。

（3）特种门及其附件的生产许可文件。

（4）隐蔽工程验收记录。

（5）施工记录。

3） 门窗工程应对下列材料及其性能指标进行复验：

（1）人造木板门的甲醛释放量。

（2）建筑外窗的气密性能、水密性能和抗风压性能。

建筑装饰装修工程使用的人造板材是造成室内环境污染的主要来源之一。国内生产的人造板材大多采用脲醛树脂胶粘剂，因其粘结强度较低，加入甲醛可以增加粘结强度。人造板材甲醛释放量大，释放时间长，甲醛对人有强烈的刺激性，对人体伤害较大。随着高层、超高层的建筑越来越多，建筑外窗的三个性能检测越来越重要，关乎建筑物的使用功能。在北方地区还要考虑保温性能的影响。

4） 门窗工程应对下列隐蔽工程项目进行验收：

（1）预埋件和锚固件。

（2）隐蔽部位的防腐、填嵌处理。

（3）高层金属窗防雷连接节点。

5） 各分项工程的检验批应按下列规定划分：

（1）同一品种、类型和规格的木门窗、金属门窗、塑料门窗及门窗玻璃每100樘应划分为一个检验批，不足100樘也应划分为一个检验批。

（2）同一品种、类型和规格的特种门每50樘应划分为一个检验批，不足50樘也应划分为一个检验批。

进场门窗应按品种、类型、规格各自组成检验批,并规定了各种门窗组成检验批的不同数量。本条所称门窗品种通常是指窗的制作材料,如实木门窗、铝合金门窗、塑料门窗等;门窗类型是指门窗的功能或开启方式,如平开窗、立转窗、自动门、推拉门等;门窗规格指门窗的尺寸。

6) 检查数量应符合下列规定:

(1) 木门窗、金属门窗、塑料门窗及门窗玻璃每个检验批应至少抽查5%,并不得少于3樘,不足3樘时应全数检查;高层建筑的外窗每个检验批应至少抽查10%,并不得少于6樘,不足6樘时应全数检查。

(2) 特种门每个检验批应至少抽查50%,并不得少于10樘,不足10樘时应全数检查。

本条对各种检验批的检查数量作出规定。考虑到对高层建筑的外窗各项性能要求应更为严格,因此每个检验批的检查数量增加一倍。此外,由于特种门的重要性明显高于普通门,数量则少于普通门,为保证特种门的功能,规定每个检验批抽样检查的数量应比普通门多。

7) 门窗安装前,应对门窗洞口尺寸及相邻洞口的位置偏差进行检验。同一类型和规格外门窗洞口垂直、水平方向的位置应对齐,位置允许偏差应符合下列规定:

(1) 垂直方向的相邻洞口位置允许偏差应为10mm;全楼高度小于30m的垂直方向洞口位置允许偏差应为15mm,全楼高度不小于30m的垂直方向洞口位置允许偏差应为20mm。

(2) 水平方向的相邻洞口位置允许偏差应为10mm;全楼长度小于30m的水平方向洞口位置允许偏差应为15mm,全楼长度不小于30m的水平方向洞口位置允许偏差应为20mm。

本条规定了安装门窗前应对门窗洞口尺寸进行检查,除检查单个门窗洞口尺寸外,还对成排或成列的门窗洞口进行拉通线检查。若相邻的上下左右洞口中线偏差过大,会影响建筑的整体美观性。

8) **金属门窗和塑料门窗安装应采用预留洞口的方法施工。**

安装金属门窗和塑料门窗,采用预留洞口的方法施工,不得采用边安装边砌口或先安装后砌口的方法施工,其原因主要是防止门窗框受挤压变形和表面保护层受损。木门窗安装也宜采用预留洞口的方法施工。如果采用先安装后砌口的方法施工时,则应注意避免门窗框在施工中受损、受挤压变形或受到污染。

9) 木门窗与砖石砌体、混凝土或抹灰层接触处应进行防腐处理,埋入砌体或混凝土中的木砖应进行防腐处理。

10) 当金属窗或塑料窗为组合窗时,其拼樘料的尺寸、规格、壁厚应符合设计要求。

组合门窗拼樘料不仅起连接作用,而且是组合窗的重要受力部件,故对其材料应严格要求,其规格、尺寸、壁厚等应由设计给出,并应使组合窗能够承受该地区的瞬时风压值。

11）建筑外门窗的安装必须牢固。在砌体上安装门窗严禁采用射钉固定。

本条为强制性条文，必须严格执行。门窗安装是否牢固既影响使用功能又影响安全，其重要性尤其以外墙门窗更为显著。砌体中砖、砌块以及灰缝的强度较低，在砌体上用射钉安装门窗受冲击容易破碎，门窗安装固定不牢固，会脱落伤人毁物，出现安全问题，因此规定在砌体上安装门窗时严禁用射钉固定。

12）推拉门窗扇必须牢固，必须安装防脱落装置。

本条为强制性条文，必须严格执行。没有安装防脱落装置的推拉门窗扇容易脱落，危及安全。

13）特种门安装除除应符合设计要求外，还应符合国家现行标准的有关规定。

特种门窗相关的国家现行标准主要有：《人行自动门用传感器》（JG/T 310）、《人行自动门安全要求》（JG 305）、《卷帘门窗》（JG/T 302）、《彩钢整板卷门》（JG/T 306）、《平开玻璃门用五金件》（JG/T 326）、《防火门》（GB 12955）、《防盗安全门通用技术条件》（GB 17565）等。

14）门窗安全玻璃的使用应符合现行行业标准《建筑玻璃应用技术规程》（JGJ 113）的规定。

随着国家对施工及使用安全的重视，安全玻璃越来越多地用于门窗工程，特提出对安全玻璃的使用要求。

15）建筑外窗口的防水和排水构造应符合设计要求和国家现行标准的有关规定。

7.5.2 塑料门窗安装工程

1）塑料门窗安装工程检验批的质量检验标准、检验方法和检查数量见表7-25。

表7-25 塑料门窗安装工程检验批的质量检验标准

项目	序号	检验项目	质量标准	检验方法	检查数量
主控项目	1	门窗质量	塑料门窗的品种、类型、规格、尺寸、开启方向、安装位置、连接方式和填嵌密封处理应符合设计要求及国家现行标准的有关规定，内衬增强型钢的壁厚及设置应符合现行国家标准《建筑用塑料门》（GB/T 28886）和《建筑用塑料窗》（GB/T 28887）的规定	观察；尺量检查；检查产品合格证书、性能检验报告、进场验收记录和复验报告；检查隐蔽工程验收记录	每个检验批应至少抽查5%，并不得少于3樘，不足3樘时应全数检查；高层建筑的外窗，每个检验批应至少抽查10%，并不得少于6樘，不足6樘时应全数检查
	2	框和扇的安装	塑料门窗框、副框和扇的安装必须牢固。固定片或膨胀螺栓的数量与位置应正确，连接方式应符合设计要求。固定点应距窗角、中横框、中竖框150~200mm，固定点间距不应大于600mm	观察；手扳检查；尺量检查；检查隐蔽工程验收记录	

续表

项目	序号	检验项目	质量标准	检验方法	检查数量
主控项目	3	拼樘料	塑料组合门窗使用的拼樘料截面尺寸及内衬增强型钢的形状和壁厚应符合设计要求。承受风荷载的拼樘料应采用与其内腔紧密吻合的增强型钢作为内衬，其两端应与洞口固定牢固。窗框应与拼樘料连接紧密，固定点间距不应大于600mm	观察；手扳检查；尺量检查；吸铁石检查；检查进场验收记录	每个检验批应至少抽查5%，并不得少于3樘，不足3樘时应全数检查；高层建筑的外窗，每个检验批应至少抽查10%，并不得少于6樘，不足6樘时应全数检查
	4	框与墙体间缝隙	窗框与洞口之间的伸缩缝内应采用聚氨酯发泡胶填充，发泡胶填充应均匀、密实。发泡胶成型后不宜切割。表面应采用密封胶密封。密封胶应粘结牢固，表面应光滑、顺直、无裂纹	观察；检查隐蔽工程验收记录	
	5	铰链的安装	滑撑铰链的安装应牢固，紧固螺钉应使用不锈钢材质。螺钉与框扇连接处应进行防水密封处理	观察；手扳检查；检查隐蔽工程验收记录	
	6	推拉门窗扇安装	推拉门窗扇应安装防止扇脱落的装置	观察	
	7	门窗开关	门窗扇关闭应严密，开关应灵活	观察；尺量检查；开启和关闭检查	
	8	门窗配件	塑料门窗配件的型号、规格和数量应符合设计要求，安装应牢固，位置应正确，使用应灵活，功能应满足各自使用要求。平开窗扇高度大于900mm时，窗扇锁闭点不应少于2个	观察；手扳检查；尺量检查	
一般项目	1	密封条	安装后的门窗关闭时，密封面上的密封条应处于压缩状态，密封层数应符合设计要求。密封条应连续完整，装配后应均匀、牢固，应无脱槽、收缩和虚压等现象，密封条接口应严密，且应位于窗的上方	观察	每个检验批应至少抽查5%，并不得少于3樘，不足3樘时应全数检查；高层建筑的外窗，每个检验批应至少抽查10%，并不得少于6樘，不足6樘时应全数检查
	2	开关力	塑料门窗扇的开关力应符合下列规定： （1）平开窗扇平铰链的开关力不应大于80N；滑撑铰链的开关力不应大于80N，并不应小于30N。 （2）推拉门窗扇的开关力不应大于100N	观察；用测力计检查	

续表

项目	序号	检验项目	质量标准	检验方法	检查数量
一般项目	3	表面质量	门窗表面应洁净、平整、光滑，颜色应均匀一致。可视面应无划痕、碰伤等缺陷，门窗不得有焊角开裂和型材断裂等现象	观察	每个检验批应至少抽查5%，并不得少于3樘，不足3樘时应全数检查；高层建筑的外窗，每个检验批应至少抽查10%，并不得少于6樘，不足6樘时应全数检查
	4	旋转窗	旋转窗间隙应均匀	观察	
	5	排水孔	排水孔应畅通，位置和数量应符合设计要求	观察	
	6	允许偏差	塑料门窗安装的允许偏差和检验方法应符合表7-26的规定	见表7-26	

2）关于塑料门窗安装工程检验批质量检验标准的说明：

（1）主控项目第二项

固定片或膨胀螺钉的安装位置应尽量靠近铰链位置，以便将窗扇通过铰链传至窗框的力直接传递给墙体，但决不可将固定片或膨胀螺钉安装在中竖梃和中横梃的档头上，并且还要与其保持至少150mm的距离，以避免与紧固螺钉呈垂直方向的中梃或部分外框的膨胀受到阻碍，使塑料窗安装后不能自由胀缩。

固定片与墙体连接时，其间距不应超过600mm。在东南沿海地区，为了防止窗框变形导致的雨水渗漏，根据设计要求，可以适当缩小固定片间距，以不大于400mm为宜。

（2）主控项目第三项

拼樘料的作用不仅是连接多樘窗，而且起着重要的固定作用。从安全角度，对拼樘料作出了严格要求。

（3）主控项目第四项

塑料门窗的线性膨胀系数较大，由于温度升降易引起门窗变形或在门窗框与墙体间出现裂缝，为了防止出现上述现象，特规定塑料门窗框与墙体间缝隙应采用伸缩性能较好的闭孔弹性材料填嵌，并用密封胶密封。采用闭孔材料则是为了防止材料吸水导致连接件锈蚀，影响安装强度。

（4）主控项目第五项

为了保证窗的安装强度，防止窗扇脱落，安装滑撑（摩擦铰链）时，紧固螺钉必须使用不锈钢材质，且螺钉应与框扇增强型钢可靠连接。使用不锈钢螺钉是因为普通螺钉与不锈钢的摩擦铰链由于材质不同产生的电位差会使螺钉锈蚀，最终导致窗扇脱落，给安全带来隐患。为了防止雨水顺螺钉进入框扇内腐蚀增强型钢，螺钉与框扇连接处应进行防水密封处理。

（5）主控项目第六项

塑料门窗的热膨胀系数较大，当门窗遇冷收缩时，门窗扇容易脱落，故要求推拉门窗扇安装防脱落装置。

（6）主控项目第八项

平开窗扇高度大于900mm时，锁闭点太少，窗扇两端易翘曲变形，影响窗的密封性能。增加锁闭点可保证窗扇在关闭状态下受力均衡，达到应有的密封性能。

（7）一般项目第二项

本条是参照塑料门窗产品标准制订的。设置开关力上限是为了保证门窗开关的灵活性，滑撑铰链设置下限是为了防止刮风时风力导致门窗扇与框的大力撞击。

（8）一般项目第六项

塑料门窗安装的允许偏差和检验方法应符合表7-26的规定。

表7-26 塑料门窗安装的允许偏差和检验方法

项次	项目		允许偏差（mm）	检验方法
1	门、窗框外形（高、宽）尺寸长度差	≤1500mm	2	用钢卷尺检查
		>1500mm	3	
2	门、窗框两对角线长度差	≤2000mm	3	用钢卷尺检查
		>2000mm	5	
3	门、窗框（含拼樘料）正、侧面垂直度		3	用1m垂直检测尺检查
4	门、窗框（含拼樘料）水平度		3	用1m水平尺和塞尺检查
5	门、窗下横框的标高		5	用钢卷尺检查，与基准线比较
6	门、窗竖向偏离中心		5	用钢卷尺检查
7	双层门、窗内外框间距		4	用钢卷尺检查
8	平开门窗及上悬、下悬、中悬窗	门、窗扇与框搭接宽度	2	用深度尺或钢直尺检查
		同樘门、窗相邻扇的水平高度差	2	用靠尺和钢直尺检查
		门、窗框扇四周的配合间隙	1	用楔形塞尺检查
9	推拉门窗	门、窗扇与框搭接宽度	2	用深度尺或钢直尺检查
		门、窗扇与框或相邻扇立边平行度	2	用钢直尺检查
10	组合门窗	平整度	3	用2m靠尺和钢直尺检查
		缝直线度	3	用2m靠尺和钢直尺检查

7.5.3 门窗玻璃安装工程

门窗玻璃安装工程检验批的质量检验标准、检验方法和检查数量见表7-27。

表7-27 门窗玻璃安装工程检验批的质量检验标准

项目	序号	检验项目	质量标准	检验方法	检查数量
主控项目	1	玻璃质量	玻璃的层数、品种、规格、尺寸、色彩、图案和涂膜朝向应符合设计要求	观察；检查产品合格证书、性能检验报告和进场验收记录	每个检验批应至少抽查5%，并不得少于3樘，不足3樘时应全数检查；高层建筑的外窗，每个检验批应至少抽查10%，并不得少于6樘，不足6樘时应全数检查
	2	裁割尺寸	门窗玻璃裁割尺寸应正确。安装后的玻璃应牢固，不得有裂纹、损伤和松动	观察；轻敲检查	
	3	安装方法	玻璃的安装方法应符合设计要求。固定玻璃的钉子或钢丝卡的数量、规格应保证玻璃安装牢固	观察；检查施工记录	

续表

项目	序号	检验项目	质量标准	检验方法	检查数量
主控项目	4	木压条	镶钉木压条接触玻璃处应与裁口边缘平齐。木压条应互相紧密连接，并应与裁口边缘紧贴，割角应整齐	观察	每个检验批应至少抽查5%，并不得少于3樘，不足3樘时应全数检查；高层建筑的外窗，每个检验批应至少抽查10%，并不得少于6樘，不足6樘时应全数检查
主控项目	5	密封条和密封胶	密封条与玻璃、玻璃槽口的接触应紧密、平整。密封胶与玻璃、玻璃槽口的边缘应粘结牢固、接缝平齐	观察	
主控项目	6	带密封条的玻璃压条	带密封条的玻璃压条，其密封条应与玻璃贴紧，压条与型材之间应无明显缝隙	观察；尺量检查	
一般项目	1	表面质量	玻璃表面应洁净，不得有腻子、密封胶、涂料等污渍。中空玻璃内外表面均应洁净，玻璃中空层内不得有灰尘和水蒸气。门窗玻璃不应直接接触型材。	观察	
一般项目	2	腻子	腻子及密封胶应填抹饱满、粘结牢固；腻子及密封胶边缘与裁口应平齐。固定玻璃的卡子不应在腻子表面显露	观察	
一般项目	3	密封条	密封条不得卷边、脱槽，密封条接缝应粘接	观察	

7.6 轻质隔墙工程

轻质隔墙工程是一个子分部工程，包括板材隔墙、骨架隔墙、活动隔墙、玻璃隔墙等分项工程。下面主要介绍轻质隔墙工程的一般规定、板材隔墙等内容。

7.6.1 一般规定

1. 本部分适用于板材隔墙、骨架隔墙、活动隔墙和玻璃隔墙等分项工程的质量验收。板材隔墙包括复合轻质墙板、石膏空心板、增强水泥板和混凝土轻质板等隔墙；骨架隔墙包括以轻钢龙骨、木龙骨等为骨架，以纸面石膏板、人造木板、水泥纤维板等为墙面板的隔墙；玻璃隔墙包括玻璃板、玻璃砖隔墙。

轻质隔墙是指非承重轻质内隔墙。轻质隔墙工程所用材料的种类和隔墙的构造方法很多，现将其归纳为板材隔墙、骨架隔墙、活动隔墙、玻璃隔墙四种类型。加气混凝土砌块、空心砌块及各种小型砌块等砌体类隔墙不含在范围内。

2. 轻质隔墙工程验收时应检查下列文件和记录：

（1）轻质隔墙工程的施工图、设计说明及其他设计文件。

（2）材料的产品合格证书、性能检验报告、进场验收记录和复验报告。

(3) 隐蔽工程验收记录。

(4) 施工记录。

3. 轻质隔墙工程应对人造木板的甲醛含量进行复验。

轻质隔墙施工时要求对所使用人造木板的甲醛含量进行进场复验，目的是避免对室内空气环境造成污染。

4. 轻质隔墙工程应对下列隐蔽工程项目进行验收：

(1) 骨架隔墙中设备管线的安装及水管试压。

(2) 木龙骨防火和防腐处理。

(3) 预埋件或拉结筋。

(4) 龙骨安装。

(5) 填充材料的设置。

轻质隔墙工程中的隐蔽工程施工质量是这一分项工程质量的重要组成部分，其中设备管线安装的隐蔽工程验收属于设备专业施工配合的项目，要求在骨架隔墙封面板前，对骨架中设备管线的安装进行隐蔽工程验收，隐蔽工程验收合格后才能封面板。

5. 同一品种的轻质隔墙工程每 50 间应划分为一个检验批，不足 50 间也应划分为一个检验批，大面积房间和走廊可按轻质隔墙面积每 30m² 计为 1 间。

6. 板材隔墙和骨架隔墙每个检验批应至少抽查 10%，并不得少于 3 间，不足 3 间时应全数检查；活动隔墙和玻璃隔墙每个检验批应至少抽查 20%，并不得少于 6 间，不足 6 间时应全数检查。

活动隔墙在大空间多功能厅室中经常使用，由于这类内隔墙是重复及动态使用，必须保证使用的安全性和灵活性。因此，每个检验批抽查的比例有所增加。

玻璃隔墙或玻璃砖砌筑隔墙在轻质隔墙中用量一般不是很大，但是有些玻璃隔墙的单块玻璃面积比较大，其安全性就很突出，因此，要对涉及安全性的部位和节点进行检查，而且每个检验批抽查的比例也有所提高。

7. 轻质隔墙与顶棚和其他墙体的交接处应采取防开裂措施。

轻质隔墙与顶棚或其他材料墙体的交接处容易出现裂缝，因此，要求轻质隔墙的这些部位要采取防裂缝的措施。

8. 民用建筑轻质隔墙工程的隔声性能应符合现行国家标准《民用建筑隔声设计规范》（GB 50118）的规定。

7.6.2 板材隔墙工程

板材隔墙是指不需设置隔墙龙骨，由隔墙板材自承重，将预制或现制的隔墙板材直接固定于建筑主体结构上的隔墙工程。目前这类轻质隔墙的应用范围很广，使用的隔墙板材通常分为复合板材、单一材料板材、空心板材等类型。常见的隔墙板材如金属夹芯板、预制或现制的钢丝网水泥板、石膏夹芯板、石膏水泥板、石膏空心板、泰柏板（舒乐舍板）、增强水泥聚苯板（GRC 板）、加气混凝土条板、水泥陶粒板等。随着建材行业的技术进步，这类轻质隔墙板材的性能会不断提高，板材的品种也会不断变化。板材隔墙工程检验批的质量检验标准、检验方法和检查数量见表 7-28。

表 7-28 板材隔墙工程检验批的质量检验标准

项目	序号	检验项目	质量标准	检验方法	检查数量
主控项目	1	材料质量	隔墙板材的品种、规格、颜色和性能应符合设计要求。有隔声、隔热、阻燃、防潮等特殊要求的工程，板材应有相应性能等级的检验报告	观察；检查产品合格证书、进场验收记录和性能检验报告	每个检验批应至少抽查10%，并不得少于3间；不足3间时应全数检查
主控项目	2	预埋件、连接件	安装隔墙板材所需预埋件、连接件的位置、数量及连接方法应符合设计要求	观察；尺量检查；检查隐蔽工程验收记录	
主控项目	3	板材安装牢固	隔墙板材安装应牢固	观察；手扳检查	
主控项目	4	板材接缝	隔墙板材所用接缝材料的品种及接缝方法应符合设计要求	观察；检查产品合格证书和施工记录	
主控项目	5	安装位置	隔墙板材安装应位置正确，板材不应有裂缝或缺损	观察；尺量检查	
一般项目	1	表面质量	板材隔墙表面应平整光洁、平顺、色泽一致，接缝应均匀、顺直	观察；手摸检查	每个检验批应至少抽查10%，并不得少于3间；不足3间时应全数检查
一般项目	2	孔洞、槽、盒	隔墙上的孔洞、槽、盒应位置正确、套割方正、边缘整齐	观察	
一般项目	3	允许偏差	板材隔墙安装的允许偏差和检验方法应符合表7-29的规定	见表7-29	

表 7-29 板材隔墙安装的允许偏差和检验方法

项次	项目	允许偏差（mm）				检验方法
		复合轻质墙板		石膏空心板	钢丝网水泥板	
		金属夹芯板	其他复合板			
1	立面垂直度	2	3	3	3	用2m垂直检测尺检查
2	表面平整度	2	3	3	3	用2m靠尺和塞尺检查
3	阴阳角方正	3	3	3	4	用200mm直角检测尺检查
4	接缝高低差	1	2	2	3	用钢直尺和塞尺检查

7.7 饰面板工程

饰面板工程是一个子分部工程，包括石板安装、陶瓷板安装、木板安装、金属板安装、塑料板安装等分项工程。下面主要介绍饰面板工程的一般规定、石板安装等内容。

7.7.1 一般规定

1）本部分适用于内墙饰面板安装工程和高度不大于24m、抗震设防烈度不大于8

度的外墙饰面板安装工程的石板安装、陶瓷板安装、木板安装、金属板安装、塑料板安装等分项工程的质量验收。

饰面板工程采用的石材有花岗石、大理石、青石板和人造石材（实体面材）；采用的瓷板有抛光板和磨边板两种，单块面积不小于 $0.5m^2$ 且不大于 $1.2m^2$；陶板主要包括陶板、异形陶板、陶土百叶；金属饰面板有钢板、铝板等品种；塑料板主要包括塑料贴面装饰板、覆塑装饰板、有机玻璃板材等。复合板包含在相应主导材料中。

2）饰面板工程验收时应检查下列文件和记录：
（1）饰面板工程的施工图、设计说明及其他设计文件；
（2）材料的产品合格证书、性能检验报告、进场验收记录和复验报告；
（3）后置埋件的现场拉拔检验报告；
（4）满粘法施工的外墙石板和外墙陶瓷板粘结强度检验报告；
（5）隐蔽工程验收记录；
（6）施工记录。

3）饰面板工程应对下列材料及其性能指标进行复验：
（1）室内用花岗石的放射性、室内用人造木板的甲醛释放量；
（2）水泥基粘结料的粘结强度；
（3）外墙陶瓷板的吸水率；
（4）严寒和寒冷地区外墙陶瓷板的抗冻性。

4）饰面板工程应对下列隐蔽工程项目进行验收：
（1）预埋件（或后置埋件）；
（2）龙骨安装；
（3）连接节点；
（4）防水、保温、防火节点；
（5）外墙金属板防雷连接节点。

5）各分项工程的检验批应按下列规定划分：
（1）相同材料、工艺和施工条件的室内饰面板工程每 50 间应划分为一个检验批，不足 50 间也应划分为一个检验批，大面积房间和走廊可按饰面板面积每 $30m^2$ 计为 1 间；
（2）相同材料、工艺和施工条件的室外饰面板工程每 $1000m^2$ 应划分为一个检验批，不足 $1000m^2$ 也应划分为一个检验批。

6）检查数量应符合下列规定：
（1）室内每个检验批应至少抽查 10%，并不得少于 3 间；不足 3 间时应全数检查；
（2）室外每个检验批每 $100m^2$ 应至少抽查一处，每处不得小于 $10m^2$。

7）饰面板工程的防震缝、伸缩缝、沉降缝等部位的处理应保证缝的使用功能和饰面的完整性。

7.7.2 石板安装工程

石板安装工程检验批的质量检验标准、检验方法和检查数量见表 7-30。

7 建筑装饰装修分部工程质量检查与验收

表 7-30 石板安装工程检验批的质量检验标准

项目	序号	检验项目	质量标准	检验方法	检查数量
主控项目	1	材料质量	石板的品种、规格、颜色和性能应符合设计要求及国家现行标准的有关规定	观察；检查产品合格证书、进场验收记录、性能检验报告和复验报告	室内每个检验批应至少抽查10%，并不得少于3间；不足3间时应全数检查。室外每个检验批每100m²应至少抽查一处，每处不得小于10m²
主控项目	2	孔、槽	石板孔、槽的数量、位置和尺寸应符合设计要求	检查进场验收记录和施工记录	
主控项目	3	预埋件或后置埋件	石板安装工程的预埋件（或后置埋件）、连接件的材质、数量、规格、位置、连接方法和防腐处理应符合设计要求。后置埋件的现场拉拔力应符合设计要求。石板安装应牢固	手扳检查；检查进场验收记录、现场拉拔检验报告、隐蔽工程验收记录和施工记录	
主控项目	4	满粘法	采用满粘法施工的石板工程，石板与基层之间的粘结料应饱满、无空鼓。石板粘结应牢固	用小锤轻击检查；检查施工记录；检查外墙石板粘结强度检验报告	
一般项目	1	表面质量	石板表面应平整、洁净、色泽一致，应无裂痕和缺损。石材表面应无泛碱等污染	观察	室内每个检验批应至少抽查10%，并不得少于3间；不足3间时应全数检查。室外每个检验批每100 m²应至少抽查一处，每处不得小于10 m²
一般项目	2	嵌缝质量	石板填缝应密实、平直，宽度和深度应符合设计要求，填缝材料色泽应一致	观察；尺量检查	
一般项目	3	湿作业法施工质量	采用湿作业法施工的石板安装工程，石材应进行防碱封闭处理。石板与基体之间的灌注材料应饱满、密实	用小锤轻击检查；检查施工记录	
一般项目	4	孔洞	石板上的孔洞应套割吻合，边缘应整齐	观察	
一般项目	5	允许偏差	石板安装的允许偏差和检验方法应符合表7-31的规定	见表7-31	

表 7-31 石板安装的允许偏差和检验方法

项次	项目	允许偏差（mm）			检验方法
		光面	剁斧石	蘑菇石	
1	立面垂直度	2	3	3	用2m垂直检测尺检查
2	表面平整度	2	3	—	用2m靠尺和塞尺检查
3	阴阳角方正	2	4	4	用200mm直角检测尺检查
4	接缝直线度	2	4	4	拉5m线，不足5m拉通线，用钢直尺检查
5	墙裙、勒脚上口直线度	2	4	4	拉5m线，不足5m拉通线，用钢直尺检查
6	接缝高低差	1	3	—	用钢直尺和塞尺检查
7	接缝宽度	1	2	2	用钢直尺检查

7.8 饰面砖工程

饰面砖工程是一个子分部工程，包括内墙饰面砖、外墙饰面砖等分项工程。下面主要介绍饰面砖工程的一般规定、外墙饰面砖粘贴等内容。

7.8.1 一般规定

1）本部分适用于内墙饰面砖粘贴和高度不大于100m、抗震设防烈度不大于8度、采用满粘法施工的外墙饰面砖粘贴等分项工程的质量验收。

饰面砖主要包括陶瓷砖、釉面陶瓷砖、陶瓷锦砖、玻化砖、劈开砖等。外墙饰面砖粘贴比内墙饰面砖粘贴要求更高，将外墙饰面砖粘贴工程单列，有利于细化外墙饰面砖粘贴要求，保证工程质量。

2）饰面砖工程验收时应检查下列文件和记录：

（1）饰面砖工程的施工图、设计说明及其他设计文件。

（2）材料的产品合格证书、性能检验报告、进场验收记录和复验报告。

（3）外墙饰面砖施工前粘贴样板和外墙饰面砖粘贴工程饰面砖粘结强度检验报告。

（4）隐蔽工程验收记录。

（5）施工记录。

3）饰面砖工程应对下列材料及其性能指标进行复验：

（1）室内用花岗石和瓷质饰面砖的放射性。

（2）水泥基粘结材料与所用外墙饰面砖的拉伸粘结强度。

（3）外墙陶瓷饰面砖的吸水率。

（4）严寒及寒冷地区外墙陶瓷饰面砖的抗冻性。

天然石材中花岗石和瓷质饰面砖的放射性较高，故规定对室内用花岗石和瓷质饰面砖的放射性进行复验。

4）饰面砖工程应对下列隐蔽工程项目进行验收：

（1）基层和基体。

（2）防水层。

5）各分项工程的检验批应按下列规定划分：

（1）相同材料、工艺和施工条件的室内饰面砖工程每50间应划分为一个检验批，不足50间也应划分为一个检验批，大面积房间和走廊可按饰面砖面积每30m^2为1间。

（2）相同材料、工艺和施工条件的室外饰面砖工程每1000m^2应划分为一个检验批，不足1000m^2也应划分为一个检验批。

6）检查数量应符合下列规定：

（1）室内每个检验批应至少抽查10%，并不得少于3间，不足3间时应全数检查。

（2）室外每个检验批每100m^2应至少抽查一处，每处不得小于10m^2。

7）外墙饰面砖工程施工前，应在待施工基层上做样板，并对样板的饰面砖粘结强度进行检验，检验方法和结果判定应符合现行行业标准《建筑工程饰面砖粘结强度检验标准》(JGJ/T 110) 的规定。

为了避免大面积粘贴外墙饰面砖后出现饰面砖粘结强度不达标造成无可挽回的损失，在现场粘贴外墙饰面砖施工前，在每种类型的基层上粘贴饰面砖制作样板件，对饰面砖粘结强度进行检验，防患于未然，检验方法和检验结果判定在现行行业标准《建筑工程饰面砖粘结强度检验标准》(JGJ/T 110) 有明确的规定。

8) 饰面砖工程的防震缝、伸缩缝、沉降缝等部位的处理应保证缝的使用功能和饰面的完整性。

7.8.2 外墙饰面砖粘贴工程

外墙饰面砖粘贴工程检验批的质量检验标准、检验方法和检查数量见表 7-32。

表 7-32 外墙饰面砖粘贴工程检验批的质量检验标准

项目	序号	检验项目	质量标准	检验方法	检查数量
主控项目	1	饰面砖质量	外墙饰面砖的品种、规格、图案、颜色和性能应符合设计要求及国家现行标准的有关规定	观察；检查产品合格证书、进场验收记录、性能检验报告和复验报告	每个检验批每100m²应至少抽查一处，每处不得小于10m²
	2	粘贴材料质量	外墙饰面砖粘贴工程的找平、防水、粘结和填缝材料及施工方法应符合设计要求和现行行业标准《外墙饰面砖工程施工及验收规程》(JGJ 126) 的规定	检查产品合格证书、复验报告和隐蔽工程验收记录	
	3	伸缩缝	外墙饰面砖粘贴工程的伸缩缝设置应符合设计要求	观察；尺量检查	
	4	粘贴质量	外墙饰面砖粘贴应牢固	检查外墙饰面砖粘结强度检验报告和施工记录	
	5	满粘质量	外墙饰面砖工程应无空鼓、裂缝	观察；用小锤轻击检查	
一般项目	1	表面质量	外墙饰面砖表面应平整、洁净、色泽一致，应无裂痕和缺损	观察	
	2	阴阳角处	饰面砖外墙阴阳角构造应符合设计要求	观察	
	3	墙面突出物	墙面突出物周围的外墙饰面砖应整砖套割吻合，边缘应整齐。墙裙、贴脸突出墙面的厚度应一致	观察；尺量检查	
	4	接缝部位	外墙饰面砖接缝应平直、光滑，填嵌应连续、密实；宽度和深度应符合设计要求	观察；尺量检查	
	5	滴水线（槽）	有排水要求的部位应做滴水线（槽）。滴水线（槽）应顺直，流水坡向应正确，坡度应符合设计要求	观察；用水平尺检查	
	6	允许偏差	外墙饰面砖粘贴的允许偏差和检验方法应符合表 7-33 的规定	见表 7-33	

表 7-33 外墙饰面砖粘贴的允许偏差和检验方法

项次	项目	允许偏差（mm）	检验方法
1	立面垂直度	3	用 2m 垂直检测尺检查
2	表面平整度	4	用 2m 靠尺和塞尺检查
3	阴阳角方正	3	用 200mm 直角检测尺检查
4	接缝直线度	3	拉 5m 线，不足 5m 拉通线，用钢直尺检查
5	接缝高低差	1	用钢直尺和塞尺检查
6	接缝宽度	1	用钢直尺检查

7.9 涂饰工程

涂饰工程是一个子分部工程，包括水性涂料涂饰、溶剂型涂料涂饰、美术涂饰等分项工程。下面主要介绍涂饰工程的一般规定、水性涂料涂饰、溶剂型涂料涂饰等内容。

7.9.1 一般规定

1） 本部分适用于水性涂料涂饰、溶剂型涂料涂饰、美术涂饰等分项工程的质量验收。水性涂料包括乳液型涂料、无机涂料、水溶性涂料等；溶剂型涂料包括丙烯酸酯涂料、聚氨酯丙烯酸涂料、有机硅丙烯酸涂料、交联型氟树脂涂料等；美术涂饰包括套色涂饰、滚花涂饰、仿花纹涂饰等。

在实际工程中，由于场所不同（如房间的墙面与安全通道的墙面）或由于造价不同（如普通宾馆与五星级宾馆），对涂饰工程的外观质量要求还是有明显区别的，因此在水性涂料涂饰工程和溶剂型涂料涂饰工程中分为"普通涂饰"和"高级涂饰"两个级别。

2） 涂饰工程验收时应检查下列文件和记录：

(1) 涂饰工程的施工图、设计说明及其他设计文件。

(2) 材料的产品合格证书、性能检验报告、有害物质限量检验报告和进场验收记录。

(3) 施工记录。

涂饰工程所选用的建筑涂料，其检验报告各项性能应符合下列标准的技术指标，如果适用有害物质限量标准，还应提供符合现行国家相关标准的检验报告。标准有：《合成树脂乳液外墙涂料》（GB/T 9755）；《合成树脂乳液内墙涂料》（GB/T 9756）；《溶剂型外墙涂料》（GB/T 9757）；《复层建筑涂料》（GB/T 9779）；《饰面型防火涂料》（GB 12441）；《室内装饰装修材料溶剂型木器涂料中有害物质限量》（GB 18581）；《建筑用墙面涂料中有害物质限量》（GB 18582）；《外墙柔性腻子》（GB/T 23455）；《室内装饰装修用溶剂型醇酸木器涂料》（GB/T 23995）；《室内装饰装修用溶剂型金属板涂料》（GB/T 23996）；《室内装饰装修用溶剂型聚氨酯木器涂料》（GB/T 23997）；《建筑用外墙涂料中有害物质限量》（GB 24408）；《室内装饰装修材料 水性木器涂料中有害物质限量》（GB 24410）；《合成树脂乳液砂壁状建筑涂料》（JG/T 24）；《外墙无机建筑涂料》（JG/T 26）；《建筑外墙用腻子》（JG/T 157）；《弹性建筑涂料》（JG/T 172）；《建筑内外墙用底漆》（JG/T 210）；《建筑室内用腻子》（JG/T 298）；《水溶性内墙涂料》（JC/T 423）；

《交联型氟树脂涂料》（HG/T 3792）；《室内用水性木器涂料》（HG/T 3828）等。

    3）各分项工程的检验批应按下列规定划分：

（1）室外涂饰工程每一栋楼的同类涂料涂饰的墙面每 1000m² 应划分为一个检验批，不足 1000 m² 也应划分为一个检验批；

（2）室内涂饰工程同类涂料涂饰墙面每 50 间应划分为一个检验批，不足 50 间也应划分为一个检验批，大面积房间和走廊可按涂饰面积每 30m² 计为 1 间。

    4）检查数量应符合下列规定：

（1）室外涂饰工程每 100 m² 应至少检查一处，每处不得小于 10 m²。

（2）室内涂饰工程每个检验批应至少抽查 10%，并不得少于 3 间；不足 3 间时应全数检查。

    5）涂饰工程的基层处理应符合下列规定：

（1）新建筑物的混凝土或抹灰基层在用腻子找平或直接涂饰涂料前应涂刷抗碱封闭底漆。

（2）既有建筑墙面在用腻子找平或直接涂饰涂料前应清除疏松的旧装修层，并涂刷界面剂。

（3）混凝土或抹灰基层在用溶剂型腻子找平或直接涂刷溶剂型涂料时，含水率不得大于 8%；在用乳液型腻子找平或直接涂刷乳液型涂料时，含水率不得大于 10%，木材基层的含水率不得大于 12%。

（4）找平层应平整、坚实、牢固，无粉化、起皮和裂缝；内墙找平层的粘结强度应符合现行行业标准《建筑室内用腻子》（JG/T 298）的规定。

（5）厨房、卫生间墙面的找平层应使用耐水腻子。

基层处理的质量优劣直接关系到涂饰工程的最终质量，应将基层处理作为涂饰工程的一个工序来看待。对基层进行处理的做法一般包括清理、涂刷抗碱封闭底漆或界面剂、用腻子找平等。如果采用水泥砂浆、水泥混合砂浆、聚合物水泥砂浆和粉刷石膏等材料对基层进行找平，则不属于涂饰工程的基层处理工序，而应该按一般抹灰工程进行验收。

不同类型的涂料对混凝土或抹灰基层含水率的要求不同，涂刷溶剂型涂料时，参照国际一般做法规定为不大于 8%；涂刷乳液型涂料时，基层含水率控制在 10% 以下时装饰质量较好，同时，国内外建筑涂料产品标准对基层含水率的要求均在 10% 左右，故规定涂刷乳液型涂料时基层含水率不大于 10%。

    6）水性涂料涂饰工程施工的环境温度应为 5~35℃。

    7）涂饰工程施工时应对与涂层衔接的其他装修材料、邻近的设备等采取有效的保护措施，以避免由涂料造成的沾污。

    8）涂饰工程应在涂层养护期满后进行质量验收。

7.9.2 水性涂料涂饰工程

1）本部分适用于乳液型涂料、无机涂料、水溶性涂料等水性涂料涂饰工程的质量验收。水性涂料涂饰工程检验批的质量检验标准、检验方法和检查数量见表 7-34。

表 7-34 水性涂料涂饰工程检验批的质量检验标准

项目	序号	检验项目	质量标准	检验方法	检查数量
主控项目	1	涂料质量	水性涂料涂饰工程所用涂料的品种、型号和性能应符合设计要求及国家现行标准的有关规定	检查产品合格证书、性能检验报告、有害物质限量检验报告和进场验收记录	室外涂饰工程每$100m^2$应至少检查一处，每处不得小于$10m^2$。室内涂饰工程每个检验应至少抽查10%，并不得少于3间；不足3间时应全数检查
	2	颜色、图案	水性涂料涂饰工程的颜色、光泽、图案应符合设计要求	观察	
	3	涂饰质量	水性涂料涂饰工程应涂饰均匀、粘结牢固，不得漏涂、透底、开裂、起皮和掉粉	观察；手摸检查	
	4	基层处理	水性涂料涂饰工程的基层处理应符合基层处理的要求	观察；手摸检查；检查施工记录	
一般项目	1	薄涂料的涂饰质量	薄涂料的涂饰质量和检验方法应符合表7-35的规定	见表7-35	
	2	厚涂料的涂饰质量	厚涂料的涂饰质量和检验方法应符合表7-36的规定	见表7-36	
	3	复层涂料的涂饰质量	复层涂料的涂饰质量和检验方法应符合表7-37的规定	见表7-37	
	4	与其他装修材料和设备衔接处	涂层与其他装修材料和设备衔接处应吻合，界面应清晰	观察	
	5	允许偏差	墙面水性涂料涂饰工程的允许偏差和检验方法应符合表7-38的规定	见表7-38	

2) 关于水性涂料涂饰工程检验批质量检验标准的说明：

（1）一般项目第一项

薄涂料与产品标准适用范围的"薄质涂层"相对应，适用的国家现行标准有《合成树脂乳液外墙涂料》（GB/T 9755）、《合成树脂乳液内墙涂料》（GB/T 9756）、《溶剂型外墙涂料》（GB/T 9757）、《外墙无机建筑涂料》（JG/T 26）等。薄涂料的涂饰质量和检验方法应符合表7-35的规定。

表 7-35 薄涂料的涂饰质量和检验方法

项次	项目	普通涂饰	高级涂饰	检验方法
1	颜色	均匀一致	均匀一致	观察
2	光泽、光滑	光泽基本均匀，光滑无挡手感	光泽均匀一致，光滑	
3	泛碱、咬色	允许少量轻微	不允许	
4	流坠、疙瘩	允许少量轻微	不允许	
5	砂眼、刷纹	允许少量轻微砂眼、刷纹通顺	无砂眼，无刷纹	

7 建筑装饰装修分部工程质量检查与验收

(2) 一般项目第二项

厚涂料适用的现行行业标准有《合成树脂乳液砂壁状建筑涂料》(JG/T 24)、《弹性建筑涂料》(JG/T 172)等。虽然薄涂料和厚涂料一般都做成平涂效果，但对装饰效果的要求有区别，薄涂料要求涂层更为平整、细腻、光滑，而厚涂料则侧重于质感，因此分为两类提出要求。厚涂料的涂饰质量和检验方法应符合表 7-36 的规定。

表 7-36　厚涂料的涂饰质量和检验方法

项次	项目	普通涂饰	高级涂饰	检验方法
1	颜色	均匀一致	均匀一致	观察
2	光泽	光泽基本均匀	光泽均匀一致	
3	泛碱、咬色	允许少量轻微	不允许	
4	点状分布	—	疏密均匀	

(3) 一般项目第三项

复层涂料大多做成凹凸花纹或点状花纹，其中主涂层的厚度在 1mm 以上，形成较强的立体感。复层涂料适用的现行国家标准主要有《复层建筑涂料》(GB/T 9779)。复层涂料的涂饰质量和检验方法应符合表 7-37 的规定。

表 7-37　复层涂料的涂饰质量和检验方法

项次	项目	质量要求	检验方法
1	颜色	均匀一致	观察
2	光泽	光泽基本均匀	
3	泛碱、咬色	不允许	
4	喷点疏密程度	均匀，不允许连片	

(4) 一般项目第五项

墙面水性涂料涂饰工程的允许偏差和检验方法应符合表 7-38 的规定。

表 7-38　墙面水性涂料涂饰工程的允许偏差和检验方法

项次	项目	允许偏差 (mm)					检验方法
		薄涂料		厚涂料		复层涂料	
		普通涂饰	高级涂饰	普通涂饰	高级涂饰		
1	立面垂直度	3	2	4	3	5	用 2m 垂直检测尺检查
2	表面平整度	3	2	4	3	5	用 2m 靠尺和塞尺检查
3	阴阳角方正	3	2	4	3	4	用 200mm 直角检测尺检查
4	装饰线、分色线直线度	2	1	2	1	3	拉 5m 线，不足 5m 拉通线，用钢直尺检查
5	墙裙、勒脚上口直线度	2	1	2	1	3	拉 5m 线，不足 5m 拉通线，用钢直尺检查

7.9.3 溶剂型涂料涂饰工程

本部分适用于丙烯酸酯涂料、聚氨酯丙烯酸涂料、有机硅丙烯酸涂料、交联型氟树脂涂料等溶剂型涂料涂饰工程的质量验收。溶剂型涂料涂饰工程检验批的质量检验标准、检验方法和检查数量见表 7-39。

表 7-39 溶剂型涂料涂饰工程检验批的质量检验标准

项目	序号	检验项目	质量标准	检验方法	检查数量
主控项目	1	涂料质量	溶剂型涂料涂饰工程所选用涂料的品种、型号和性能应符合设计要求及国家现行标准的有关规定	检查产品合格证书、性能检验报告、有害物质限量检验报告和进场验收记录	室外涂饰工程每100m²应至少检查一处，每处不得小于10m²。室内涂饰工程每个检验批应至少抽查10%，并不得少于3间；不足3间时应全数检查
	2	颜色、光泽、图案	溶剂型涂料涂饰工程的颜色、光泽、图案应符合设计要求	观察	
	3	涂饰质量	溶剂型涂料涂饰工程应涂饰均匀、粘结牢固、不得漏涂、透底、开裂、起皮和反锈	观察；手摸检查	
	4	基层处理	溶剂型涂料涂饰工程的基层处理应符合一般规定基层处理的要求	观察；手摸检查；检查施工记录	
一般项目	1	色漆的涂饰质量	色漆的涂饰质量和检验方法应符合表 7-40 的规定	见表 7-40	室外涂饰工程每100m²应至少检查一处，每处不得小于10m²。室内涂饰工程每个检验批应至少抽查10%，并不得少于3间；不足3间时应全数检查
	2	清漆的涂饰质量	清漆的涂饰质量和检验方法应符合表 7-41 的规定	见表 7-41	
	3	与其他装修材料和设备衔接处	涂层与其他装修材料和设备衔接处应吻合，界面应清晰	观察	
	4	允许偏差	墙面溶剂型涂料涂饰工程的允许偏差和检验方法应符合表 7-42 的规定	见表 7-42	

表 7-40 色漆的涂饰质量和检验方法

项次	项目	普通涂饰	高级涂饰	检验方法
1	颜色	均匀一致	均匀一致	观察
2	光泽、光滑	光泽基本均匀，光滑无挡手感	光泽均匀一致，光滑	观察、手摸检查
3	刷纹	刷纹通顺	无刷纹	观察
4	裹棱、流坠、皱皮	明显处不允许	不允许	观察

表 7-41 清漆的涂饰质量和检验方法

项次	项目	普通涂饰	高级涂饰	检验方法
1	颜色	基本一致	均匀一致	观察
2	木纹	棕眼刮平、木纹清楚	棕眼刮平、木纹清楚	观察
3	光泽、光滑	光泽基本均匀，光滑无挡手感	光泽均匀一致，光滑	观察、手摸检查
4	刷纹	无刷纹	无刷纹	观察
5	裹棱、流坠、皱皮	明显处不允许	不允许	观察

表 7-42 墙面溶剂型涂料涂饰工程的允许偏差和检验方法

| 项次 | 项目 | 允许偏差（mm） | | | | 检验方法 |
| | | 色漆 | | 清漆 | | |
		普通涂饰	高级涂饰	普通涂饰	高级涂饰	
1	立面垂直度	4	3	3	2	用2m垂直检测尺检查
2	表面平整度	4	3	3	2	用2m靠尺和塞尺检查
3	阴阳角方正	4	3	3	2	用200mm直角检测尺检查
4	装饰线、分色线直线度	2	1	2	1	拉5m线，不足5m拉通线，用钢直尺检查
5	墙裙、勒脚上口直线度	2	1	2	1	拉5m线，不足5m拉通线，用钢直尺检查

复习思考题：

7-1 建筑装饰装修分部工程可以分为哪些子分部工程？

7-2 地面基层包括哪些构造层？

7-3 地面找平层的强制性条文规定的是什么？

7-4 建筑物勒脚处绝热层的铺设当设计无要求时，应符合哪些规定？

7-5 自流平面层分项工程检验批的质量检验内容有哪些？

7-6 大理石和花岗岩面层检验批的质量检查内容有哪些？

7-7 门窗工程验收时应检查哪些文件和记录？

7-8 门窗工程检查数量有哪些规定？

7-9 轻质隔墙工程包括哪些分项工程？

7-10 饰面工程应对哪些材料及其性能指标进行复验？

7-11 溶剂型涂料涂饰分项工程检验批的质量检验内容有哪些？

8 其他分部工程质量检查与验收

内容提示：本章主要介绍了建筑给水排水及采暖工程、通风与空调工程、建筑电气工程、电梯工程、智能建筑工程和建筑节能工程等内容。

课程目标：通过学习熟悉建筑安装工程和建筑节能工程施工质量验收的基本规定等内容。

思政目标：建筑安装工程和建筑节能工程是建筑工程不可分割的一部分，学生应该从德、智、体、美、劳各个方面培养，使每名学生都能够成为社会主义建设者和接班人。

建筑安装工程包括建筑给水排水及采暖工程、通风与空调工程、建筑电气工程、电梯工程、智能建筑工程等五个分部工程。它们是建筑工程不可分割的一部分，虽然在建筑工程中不一定全部存在，有时只包含其中几个，但它们影响建筑工程的功能和使用，在检查和验收时必须按规范要求认真进行，以确保建筑工程质量。

建筑节能工程验收合格后，才能进行单位工程的验收。建筑节能工程验收具有否决权，因此在建筑工程施工过程中应加强检查与验收。

8.1 建筑给水、排水及采暖分部工程

建筑给水、排水及采暖工程是建筑工程其中的一个分部工程，它是建筑工程必不可缺的分部工程。建筑给水、排水及采暖工程直接涉及建筑物的使用功能，关系到人民群众的日常生活，因此国家制订了《建筑给水排水及采暖工程施工质量验收规范》（GB 50242—2002）。建筑给水、排水及采暖工程的质量验收应按照《建筑给水排水及采暖工程施工质量验收规范》（GB 50242—2002）和"统一标准"进行。

《建筑给水排水及采暖工程施工质量验收规范》（GB 50242—2002）共分总则、术语、基本规定、室内给水系统安装、室内排水系统安装、室内热水供应系统安装、卫生器具安装、室内采暖系统安装、室外给水管网安装、室外排水管网安装、室外供热管网安装、建筑中水系统及游泳池水系统安装、供热锅炉及辅助设备安装、分部（子分部）工程质量验收等十四章内容，本书只介绍建筑给水排水及采暖工程的基本规定。

8.1.1 质量管理

1) 建筑给水、排水及采暖工程施工现场应具有必要的施工技术标准、健全的质量管理体系和工程质量检测制度，实现施工全过程质量控制。

2) 建筑给水、排水及采暖工程的施工应按照批准的工程设计文件和施工技术标准

进行施工。修改设计应有设计单位出具的设计变更通知单。

3)建筑给水、排水及采暖工程的施工应编制施工组织设计或施工方案,经批准后方可实施。

4)建筑给水、排水及采暖工程的分部、分项工程划分见附录。

5)建筑给水、排水及采暖工程的分部、分项工程,应按系统、区域、施工段或楼层等划分。分项工程应划分成若干个检验批进行验收。

6)建筑给水、排水及采暖工程的施工单位应当具有相应的资质。工程质量验收人员应具备相应的专业技术资格。

8.1.2 材料设备管理

1)建筑给水、排水及采暖工程所使用的主要材料、成品、半成品、配件、器具和设备必须具有中文质量合格证明文件,规格、型号及性能检测报告应符合国家技术标准或设计要求。进场时应做检查验收,并经监理工程师核查确认。

2)所有材料进场时应对品种、规格、外观等进行验收。包装应完好,表面无划痕及外力冲击破损。

3)主要器具和设备必须有完整的安装使用说明书。在运输、保管和施工过程中,应采取有效措施防止损坏或腐蚀。

4)阀门安装前,应作强度和严密性试验。试验应在每批(同牌号、同型号、同规格)数量中抽查10%,且不少于一个。对于安装在主干管上起切断作用的闭路阀门,应逐个作强度和严密性试验。

5)阀门的强度和严密性试验,应符合以下规定:阀门的强度试验压力为公称压力的1.5倍;严密性试验压力为公称压力的1.1倍;试验压力在试验持续时间内应保持不变,且壳体填料及阀瓣密封面无渗漏。阀门试压的试验持续时间应不少于表8-1的规定。

表8-1 阀门试验持续时间

公称直径 DN(mm)	最短试验持续时间(s)		
	严密性试验		强度试验
	金属密封	非金属密封	
≤50	15	15	15
65~200	30	15	60
250~450	60	30	180

6)管道上使用冲压弯头时,所使用的冲压弯头外径应与管道外径相同。

8.1.3 施工过程质量控制

1)建筑给水、排水及采暖工程与相关各专业之间应进行交接质量检验,并形成记录。

2)隐蔽工程应在隐蔽前经验收各方检验合格后,才能隐蔽,并形成记录。

3)（2022年4月1日起废止）地下室或地下构筑物外墙有管道穿过的，应采取防水措施。对有严格防水要求的建筑物，必须采用柔性防水套管。

4）管道穿过结构伸缩缝、抗震缝及沉降缝敷设时，应根据情况采取下列保护措施：

（1）在墙体两侧采取柔性连接。

（2）在管道或保温层外皮上、下部留有不小于150mm的净空。

（3）在穿墙处做成方形补偿器，水平安装。

5）在同一房间内，同类型的采暖设备、卫生器具及管道配件，除有特殊要求外，应安装在同一高度上。

6）明装管道成排安装时，直线部分应互相平行。曲线部分：当管道水平或垂直并行时，应与直线部分保持等距；管道水平上下并行时，弯管部分的曲率半径应一致。

7）管道支、吊、托架的安装，应符合下列规定：

（1）位置正确，埋设应平整牢固。

（2）固定支架与管道接触应紧密，固定应牢靠。

（3）滑动支架应灵活，滑托与滑槽两侧间应留有3～5mm的间隙，纵向移动量应符合设计要求。

（4）无热伸长管道的吊架、吊杆应垂直安装。

（5）有热伸长管道的吊架、吊杆应向热膨胀的反方向偏移。

（6）固定在建筑结构上的管道支、吊架不得影响结构的安全。

8）钢管水平安装的支、吊架间距不应大于表8-2的规定。

表8-2 钢管管道支架的最大间距

		公径直径（mm）												
		15	20	25	32	40	50	70	80	100	125	150	200	250	300
支架的最大间距（m）	保温管	2	2.5	2.5	2.5	3	3	4	4	4.5	6	7	7	8	8.5
	不保温管	2.5	3	3.5	4	4.5	5	6	6	6.5	7	8	9.5	11	12

9）采暖、给水及热水供应系统的塑料管及复合管垂直或水平安装的支架间距应符合表8-3的规定。采用金属制作的管道支架，应在管道与支架间加衬非金属垫或套管。

表8-3 塑料管及复合管管道支架的最大间距

			管径（mm）											
			12	14	16	18	20	25	32	40	50	63	75	90	110
最大间距（m）	立管		0.5	0.6	0.7	0.8	0.9	1.0	1.1	1.3	1.6	1.8	2.0	2.2	2.4
	水平管	冷水管	0.4	0.4	0.5	0.5	0.6	0.7	0.8	0.9	1.0	1.1	1.2	1.35	1.55
		热水管	0.2	0.2	0.25	0.3	0.3	0.35	0.4	0.5	0.6	0.7	0.8		

10）铜管垂直或水平安装的支架间距应符合表8-4的规定。

表 8-4 铜管管道支架的最大间距

		公称直径（mm）											
		15	20	25	32	40	50	65	80	100	125	150	200
支架的最大间距（m）	垂直管	1.8	2.4	2.4	3.0	3.0	3.0	3.5	3.5	3.5	3.5	4.0	4.0
	水平管	1.2	1.8	1.8	2.4	2.4	2.4	3.0	3.0	3.0	3.0	3.5	3.5

11）采暖、给水及热水供应系统的金属管道立管管卡安装应符合下列规定：

（1）楼层高度小于或等于 5m，每层必须安装 1 个。

（2）楼层高度大于 5m，每层不得少于 2 个。

（3）管卡安装高度，距地面应为 1.5～1.8m，2 个以上管卡应匀称安装，同一房间管卡应安装在同一高度上。

12）管道及管道支墩（座），严禁铺设在冻土和未经处理的松土上。

13）管道穿过墙壁和楼板，应设置金属或塑料套管。安装在楼板内的套管，其顶部应高出装饰地面 20mm；安装在卫生间及厨房内的套管，其顶部应高出装饰地面 50mm，底部应与楼板底面相平；安装在墙壁内的套管其两端与饰面相平。穿过楼板的套管与管道之间缝隙应用阻燃密实材料和防水油膏填实，端面光滑。穿墙套管与管道之间缝隙宜用阻燃密实材料填实，且端面应光滑。管道的接口不得设在套管内。

14）弯制钢管，弯曲半径应符合下列规定：

（1）热弯：应不小于管道外径的 3.5 倍。

（2）冷弯：应不小于管道外径的 4 倍。

（3）焊接弯头：应不小于管道外径的 1.5 倍。

（4）冲压弯头：应不小于管道外径。

15）管道接口应符合下列规定：

（1）管道采用粘接接口，管端插入承口的深度不得小于表 8-5 的规定。

表 8-5 管端插入承口的深度

公径直径（mm）	20	25	32	40	50	75	100	125	150
插入深度（mm）	16	19	22	26	31	44	61	69	80

（2）熔接连接管道的结合面应有一均匀的熔接圈，不得出现局部熔瘤或熔接圈凸凹不匀现象。

（3）采用橡胶圈接口的管道，允许沿曲线敷设，每个接口的最大偏转角不得超过 2°。

（4）法兰连接时衬垫不得凸入管内，其外边缘接近螺栓孔为宜。不得安放双垫或偏垫。

（5）连接法兰的螺栓，直径和长度应符合标准，拧紧后，突出螺母的长度不应大于螺杆直径的 1/2。

（6）螺纹连接管道安装后的管螺纹根部应有 2～3 扣的外露螺纹，多余的麻丝应清理干净并做防腐处理。

（7）承插口采用水泥捻口时，油麻必须清洁、填塞密实，水泥捻入并密实饱满，其接口面凹入承口边缘的深度不得大于2mm。

（8）卡箍（套）式连接两管口端应平整、无缝隙，沟槽应均匀，卡紧螺栓后管道应平直，卡箍（套）安装方向应一致。

16）（2022年4月1日起废止）**各种承压管道系统和设备应做水压试验，非承压管道系统和设备应做灌水试验。**

8.2 通风与空调分部工程

通风与空调工程是建筑工程其中的一个分部工程，为了加强建筑工程质量管理、统一通风与空调工程施工质量的验收、保证工程安全与质量，因此国家制定了《通风与空调工程施工质量验收规范》（GB 50243—2016）。

《通风与空调工程施工质量验收规范》（GB 50243—2016）共分总则、术语、基本规定、风管与配件、风管部件、风管系统安装、风机与空气处理设备安装、空调用冷（热）源与辅助设备安装、空调水系统管道与设备安装、防腐与绝热、系统调试、竣工验收等12章内容，本书只介绍通风与空调工程的基本规定。

1）通风与空调工程施工质量的验收除应符合本规范的规定外，尚应按批准的设计文件、合同约定的内容执行。

2）工程修改应有设计单位的设计变更通知书或技术核定。当施工企业承担通风与空调工程施工图深化设计时，应得到工程设计单位的确认。

3）通风与空调工程所使用的主要原材料、成品、半成品和设备的材质、规格及性能应符合设计文件和国家现行标准的规定，不得采用国家明令禁止使用或淘汰的材料与设备。主要原材料、成品、半成品和设备的进场验收应符合下列规定：

（1）进场质量验收应经监理工程师或建设单位相关责任人确认，并应形成相应的书面记录。

（2）进口材料与设备应提供有效的商检合格证明、中文质量证明等文件。

4）通风与空调工程采用的新技术、新工艺、新材料与新设备，均应有通过专项技术鉴定验收合格的证明文件。

5）通风与空调工程的施工应按规定的程序进行，并应与土建及其他专业工种相互配合；与通风与空调系统有关的土建工程施工完毕后，应由建设（或总承包）、监理、设计及施工单位共同会检。会检的组织宜由建设、监理或总承包单位负责。

6）通风与空调工程中的隐蔽工程，在隐蔽前应经监理或建设单位验收及确认，必要时应留下影像资料。

7）通风与空调工程分项工程施工质量的验收应按分项工程对应的本规范具体条文的规定执行。各个分项工程应根据施工工程的实际情况，可采用一次或多次验收，检验验收批的批次、样本数量可根据工程的实物数量与分布情况而定，并应覆盖整个分项工程。当分项工程中包含多种材质、施工工艺的风管或管道时，检验验收批宜按不同材质进行分列。

8）检验批质量验收抽样应符合下列规定：

(1) 检验批质量验收应按本规范附录 B 的规定执行。产品合格率大于或等于 95% 的抽样评定方案，应定为第Ⅰ抽样方案（以下简称Ⅰ方案），主要适用于主控项目；产品合格率大于或等于 85% 的抽样评定方案，应定为第Ⅱ抽样方案（以下简称Ⅱ方案），主要适用于一般项目。

(2) 当检索出抽样检验评价方案所需的产品样本量 n 超过检验批的产品数量 N 时，应对该检验批总体中所有的产品进行检验。

(3) 强制性条款的检验应采用全数检验方案。

9）分项工程检验批验收合格质量应符合下列规定：

(1) 当受检方通过自检，检验批的质量已达到合同和本规范的要求，并具有相应的质量合格的施工验收记录时，可进行工程施工质量检验批质量的验收。

(2) 采用全数检验方案检验时，主控项目的质量检验结果应全数合格；一般项目的质量检验结果，计数合格率不应小于 85%，且不得有严重缺陷。

(3) 采用抽样方案检验时，且检验批检验结果合格时，批质量验收应予以通过；当抽样检验批检验结果不符合合格要求时，受检方可申请复验或复检。

(4) 质量验收中被检出的不合格品，均应进行修复或更换为合格品。

10）通风与空调工程施工质量的保修期限，应自竣工验收合格日起计算两个采暖期、供冷期。在保修期内发生施工质量问题的，施工企业应履行保修职责。

11）净化空调系统洁净室（区）的洁净度等级应符合设计要求，空气中悬浮粒子的最大允许浓度限值，应符合本规范表 D.4.6-1 的规定。洁净室（区）洁净度等级的检测，应按本规范附录 D 第 D.4 节的规定执行。

8.3 建筑电气分部工程

建筑电气工程是建筑工程其中的一个分部工程，它是建筑工程必不可缺的分部工程之一。为了加强建筑工程质量管理、统一建筑电气工程施工质量的验收、保证工程质量，因此国家制定了《建筑电气工程施工质量验收规范》（GB 50303—2015）。

《建筑电气工程施工质量验收规范》（GB 50303—2015）适用于电压等级为 35kV 及以下的工程。规范共分总则，术语和代号，基本规定，变压器、箱式变电所安装，成套配电柜、控制柜（台、箱）和配电箱（盘）安装，电动机、电加热器及电动执行机构检查接线，柴油发电机组安装，UPS 及 EPS 安装，电气设备试验和试运行，母线槽安装，梯架、托盘和槽盒安装，导管敷设，电缆敷设，导管内穿线和槽盒内敷线，塑料护套线直敷布线，钢索配线，电缆头制作、导线连接和线路绝缘测试，普通灯具安装，专用灯具安装，开关、插座、风扇安装，建筑物照明通电试运行，接地装置安装，变配电室及电气竖井内接地干线敷设，防雷引下线及接闪器安装，建筑物等电位联结等 25 章内容，本书只介绍建筑电气工程的基本规定。

8.3.1 一般规定

1）建筑电器工程施工现场的质量管理除应符合现行国家标准《建筑工程施工质量

验收统一标准》(GB 50300) 的有关规定外，尚应符合下列规定：

(1) 安装电工、焊工、起重吊装工和电力系统调试等人员应持证上岗。

(2) 安装和调试用各类计量器具应检定合格，且使用时应在检定有效期内。

2) 电气设备、器具和材料的额定电压区段划分应符合表的规定。

3) 电气设备上的计量仪表、与电气保护有关的仪表应检定合格，且当投入运行时，应在检定有效期内。

4) 建筑电气动力工程的空载试运行和建筑电气照明工程负荷试运行前，应根据电气设备及相关建筑设备的种类、特性和技术参数等编制试运行方案或作业指导书，并应经施工单位审核同意、经监理单位确认后执行。

5) 高压的电气设备、布线系统以及继电保护系统必须交接试验合格。

6) 低压和特低压的电气设备和布线系统的检测或交接试验应符合本规范的规定。

7) 电气设备的外露可导电部分应单独与保护导体相连接，不得串联连接，连接导体的材质、截面积应符合设计要求。

8) 除采取下列任一间接接触防护措施外，电气设备或布线系统应与保护导体可靠连接：

(1) 采用Ⅱ类设备；

(2) 已采取电气隔离措施；

(3) 采用特低电压供电；

(4) 将电气设备安装在非导电场所内；

(5) 设置不接地的等电位联结。

8.3.2 主要设备、材料、成品和半成品进场验收

1. 主要设备、材料、成品和半成品应进场验收合格，并应做好验收记录和验收资料归档。当设计有技术参数要求时，应核对其技术参数，并应符合设计要求。

2. 实行生产许可证或强制性认证（CCC 认证）的产品，应有许可证编号或 CCC 认证标志，并应抽查生产许可证或 CCC 认证证书的认证范围、有效性及真实性。

3. 新型电气设备、器具和材料进场验收时应提供安装、使用、维修和试验要求等技术文件。

4. 进口电气设备、器具和材料进场验收时应提供质量合格证明文件，性能检测报告以及安装、使用、维修、试验要求和说明等技术文件；对有商检规定要求的进口电气设备，尚应提供商检证明。

5. 当主要设备、材料、成品和半成品的进场验收需进行现场抽样检测或因有异议送有资质试验室抽样检测时，应符合下列规定：

1) 现场抽样检测：对于母线槽、导管、绝缘导线、电缆等，同厂家、同批次、同型号、同规格的，每批至少应抽取 1 个样本；对于灯具、插座、开关等电器设备，同厂家、同材质、同类型的，应各抽检 3%，自带蓄电池的灯具应按 5% 抽检，且均不应少于 1（套）。

2) 因有异议送有资质的试验室而抽样检测：对于母线槽、绝缘导线、电缆、梯架、

托盘、槽盒、导管、型钢、镀锌制品等，同厂家、同批次、不同种规格的，应抽检10%，且不应少于2个规格；对于灯具、插座、开关等电器设备，同厂家、同材质、同类型的，数量500个（套）及以下时应抽检2个（套），但应各不少于1个（套），500个（套）以上时应抽检3个（套）。

3）对于由同一施工单位施工的同一建设项目的多个单位工程，当使用同一生产厂家、同材质、同批次、同类型的主要设备、材料、成品和半成品时，其抽检比例宜合并计算。

4）当抽样检测结果出现不合格，可加倍抽样检测，仍不合格时，则该批设备、材料、成品或半成品应判定为不合格品，不得使用。

5）应有检测报告。

6. 变压器、箱式变电所、高压电器及电磁制品的进场验收应包括下列内容：

1）查验合格证和随带技术文件：变压器应有出厂试验记录。

2）外观检查：设备应有铭牌，表面涂层应完整，附件应齐全，绝缘件应无缺损、裂纹，充油部分不应渗漏，充气高压设备气压指示应正常。

7. 高压成套配电柜、蓄电池柜、UPS柜、EPS柜、低压成套配电柜（箱）、控制柜（台、箱）的进场验收应符合下列规定：

1）查验合格证和随带技术文件：高压和低压成套配电柜、蓄电池柜、UPS柜、EPS柜等成套柜应有出厂试验报告。

2）核对产品型号、产品技术参数：应符合设计要求。

3）外观检查：设备应有铭牌，表面涂层应完整、无明显碰撞凹陷，设备内元器件应完好无损、接线无脱落脱焊，绝缘导线的材质、规格应符合设计要求，蓄电池柜内电池壳体应无碎裂、漏液，充油、充气设备应无泄漏。

8. 柴油发电机组的进场验收应包括下列内容：

1）核对主机、附件、专用工具、备品备件和随机技术文件：合格证和出厂试运行记录应齐全、完整，发电机及其控制柜应有出厂试验记录。

2）外观检查：设备应有铭牌，涂层应完整，机身应无缺件。

9. 电动机、电加热器、电动执行机构和低压开关设备等的进场验收应包括下列内容：

1）查验合格证和随机技术文件：内容应填写齐全、完整。

2）外观检查：设备应有铭牌，涂层应完整，设备器件或附件应齐全、完好、无缺损。

10. 照明灯具及附件的进场验收应符合下列规定：

1）查验合格证：合格证内容应填写齐全、完整，灯具材质应符合设计要求和产品标准要求；新型气体放电灯应随带技术文件；太阳能灯具的内部短路保护、过载保护、反向放电保护、极性反接保护等功能性试验资料应齐全，并应符合设计要求。

2）外观检查：

（1）灯具涂层应完整、无损伤，附件应齐全，I类灯具的外露可导电部分应具有专用的PE端子。

（2）固定灯具带电部件及提供防触电保护的部位应为绝缘材料，且应耐燃烧和防引燃。

（3）消防应急灯具应获得消防产品型式试验合格评定，且具有认证标志。

（4）疏散指示标志灯具的保护罩应完整、无裂纹。

（5）游泳池和类似场所灯具（水下灯及防水灯具）的防护等级应符合设计要求，当对其密闭和绝缘性能有异议时，应按批抽样送有资质的试验室检测。

（6）内部接线应为铜芯绝缘导线，其截面积应与灯具功率相匹配，且不应小于 0.5mm²。

3）自带蓄电池的供电时间检测：对于自带蓄电池的应急灯具，应现场检测蓄电池最少持续供电时间，且应符合设计要求。

4）绝缘性能检测：对灯具的绝缘性能进行现场抽样检测，灯具的绝缘电阻值不应小于 2MΩ，灯具内绝缘导线的绝缘层厚度不应小于 0.6mm。

11. 开关、插座、接线盒和风扇及附件的进场验收应包括下列内容：

1）查验合格证：合格证内容填写应齐全、完整。

2）外观检查：开关、插座的面板及接线盒盒体应完整、无碎裂、零件齐全，风扇应无损坏、涂层完整，调速器等附件应适配。

3）电气和机械性能检测

对开关、插座的电气和机械性能应进行现场抽样检测，并应符合下列规定：

（1）不同极性带电部件间的电气间隙不应小于 3mm，爬电距离不应小于 3mm。

（2）绝缘电阻值不应小于 5MΩ。

（3）用自攻锁紧螺钉或自切螺钉安装的，螺钉与软塑固定件旋合长度不应小于 8mm，绝缘材料固定件在经受 10 次拧紧退出试验后，应无松动或掉渣，螺钉及螺纹应无损坏现象。

（4）对于金属间相旋合的螺钉螺母，拧紧后完全退出，反复 5 次后，应仍然能正常使用。

4）对开关、插座、接线盒及面板等绝缘材料的非正常耐热、耐燃和耐漏电起痕性能有异议时，应按批抽样送有资质的试验室检测。

12. 绝缘导线、电缆的进场验收应符合下列规定：

1）查验合格证：合格证内容填写应齐全、完整。

2）外观检查：包装完好，电缆端头应密封良好，标识应齐全。抽检的绝缘导线或电缆绝缘层应完整无损，厚度均匀。电缆无压扁、扭曲，铠装不应松卷。绝缘导线、电缆外护层应有明显标识和制造厂标。

3）检测绝缘性能：电线、电缆的绝缘性能应符合产品技术标准或产品技术文件规定。

4）检查标称截面积和电阻值：绝缘导线、电缆的标称截面积应符合设计要求，其导体电阻值应符合现行国家标准《电缆的导体》（GB/T 3956）的有关规定。当对绝缘导线和电缆的导电性能、绝缘性能、绝缘厚度、机械性能和阻燃耐火性能有异议时，应按批抽样送有资质的试验室检测。检测项目和内容应符合国家现行有关产品标准的规定。

13. 导管的进场验收应符合下列规定：

1）查验合格证：钢导管应有产品质量证明书，塑料导管应有合格证及相应检测报告。

2）外观检查：钢导管应无压扁，内壁应光滑；非镀锌钢导管不应有锈蚀，油漆应完整；镀锌钢导管镀层覆盖应完整、表面无锈斑；塑料导管及配件不应碎裂、表面应有阻燃标记和制造厂标。

3）应按批抽样检测导管的管径、壁厚及均匀度，并应符合国家现行有关产品标准的规定。

4）对机械连接的钢导管及其配件的电气连续性有异议时，应按现行国家标准《电气安装用导管系统 第1部分：通用要求》（GB 20041.1）的有关规定进行检验。

5）对塑料导管及配件的阻燃性能有异议时，应按批抽样送有资质的试验室检测。

14. 型钢和电焊条的进场验收应符合下列规定：

1）查验合格证和材质证明书：有异议时，应按批抽样送有资质的试验室检测。

2）外观检查：型钢表面应无严重锈蚀、过度扭曲和弯折变形；电焊条包装应完整，拆包检查焊条尾部应无锈斑。

15. 金属镀锌制品的进场验收应符合下列规定：

1）查验产品质量证明书：应按设计要求查验其符合性。

2）外观检查：镀锌层应覆盖完整、表面无锈斑，金具配件应齐全，无砂眼。

3）埋入土壤中的热浸镀锌钢材应检测其镀锌层厚度不应小于 $63\mu m$。

4）对镀锌质量有异议时，应按批抽样送有资质的试验室检测。

16. 梯架、托盘和槽盒的进场验收应符合下列规定：

1）查验合格证及出厂检验报告：内容填写应齐全、完整。

2）外观检查：配件应齐全，表面应光滑、不变形；钢制梯架、托盘和槽盒涂层应完整、无锈蚀；塑料槽盒应无破损、色泽均匀，对阻燃性能有异议时，应按批抽样送有资质的试验室检测；铝合金梯架、托盘和槽盒涂层应完整，不应有扭曲变形、压扁或表面划伤等现象。

17. 母线槽的进场验收应符合下列规定：

1）查验合格证和随带安装技术文件，并应符合下列规定：

（1）CCC 型式试验报告中的技术参数应符合设计要求，导体规格及相应温升值应与 CCC 型式试验报告中的导体规格一致，当对导体的载流能力有异议时，应送有资质的试验室做极限温升试验，额定电流的温升应符合国家现行有关产品标准的规定。

（2）耐火母线槽除应通过 CCC 认证外，还应提供由国家认可的检测机构出具的型式检验报告，其耐火时间应符合设计要求。

（3）保护接地导体（PE）应与外壳有可靠的连接，其截面积应符合产品技术文件规定；当外壳兼作保护接地导体（PE）时，CCC 型式试验报告和产品结构应符合国家现行有关产品标准的规定。

2）外观检查：防潮密封应良好，各段编号应标志清晰，附件应齐全、无缺损，外壳应无明显变形，母线螺栓搭接面应平整、镀层覆盖应完整、无起皮和麻面；插接母线槽上的静触头应无缺损、表面光滑、镀层完整；对有防护等级要求的母线槽尚应检查产品及附件的防护等级与设计的符合性，其标识应完整。

18. 电缆头部件、导线连接器及接线端子的进场验收应符合下列规定：
1) 查验合格证及相关技术文件，并应符合下列规定：
(1) 铝及铝合金电缆附件应具有与电缆导体匹配的检测报告。
(2) 矿物绝缘电缆的中间连接附件的耐火等级不应低于电缆本体的耐火等级。
(3) 导线连接器和接线端子的额定电压、连接容量及防护等级应满足设计要求。
2) 外观检查：部件应齐全，包装标识和产品标志应清晰，表面应无裂纹和气孔，随带的袋装涂料或填料不应泄漏；铝及铝合金电缆用接线端子和接头附件的压接圆筒内表面应有抗氧化剂；矿物绝缘电缆专用终端接线端子规格应与电缆相适配；导线连接器的产品标识应清晰明了、经久耐用。

19. 金属灯柱的进场验收应符合下列规定：
1) 查验合格证：合格证应齐全、完整。
2) 外观检查：涂层应完整，根部接线盒盒盖紧固件和内置熔断器、开关等器件应齐全，盒盖密封垫片应完整。金属灯柱内应设有专用接地螺栓，地脚螺孔位置应与提供的附图尺寸一致，允许偏差应为±2mm。

20. 使用的降阻剂材料应符合设计及国家现行有关标准的规定，并应提供经国家相应检测机构检验检测合格的证明。

8.3.3 工序交接确认

1. 变压器、箱式变电所的安装应符合下列规定：
1) 变压器、箱式变电所安装前，室内顶棚、墙体的装饰面应完成施工，无渗漏水，地面的找平层应完成施工，基础应验收合格，埋入基础的导管和变压器进线、出线预留孔及相关预埋件等经检查应合格。
2) 变压器、箱式变电所通电前，变压器及系统接地的交接试验应合格。

2. 成套配电柜、控制柜（台、箱）和配电箱（盘）的安装应符合下列规定：
1) 成套配电柜（台）、控制柜安装前，室内顶棚、墙体的装饰工程应完成施工，无渗漏水，室内地面的找平层应完成施工，基础型钢和柜、台、箱下的电缆沟等经检查应合格，落地式柜、台、箱的基础及埋入基础的导管应验收合格。
2) 墙上明装的配电箱（盘）安装前，室内顶棚、墙体、装饰面应完成施工，暗装的控制（配电）箱的预留孔和动力、照明配线的线盒及导管等经检查应合格。
3) 电源线连接前，应确认电涌保护器（SPD）型号、性能参数符合设计要求，接地线与PE排连接可靠。
4) 试运行前，柜、台、箱、盘内PE排应完成连接，柜、台、箱、盘内的元件规格、型号应符合设计要求，接线应正确且交接试验合格。

3. 电动机、电加热器及电动执行机构接线前，应与机械设备完成连接，且经手动操作检验符合工艺要求，绝缘电阻应测试合格。

4. 柴油发电机组的安装应符合下列规定：

1）机组安装前，基础应验收合格。

2）机组安放后，采取地脚螺栓固定的机组应初平，螺栓孔灌浆、精平、紧固地脚螺栓、二次灌浆等安装合格；安放式的机组底部应垫平、垫实。

3）空载试运行前，油、气、水冷、风冷、烟气排放等系统和隔振防噪声设施应完成安装，消防器材应配置齐全、到位且符合设计要求，发电机应进行静态试验，随机配电盘、柜接线经检查应合格，柴油发电机组接地经检查应符合设计要求。

4）负荷试运行前，空载试运行和试验调整应合格。

5）投入备用状态前，应在规定时间内，连续无故障负荷试运行合格。

5. UPS 或 EPS 接至馈电线路前，应按产品技术要求进行试验调整，并应经检查确认。

6. 电气动力设备试验和试运行应符合下列规定：

1）电气动力设备试验前，其外露可导电部分应与保护导体完成连接，并经检查合格。

2）通电前，动力成套配电（控制）柜、台、箱的交流工频耐压试验和保护装置的动作试验应合格。

3）空载试运行前，控制回路模拟动作试验应合格，盘车或手动操作检查电气部分与机械部分的转动或动作应协调一致。

7. 母线槽安装应符合下列规定：

1）变压器和高低压成套配电柜上的母线槽安装前，变压器、高低压成套配电柜、穿墙套管等应安装就位，并应经检查合格。

2）母线槽支架的设置应在结构封顶、室内底层地面完成施工或确定地面标高、清理场地、复核层间距离后进行。

3）母线槽安装前，与母线槽安装位置有关的管道、空调及建筑装修工程应完成施工。

4）母线槽组对前，每段母线的绝缘电阻应经测试合格，且绝缘电阻值不应小于 20MΩ。

5）通电前，母线槽的金属外壳应与外部保护导体完成连接，且母线绝缘电阻测试和交流工频耐压试验应合格。

8. 梯架、托盘和槽盒安装应符合下列规定：

1）支架安装前，应先测量定位。

2）梯架、托盘和槽盒安装前，应完成支架安装，且顶棚和墙面的喷浆、油漆或壁纸等应基本完成。

9. 导管敷设应符合下列规定：

1）配管前，除埋入混凝土中的非镀锌钢导管的外壁外，应确认其他场所的非镀锌钢导管内、外壁均已做防腐处理。

2）埋设导管前，应检查确认室外直埋导管的路径、沟槽深度、宽度及垫层处理等符合设计要求。

3）现浇混凝土板内的配管，应在底层钢筋绑扎完成，上层钢筋未绑扎前进行，且配管完成后应经检查确认后，再绑扎上层钢筋和浇捣混凝土。

4）墙体内配管前，现浇混凝土墙体内的钢筋绑扎及门、窗等位置的放线应已完成。

5）接线盒和导管在隐蔽前，经检查应合格。

6）穿梁、板、柱等部位的明配导管敷设前，应检查其套管、埋件、支架等设置符合要求。

7）吊顶内配管前，吊顶上的灯位及电气器具位置应先进行放样，并应与土建及各专业施工协调配合。

10.电缆敷设应符合下列规定：

1）支架安装前，应先清除电缆沟、电气竖井内的施工临时设施、模板及建筑废料等，并应对支架进行测量定位。

2）电缆敷设前，电缆支架、电缆导管、梯架、托盘和槽盒应完成安装，并已与保护导体完成连接，且经检查应合格。

3）电缆敷设前，绝缘测试应合格。

4）通电前，电缆交接试验应合格，检查并确认线路去向、相位和防火隔堵措施等应符合设计要求。

11.绝缘导线、电缆穿导管及槽盒内敷线应符合下列规定：

1）焊接施工作业应已完成，检查导管、槽盒安装质量应合格。

2）导管或槽盒与柜、台、箱应已完成连接，导管内积水及杂物应已清理干净。

3）绝缘导线、电缆的绝缘电阻应经测试合格。

4）通电前，绝缘导线、电缆交接试验应合格，检查并确认接线去向和相位等应符合设计要求。

12.塑料护套线直敷布线应符合下列规定：

1）弹线定位前，应完成墙面、顶面装饰工程施工。

2）布线前，应确认穿梁、墙、楼板等建筑结构上的套管已安装到位，且塑料护套线经绝缘电阻测试合格。

13.钢索配线的钢索吊装及线路敷设前，除地面外的装修工程应已结束，钢索配线所需的预埋件及预留孔应已预埋、预留完成。

14.电缆头制作和接线应符合下列规定：

1）电缆头制作前，电缆绝缘电阻测试应合格，检查并确认电缆头的连接位置、连接长度应满足要求。

2）控制电缆接线前，应确认绝缘电阻测试合格，校线正确。

3）电力电缆或绝缘导线接线前，电缆交接试验或绝缘电阻测试应合格，相位核对应正确。

15.照明灯具安装应符合下列规定：

1）灯具安装前，应确认安装灯具的预埋螺栓及吊杆、吊顶上安装嵌入式灯具用的专用支架等已完成，对需做承载试验的预埋件或吊杆经试验应合格。

2）影响灯具安装的模板、脚手架应已拆除，顶棚和墙面喷浆、油漆或壁纸等及地面清理工作应已完成。

3）灯具接线前，导线的绝缘电阻测试应合格。

4）高空安装的灯具，应先在地面进行通断电试验合格。

16. 照明开关、插座、风扇安装前，应检查吊扇的吊钩已预埋完成、导线绝缘电阻测试应合格，顶棚和墙面的喷浆、油漆或壁纸等已完工。

17. 照明系统的测试和通电试运行应符合下列规定：

1）导线绝缘电阻测试应在导线接续前完成。

2）照明箱（盘）、灯具、开关、插座的绝缘电阻测试应在器具就位前或接线前完成。

3）通电试验前，电气器具及线路绝缘电阻应测试合格，当照明回路装有剩余电流动作保护器时，剩余电流动作保护器应检测合格。

4）备用照明电源或应急照明电源做空载自动投切试验前，应卸除负荷，有载自动投切试验应在空载自动投切试验合格后进行。

5）照明全负荷试验前，应确认上述工作应已完成。

18. 接地装置安装应符合下列规定：

1）对于利用建筑物基础接地的接地体，应先完成底板钢筋敷设，然后按设计要求进行接地装置施工，经检查确认后，再支模或浇捣混凝土。

2）对于人工接地的接地体，应按设计要求利用基础沟槽或开挖沟槽，然后经检查确认，再埋入或打入接地极和敷设地下接地干线。

3）降低接地电阻的施工应符合下列规定：

（1）采用接地模块降低接地电阻的施工，应先按设计位置开挖模块坑，并将地下接地干线引到模块上，经检查确认，再相互焊接。

（2）采用添加降阻剂降低接地电阻的施工，应先按设计要求开挖沟槽或钻孔垂直埋管，再将沟槽清理干净，检查接地体埋入位置后，再灌注降阻剂。

（3）采用换土降低接地电阻的施工，应先按设计要求开挖沟槽，并将沟槽清理干净，再在沟槽底部铺设经确认合格的低电阻率土壤，经检查铺设厚度达到设计要求后，再安装接地装置；接地装置连接完好，并完成防腐处理后，再覆盖上一层低电阻率土壤。

4）隐蔽装置前，应先检查验收合格后，再覆土回填。

19. 防雷引下线安装应符合下列规定：

1）当利用建筑物柱内主筋作引下线时，应在柱内主筋绑扎或连接后，按设计要求进行施工，经检查确认，再支模。

2）对于直接从基础接地体或人工接地体暗敷埋入粉刷层内的引下线，应先检查确认不外露后，再贴面砖或刷涂料等。

3）对于直接从基础接地体或人工接地体引出明敷的引下线，应先埋设或安装支架，并经检查确认后，再敷设引下线。

20. 接闪器安装前，应先完成接地装置和引下线的施工，接闪器安装后应及时与引下线连接。

21. 防雷接地系统测试前，接地装置应完成施工且测试合格；防雷接闪器应完成安装，整个防雷接地系统应连成回路。

22. 等电位联结应符合下列规定：

1）对于总等电位联结，应先检查确认总等电位联结端子的接地导体位置，再安装总等电位联结端子板，然后按设计要求作总等电位联结。

2）对于局部等电位联结，应先检查确认连接端子位置及连接端子板的截面积，再安装局部等电位联结端子板，然后按设计要求作局部等电位联结。

3）对特殊要求的建筑金属屏蔽网箱，应先完成网箱施工，经检查确认后，再与PE连接。

8.4 电梯分部工程

电梯工程是建筑工程其中的一个分部工程，为了加强建筑工程质量管理、统一电梯工程施工质量的验收、保证工程质量，因此国家制定了《电梯工程施工质量验收规范》(GB 50310—2002)。电梯工程的质量验收应按照《电梯工程施工质量验收规范》(GB 50310—2002)和"统一标准"进行。

《电梯工程施工质量验收规范》(GB 50310—2002)适用于电力驱动的曳引式或强制式电梯、液压电梯、自动扶梯和自动人行道安装工程的质量验收，不适用杂物电梯安装工程的质量验收。规范共分总则、术语、基本规定、电力驱动的曳引式或强制式电梯安装工程质量验收、液压电梯安装工程质量验收、自动扶梯和自动人行道安装工程质量验收、分部（子分部）工程质量验收等七章内容，本书只介绍电梯工程的基本规定。

1）安装单位施工现场的质量管理应符合下列规定：

(1) 具有完善的验收标准、安装工艺及施工操作规程。

(2) 具有健全的安装过程控制制度。

2）电梯安装工程施工质量控制应符合下列规定：

(1) 电梯安装前应按规范进行土建交接检验，可按本规范附录A表A记录。

(2) 电梯安装前应按规范进行电梯设备进场验收，可按本规范附录B表B记录。

(3) 电梯安装的各分项工程应按企业标准进行质量控制，每个分项工程应有自检记录。

3）电梯安装工程质量验收应符合下列规定：

(1) 参加安装工程施工和质量验收人员应具有相应的资格。

(2) 承担有关安全性能检测的单位，必须具有相应资质。仪器设备应满足精度要求，并应在检定有效期内。

(3) 分项工程质量验收均应在电梯安装单位自检合格的基础上进行。

(4) 分项工程质量应分别按主控项目和一般项目检查验收。

(5) 隐蔽工程应在电梯安装单位检查合格后，于隐蔽前通知有关单位检查验收，并形成验收文件。

8.5 智能建筑分部工程

为了加强智能建筑工程质量管理，规范智能建筑工程质量验收，规定智能建筑工程质量检测和验收的组织程序和合格评定标准，保证智能建筑工程质量，国家制订了《智能建筑工程质量验收规范》(GB 50339—2013)。该规范包括总则、术语和符号、基本规定、智能化集成系统、信息接入系统、用户电话交换系统、信息网络系统、综合布线系统、移动通信室内信号覆盖系统、卫星通信系统、有线电视及卫星电视接收系统、公共广播系统、会议系统、信息导引及发布系统、时钟系统、信息化应用系统、建筑设备监控系统、火灾自动报警系统、安全技术防范系统、应急响应系统、机房工程、防雷与接地等22章内容，下面主要介绍智能建筑分部工程的基本规定。

8.5.1 一般规定

1）智能建筑工程质量验收应包括工程实施的质量控制、系统监测和工程验收。
2）智能建筑工程的子分部工程和分项工程划分应符合本规范的规定。
3）系统试运行应连续进行120h。试运行中出现系统故障时，应重新开始计时，直至连续运行满120h。

8.5.2 工程实施的质量控制

1）工程实施的质量控制应检查下列内容：
（1）施工现场质量管理检查记录；
（2）图纸会审记录、存在设计变更和工程洽谈时，还应检查设计变更记录和工程洽商记录；
（3）设备材料进场检验记录和设备开箱检验记录；
（4）隐蔽工程（随工检查）验收记录；
（5）安装质量及观感质量验收记录；
（6）自检记录；
（7）分项工程质量验收记录；
（8）试运行记录。

2）施工现场质量管理检查记录应由施工单位填写、项目监理机构总监理工程师（或建设单位项目负责人）作出检查结论，且记录的格式应符合规范附录A的规定。

3）图纸会审记录、设计变更记录和工程洽商记录应符合现行国家标准《智能建筑工程施工规范》(GB 50606)的规定。

4）设备材料进场检验记录和设备开箱检验记录应符合下列规定：
（1）设备材料进场检验记录应由施工单位填写、监理（建设）单位的监理工程师（项目专业工程师）作出检查结论，且记录的格式应符合规范附录B的表B.0.1的规定；
（2）设备开箱检验记录应符合现行国家标准《智能建筑工程施工规范》(GB 50606)的规定。

5）隐蔽工程（随工检查）验收记录应由施工单位填写、监理（建设）单位的监理工程师（项目专业工程师）作出检查结论，且记录的格式应符合规范附录B的表B.0.2的规定。

6）安装质量及观感质量验收记录应由施工单位填写、监理（建设）单位的监理工程师（项目专业工程师）作出检查结论，且记录的格式应符合规范附录B的表B.0.3的规定。

7）自检记录有施工单位填写、施工单位的专业技术负责人作出检查结论，且记录的格式应符合规范附录B的表B.0.4的规定。

8）分项工程质量验收记录由施工单位填写、施工单位的专业技术负责人作出检查结论、监理（建设）单位的监理工程师（项目专业技术负责人）作出验收结论，且记录的格式应符合规范附录B的表B.0.5的规定。

9）试运行记录应由施工单位填写、监理（建设）单位的监理工程师（项目专业工程师）作出检查结论，且记录的格式应符合规范附录B的表B.0.6的规定。

10）软件产品的质量控制除应检查规范3.2.4条规定的内容外，尚应检查文档资料和技术指标，并应符合下列规定：

（1）商业软件的使用许可证和使用范围应符合合同要求；

（2）针对工程项目变质的应用软件，测试报告中的功能和性能测试结果应符合工程项目的合同要求。

11）接口的质量控制除应检查规范第3.2.4条规定的内容外，应符合下列规定：

（1）接口技术文件应符合合同要求；接口技术文件应包括接口概述、接口框图、接口位置、接口类型与数量、接口通信协议、数据流向和接口责任边界等内容。

（2）根据工程项目实际情况修订的接口技术文件应经过建设单位、设计单位、接口提供单位和施工单位签字确认。

（3）接口测试文件应符合设计要求；接口测试文件应包括测试链路搭建、测试用仪器仪表、测试方法、测试内容和测试结果评判等内容。

（4）接口测试应符合接口测试文件要求，测试结果记录应由接口提供单位、施工单位、建设单位和项目监理机构签字确认。

8.5.3 系统检测

1）系统检测应在系统试运行合格后进行。

2）系统检测前应提交下列资料：

（1）工程技术文件；

（2）设备材料进场检验记录和设备开箱检验记录；

（3）自检记录；

（4）分项工程质量验收记录；

（5）试运行记录。

3）系统检测的组织应符合下列规定：

（1）建设单位应组织项目检测小组；

(2) 项目检测小组应制定检测负责人；

(3) 公共机构的项目检测小组应由有资质的检测单位组成。

4) 系统检测应符合下列规定：

(1) 应依据工程技术文件和规范规定的检测项目、检测数量及检测方法编制系统检测方案，检测方案应经建设单位或项目监理机构批准后实施；

(2) 应按系统检测方案所列检测项目进行检测，系统检测的主控项目和一般项目应符合规范附录 C 的规定；

(3) 系统检测按照先分项工程，再子分部工程，最后分部工程的顺序进行，并填写《分项工程检测记录》、《子分部工程检测记录》和《分部工程检测汇总记录》；

(4) 分项工程检测记录由检测小组填写，检测负责人作出检测结论，监理（建设）单位的监理工程师（项目专业技术负责人）签字确认，且记录的格式应符合规范附录 C 的表 C.0.1 的规定；

(5) 子分部工程检测记录由检测小组填写，检测负责人作出检测结论，监理（建设）单位的监理工程师（项目专业技术负责人）签字确认，且记录的格式应符合规范附录 C 的表 C.0.2～表 C.0.16 的规定；

(6) 分项工程检测汇总记录由检测小组填写，检测负责人作出检测结论，监理（建设）单位的监理工程师（项目专业技术负责人）签字确认，且记录的格式应符合规范附录 C 的表 C.0.17 的规定。

5) 检测结论与处理应符合下列规定：

(1) 检测结论应分为合格和不合格；

(2) 主控项目有一项及以上不合格的，系统检测结论应为不合格；一般项目有两项及以上不合格的，系统检测结论应为不合格。

(3) 被集成系统接口检测不合格的，被集成系统和集成系统的系统检测结论均应为不合格。

(4) 系统检测不合格时，应限期对不合格项进行整改，并重新检测，直至检测合格。重新检测时抽检应扩大范围。

8.5.4 分部（子分部）工程验收

1) 建设单位应按合同进度要求组织人员进行工程验收。

2) 工程验收应具备下列条件：

(1) 按经批准的工程技术文件施工完毕；

(2) 完成调试及自检，并出具系统自检记录；

(3) 分项工程质量验收合格，并出具分项工程质量验收记录；

(4) 完成系统试运行，并出具试运行报告；

(5) 系统检测合格，并出具系统检测记录；

(6) 完成技术培训，并出具培训记录。

3) 工程验收的组织应符合下列规定：

(1) 建设单位应组织工程验收小组负责工程验收。

(2) 工程验收小组的人员应根据项目的性质、特点和管理要求确定，并应推荐组长和副组长；验收人员的总数应为单数，其中专业技术人员的数量不应低于验收人员总数的50%。

(3) 验收小组应对工程实体和资料进行检查，并做出正确、公正、客观的验收结论。

4) 工程验收文件应包括下列内容：

(1) 竣工图纸；

(2) 设计变更记录和工程洽商记录；

(3) 设备材料进场检验记录和设备开箱检验记录；

(4) 分项工程质量验收记录；

(5) 试运行记录；

(6) 系统检测记录；

(7) 培训记录和培训资料。

5) 工程验收小组的工作应包括下列内容：

(1) 检查验收文件；

(2) 检查观感质量；

(3) 抽检和复核系统检测项目。

6) 工程验收的记录应符合下列规定：

(1) 应由施工单位填写《分部（子分部）工程质量验收记录》，设计单位的项目负责人和项目监理机构总监理工程师（建设单位项目专业负责人）作出检查结论，且记录的格式应符合规范附录D的表D.0.1的规定；

(2) 应由施工单位填写《工程验收资料审查记录》，项目监理机构总监理工程师（建设单位项目负责人）作出检查结论，且记录的格式应符合规范附录D的表D.0.2的规定；

(3) 应由施工单位按表填写《验收结论汇总记录》，验收小组作出检查结论，且记录的格式应符合规范附录D的表D.0.3的规定；

7) 工程验收结论与处理应符合下列规定：

(1) 工程验收结论应分为合格和不合格。

(2) 规范第3.4.4条规定的工程验收文件齐全、观感质量符合要求且检测项目合格时，工程验收结论应为合格，否则应为不合格。

(3) 当工程验收结论为不合格时，施工单位应限期整改，直到重新验收合格；整改后仍无法满足使用要求的，不得通过工程验收。

8.6 建筑节能工程

为了加强建筑节能工程的施工质量管理，统一建筑节能工程施工质量验收，提高建筑工程节能效果，依据现行国家有关工程质量和建筑节能的法律、法规、管理要求和相关技术标准，制订了《建筑节能工程施工质量验收标准》（GB 50411—2019）。该标准适用于新建、改建和扩建的民用建筑工程中墙体、幕墙、门窗、屋面、地面、供暖、通风与空调、配电与照明、监测与控制及可再生能源建筑节能工程施工质量的验收。

《建筑节能工程施工质量验收标准》（GB 50411—2019）包括总则、术语、基本规定、墙体节能工程、幕墙节能工程、门窗节能工程、屋面节能工程、地面节能工程、供暖节能工程、通风与空调节能工程、空调与供暖系统冷热源及管网节能工程、配电与照明节能工程、监测与控制节能工程、地源热泵换热系统节能工程、太阳能光热系统节能工程、太阳能光伏节能工程、建筑节能工程现场检验、建筑节能分部工程质量验收等18个章节内容。单位工程竣工验收应在建筑节能分部工程验收合格后进行，建筑节能验收具有一票否决权。下面主要介绍建筑节能工程的基本规定。

8.6.1 技术与管理

1）施工现场应建立相应的质量管理体系及施工质量控制和检验制度。

2）当工程设计变更时，建筑节能性能不得降低，且不得低于国家现行有关建筑节能设计标准的规定。

3）建筑节能工程采用的新技术、新工艺、新材料、新设备，应按照有关规定进行评审、鉴定。施工前应对新采用的施工工艺进行评价，并制订专项施工方案。

4）单位工程施工组织设计应包括建筑节能工程施工内容。建筑节能工程施工前，施工单位应编制建筑节能工程专项施工方案。施工单位应对从事建筑节能工程施工作业的人员进行技术交底和必要的实际操作培训。

5）用于建筑节能工程质量验收的各项检测，除标准第17.1.6条规定外，应由具备相应资质的检测机构承担。

8.6.2 材料与设备

1）建筑节能工程使用的材料、构件和设备等，必须符合设计要求及国家现行标准的有关规定，严禁使用国家明令禁止与淘汰的材料和设备。

2）公共机构建筑和政府出资的建筑工程应选用通过建筑节能产品认证或具有节能标识的产品；其他建筑工程宜选用通过建筑节能产品认证或具有节能标识的产品。

3）材料、构件和设备进场验收应符合下列规定：

（1）应对材料、构件和设备的品种、规格、包装、外观等进行检查验收，并应形成相应的验收记录。

（2）应对材料、构件和设备的质量证明文件进行核查，核查记录应纳入工程技术档案。进入施工现场的材料、构件和设备均应具有出厂合格证、中文说明书及相关性能检测报告。

（3）涉及安全、节能、环境保护和主要使用功能的材料、构件和设备，应按照标准附录A及各章的规定在施工现场随机抽样复验，复验应为见证取样送检。当复验的结果不合格时，该材料、构件和设备不得使用。

（4）在同一工程项目中，同厂家、同类型、同规格的节能材料、构件和设备，当获得建筑节能产品认证、具有节能标识或连续三次见证取样检验均一次检验合格时，其检验批的容量可扩大一倍,且仅可扩大一倍。扩大检验批后的检验中出现不合格情况时,应按扩大前的检验批重新验收,且该产品不得再次扩大检验批容量。

4)检验批抽样样本应随机抽样,并应满足分布均匀、具有代表性的要求。

5)涉及建筑节能效果的定型产品、预制构件,以及采用成套技术现场施工安装的工程,相关单位应提供型式检验报告。当无明确规定时,型式检验报告的有效期不应超过2年。

6)建筑节能工程使用材料的燃烧性能和防火处理应符合设计要求,并应符合现行国家标准《建筑设计防火规范》(GB 50016)和《建筑内部装修设计防火规范》(GB 50222)的规定。

7)建筑节能工程使用的材料应符合国家现行有关标准对材料有害物质限量的规定,不得对室内外环境造成污染。

8)现场配制的保温浆料、聚合物砂浆等材料,应按设计要求或试验室给出的配合比配制。当未给出要求时,应按照专项施工方案和产品说明书配制。

9)节能保温材料在施工使用时的含水率应符合设计、施工工艺及施工方案要求。当无上述要求时,节能保温材料在施工使用时的含水率不应大于正常施工环境湿度下的自然含水率。

8.6.3 施工与控制

1)建筑节能工程应按照经审查合格的设计文件和经审查批准的专项施工方案施工,各施工工序应严格执行并按施工技术标准进行质量控制,每道施工工序完成后,经施工单位自检符合要求后,可进行下道工序施工。各专业工种之间的相关工序应进行交接检验,并应记录。

2)建筑节能工程施工前,对于采用相同建筑节能设计的房间和构造做法,应在现场采用相同材料和工艺制作样板间或样板件,经有关各方确认后方可进行施工。

3)使用有机类材料的建筑节能工程施工过程中,应采取必要的防火措施,并应制订火灾应急预案。

4)建筑节能工程的施工作业环境和条件,应满足国家现行相关标准的规定和施工工艺的要求。节能保温材料不宜在雨雪天气中露天施工。

复习思考题:

8-1 通风与空调工程专业验收规范包括哪几章内容?

8-2 建筑电气工程的基本规定有几方面内容?

8-3 建筑电气工程的基本规定里的强制性条文是什么?

8-4 智能建筑工程的子分部工程是如何划分的?

8-5 建筑节能工程的基本规定有几方面内容?

8-6 屋面节能工程验收包括哪些内容?

9 建筑工程质量事故分析与处理

内容提示：本章介绍了建筑工程质量事故的概念、特点和分类；建筑工程质量事故处理的依据和程序；建筑工程质量事故的原因分析和处理方法等内容。

课程目标：通过学习了解建筑工程质量事故的概念、特点和分类；熟悉建筑工程质量事故处理的依据和程序；掌握建筑工程质量事故的原因分析和处理方法。

思政目标：通过建筑工程质量事故分析与处理学习，学生应该敢于面对问题、敢于担当，面对失误敢于承担责任，面对危机敢于挺身而出。

9.1 建筑工程质量事故的特点与分类

9.1.1 概念

凡工程产品没有满足某个规定的要求，就称之为质量不合格。工程质量不合格，影响使用功能或工程结构安全，造成永久质量缺陷或存在重大质量隐患，甚至直接导致工程倒塌或人身伤亡，按照由此造成直接经济损失的大小分为质量问题和质量事故。所有的不符合质量要求和工程质量不合格的情况，必须进行返修、加固或报废处理，由此造成直接经济损失低于 5000 元的称为质量问题。凡是工程质量不合格，必须进行返修、加固或报废处理，由此造成直接经济损失在 5000 元及以上的称为质量事故。

工程项目由于产品的特点和生产特殊性，造成对质量影响的因素繁多，在施工过程中稍有疏忽，就容易引起质量变异，从而产生质量问题或严重的工程质量事故。为此，施工时必须采取有效措施，对常见的质量问题事先加以预防，对已经出现的质量事故应及时进行分析和处理。

9.1.2 建筑工程质量事故的特点

工程质量事故具有复杂性、可变性、严重性和多发性的特点。

1. 复杂性

工程项目由于具有产品固定而且项目多样、结构类型不一样等特点，而生产具有流动性、露天作业多、材料和设备不同、生产工艺与标准不统一、立体交叉施工、现场管理复杂等不同情况，因此对质量影响的因素繁多，施工现场发生质量问题的几率大。即使是同一性质的质量事故，原因有可能截然不同。引发质量事故的因素复杂，从而增加了对质量事故的性质、危害的分析、判断和处理的复杂性。

2. 可变性

许多工程发生质量事故后，其质量状态并非稳定不变的，有可能随着时间不断发展变化。有的结构刚开始发现细微的裂缝，不加以注意也可能发展成构件断裂或建筑物倒塌等重大事故。所以在分析与处理工程质量事故时，一定要特别重视质量事故的可变性，加强观测，并及时采取可靠的措施，以免事故进一步恶化。

3. 严重性

工程项目一旦发生质量事故，轻者影响施工顺利进行，拖延工期，增加工程费用；重者会给工程留下安全隐患，影响使用功能或不能使用；更严重的是引起建筑物倒塌，造成人民生命财产的巨大损失。因此对工程质量事故不能掉以轻心，加强监督检查，防患于未然，力争将事故消灭在萌芽状态。发生工程质量事故，务必及时妥善处理，以确保建筑物的安全使用。

4. 多发性

工程项目中有些质量事故，就像"常见病""多发病"一样经常发生，而被我们称为质量通病，如屋面漏水、墙体长毛、排水管道堵塞等。另外一些同类型的质量事故，往往重复发生，如雨棚倾覆，悬挑梁、板的断裂，混凝土强度不足等。因此，吸收多发性事故教训，认真总结经验，是避免事故重演的有效措施。

9.1.3 工程质量事故的分类

建筑工程的质量事故一般可按事故性质及严重程度、事故责任、产生的原因等不同的方法进行分类。

1. 质量事故按事故性质及严重程度分类

按照住房和城乡建设部《关于做好房屋建筑和市政基础设施工程质量事故报告和调查处理工作的通知》（建质〔2010〕111号），根据工程质量事故造成的人员伤亡或者直接经济损失，工程质量事故分为4个等级：

（1）特别重大事故

特别重大事故是指造成30人及以上死亡，或者100人及以上重伤，或者1亿元及以上直接经济损失的事故。

（2）重大事故

重大事故是指造成10人及以上30人以下死亡，或者50人及以上100人以下重伤，或者5000万元及以上1亿元以下直接经济损失的事故。

（3）较大事故

较大事故是指造成3人及以上10人以下死亡，或者10人及以上50人以下重伤，或者1000万元及以上5000万元以下直接经济损失的事故。

（4）一般事故

一般事故是指造成3人以下死亡，或者10人以下重伤，或者100万元及以上1000万元以下直接经济损失的事故。

2. 质量事故按事故责任分类

（1）指导责任事故

由于在工程实施指导或领导失误而造成的质量事故。例如，项目负责人片面追求施工进度，放松或不按质量标准进行控制和检验，或施工时降低质量标准等。

(2) 操作责任事故

在施工过程中,由于实施操作者不按规程或标准实施操作,而造成质量事故。例如,浇筑混凝土时随意加水、混凝土振捣不实、压实土方时含水量及压实遍数未按要求进行控制操作等。

(3) 自然灾害事故

由于突发的严重自然灾害等不可抗力造成的质量事故,例如地震、台风、暴雨、雷电、洪水等对工程造成破坏甚至倒塌。这类事故虽然不是人为责任直接造成,但灾害事故造成的损失程度也往往与人们是否在事前采取了有效的预防措施有关,相关责任人也可能负有一定责任。

3. 质量事故按产生的原因分类

(1) 技术原因引发的事故

在工程项目实施中由于设计、施工在技术上的失误造成的质量事故。

(2) 管理原因引发的事故

在管理上的不完善或失误引发的质量事故。

(3) 社会经济原因引发的事故

由于经济因素及社会上存在的弊端和不正之风导致建设中的错误行为,而造成的质量事故。

9.2 建筑工程质量事故处理的依据和程序

9.2.1 建筑工程质量事故处理的依据

(1) 质量事故的实况资料

包括质量事故发生的时间、地点;质量事故状况的描述;质量事故发展变化的情况;有关质量事故的观测记录、事故现场状态的照片和录像;事故调查组调查研究所获得的第一手资料。

(2) 有关合同及合同文件

包括工程承包合同、设计委托合同、设备与器材购销合同、监理合同及分包合同等。

(3) 有关的技术文件和档案

主要是有关的设计文件(如施工图纸和设计变更等),与施工有关的技术文件(如施工方案、施工记录、施工日志等),档案和资料(如有关建筑材料的质量证明资料、现场制备材料的质量证明资料、质量事故发生后对事故状况的观测记录、试验记录或试验报告等)。

(4) 相关的法律法规

主要包括《中华人民共和国建筑法》和与工程质量及质量事故处理有关的法规,以及勘察、设计、施工、监理等单位资质管理方面的法规,从业者资格管理方面的法规,建筑市场方面的法规,建筑施工方面的法规,关于标准化管理方面的法规等。

9.2.2 建筑工程质量事故处理程序

建筑工程质量事故处理的程序，一般可按图 9-1 所示进行。

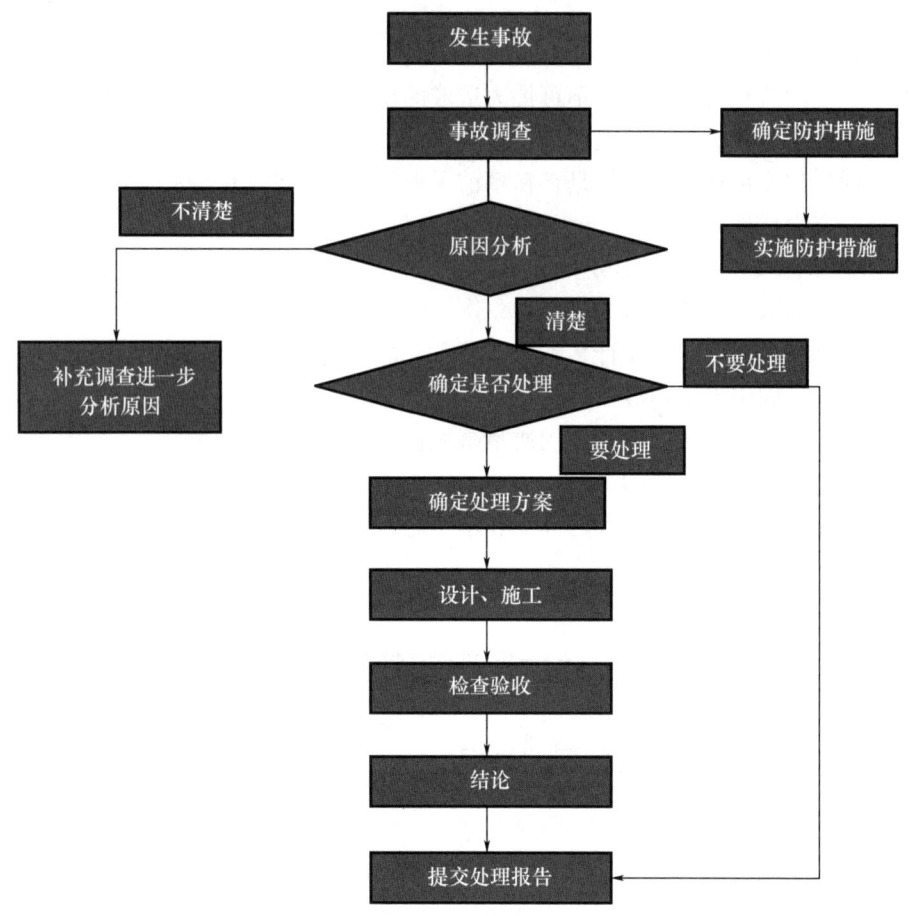

图 9-1 质量事故处理程序框图

1. 事故调查

事故发生后，项目负责人应按照法定的时间和程序，及时向企业报告事故的状况，并及时组织事故调查。调查一定要力求及时、客观、全面、准确，以便为事故的分析与处理提供依据。调查结果要整理撰写成事故调查报告，其内容包括：①工程概况，重点介绍有关部分的工程情况；②事故情况，事故发生的时间、性质、现状及发展变化情况；③事故发生后采取的临时防护措施；④事故调查中的有关数据、资料；⑤事故原因的分析与初步判断；⑥事故处理的建议方案与措施；⑦事故涉及人员与主要责任者的情况等。

2. 事故的原因分析

事故的原因分析要建立在事故情况调查的基础上，避免情况不明就主观推断事故的原因。尤其是有些事故原因错综复杂，往往涉及勘察、设计、施工、材料、管理等几方面，只有对调查所得到的数据、资料进行详细分析后，才能去伪存真，最终找到造成事故的主要原因。

3. 制订事故处理方案

事故的处理要建立在原因分析的基础上，并广泛地听取专家和有关方面的意见，经过科学论证，决定事故是否进行处理和如何进行处理。在制订事故处理方案时，应做到安全可靠，不留隐患，技术可行，经济合理，施工方便，满足建筑功能和使用要求。

4. 事故的处理

按照制订的处理方案，对质量事故进行认真的处理。处理的内容包括技术处理和责任处罚。既要解决施工的质量不合格和质量缺陷，又要根据事故的性质对事故责任人进行相应的处罚。

5. 事故处理的鉴定验收

在事故处理中，还必须加强质量检查和验收。质量事故处理是否达到预期的目的，是否留有隐患，需要通过检查验收来做出结论。事故处理的质量检查验收，应严格按施工验收规范和相关质量标准的有关规定进行，必要时还要通过实测、试验，仪器检测等方法来获取必要的数据，才能对事故作出鉴定结论。事故处理后，还必须提交完整的事故处理报告，其内容包括：事故调查的原始资料、测试数据；事故的原因分析、论证；事故处理的依据；事故处理方案及技术措施；检查验收记录；事故处理的结论等。

9.3 建筑工程质量事故原因分析与处理方案

9.3.1 建筑工程质量事故原因分析

建筑工程质量事故表现的形式多种多样，例如建筑结构的错位、变形、倾斜、倒塌，墙体开裂、刚度差、强度不足、断面尺寸不准、屋面渗水、漏水等等，但究其原因，可归纳如下：

1. 违背基本建设程序

如不经可行性论证，不做调查分析就盲目拍板定案；没有搞清工程地质水文条件就仓促开工；无证设计，无图施工；任意修改设计，不按图纸施工；工程竣工不进行试车运转、不经验收就交付使用等蛮干现象，致使不少工程项目留有严重隐患，房屋倒塌事故也常有发生。

2. 工程地质勘查原因

未认真进行地质勘查，提供地质资料、数据有误；地质勘察时，钻孔间距太大，不能全面反应地基的实际情况，如当基岩地面起伏变化较大时，软土层薄厚相差亦甚大；地质勘察钻孔深度不够，没查清地下地层构造；地质勘察报告不详细、不准确等，均会导致采用错误的基础方案，造成地基不均匀沉降、失稳，使上部结构及墙体开裂、破坏、倒塌。

3. 地基处理

对软弱土、冲填土、杂填土、湿陷性黄土、膨胀土、岩层出露、溶岩、土洞等不均匀地基未进行加固处理或处理不当,均是导致重大质量事故的原因。要根据不同地基的工程特性,按照地基处理应于上部结构结合使其共同工作的原则,从地基处理、设计措施、防水措施、施工措施等方面综合考虑治理。

4. 设计问题

设计考虑不周,结构构造不合理,计算简图不正确,计算荷载取值过小,内力分析有误,沉降缝及伸缩缝设置不当,悬挑结构未进行抗倾覆验算等,都是诱发质量事故的隐患。

5. 建筑材料及制品不合格

钢筋物理力学性能不符合标准,水泥受潮结块、安定性不良,砂石级配不合理、有害物含量过多,混凝土配合比不准,外加剂性能、掺量不符合要求时,均会影响混凝土和易性、强度、耐久性,导致混凝土结构出现质量问题;预制构件断面尺寸不准,支承锚固长度不足,钢筋漏放、错位,板面开裂等,就会出现结构断裂、垮塌。

6. 施工和管理问题

许多工程质量问题,往往是有施工和管理所造成。例如:

(1) 施工人员不熟悉图纸盲目施工。

(2) 不按有关施工检验规范施工。如现浇混凝土结构不按规定的位置和方法任意留设施工缝;不按规定的强度拆除模板等。

(3) 不按有关操作规程施工。如用插入式振捣器捣实混凝土时,不按插点均布、快插慢拔、上下抽动、层层扣搭的操作方法,致使混凝土振捣不实,整体性差。

(4) 缺乏基本力学结构知识野蛮施工。如将悬臂梁的受拉钢筋放在受压区;结构构件吊点选择不合理等,均将给质量和安全造成严重的后果。

(5) 施工管理紊乱。如施工方案考虑不周,施工顺序有误;技术组织措施不当,技术交底不清,违章作业;不重视质量检查和验收工作;施工中在楼面超载堆放构件和材料等,都是导致质量事故的祸根。

7. 自然条件影响

施工项目周期长、露天作业多,受自然条件影响大,高温、严寒、雷电、大风、暴雨等都能造成重大的质量事故,施工中应特别重视,做好施工技术措施和应急预案。

8. 建筑使用问题

建筑物使用不当也易造成质量事故。如在原有建筑物上任意加层;使用荷载超过原设计的容许荷载;装修时任意开槽打洞,削弱承重结构的截面等。

9.3.2 质量事故的处理方案

根据质量事故的性质,确定合适的处理方案。例如结构裂缝,根据其所在部位和受力情况,有的只需要表面修补,有的需要同时作内部灌浆和表面封闭,有的则需要进行结构补强等。质量事故处理方法有不作处理、修补处理、加固处理、返工处理、限制使用、报废处理等。

1) 不作处理

某些工程质量问题虽已超出了标准及规范要求,但其情况不严重,可以针对工程的具体情况，经过分析、论证，法定检测单位鉴定和设计单位认可可作出无需处理的结论。

一般不作专门处理的质量问题常有以下几种情况：

(1) 不影响结构安全，生产工艺和使用要求。例如，有的工业建筑物在施工中发生了错位，若要纠正，将造成重大经济损失。经分析论证，偏差不影响工艺和使用要求，可以不做处理。

(2) 某些轻微的质量缺陷，通过后续工序可以弥补的可不处理。例如，混凝土结构出现了轻微的麻面，可通过后续工序抹灰、喷涂、刮涂等进行弥补，可不做处理。

(3) 法定检测单位鉴定合格的可不做处理。例如，混凝土试块强度不足，但经法定检测单位对混凝土实体强度进行实际检测，其实际强度达到要求，就可不做处理。

(4) 对出现的质量问题，经原设计单位复核验算，仍能满足结构安全和使用功能的，可不做处理。例如，某结构构件截面尺寸不足，断面被削弱后仍能满足设计的承载能力，可不做处理。但这种做法实际上在挖设计的潜力或降低设计的安全系数，因此需要特别慎重。

2) 修补处理

当工程的某些部分的质量虽未达到规定的规范、标准或设计的要求，存在一定的缺陷，但经过修补后可以达到要求的质量标准，又不影响使用功能或外观的要求时，可采取修补处理的方法。例如，某些混凝土结构表面出现蜂窝、孔洞，经调查分析，该部位经修补处理后，不会影响其使用及外观；对混凝土结构局部出现的损伤，如结构受撞击、局部未振实等，当这些损伤仅仅在结构的表面或局部，不影响其使用和外观，可进行修补处理。

3) 加固处理

主要是针对危及承载力的质量缺陷的处理。通过对缺陷的加固处理，使建筑结构恢复或提高承载力，重新满足结构安全性与可靠性的要求，使结构能继续使用或改作其他用途。例如，对混凝土结构常用加固的方法主要有：增大截面加固法、外包角钢加固法、粘钢加固法、增设支点加固法、增设剪力墙加固法、预应力加固法等。

4) 返工处理

当工程质量缺陷经过修补处理后仍不能满足规定的质量标准要求，或不具备补救可能性，则必须采取返工处理。例如，某混凝土浇筑时掺入减水剂，因施工管理不善造成掺量过多，浇筑后凝固硬化缓慢，混凝土实际强度达不到规定的强度，不得不返工重浇。

5) 限制使用

当工程质量缺陷按修补方法处理后无法保证达到规定的使用要求和安全要求，而又无法返工处理的情况下，不得已时可作出诸如结构卸荷或减荷以及限制使用的决定。

6) 报废处理

出现质量事故的工程，通过分析或实践，采取上述处理方法后仍不能满足规定的质量要求或标准，必须予以报废处理。

质量事故处理应达到安全可靠，不留隐患，满足生产、使用要求，施工方便，经济合理的目的。加强事故处理的检查验收工作，认真复查事故处理的实际情况，同时确保事故处理期的安全。

复习思考题：

9-1　工程质量事故具有哪些特点？

9-2　质量事故按事故性质及严重程度分哪几类？

9-3　建筑工程质量事故处理的依据有哪些？

9-4　建筑工程质量事故原因有哪些？

9-5　质量事故处理方法有有哪些？

参考文献

1. 中华人民共和国住房和城乡建设部．建筑工程施工质量验收统一标准：GB 50300—2013［S］．北京：中国建筑工业出版社，2014．
2. 中华人民共和国住房和城乡建设部．建筑地基基础工程施工质量验收标准（GB 50202—2018）［S］．北京：中国计划出版社，2018．
3. 陕西省建筑科学研究院（集团）有限公司．砌体工程施工质量验收规范（GB 50203—2011）［S］．北京：中国建筑工业出版社，2012．
4. 中华人民共和国住房和城乡建设部．混凝土结构工程施工质量验收规范（GB 50204—2015）［S］．北京：中国建筑工业出版社，2015．
5. 中华人民共和国住房和城乡建设部．钢结构工程施工质量验收标准（GB 50205—2020）［S］．北京：中国计划出版社，2020．
6. 山西省住房和城乡建设厅．屋面工程质量验收规范（GB 50207—2012）［S］．北京：中国建筑工业出版社，2012．
7. 山西省住房和城乡建设厅．地下防水工程施工质量验收规范（GB 50208—2011）［S］．北京：中国建筑工业出版社，2012．
8. 江苏省住房和城乡建设厅．建筑地面工程施工质量验收规范（GB 50209—2010）［S］．北京：中国计划出版社，2010．
9. 中华人民共和国住房和城乡建设部．建筑装饰装修工程质量验收标准（GB 50210—2018）［S］．北京：中国建筑工业出版社，2018．
10. 辽宁省建设厅．建筑给水排水及采暖工程施工质量验收规范（GB 50242—2002）［S］．北京：中国标准出版社，2004．
11. 上海市安装工程有限公司．通风与空调工程施工质量验收规范（GB 50243—2016）［S］．北京：中国计划出版社，2017．
12. 浙江省住房和城乡建设厅．建筑电气工程施工质量验收规范（GB 50303—2015）［S］．北京：中国建筑工业出版社，2016．
13. 同方股份有限公司．智能建筑工程质量验收规范（GB 50339—2013）［S］．北京：中国建筑工业出版社，2014．
14. 中国建筑科学研究院建筑机械化研究分院．电梯工程施工质量验收规范（GB 50310—2002）［S］．北京：中国建筑工业出版社，2004．
15. 中国建筑科学研究院有限公司．建筑节能工程施工质量验收标准（GB 50411—2019）［S］．北京：中国建筑工业出版社，2019．
16. 鲁辉，詹亚民．建筑工程施工质量检查与验收［M］．北京：人民交通出版社，2007．

附录：

单位工程质量检查与验收实例

工程基本情况和各参建方基本情况

序号	项目	内容
1	工程名称	海瑞景园地块工程
2	工程地址	福州市仓山区南二环路南侧，则徐大道西侧
3	建设单位	福建置业有限公司
4	设计单位	福州市建筑设计院
5	监理单位	福建省工程顾问有限公司
6	质量监督	福州市建设工程质量监督站
7	施工单位	中建一局集团第五建筑有限公司
8	合同承包范围	项目施工总承包工程施工图纸、图纸会审纪要、甲方（设计院）出具的设计变更通知及工程指令单的所含内容，包括设计范围内的建筑工程（含人防工程）、给排水工程、电气工程、室外总体工程等
9	合同工期	开工日期：2019-11-16、竣工日期：2021-7-14，合同工期607天
10	合同质量目标	必须达到《建筑工程施工质量验收统一标准》（GB 50300—2013）及建筑工程各专业工程施工质量验收规范的合格标准以上

建筑设计概况

序号	项目	内容			
1	建筑功能	住宅楼			
2	建筑特点	本工程为群体工程，由13栋高层住宅、1栋幼儿园组成，高层住宅结构类型为框架剪力墙结构，其余建筑为框架结构，所有楼板均为装配式叠合板。			
3	建筑面积	用地面积	14399m²	占地面积	5609m²
		地下建筑面积	40550.8m²	地上建筑面积	114087.45m²
		标准层建筑面积	1600m²	总建筑面积	154638.25m²
4	建筑层数	地下	一层	地上	十六层
5	建筑高度	±0.00绝对标高	罗零7.20m	室内外高差	0.2m
		基底标高	−5.15m	最大基坑深度	−8.35m
		檐口高度	46.6m	建筑总高	47.8m
6	防火等级	二级			
7	外墙保温	20mm厚玻化微珠保温砂浆外墙内保温			
8	室外装修	外墙	真石漆涂料		
		屋面	混凝土屋面		
		门窗	铝合金门窗		

续表

序号	项目		内容	
9	室内装修	隔墙	砌筑墙体、ALC预制隔墙	
		顶棚	腻子、白色水泥漆	
		地面	地砖、水泥砂浆地面	
		内墙	涂料、水泥砂浆	
		门窗	普通门	/
			特种门	钢质防火门
		楼梯	预制清水楼梯	
		公用部分	二次设计	
10	防水	屋面防水	2厚非固化防水涂料+1.5厚自粘防水卷材	
		厕浴间防水	1.5厚聚合物水泥基防水涂料	
		地下室外防水	2厚聚合物水泥基防水涂料	

结构设计概况

序号	项目		内容
1	结构形式	基础形式	桩基
		主体结构形式	主楼为框架剪力墙结构、配套用房为框架结构
		屋盖结构形式	住宅为装配式叠合板楼盖、配套用房为钢筋混凝土楼盖
2	土质、水位	基底土质	基底粉质黏土层、桩端强风化岩
		地下水位	抗浮设防水位6.5m
		地下水水质	对基础混凝土无腐蚀性
3	地基	地基形式	预制管桩
		地基承载力（kN）	主楼地基承载力为3100kN，其余为2400kN
4	混凝土强度等级	垫层	C15
		底板	C30P6
		墙体	C30P6、C30
		柱、梁、板	C30、C45、C40
5	抗震设计	设防烈度	抗震设防烈度为7度
		抗震等级	主楼抗震等级为二级，配套用房为三级
6	钢筋类别	非预应力钢筋等级	一级钢筋采用HPB300、二级钢筋采用HRB335、三级钢筋采用HRB400
7	钢筋连接形式	机械（焊接）	$d \geqslant 18$采用直螺纹连接、$12 \leqslant d < 18$采用电渣压力焊
		搭接绑扎	$d < 12$采用搭接绑扎
8	楼梯结构形式		预制楼梯
9	二次结构		加气混凝土砌块、ALC轻质隔墙
10	结构环境类别		室内构件为一类、室外构件为二（b）类
11	后浇带		后浇带采用比相应结构部位高一级的微膨胀混凝土浇筑

土方开挖检验批质量验收记录

01050101

单位（子单位）工程名称	海瑞景园地块	分部（子分部）工程名称	地基与基础-土方	分项工程名称	土方开挖
施工单位	中建一局集团第五建筑有限公司	项目技术负责人	李海新	检验批容量	10400m²
分包单位	/	分包单位项目负责人	/	检验批部位	C-1#楼基础（罗零标高7.3～1.6）
施工依据	《建筑桩基技术规范》（JGJ 94—2008）	验收依据	《建筑地基基础工程施工质量验收规范》GB 50202—2018		

		验收项目		设计要求及规范规定	样本容量	最小/实际抽样数量		检查记录	检查结果
主控项目	1	标高	柱基基坑基槽	－50	10400	26	26	抽查26处，合格26处	√
			场地平整 人工	±30	/	/	/	/	/
			场地平整 机械	±50	10400	26	26	抽查26处，合格26处	√
			管沟	－50	/	/	/	/	/
			地（路）面基础层	－50	/	/	/	/	/
	2	长度、宽度（由设计中心）线向两边量）	柱基基坑基槽	200；－50	10400	520	520	抽查520处，合格520处	√
			场地平整 人工	300；－100	/	/	/	/	/
			场地平整 机械	500；－150	10400	520	520	抽查520处，合格520处	√
			管沟	100	/	/	/	/	/
	3	边坡		设计要求	10400	520	520	抽查520处，合格520处	√
一般项目	1	表面平整度	柱基基坑基槽	20	10400	26	26	抽查26处，合格26处	100%
			场地平整 人工	20	/	/	/	/	/
			场地平整 机械	50	10400	26	26	抽查26处，合格26处	100%
			管沟	20	/	/	/	/	/
			地（路）面基础层	20	/	/	/	/	/
	2	基底土性		设计要求	10400	26	26	抽查26处，合格26处	100%

施工单位检查结果	主控项目全部合格，一般项目满足规范规定要求；检查评定合格	专业工长：宋春辉 项目专业质量检查员：杨乐 （项目部章） 2020年1月5日
监理单位验收结论	同意验收	专业监理工程师：云路 2020年1月5日

模板安装检验批质量验收记录

01020201

单位（子单位）工程名称	海瑞景园地块	分部（子分部）工程名称	地基与基础-基础	分项工程名称	筏形与箱形基础
施工单位	中建一局集团第五建筑有限公司	项目技术负责人	李海新	检验批容量	1件
分包单位	/	分包单位项目负责人	/	检验批部位	连接体地下室底板
施工依据	《混凝土结构工程施工规范》（GB 50666—2011）		验收依据	《混凝土结构工程施工质量验收规范》GB 50204—2015	

		验收项目		设计要求及规范规定	样本容量	最小/实际抽样数量		检查记录	检查结果
主控项目	1	模板及支架材料质量		第4.2.1条		/		质量证明文件齐全，通过验收	√
	2	现浇混凝土模板及支架安装质量		第4.2.2条		/		检验合格，符合要求	√
	3	后浇带处的模板及支架应独立设置		第4.2.3条		/		/	/
	4	支架竖杆和竖向模板安装要求		第4.2.4条	1	全	1	抽查1处，合格1处	√
一般项目	1	模板安装的一般要求		第4.2.5条		全	1	抽查1处，合格1处	100%
	2	隔离剂的品种和涂刷方法、质量		第4.2.6条		全	1	抽查1处，合格1处	100%
	3	模板起拱高度		第4.2.7条		/		/	/
	4	现浇混凝土结构多层连续支模、支架竖杆及垫板		第4.2.8条		全	1	抽查1处，合格1处	100%
	5	固定在模板上的预埋件和预留孔洞		第4.2.9条	1	3	3	抽查3处，合格3处	100%
	6	预埋件和预留孔洞的安装允许偏差	预埋板中心线位置	3	1	3	3	抽查3处，合格3处	100%
			预埋管、预留孔中心线位置	3	1	3	3	抽查3处，合格3处	100%
			插筋 中心线位置	5	1	3	3	抽查3处，合格3处	100%
			插筋 外露长度	+10, 0	1	3	3	抽查3处，合格3处	100%
			预埋螺栓 中心线位置	2	1	3	3	抽查3处，合格3处	100%
			预埋螺栓 外露长度	+10, 0	1	3	3	抽查3处，合格3处	100%
			预留洞 中心线位置	10	1	3	3	抽查3处，合格3处	100%
			预留洞 尺寸	+10, 0	1	3	3	抽查3处，合格3处	100%
	7	现浇结构模板安装的允许偏差	轴线位置	5	1	3	3	抽查3处，合格3处	100%
			底模上表面标高	±5	1	3	3	抽查3处，合格3处	100%
			模板内部尺寸 基础	±10	1	3	3	抽查3处，合格3处	100%
			模板内部尺寸 柱、墙、梁	±5	/	/	/	/	/
			楼梯相邻踏步高差	5	/	/	/	/	/
			柱、墙垂直度 层高≤6m	8	/	/	/	/	/
			柱、墙垂直度 层高>6m	10	/	/	/	/	/
			相邻模板表面高差	2	1	3	3	抽查3处，合格3处	100%
			表面平整度	5	1	3	3	抽查3处，合格3处	100%

施工单位检查结果	主控项目全部合格，一般项目满足规范规定要求；检查评定合格	专业工长：宋春辉 项目专业质量检查员：杨乐 （项目部章） 2020年1月20日
监理单位验收结论	同意验收	专业监理工程师：云路 2020年1月20日

防水混凝土检验批质量验收记录

01070101

单位（子单位）工程名称	海瑞景园地块		分部（子分部）工程名称	地基与基础-地下防水	分项工程名称	主体结构防水
施工单位	中建一局集团第五建筑有限公司		项目技术负责人	李海新	检验批容量	126m²
分包单位	/		分包单位项目负责人	/	检验批部位	C-1♯、C-1A♯楼地下室外墙
施工依据	《地下工程防水技术规范》（GB 50108—2008）		验收依据	《地下防水工程质量验收规范》GB 50208—2011		

		验收项目	设计要求及规范规定	样本容量	最小/实际抽样数量	检查记录	检查结果
主控项目	1	防水混凝土的原材料、配合比及坍落度	第4.1.14条		/	质量证明文件齐全，检验合格，符合要求	√
	2	防水混凝土的抗压强度和抗渗性能	第4.1.15条			检验合格，符合要求	√
	3	防水混凝土结构的施工缝、变形缝、后浇带、穿墙管、埋设件等设置和构造	第4.1.16条	126	3/3	抽查3处，合格3处	√
一般项目	1	防水混凝土结构表面应坚实、平整，不得有露筋、蜂窝等缺陷；埋设件位置应准确	第4.1.17条	126	3/3	抽查3处，合格3处	100%
	2	防水混凝土结构表面的裂缝宽度	≯0.2mm	126	3/3	抽查3处，合格3处	100%
	3	防水混凝土结构厚度不应小于250mm	+8mm -5mm	126	3/3	抽查3处，合格3处	100%
	4	主体结构迎水面钢筋保护层厚度不应小于50mm	±5mm	126	3/3	抽查3处，合格3处	100%

施工单位检查结果	主控项目全部合格，一般项目满足规范规定要求；检查评定合格	专业工长：宋春辉 项目专业质量检查员：杨乐 （项目部章） 2020年6月14日
监理单位验收结论	同意验收	专业监理工程师：云路 2020年6月14日

附录 单位工程质量检查与验收实例

填充墙砌体检验批质量验收记录

02020501

单位（子单位）工程名称	海瑞景园地块	分部（子分部）工程名称	地基与基础-地下防水	分项工程名称	填充墙砌体
施工单位	中建一局集团第五建筑有限公司	项目技术负责人	李海新	检验批容量	80m³
分包单位	/	分包单位项目负责人	/	检验批部位	一层
施工依据	《砌体结构工程施工规范》(GB 50924—2014)	验收依据	《砌体结构工程施工质量验收规范》(GB 50203—2011)		

		验收项目	设计要求及规范规定	样本容量	最小/实际抽样数量	检查记录	检查结果
主控项目	1	块材强度等级	设计要求 A5.0B06		/	质量证明文件齐全，检验合格，符合要求	√
	2	砂浆强度等级	设计要求 Ma5.0		/	检验合格，符合要求	√
	3	与主体结构连接	第9.2.2条	80	5/5	抽查5处，合格5处	√
	4	植筋实体检测	第9.2.3条	80	5/5	抽查5处，合格5处	√
一般项目	1	轴线位移	≤10mm	80	5/5	抽查5处，合格5处	100%
	2	墙面垂直度（每层）≤3m	≤5mm	80	5/5	抽查5处，合格4处	80%
		墙面垂直度（每层）>3m	≤10mm	80	5/5	抽查5处，合格5处	100%
	3	表面平整度	≤8mm	80	5/5	抽查5处，合格5处	100%
	4	门窗洞口高、宽（后塞口）	±10mm	80	5/5	抽查5处，合格5处	100%
	5	外墙上、下窗口偏移	≤20mm	80	5/5	抽查5处，合格5处	100%
	6	空心砖砌体砂浆饱满度 水平	≥80%	/	/	/	/
		空心砖砌体砂浆饱满度 垂直	第9.3.2条	/	/	/	/
	7	蒸压加气混凝土砌块、轻骨料混凝土小型空心砌块砌体砂浆饱满度 水平	≥80%	80	5/5	抽查5处，合格5处	100%
		蒸压加气混凝土砌块、轻骨料混凝土小型空心砌块砌体砂浆饱满度 垂直	≥80%	80	5/5	抽查5处，合格5处	100%
	8	拉结筋、网片位置	第9.3.3条	80	5/5	抽查5处，合格5处	100%
	9	拉结筋、网片埋置长度	第9.3.3条	80	5/5	抽查5处，合格5处	100%
	10	搭砌长度	第9.3.4条	80	5/5	抽查5处，合格5处	100%
	11	水平灰缝厚度	第9.3.5条	80	5/5	抽查5处，合格5处	100%
	12	竖向灰缝宽度	第9.3.5条	80	5/5	抽查5处，合格5处	100%

施工单位检查结果	主控项目全部合格，一般项目满足规范规定要求；检查评定合格	专业工长：宋春辉 项目专业质量检查员：杨乐 （项目部章）2020年8月10日
监理单位验收结论	同意验收	专业监理工程师：云路 2020年8月10日

土方开挖分项工程质量验收记录表

单位(子单位)工程名称	海瑞景园地块		分部(子分部)工程名称		地基与基础(土方)
分项工程数量	/		检验批数量		1
施工单位	中建一局集团第五建筑有限公司	项目负责人	宋晨露	项目技术负责人	李海新
分包单位	/	分包单位负责人	/	分包内容	/
序号	检验批名称	部位/区段	施工单位检查评定结果		监理单位验收结论
1	土方开挖	C-1#楼基础	合格		合格

说明:	/
施工单位检查结果	合格	项目专业技术负责人:李海新 (项目部章) 2020年1月10日
监理单位验收结论	同意验收	专业监理工程师:云路 2020年1月10日

附录 单位工程质量检查与验收实例

基础子分部工程质量验收记录表

单位（子单位）工程名称	海瑞景园地块		分项工程数量		3	
施工单位	中建一局集团第五建筑有限公司		项目负责人	宋晨露	（技术）质量部门负责人	汤德芸
分包单位	/		分包单位负责人	/	分包内容	/

序号	分项工程名称	检验批数量	施工单位检查结果	监理单位验收结论
1	无筋扩展基础	/	/	/
2	钢筋混凝土扩展基础	/	/	/
3	筏形与箱形基础	11	合格	合格
4	钢结构基础	/	/	/
5	钢管混凝土结构基础	/	/	/
6	型钢混凝土结构基础	/	/	/
7	钢筋混凝土预制桩基础	/	/	/
8	泥浆护壁成孔灌注桩基础	55	合格	合格
9	干作业成孔桩基础	/	/	/
10	长螺旋钻孔压灌桩基础	/	/	/
11	沉管灌注桩基础	/	/	/
12	钢桩基础	/	/	/
13	锚杆静压桩基础	/	/	/
14	岩石锚杆基础	/	/	/
15	沉井与沉箱基础	/	/	/
16	抗浮锚杆桩基础	1	合格	合格
质量控制资料			质量控制资料齐全、有效	合格
安全和功能检验（检测）报告			检验报告齐全、有效，符合设计及规范要求	合格
观感质量验收			好	好
验收意见			同意验收	

验收单位	分包单位（公章）	项目负责人： 年 月 日
	施工单位（公章）	项目负责人：宋晨露 2020年3月9日
	勘察单位（公章）	项目负责人：孙则 2020年3月9日
	设计单位（公章）	项目（专业）负责人：赵昆 2020年3月9日
	工程总承包单位（公章）	项目负责人： 年 月 日
	监理单位（公章）	总监理工程师：云路 2020年3月9日

地基与基础分部工程质量验收记录表

单位(子单位)工程名称	海瑞景园地块		子分部工程数量		5
施工单位	中建一局集团第五建筑有限公司	项目负责人	宋晨露	(技术)质量部门负责人	汤德芸
分包单位	/	分包单位负责人	/	分包内容	/

序号	项目		施工单位检查结果	监理单位验收结论	
1	子分部工程名称	地基	共5子分部,经查5子分部,符合规范及设计要求5子分部	合格	
		基础			
		特殊土地基基础			
		基坑支护			
		地下水控制			
		土方			
		边坡			
		地下防水			
2	质量控制资料		共8项,经核查符合要求8项,经核定符合规范要求0项	合格	
3	安全和功能检验(检测)报告		共抽查3项,符合要求3项,经返工处理符合要求0项	合格	
4	观感质量		共抽查1项,符合要求1项,不符合要求0项	好	

综合验收意见		
验收单位	分包单位(公章)	项目负责人: 年 月 日
	施工单位(公章)	项目负责人:宋晨露 2020年3月9日
	勘察单位(公章)	项目负责人:孙则 2020年3月9日
	设计单位(公章)	项目(专业)负责人:赵昆 2020年3月9日
	工程总承包单位(公章)	项目负责人: 年 月 日
	监理单位(公章)	总监理工程师:云路 2020年3月9日
	建设单位(公章)	项目负责人: 年 月 日

附录　单位工程质量检查与验收实例

单位（子单位）工程质量竣工验收记录

工程名称	海瑞景园地块	结构类型	剪力墙结构	层数/建筑面积	地下1层2958.6m² 地上16层5741.73m²
施工单位	中建一局集团第五建筑有限公司	技术负责人	李海新	开工日期	2019年11月16日
项目负责人	宋晨露	项目技术负责人	李海新	竣工日期	2021年7月1日

序号	项目	验收记录（施工单位填写）	验收结论（监理单位填写）
1	分部工程验收	共9分部，经查符合设计及标准规定9分部	合格
2	质量控制资料核查	共46项，经核查符合规定46项	合格
3	安全和主要使用功能核查及抽查结果	共核查40项，符合要求40项 共抽查8项，符合要求8项 经返工处理符合要求0项	合格
4	观感质量验收	共抽查28项，达到"好"和"一般"的28项，经返修处理符合要求的0项	好
5	综合验收结论（建设单位填写）	同意验收	

参加验收单位	建设单位	工程总承包单位	监理单位	施工单位	设计单位	勘察单位
	（公章） 项目负责人： 20　年　月　日	（公章） 项目负责人： 20　年　月　日	（公章） 总监理工程师： 20　年　月　日	（公章） 项目负责人： 项目技术负责人： 20　年　月　日	（公章） 项目负责人： 20　年　月　日	（公章） 项目负责人： 20　年　月　日

单位（子单位）工程质量控制资料核查记录

工程名称		海瑞景园地块		施工单位	中建一局集团第五建筑有限公司		
序号	项目	资料名称	份数	施工单位		监理单位	
				核查意见	核查人	核查意见	核查人
1	建筑与结构	图纸会审记录、设计变更通知单、工程洽商记录、竣工图	125	符合要求	宋晨露	合格	云路
2		工程定位测量、放线记录	98	符合要求		合格	
3		原材料出厂合格证书及进场检验、试验报告	213	符合要求		合格	
4		施工试验报告及见证检测报告	465	符合要求		合格	
5		隐蔽工程验收记录	352	符合要求		合格	
6		施工记录	998	符合要求		合格	
7		地基、基础、主体结构检验及抽样检测资料	36	符合要求		合格	
8		分项、分部工程质量验收记录	216	符合要求		合格	
9		工程质量事故调查处理资料	/	/			
10		新技术论证、备案及施工记录	/	/			
11							

续表

序号	项目	资料名称	份数	施工单位 核查意见	核查人	监理单位 核查意见	核查人
1	给排水与采暖	图纸会审记录、设计变更通知单、工程洽商记录、竣工图	24	符合要求	宋晨露	合格	云路
2		原材料出厂合格证书及进场检验、试验报告	112	符合要求		合格	
3		管道、设备强度试验、严密性试验记录	39	符合要求		合格	
4		隐蔽工程验收记录	63	符合要求		合格	
5		系统清洗、灌水、通水、通球试验记录	36	符合要求		合格	
6		施工记录	59	符合要求		合格	
7		分项、分部工程质量验收记录	62	符合要求		合格	
8		新技术论证、备案及施工记录	/	/			
9							
1	建筑电气	图纸会审记录、设计变更通知单、工程洽商记录、竣工图	65	符合要求	宋晨露	合格	云路
2		原材料出厂合格证书及进场检验、试验报告	256	符合要求		合格	
3		设备调试记录	23	符合要求		合格	
4		接地、绝缘电阻测试记录	78	符合要求		合格	
5		隐蔽工程验收记录	125	符合要求		合格	
6		施工记录	201	符合要求		合格	
7		分项、分部工程质量验收记录	32	符合要求		合格	
8		新技术论证、备案及施工记录	/	/			
9							
1	通风与空调	图纸会审记录、设计变更通知单、工程洽商记录、竣工图	35	符合要求	宋晨露	合格	云路
2		原材料出厂合格证书及进场检验、试验报告	235	符合要求		合格	
3		制冷、空调、水管道强度试验、严密性试验记录	32	符合要求		合格	
4		隐蔽工程验收记录	46	符合要求		合格	
5		制冷设备运行调试记录	12	符合要求		合格	
6		通风、空调系统调试记录	25	符合要求		合格	
7		施工记录	62	符合要求		合格	
8		分项、分部工程质量验收记录	28	符合要求		合格	
9		新技术论证、备案及施工记录	/	/			
10							

附录　单位工程质量检查与验收实例

续表

序号	项目	资料名称	份数	施工单位 核查意见	施工单位 核查人	监理单位 核查意见	监理单位 核查人
1	建筑智能化	图纸会审记录、设计变更通知单、工程洽商记录、竣工图	23	符合要求	宋晨露	合格	云路
2		原材料出厂合格证书及进场检验、试验报告	45	符合要求		合格	
3		隐蔽工程验收记录	65	符合要求		合格	
4		施工记录	8	符合要求		合格	
5		系统功能测定及设备调试记录	10	符合要求		合格	
6		系统技术、操作和维护手册	9	符合要求		合格	
7		系统管理、操作人员培训记录	8	符合要求		合格	
8		系统检测报告	9	符合要求		合格	
9		分项、分部工程质量验收记录	32	符合要求		合格	
10		新技术论证、备案及施工记录	/	/			
11							
1	建筑节能	图纸会审记录、设计变更通知单、工程洽商记录、竣工图	15	符合要求	宋晨露	合格	云路
2		原材料出厂合格证书及进场检验、试验报告	86	符合要求		合格	
3		隐蔽工程验收记录	32	符合要求		合格	
4		施工记录	65	符合要求		合格	
5		外墙、外窗节能检测报告	6	符合要求		合格	
6		设备系统节能检测报告	8	符合要求		合格	
7		分项、分部工程质量验收记录	45	符合要求		合格	
8		新技术论证、备案及施工记录	/	/			
9							

结论：

共核查 46 项，经核查符合要求 46 项，同意验收。

施工单位项目负责人：宋晨露　2021 年 7 月 1 日　　　　　　总监理工程师：云路　2021 年 7 月 1 日

单位（子单位）工程安全和功能检验资料核查及主要功能抽查记录

工程名称		海瑞景园地块		施工单位	中建一局集团第五建筑有限公司
序号	项目	安全和功能检查项目	份数	核查意见	抽查结果	核查（抽查）人
1	建筑与结构	地基承载力检验报告	1	符合要求		云路
2		桩基承载力检验报告	1	符合要求		
3		混凝土强度试验报告	235	符合要求		
4		砂浆强度试验报告	156	符合要求		
5		主体结构尺寸、位置抽查记录	2	符合要求		
6		建筑物垂直度、标高、全高测量记录	5	符合要求		
7		屋面淋水或蓄水试验记录	2	符合要求	合格	
8		地下室渗漏水检测记录	2	符合要求		
9		有防水要求的地面蓄水试验记录	6	符合要求		
10		抽气（风）道检查记录	6	符合要求	合格	
11		外窗气密性、水密性、耐风压检测报告	4	符合要求		
12		幕墙气密性、水密性、耐风压检测报告	12	符合要求		
13		建筑物沉降观测测量记录	5	符合要求		
14		节能、保温测试记录	35	符合要求		
15		室内环境检测报告	15	符合要求		
16		土壤氡气浓度检测报告	1	符合要求		
1	给排水与采暖	给水管道通水试验记录	5	符合要求		云路
2		暖气管道、散热器压力试验记录	53	符合要求		
3		卫生器具满水试验记录	25	符合要求	合格	
4		消防管道、燃气管道压力试验记录	46	符合要求		
5		排水干管通球试验记录	6	符合要求		
6		锅炉试运行、安全阀及报警联动测试记录	2	符合要求		
1	建筑电气	建筑照明通电试运行记录	2	符合要求		云路
2		灯具固定装置及悬吊装置的载荷强度试验记录	15	符合要求		
3		绝缘电阻测试记录	21	符合要求		
4		剩余电流动作保护器测试记录	16	符合要求		
5		应急电源装置应急持续供电记录	2	符合要求		
6		接地电阻测试记录	3	符合要求		
7		接地故障回路阻抗测试记录	5	符合要求	合格	
1	通风与空调	通风、空调系统试运行记录	6	符合要求		云路
2		风量、温度测试记录	8	符合要求	合格	
3		空气能量回收装置测试记录	2	符合要求		
4		洁净室洁净度测试记录	/	/		
5		制冷机组试运行调试记录	6	符合要求	合格	

序号	项目	安全和功能检查项目	份数	核查意见	抽查结果	核查（抽查）人
1	智能建筑	系统试运行记录	2	符合要求		云路
2		系统电源及接地检测报告	2	符合要求		
3		系统接地检测报告	2	符合要求		
1	建筑节能	外墙节能构造检查记录或热工性能检验报告	6	符合要求	合格	云路
2		设备系统节能性能检查记录	9	符合要求		
1	电梯	运行记录	5	符合要求	合格	云路
2		安全装置检测报告	12	符合要求		

结论：

共核查40项，符合要求40项，共抽查8项，符合要求8项，同意验收。

施工单位项目负责人：宋晨露　2021年7月1日　　　　　　总监理工程师：云路　2021年7月1日

单位（子单位）工程观感质量检查记录

工程名称		海瑞景园地块	施工单位	中建一局集团第五建筑有限公司
序号		项目	抽查质量状况	质量评价
1	建筑与结构	主体结构外观	共检查10点，好8点，一般2点，差0点	好
2		室外墙面	共检查10点，好7点，一般3点，差0点	好
3		变形缝、水落管	共检查6点，好4点，一般2点，差0点	好
4		屋面	共检查6点，好5点，一般1点，差0点	好
5		室内墙面	共检查16点，好11点，一般5点，差0点	好
6		室内顶棚	共检查10点，好3点，一般7点，差0点	一般
7		室内地面	共检查10点，好8点，一般2点，差0点	好
8		楼梯、踏步、护栏	共检查8点，好7点，一般1点，差0点	好
9		门窗	共检查10点，好9点，一般1点，差0点	好
10		雨罩、台阶、坡道、散水	共检查6点，好4点，一般2点，差0点	好
1	给排水与采暖	管道接口、坡度、支架	共检查8点，好6点，一般2点，差0点	好
2		卫生器具、支架、阀门	共检查12点，好10点，一般2点，差0点	好
3		检查口、扫除口、地漏	共检查12点，好5点，一般7点，差0点	一般
4		散热器、支架	共检查10点，好10点，一般0点，差0点	好
1	通风与空调	风管、支架	共检查5点，好2点，一般3点，差0点	一般
2		风口、风阀	共检查6点，好5点，一般1点，差0点	好
3		风机、空调设备	共检查6点，好5点，一般1点，差0点	好
4		管道、阀门、支架	共检查6点，好4点，一般2点，差0点	好
5		水泵、冷却塔	共检查2点，好2点，一般0点，差0点	好
6		绝热	共检查8点，好7点，一般1点，差0点	好

续表

序号	项目		抽查质量状况	质量评价
1	建筑电气	配电箱、盘、板、接线盒	共检查10点，好8点，一般2点，差0点	好
2		设备器具、开关、插座	共检查10点，好7点，一般3点，差0点	一般
3		防雷、接地、防火	共检查5点，好4点，一般1点，差0点	好
1	智能建筑	机房设备安装及布局	共检查3点，好3点，一般0点，差0点	好
2		现场设备安装	共检查5点，好4点，一般1点，差0点	好
1	电梯	运行、平层、开关门	共检查2点，好2点，一般0点，差0点	好
2		层门、信号系统	共检查4点，好3点，一般1点，差0点	好
3		机房	共检查2点，好2点，一般0点，差0点	好
观感质量综合评价			好	

结论

经现场检查评价共同确认为"好"，验收合格

施工单位项目负责人：宋晨露　2021年7月1日　　　　　　　　总监理工程师：云路　2021年7月1日